本教材第五版获首届全国教材建设奖全国优秀教材二等奖

模具材料与热处理

(第六版)

主　编　施渊吉　吴元徽
副主编　赵利群　宋海潮
　　　　房洪杰　丁　翔

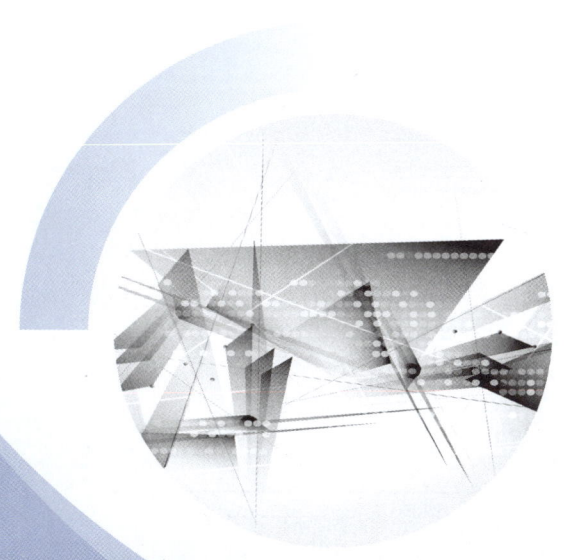

大连理工大学出版社

图书在版编目(CIP)数据

模具材料与热处理 / 施渊吉，吴元徽主编. -- 6 版. -- 大连：大连理工大学出版社，2024.9
ISBN 978-7-5685-4975-2

Ⅰ．①模… Ⅱ．①施… ②吴… Ⅲ．①模具钢－热处理－高等职业教育－教材 Ⅳ．①TG162.4

中国国家版本馆 CIP 数据核字(2024)第 091973 号

大连理工大学出版社出版

地址：大连市软件园路 80 号　邮政编码：116023
电话：0411-84708842　邮购：0411-84708943　传真：0411-84701466
E-mail：dutp@dutp.cn　URL：https://www.dutp.cn
辽宁星海彩色印刷有限公司印刷　大连理工大学出版社发行

幅面尺寸：185mm×260mm	印张：19	字数：461 千字
2007 年 7 月第 1 版		2024 年 9 月第 6 版
2024 年 9 月第 1 次印刷		
责任编辑：刘　芸		责任校对：陈星源
封面设计：方　茜		

ISBN 978-7-5685-4975-2　　　　　　　　　　定　价：65.00 元

本书如有印装质量问题，请与我社发行部联系更换。

前言

《模具材料与热处理》(第六版)是"十四五"职业教育国家规划教材、"十二五"职业教育国家规划教材。本教材曾荣获首届全国教材建设奖全国优秀教材二等奖及首届中国大学出版社优秀教材。

本教材全面贯彻落实党的二十大精神,落实立德树人根本任务,在每个课题中增加了蕴含思政元素的拓展资料,从国家历史、国际、行业等角度拓展教材的广度、深度,旨在提升学生的思想政治素养,锤炼道德品格,形成科学思维,增强综合素质和创新能力。同时,相对于国内外同类教材又有所突破和创新,增加了一个新的课题——模具材料精益生产管理。其背景是我国工程教育与国际接轨的工程认证标准,旨在从经济性、安全性、环境保护和社会道德伦理等方面进行工程技术项目的素质教育。工程材料课程不仅要传授材料学基本知识,培养学生的工程材料应用能力,还需要对学生进行正确的材料学教育,正确处理材料选择和应用与人类文明及经济发展、与环境保护和可持续发展间的关系,使学生能充分、合理地利用好材料。

本教材的编写指导思想:一方面着眼于提高学生素质,即从加强基础知识、注重能力培养两方面来提高学生素质;另一方面着眼于教材的科学性、应用性,即教材既采用学科研究的新成果,又考虑适合工程实际,使学生全面了解模具材料的有关工艺、性能及质量要求,根据模具的工作条件合理选用材料,采用适当的热处理工艺,充分发挥模具材料的潜力,开发高性能模具材料,应用先进生产工艺生产出优质、低成本的模具。

本教材为了满足职业教育高质量发展要求,以项目导向、任务驱动、案例分析的方式构建课题内容,并注重引入新技术、新工艺、新规范,旨在扩大包括职业本科生在内的教学服务对象,形成具有鲜明特色的高等职业教育教材。本次修订力求凸显以下特色:

1. 通识性:必备的工程材料的基础。
2. 应用性:在产品设计中合理选用加工件材料;在模具设计中正确选用模具材料;在模具制造工艺中合理应用材料性能;了解模具使用、维护及寿命的知识。
3. 创新性:拓展了模具材料的外延——被加工材料;紧扣高层次技术技能人才的培养目标,例如模具材料精益生产管理,培育学生的"工匠精神"等。
4. 模具专业材料知识结构:弱于材料专业,强于机械专业,重在选择与应用。

本教材由南京工业职业技术大学施渊吉、吴元徽任主编,南京工程学院赵利群、南京工业职业技术大学宋海潮、烟台南山学院房洪杰、南京工艺装备制造有限公司丁翔任副主编。具体编写分工如下:绪论及课题二、六、十由吴元徽编写;课题一、三、十一及全书的拓展资料由施渊吉编写;课题四由宋海潮编写;课题五由房洪杰编写;课题七、九由赵利群编写;课题八由丁翔编写。全书由施渊吉负责统稿和定稿。

在编写本教材的过程中,我们参考、引用和改编了国内外出版物中的相关资料以及网络资源,在此对这些资料的作者表示诚挚的谢意。请相关著作权人看到本教材后与出版社联系,出版社将按照相关法律的规定支付稿酬。

由于编者水平所限,书中仍可能存在错误和疏漏之处,恳请各教学相关单位和读者在使用本教材的过程中给予关注,并将意见及时反馈给我们,以便下次修订时改进。

编　者

2024 年 8 月

所有意见和建议请发往:dutpgz@163.com
欢迎访问职教数字化服务平台:https://www.dutp.cn/sve/
联系电话:0411-84707424　84708979

目 录

绪 论 ... 1
课题一　金属材料的基础知识 ... 5
　学习任务一　金属材料的性能 ... 5
　学习任务二　金属材料的结构与组织 ... 21
　学习任务三　金属材料的变形与再结晶 ... 31
　思考题 ... 38
课题二　钢的热处理 ... 39
　学习任务一　分析并应用铁碳合金相图 ... 39
　学习任务二　钢的组织转变 ... 50
　学习任务三　钢的整体热处理工艺 ... 60
　学习任务四　钢的表面热处理 ... 73
　学习任务五　热处理新技术 ... 90
　思考题 ... 93
课题三　模具材料概述 ... 94
　学习任务一　我国模具材料的分类 ... 94
　学习任务二　模具材料的性能要求 ... 99
　学习任务三　模具材料的选用原则 ... 109
　思考题 ... 114
课题四　冷作模具材料 ... 115
　学习任务一　冷作模具材料的工作条件与性能要求 ... 115
　学习任务二　冷作模具材料的选用 ... 130
　学习任务三　冷作模具制造工艺 ... 132
　学习任务四　冷作模具材料的热处理 ... 134
　思考题 ... 141
课题五　热作模具材料 ... 142
　学习任务一　制定热锻模具热处理工艺 ... 142
　学习任务二　制定热挤压模具热处理工艺 ... 151
　学习任务三　制定压铸模具热处理工艺 ... 158
　思考题 ... 168

课题六　塑料模具材料 · · · · · · 169
学习任务一　塑料模具的工作条件与性能要求 · · · · · · 169
学习任务二　选用塑料模具材料 · · · · · · 175
学习任务三　制定塑料模具的热处理工艺 · · · · · · 189
思考题 · · · · · · 196

课题七　模具加工材料 · · · · · · 197
学习任务一　选择常用冲压材料 · · · · · · 197
学习任务二　选择常用塑料 · · · · · · 208
思考题 · · · · · · 214

课题八　模具失效 · · · · · · 215
学习任务一　分析热作模具的失效形式 · · · · · · 215
学习任务二　分析冷作模具的失效形式 · · · · · · 228
学习任务三　分析塑料模具的失效形式 · · · · · · 239
思考题 · · · · · · 243

课题九　模具材料的标准 · · · · · · 244
思考题 · · · · · · 259

课题十　模具热处理的缺陷及其预防措施 · · · · · · 260
学习任务一　模具热处理的主要缺陷 · · · · · · 260
学习任务二　减小模具热处理变形与控制模具热处理开裂的措施 · · · · · · 268
学习任务三　模具热处理的其他缺陷及其预防补救措施 · · · · · · 275
思考题 · · · · · · 278

课题十一　模具材料精益生产管理 · · · · · · 279
学习任务一　模具的经济性考量 · · · · · · 279
学习任务二　模具全生命周期管理 · · · · · · 288
思考题 · · · · · · 296

参考文献 · · · · · · 297

绪 论

一、模具工业的作用与地位

模具是工业生产的基础工艺装备,在电子、汽车、电机、电器、仪表、家电和通信等产品中,60%～80%的零部件都依靠模具成型,模具质量的高低在很大程度上决定着产品质量的高低,所有工业产品莫不依赖模具才得以规模生产、快速扩张。因此,模具工业被称为"百业之母",被欧美等发达国家誉为"磁力工业"。

模具工业还是无与伦比的"效益放大器",用模具生产的最终产品的价值,往往是模具自身价值的几十倍甚至上百倍。用模具加工产品大大提高了生产率,而且具有节约原材料、降低能耗和成本、保持产品高一致性等特点。国外统计资料显示,模具可带动其相关产业的比例大约是1∶100。

现代模具行业是技术、资金密集型的行业。它作为重要的生产装备行业,在为普通行业服务的同时,也直接为高新技术产业服务。由于模具生产要采用一系列高新技术,如CAD/CAE/CAM/CAPP等技术、计算机网络技术、激光技术、逆向工程和并行工程、快速成型技术及敏捷制造技术、高速加工及超精加工技术等,因此,模具工业已成为高新技术产业的一个重要组成部分。有人说,现代模具是高技术背景下的工艺密集型工业。模具技术水平的高低,在很大程度上决定着产品的质量、效益和新产品的开发能力。因此,模具生产的工艺水平及科技含量的高低,已成为衡量一个国家科技与产品制造水平的重要标志之一,它在很大程度上决定着产品的质量、效益、新产品的开发能力,影响着一个国家制造业的国际竞争力。

我国模具工业的技术水平近些年也取得了长足的进步。大型、精密、复杂、高效和长寿命模具上了一个新台阶。大型复杂冲模以汽车覆盖件模具为代表,已能生产部分新型轿车的覆盖件模具。体现高水平制造技术的多工位级进模的覆盖面,已从电机、电器铁芯片模具,扩展到接插件、电子枪零件、空调器散热片等家电零件模具。在大型塑料模具方面,已能生产95 in电视机的塑壳模具、60 kg大容量洗衣机全套塑料模具及汽车保险杠、整体仪表板等模具。在精密塑料模具方面,已能生产照相机塑料模具、多型腔小模数齿轮模具及塑封模具等。在大型、精密、复杂压铸模具方面,已能生产自动扶梯整体踏板压铸模具及汽车后桥齿轮箱压铸模具。其他类型的模具,例如子午线轮胎活络模具、铝合金和塑料门窗异型材挤出模具等,也都达到了较高的水平,并可替代进口模具。同时,一些模具企业的装备水平不断得到改善,技术水平不断提高,生产能力得到加强,模具工业呈现出快速发展态势。

二、模具材料发展概况及展望

1. 国外模具材料发展现状

近年来,工业生产技术日新月异,各种新材料层出不穷,模具的工作条件日益苛刻,对模具材料的性能、质量、品种等方面的要求不断提高,各种具有不同特性、适应不同要求的新型模具材料应运而生,国外模具材料的发展主要有以下几个特点:

(1)研制出各种类型的冷、热作模具钢,并具备较完整的系列

在冷作模具钢方面,国外根据冷冲压件向高精度、标准化发展的趋势开发了专用模具钢,其中有二次硬化钢 OCM、DC53、Vasco、Die、火焰淬火钢 SX10570L,空淬微变形钢 A4 等。在热作模具钢方面,除了通用型钢种外,还发展了 YHD3 和 H26 等品种。

(2)塑料模具钢高速发展并系列化

20 世纪 70 年代,随着塑料品种的大量开发,塑料已成为一个重要的工业原料并得到广泛应用。从航天器到舰艇,从建筑材料到农资材料,从家用电器到儿童玩具,都离不开塑料制品。而塑料制品大部分采用模压成型,塑料模具钢也发展并成为一个专用钢种。目前国外常用的塑料模具钢已形成较完整的系列,如美国塑料模具钢有 7 个钢号,形成完整的 P 系列;日本日立金属公司有 15 个钢号,日本大同特殊钢有 13 个钢号。

(3)模具钢的品种、规格迅速向多样化、精料化、制品化方向发展

主要有以下几个特点:首先是品种、规格多样化。目前模具制造需要的各种扁钢和厚钢已经标准化、系列化,并制定了详细的技术规范。其次是日趋精料化。由钢厂直供不同要求、经过机械加工的高精度、无脱碳层的精料,一些主要的模具钢生产厂的模具钢精料已占 60% 左右。最后是向制品化方向发展。由钢厂供应经过淬、回火和精加工的模板、模块等制品,模具制造厂可以直接采购标准模板、模块,只对模具的型腔或刃部进行精加工,即可与标准模架配套组装后交货。由于模具成型后不需要再进行最终热处理就可以直接使用,这样既能保证模具的使用性能,又可避免由于热处理而引起的模具变形、氧化、脱碳和开裂等质量问题。这种制成品适宜制造形状复杂、大型、精密、长寿命的塑料模具,其应用越来越广泛。

(4)模具钢性能高级化

国外企业为了提高模具的质量和使用寿命,把提高模具钢的质量和性能放在重要位置。例如生产高纯净度模具钢,将钢中硫、磷含量(质量分数)从 0.03% 降到 0.01% 以下,可以将

冲击韧度提高一倍以上；再如生产等向性模具钢,改善钢的横向韧性和塑性,使其与纵向性能接近。由于模具大部分是多向受力,因此就可以大幅度提高模具的使用寿命。同时,采用许多新工艺、新技术和新装备,提高了模具钢的各种性能。如采用精炼、大断面无缺陷连铸、高刚度连轧及高精度轧制等生产工艺。

(5) 研究和开发新型模具材料

模具工业要上水平,材料应用是关键。因选材和用材不当而致使模具过早失效的占失效模具的 45% 以上。因此,随着工业技术不断发展,要求模具在更苛刻、更高速的条件下工作,对模具的精度要求越来越高,使用寿命要求越来越长。目前模具材料已从单一的钢材逐渐扩展到铸铁、硬质合金、钢结硬质合金、低熔点合金、难熔合金以及塑料、橡胶、陶瓷等非金属领域。

2. 我国模具材料生产现状及展望

近年来,我国模具工业迅猛发展,相应地带动了国内模具材料的产量、品种、规格及品质水准的提高,我国研制开发和引进了大量模具行业所需要的材料,大型多工位级进模、精密冲压模具、大型多型腔精密注射模、大型汽车覆盖件模具等已能大批量生产,头部企业技术水平目前已达到世界一流水平,但仍有部分中小企业的技术水平存在不稳定现象,其所生产的模具寿命低的问题较为突出。如优质硅钢片冲模总使用寿命在 500 万次以上,而部分中小企业生产的硅钢片寿命一般为 150~200 万次；优质热锻模使用寿命可达 50 万次,而部分小型企业生产的模具使用寿命仅为 3~5 万次。由此可见,虽然目前我国已成为世界上净出口模具最多的国家,但国内模具材料仍存在如下问题：

(1) 国产钢种推广力度需要加强

虽然国内企业、高校、科研院所近几十年来研制出许多新型模具钢材料,但因种种原因,真正使用的量较少,钢种也不多,目前绝大部分国产模具钢仍沿用国外牌号。如用量很大的塑料模具钢在《工模具钢》(GB/T 1299—2014)中只纳入了两个钢号,显然不能满足各种不同类型的塑料模具的要求。

(2) 钢种产品结构有待优化

我国模具钢市场 80% 左右是黑皮圆棒料,而扁钢、精料(六面光)、经过预硬化处理的材料和制品及标准件在市场上极少,精料化、制品化程度不高。模具制造企业通常将圆棒料改锻成扁钢或模块,绝大多数采用自由锻,很少采用模锻和三镦三拔的锻造工艺。因此易引起锻件外形尺寸偏大、加工余量大,从而影响模具制造周期。

(3) 模具冶金质量、制备工艺尚需提升

国内大多数中小型冶金企业通常采用中频炉冶炼与电渣重熔工艺,其生产的模具钢质量一般,而通过真空精炼和电渣重熔生产的模具钢所占的份额很少,仅为 20%~30%。值得关注的是,近十年来国产模具材料性能提升了约一倍,国内部分大型企业已在高纯净低偏析冶炼技术、高温均质处理技术、高等向锻造技术、热处理组织调控技术与表面处理验收技术上取得了关键性突破,其生产的模具材料在钢的纯净度、碳化物级别、疏松级别、模块的纵横向性能方面均能达到国际优质水平,并有力带动了行业技术进一步更新升级。

今后我国模具钢技术的发展应注重积极引进、开发高性能钢种,加强系列化、标准化工作,向精料化、高级化方向发展,发展专业化生产,采用先进工艺和装备,增加品种,提高质量,降低成本,使我国模具钢产品迅速达到世界先进水平。

三、本课程的性质及要求

本课程是模具制造专业的主要课程之一。学生学习本课程的目的是了解现代模具制造业的发展状况和趋势,熟悉模具制造的一般工艺性问题;掌握各类模具材料的分类、特性、强化方法及使用范围;重点掌握模具的质量、寿命、成本与模具钢的选材及热处理之间的关系,学会正确选用模具钢及其热处理方法。

本课程是以物理、化学、机械基础、机械制造工艺为基础的一门课程,应该经常联系有关课程以加深理解。同时本课程又是模具制造专业的重要基础课程,与热加工、冷加工工艺联系紧密,在学习过程中要融会贯通、牢固掌握。本课程还是一门实践性很强的课程,与生产实践联系十分密切。因此建议在学习过程中参观模具制造与使用企业,主动观察、积极思考,了解先进模具制造技术与工艺,真正掌握好本课程所讲的知识内容。

课题一
金属材料的基础知识

学习目标

1. 掌握材料的性能。
2. 学会金属材料强度和塑性、硬度、冲击韧度的测定方法。
3. 掌握金属材料的结构与组织。
4. 掌握金属材料的变形与再结晶。

学习任务一　金属材料的性能

任务引入

有一些工程材料,如钢、铝、塑料等,常常用来制作一些结构件,如桥梁、汽车车轴和飞机机翼等。对于这类结构材料,人们会问:这种材料能承受多大载荷?在承载时会产生多大的变形?这就涉及材料的强度问题。人们还发现,像汽车弹簧这样受到反复载荷作用的零件,会在长期使用后失效或断裂。这是材料的疲劳现象。那么我们会问,像钢轨等这样一些长期服役在反复载荷作用下的构件,能否无限期地工作?有无使用寿命?很多人都看过电影《泰坦尼克号》,这艘1912年完工的、在当年最为豪华、号称永不沉没的泰坦尼克号(Titanic)游船,竟在其处女航中沉没于冰海,成了20世纪令人难以忘怀的悲惨海难。为什么号称"永不沉没"的船在撞上一个冰山后3小时就沉没了?第二次世界大战期间,美国赶制了数百艘巨型T-2型油轮,令人不可思议的是,许多这样的油轮虽然成功地逃过了纳粹德国的U型潜艇,却毫无预兆地在航行中裂为两截(图1-1),它们当中有的甚至是发生在平静的港湾,结果造成重大人员伤亡和物质损失,这一切都是什么原因呢?

任务分析

如图 1-2 所示是两个冲击试验结果。它可以科学地回答泰坦尼克号沉没这百年未解之谜。图 1-2(a)中的试样取自海底的泰坦尼克号,图 1-2(b)中的是现代船用钢板的冲击试样。由于早年的泰坦尼克号采用了航行环境温度下有缺口敏感的且硫、磷含量高的钢板,韧性很差,特别是在低温呈脆性,因此其冲击试样是典型的脆性断口。现代船用钢板的冲击试样则具有相当好的韧性。

图 1-1 1943 年美国 T-2 型油轮发生断裂

(a) Titanic 号钢板

(b) 现代船用钢板

图 1-2 Titanic 号钢板和现代船用钢板的冲击试验结果

另外,泰坦尼克号在水线上下都由 10 张约 9 米长的高含硫量脆性钢板焊接成 91 米左右的船体。限于当时的焊接技术,在船体会留下长长的焊缝。船在冰水中撞击冰山而裂开时,脆性的焊缝无异于一条长长的大拉链,使船体产生很长的裂纹,海水大量涌入,使船迅速沉没。这是钢材韧性与人身安全的一个突出例证。

泰坦尼克撞冰山

同样的,T-2 型油轮沉没就是疲劳造成船体的脆性断裂。由于疲劳破坏前并没有明显的塑性变形,往往具有突发性,容易造成重大损失。

此外,如钢、铝、塑料等各种结构件的承载能力、汽车弹簧和钢轨的使用年限等问题,都和材料的各种性能,如强度、塑性、冲击韧性和疲劳强度等有关。这就使得我们不得不关注材料的各种性能。

相关知识

金属材料的性能一般可分为使用性能和工艺性能两大类。使用性能是指材料在工作条件下所必须具备的性能,如物理性能、化学性能和力学性能;工艺性能是指材料在加工过程中表现出来的性能,如对铸造、锻造、焊接、切削加工和热处理等加工工艺的适应性,也就是材料采用某种加工方法制成成品的难易程度。

一、物理性能

金属材料的物理性能是指材料在各种物理现象(如导电、导热、熔化等)中所表现出来的属性。

1. 密度和熔点

(1) 密度

物质单位体积所具有的质量称为密度,其单位是 kg/m^3。材料的密度对设计和制造过程中的选材有重要的意义,如何减小自身质量、增加承载能力,密度是需要重点考虑的因素之一。例如,飞机上的许多零件及构件都要选用密度较小的铝合金或镁合金来制造。一般把密度小于 $5×10^3\ kg/m^3$ 的金属称为轻金属,将密度大于 $5×10^3\ kg/m^3$ 的金属称为重金属。材料的抗拉强度与密度之比称为比强度。比强度高的材料不但强度高,而且质量小,这对于高速运转的零件、要求自重轻的运输机械或工程结构件等具有重要意义。在生产中常利用密度通过测量体积来计算不能直接称量的大型工件或估算毛坯用料的质量,另外在热加工中常常利用金属的密度不同来去除液态金属中的杂质。常用金属材料的密度见表1-1。

表 1-1　　　　　　　　　　常用金属材料的密度

金属材料	密度 $\rho/(g·cm^{-3})$	金属材料	密度 $\rho/(g·cm^{-3})$
镁	1.74	铅	11.43
铝	2.70	灰铸铁	6.80~7.40
钛	4.51	碳钢	7.80~7.90
锌	7.13	黄铜	8.50~8.60
锡	7.30	青铜	7.50~8.90
铁	7.78	铝合金	2.50~2.84
铜	8.96	镁合金	1.75~1.85
银	10.49	钛合金	4.50

复合材料一般具有较高的比强度,如碳纤维-环氧树脂复合材料的比强度比钢高7倍。

(2) 熔点

在缓慢加热条件下,金属或合金由固体状态变成液体状态时的温度称为熔点,常用摄氏度(℃)表示。纯金属有固定的熔点,即熔化过程是在恒定的温度下进行的,而合金的熔化过程则在一个温度范围内进行。表1-2是常用金属材料的熔点。

表 1-2　　　　　　　　　　常用金属材料的熔点

金属材料	熔点/℃	金属材料	熔点/℃
钨	3 380	银	961
钼	2 630	铝	660
钒	1 900	铅	327
钛	1 677	锡	232
铁	1 538	铸铁	1 148~1 279
铜	1 083	非合金钢	1 450~1 500
金	1 063	铝合金	447~575

不同熔点的金属有不同的用途,熔点高的金属称为难熔金属(如钨、钼、钒等),常用于制造耐高温零件,例如选用钨做灯丝,防止灯丝因温度升高而熔化;熔点低的金属称为易熔金属(如锡、铅等),常用于制造熔丝等,保护电器设备不会因电流突然增大而烧坏。另外,熔点对于材料的成型和热处理工艺十分重要。铸造和焊接等工艺必须加热到金属的熔点才能实现,热处理工艺中加热温度的选择、压力加工时锻造温度范围的选择等也要考虑金属材料的熔点。

2. 热学性能

(1) 导热性

材料传导热量的能力称为导热性,即在一定温度梯度作用下热量在固体中的传导速率。各种材料的导热性是不同的。对金属材料来说,通常情况下金属越纯,其导热性越好,在金属中即使含有少量杂质,也会显著地影响它的导热性。因此,合金钢的导热性都比非合金钢差。

材料导热性的好坏用热导率 λ 表示。热导率越大,材料的导热性越好。金属的导热能力以银为最好,铜、铝次之。常用材料的热导率见表1-3。

表1-3　　　　　　　　　　　常用材料的热导率

材料	热导率 $\lambda/[W \cdot (m \cdot K)^{-1}]$	材料	热导率 $\lambda/[W \cdot (m \cdot K)^{-1}]$
银	419	Al_2O_3	30(100 ℃)
铜	393	TiC	25(100 ℃)
铝	222	石英玻璃	2(100 ℃)
镍	91	尼龙66	2.90
铁	75	聚乙烯	0.33
钛	22	聚四氟乙烯	0.24
非合金钢	67(100 ℃)		

从表1-3可以看出,热导率和温度有关,且不同物质的热导率可以相差很大。金属材料的热导率较大,固体非金属材料的热导率较小,而气体的热导率最小。金属在加热时,常需要考虑金属的导热性。导热性差的金属,其加热速度应慢些,这样才能保证内、外温度的均匀一致。一般情况下导热性好的金属散热性也好,可用来制造散热器、热交换器等零件。陶瓷多为较好的绝热材料,其热导率 $\lambda=1\times10^{-5}\sim1\times10^{-2}$ W/(m·K)。

(2) 比热容

物体吸收热量后温度会发生变化。热容是指材料从周围环境中吸收热量的能力,即使材料温度升高 1 K 单位所需的能量。通常用比热容 c 来表示,即单位质量的材料升高 1 K 所需的能量,单位为 J/(kg·K)。而且,在等体积条件下测量的比热容为 c_v,等压条件下测量的比热容为 c_p,二者相差很小。通常采用 c_p 表示。表1-4列出了常用材料的比热容。

表1-4　　　　　　　　　　　常用材料的比热容

材料	比热容 $c/[J \cdot (kg \cdot K)^{-1}]$	材料	比热容 $c/[J \cdot (kg \cdot K)^{-1}]$
铜	385	SiC	344
铝	900	石墨	711
铁	444	尼龙66	1926

续表

材料	比热容 $c/[\text{J} \cdot (\text{kg} \cdot \text{K})^{-1}]$	材料	比热容 $c/[\text{J} \cdot (\text{kg} \cdot \text{K})^{-1}]$
钛	523	聚乙烯	1883
Al_2O_3	160	聚四氟乙烯	1050

(3)热膨胀性

材料随着温度升高而体积增大的性质称为热膨胀性。物质都有受热体积膨胀而受冷则体积收缩的性能,各种材料的热膨胀性是不同的,一般用线胀系数来表示。其计算公式为

$$\alpha_1 = \frac{l_2 - l_1}{l_1 t} \tag{1-1}$$

式中　l_1——膨胀前长度,m;

　　　l_2——膨胀后长度,m;

　　　t——升高的温度,℃;

　　　α_1——线胀系数,℃$^{-1}$。

表 1-5 所列的是常用材料的线胀系数。

表 1-5　　　　　　　　　常用材料的线胀系数(0～100 ℃)

材料	线胀系数 $\alpha_1/(10^{-6}\ ℃^{-1})$	材料	线胀系数 $\alpha_1/(10^{-6}\ ℃^{-1})$
铝	23.6	不锈钢	16.0
铅	29.3	黄铜	17.8～20.9
锡	23.0	青铜	17.6～18.2
铜	17.0	铸铁	8.7～17.6
铁	11.8	Al_2O_3	7.6
钛	8.2	石英玻璃	0.4
镍	13.3	MgO	13.5
钨	4.5	聚乙烯	11.0～18.0
非合金钢	10.6～13.0		

一般来说,陶瓷的线胀系数比高分子材料和金属材料都要低得多。

了解材料的热膨胀性的意义在于,在工程应用中常常要了解材料在不同温度下尺寸的变化。例如,在金属表面喷涂陶瓷材料时,希望它们的线胀系数尽可能一致,不容易在温度变化时剥离;又如,一种双金属片元件靠温度升高时膨胀量不同而弯曲,来执行切断电路的动作;再如,在铺设铁轨时,在两根铁轨衔接处留有一定的空隙,以便使铁轨在长度方向有膨胀的余地。另外大型桥梁只固定一端,而另一端架在带有滚筒的支座上,以使桥梁在温度发生变化时可以自由伸缩;还有用精密量具测量工件时,必须保持在室温甚至恒温,以免因热胀冷缩而影响测量结果。

3. 电学性能

(1)导电性

材料传导电流的性能称为导电性。电导率、电阻率或电阻都可用来表示材料的导电性。材料的电导率 σ 计算公式为

$$\sigma = \frac{1}{\rho} = \frac{1}{\frac{SR}{L}} = \frac{L}{SR} \tag{1-2}$$

式中 ρ——电阻率,$(\Omega \cdot m)^{-1}$;

S——导体横截面面积,m^2;

R——电阻,Ω;

L——导体长度,m。

电导率越大,材料的导电性越好。绝缘体的电导率为 $1 \times 10^{-16} \sim 1 \times 10^{-10}$ $\Omega \cdot m$,而导体的电导率为 1×10^6 $\Omega \cdot m$ 以上。一般来说金属材料都是导体,具有较好的导电性,其中银导电性最好,其次是铜、铝。工业上常用导电性好的铜、铝或它们的合金做导电结构材料,而用导电性差的金属做高电阻材料,如镍铬合金和铬铁铝合金等做电热元件或电热零件。而高分子材料和陶瓷都是绝缘体,可做高压线的瓷绝缘子和电线的塑料包套等,还可作为介电质应用于电容器等器件中。但随着温度的升高,绝缘体的导电性也会逐渐加大。

(2)介电常数与介电强度

介电常数是电介质的一种性能指标,它反映了电介质对电容器容量的影响程度,是一个量纲一的常量。介电常数越大,电容器的电荷密度就越高。通常介电材料都是良好的绝缘体。表1-6列举了常用介电材料的介电常数和介电强度。介电强度愈大,则电容可以工作在更高的电压下不致被击穿。

表 1-6　　　　　　　常用介电材料的介电常数和介电强度

材料	介电常数(50 Hz 时)	介电常数(1×10^6 Hz 时)	介电强度/(10^6 V·m^{-1})
云母	—	7.0	40.0
熔融二氧化硅	3.8	3.8	10.0
钙钠玻璃	7.0	7.0	10.0
氧化铝	9.0	6.5	6.0
聚乙烯	2.3	2.3	20.0
尼龙 66	4.0	3.6	—
聚苯乙烯	2.5	2.5	20.0
聚四氟乙烯	2.1	2.1	16.0
橡胶	4.0	3.2	20.0

在介电材料的介电常数大于1的情况下,采用介电材料后电容器的电容可以增大很多。这归功于介电材料内的极化现象。在外电场的作用下,一对电偶受到力矩的作用,沿外电场方向重新排列的过程叫作极化。

(3)铁电性能

有的绝缘材料存在固有的极化效应,也就是说,在外电场不存在的情况下,也会存在极化效应,这种材料被称为铁电材料。铁电材料中存在着一些永久的电偶极子。一种典型的铁电材料是钛酸钡($BaTiO_3$)。

铁电材料在较低的外加电场下有很高的介电常数,如钛酸钡在室温下的介电常数可达

5 000，大大高于一般的介电材料。用铁电材料做电容器的介电层，可以大大增加电容器的电容量。因此用它们制成的电容器体积可以很小。其他具有铁电效应的材料还有酒石酸钾钠、KH_2PO_4、$KNbO_3$ 和 $PbZrO_3$ 等。

(4)超导电性

大多数高纯金属冷却至接近 0 K 时，其电阻渐渐降低而趋于一个较小的极限值。但有少数材料降至一个很低的温度时其电阻突降并趋近于零，这种零电阻现象称为超导电性，具有超导电性的材料叫作超导体。例如，1919 年荷兰科学家昂内斯用液态氦冷却水银，当温度下降到－296 ℃时，发现水银的电阻完全消失。目前超导材料研究的难题是突破"温度障碍"，即寻找高温超导材料。

4. 磁学性能

物质在磁场中，由于受到磁场作用而呈现一定磁性的现象称为磁化现象。凡能被磁场磁化的物质称为磁质。

(1)磁导率

物质中某点的磁感应强度 B 与该点磁场强度 H 之比称为磁导率，常用 μ 表示，它是描述物质磁性的一个物理量。磁导率的单位为 T·m/A 或 H/m。在实际中也常使用相对磁导率 μ_r，其定义为物质的磁导率 μ 与真空中磁导率 μ_0 之比，$\mu_0 = 4\pi \times 10^{-7}$ T·m/A。

顺磁质 $\mu_r > 1$，抗磁质 $\mu_r < 1$，但两者的 μ_r 都与 1 相差无几。在铁磁质中，B 与 H 的关系是非线性的磁滞回线，μ_r 不是常量，与 H 有关，其数值远大于 1。

根据金属材料在外磁场中受到磁化程度的不同，可分为铁磁性材料（如铁、钴等）、顺磁性材料（如锰、铬等）、抗磁性材料（如铜、锌等）。铁磁性材料在外磁场中能强烈地被磁化；顺磁性材料在外磁场中，只能微弱地被磁化；抗磁性材料能抗拒或削弱外磁场对材料本身的磁化作用。铁磁性材料可用于制造变压器、电动机、测量仪表等。抗磁性材料则可用于制造要求避免电磁场干扰的零件和结构。

对某些材料来说，磁性也不是固定不变的。例如铁是铁磁性材料，但当温度升高到 770 ℃以上时就会失去磁性，这个转变温度称为居里点。

(2)矫顽力

矫顽力是指磁性材料经过磁化以后再经过退磁，使其剩余磁性（剩余磁通密度或剩余磁化强度）降低到零的磁场强度。退磁是指在加磁场（称为磁化场）使磁性材料磁化以后，再加同磁化场方向相反的磁场使其磁性降低的磁场。

矫顽力高的磁性材料一般可用作永磁材料，又称硬磁材料，这类材料的特征是经过加场磁化以后能长期保留其强磁性（简称磁性）；具有低矫顽力和高磁导率的磁性材料称为软磁材料，这类材料既容易磁化，又容易退磁。这里的硬和软并不是指力学性能上的硬和软，而是指磁学性能上的硬和软。

二、化学性能

材料的化学性能是指金属对周围介质侵蚀的抵抗能力。例如，金在潮湿的空气中经久不锈，而铁却会生成红锈、铜会生成绿锈、铝会生成白点；有些金属在高温时会生成厚厚的一层氧化皮,而耐热钢却不会产生氧化皮。这些现象都反映出不同材料的化学稳定性是不同的。材料的化学性能包括耐蚀性和抗氧化性。

1. 耐蚀性

材料在常温下对大气、水蒸气、酸及碱等介质腐蚀的抵抗能力称为耐蚀性。上述的铁生红锈、铜生绿锈、铝生白点等都是金属的腐蚀现象。

腐蚀对金属材料的危害性极大。腐蚀不仅使金属材料本身受到损失,严重时还会使金属结构遭到破坏及引起重大伤亡事故。因此,提高金属材料的耐蚀性,对于减少金属材料的消耗,延长金属材料的使用寿命,具有现实意义。

高分子材料的耐蚀性很高,它们耐水、无机试剂、酸和碱的腐蚀。尤其是被誉为塑料之王的聚四氟乙烯,不仅耐强酸、强碱等强腐蚀剂,甚至在沸腾的王水中也很稳定。

陶瓷对酸、碱、盐等腐蚀性很强的介质均有较强的抵抗能力,与许多金属的熔体也不发生作用,所以是很好的坩埚材料。

2. 抗氧化性

材料在高温下对周围介质中的氧与其作用而损坏的抵抗能力称为抗氧化性。

有些金属材料在高温下易与氧作用,表面生成氧化层。如果氧化层很致密地覆盖在金属表面,则可以隔绝氧气,使金属内层不再发生氧化;若氧化皮很疏松,则将继续向金属内层氧化,金属表面将会因氧化层剥落而损坏,甚至使工件报废。例如在焊接时,焊接区温度较高,空气中的氧和氮会大量侵入熔化金属,将金属铁和有益元素碳、硅、锰等氧化和氮化成各种化合物,并留在焊缝中,造成焊缝夹渣;而溶入的气体可能使焊缝产生大量气孔,这样焊缝的力学性能将大大降低。另外锻造、热处理加热时也会造成钢的氧化、脱碳,因此在焊接或锻造、热处理加热过程中要加以保护。对于长期在高温下工作的机器零件,应采用抗氧化性好的材料来制造。

陶瓷的化学稳定性非常高,一般不和介质中的氧发生作用,即使在 1 000 ℃ 以上的高温中也是如此,所以是很好的耐火材料。

三、力学性能

金属材料的力学性能是多数机械设备或工具设计与制造的重要参数。金属材料在进行各种加工及制成零件或工具后的使用过程中,都要受到各种外力的作用。把金属材料所受的外力称为载荷,根据载荷对金属材料作用的方式、速度、持续性等可将载荷分为:

静载荷:大小不变或变化过程缓慢的载荷。

冲击载荷:突然增大的载荷。

交变载荷:大小和方向随时间而周期性变化的载荷。

金属材料在外力作用下所显示的与弹性和非弹性反应相关或涉及应力-应变关系的性能称为力学性能。它包括强度、塑性、硬度、韧性及疲劳强度等。

1. 强度

金属抵抗永久变形和断裂的能力称为强度。常用的强度判据有屈服强度和抗拉强度,其大小通常用应力来表示。根据载荷作用的方式不同,强度可分为抗拉强度(R_m)、抗压强度(R_{mc})、抗弯强度(σ_{bb})、抗剪强度(τ_t)和抗扭强度(τ_b)等五种。一般情况下多以抗拉强度作为金属材料强度高低的判据。

抗拉强度是通过拉伸试验测定的。拉伸试验的方法是用静拉力对标准试样进行轴向拉伸,同时连续测量力和相应的伸长量,直到断裂。

(1)拉伸试样

拉伸试样的横截面形状有圆形和矩形等。在国家标准《金属材料拉伸试验 第1部分:室温试验方法》(GB/T 228.1—2021)中,对试样的形状、尺寸及加工要求均有明确的规定。图1-3所示为圆形横截面的拉伸试样。

低碳钢静拉伸试验

图1-3中,d_0是圆试样平行长度的原始直径,L_0为原始标距,d_1是圆试样断后平行长度的直径,L_1是断后标距。

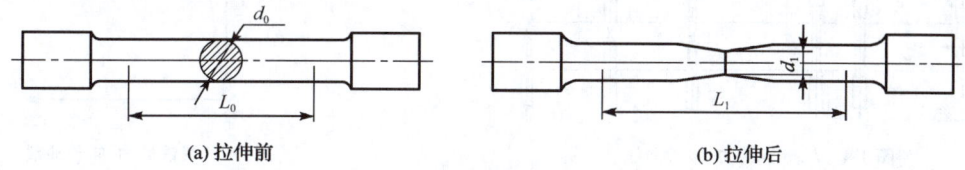

(a)拉伸前　　　　　　　　(b)拉伸后

图1-3　圆形横截面的拉伸试样

(2)力-伸长曲线

拉伸试验中得出的拉伸力与伸长量的关系曲线叫作力-伸长曲线。图1-4是低碳钢的力-伸长曲线,纵坐标表示力F,单位是N;横坐标表示伸长量ΔL,单位是mm。由力-伸长曲线可以看出,随着拉伸力的不断增大,试样经历了以下几个变形阶段:

① Oe——弹性变形阶段

Oe是线段,说明在这一阶段试样的变形量(伸长量)与外力成正比关系,如果此时卸除载荷,试样即恢复原状。这种随着载荷的存在而产生、随着载荷的卸除而消失的变形称为弹性变形。F_e为试样能恢复到原始尺寸的最大拉伸力。

② es——微量塑性变形阶段

当载荷超过F_e再卸除时,试样的伸长只能部分地恢复,而保留一部分残余变形。这种不能随着载荷的卸除而消失的变形称为塑性变形。

③ ss'——屈服阶段

当载荷增大到F_s时,图1-4中出现平台或锯齿状,这种在载荷不增大或略有减小的情况下,试样还继续伸长的现象叫作屈服。F_s称为屈服载荷。屈服后,材料开始出现明显的塑性变形。

④ $s'b$——强化阶段

屈服阶段以后,欲使试样继续伸长,必须不断加载。随着塑性变形的增大,试样变形抗力也逐渐增大,这种现象称为形变强化(或称加工硬化)。由于此阶段试样的变形是均匀发生的,所以此阶段又叫作均匀塑性变形阶段。F_b为试样拉伸试验时的最大载荷。

⑤ bz——缩颈阶段

当载荷达到最大值F_b后,试样的直径发生局部收缩,称为缩颈。随着试样缩颈处横截面积的减小,试样变形所需载荷也随之降低,由于此时伸长主要集中在缩颈部位,所以该阶段也称局部塑性变形阶段。最后试样于缩颈处完全断裂。

在拉伸试验中具有屈服现象的金属材料称为塑性材料,而工程上使用的金属材料,大多数没有明显的屈服现象,这类金属材料称为脆性材料。有些脆性材料,不仅没有屈服现象,而且也不产生缩颈。如图1-5所示为铸铁的力-伸长曲线。

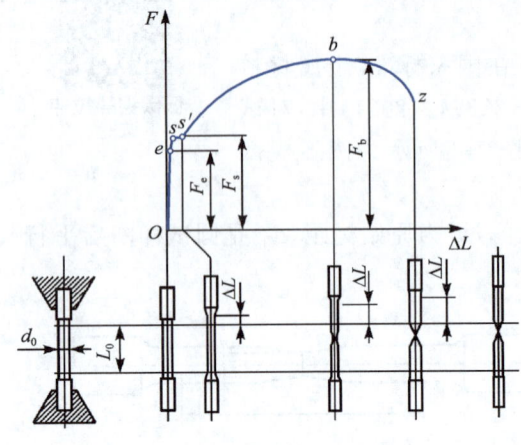

图1-4　低碳钢的力-伸长曲线

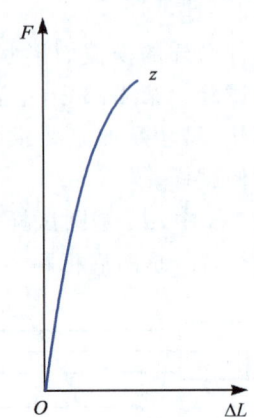

图1-5　铸铁的力-伸长曲线

(3)强度指标

强度指标主要包括屈服强度和抗拉强度。

①屈服强度

试样在拉伸过程中力不增大(保持恒定)仍能继续伸长(变形)时的应力称为屈服强度,其计算公式为

$$R_{eL}=\frac{F_s}{S_0} \tag{1-3}$$

式中　R_{eL}——屈服强度,MPa;

　　　F_s——试样屈服时的载荷,N;

　　　S_0——试样原始横截面面积,mm^2。

对于无明显屈服现象的金属材料,按GB/T 228.1—2021的规定可用规定塑性延伸强度$R_{p0.2}$表示。$R_{p0.2}$表示试样卸除拉伸力后,其标距长度部分的规定塑性延伸率达到0.2%时的应力,也称屈服强度。计算公式为

$$R_{p0.2}=\frac{F_{0.2}}{S_0} \tag{1-4}$$

式中　$R_{p0.2}$——规定塑性延伸强度,MPa;

　　　$F_{0.2}$——规定塑性延伸率达到0.2%时的载荷,N;

　　　S_0——试样原始横截面面积,mm^2。

材料的屈服强度R_{eL}和规定塑性延伸强度$R_{p0.2}$都是衡量金属材料塑性变形抗力的指标。它们分别表示塑性材料和脆性材料所能允许的最大工作应力,是机械设计的主要依据,也是评定材料优劣的重要指标。

②抗拉强度

试样拉断前承受的最大标称拉应力称为抗拉强度。其计算公式为

$$R_m = \frac{F_b}{S_0} \tag{1-5}$$

式中 R_m——抗拉强度，MPa；

F_b——试样承受的最大载荷，N；

S_0——试样原始横截面面积，mm²。

抗拉强度表示材料在拉伸载荷作用下的最大均匀变形的抗力。零件在工作中所承受的应力，不允许超过抗拉强度，否则会产生断裂。抗拉强度 R_m 和屈服强度 R_{eL} 一样，也是机械零件设计和选材的主要依据。在工程上把 R_{eL}/R_m 称为屈强比。屈强比高，则材料强度的有效利用率高，但过高也不好，一般以 0.75 左右为宜。

2. 塑性

断裂前材料发生不可逆永久变形的能力称为塑性。常用的塑性判据是断后伸长率和断面收缩率。它们也是由拉伸试验测得的。

试样断后标距的残余伸长量与原始标距的百分比称为断后伸长率，其计算公式为

$$A = \frac{L_1 - L_0}{L_0} \times 100\% \tag{1-6}$$

式中 A——断后伸长率，%；

L_0——试样原始标距，mm；

L_1——试样断后标距，mm。

试样拉断后，缩颈处横截面面积的最大缩减量与原始横截面面积的百分比称为断面收缩率，其计算公式为

$$Z = \frac{S_0 - S_1}{S_0} \times 100\% \tag{1-7}$$

式中 Z——断面收缩率，%；

S_0——试样原始横截面面积，mm²；

S_1——试样拉断后缩颈处的最小横截面面积，mm²。

金属材料的断后伸长率（A）和断面收缩率（Z）越大，表示材料的塑性越好。塑性好的金属可以发生大量塑性变形而不破坏，便于通过塑性变形加工成复杂形状的零件。另外塑性好的材料，在受力过大时，首先产生塑性变形而不至于发生突然断裂，因而安全性好。

3. 硬度

材料抵抗局部变形，特别是塑性变形、压痕或划痕的能力称为硬度。硬度是各种零件和工具必备的性能指标，硬度试验设备简单，操作方便，且不破坏被测试工件，因此广泛用于产品质量的检验。常用的硬度表示法有布氏硬度、洛氏硬度和维氏硬度。

（1）布氏硬度

①布氏硬度试验的基本原理

如图 1-6 所示，对一定直径 D 的碳化钨合金球施加试验力 F 压入试样表面，经规定保持时间后，卸除试验力，测量试样表面压痕的直径 d。布氏硬度与试验力除以压痕表面积的商成正比。压痕被看作卸载后具有一定半径的球形，压痕的表面积通过压痕的平均直径和压头直径按照表 1-7 的公式计算得到。

布氏硬度试验

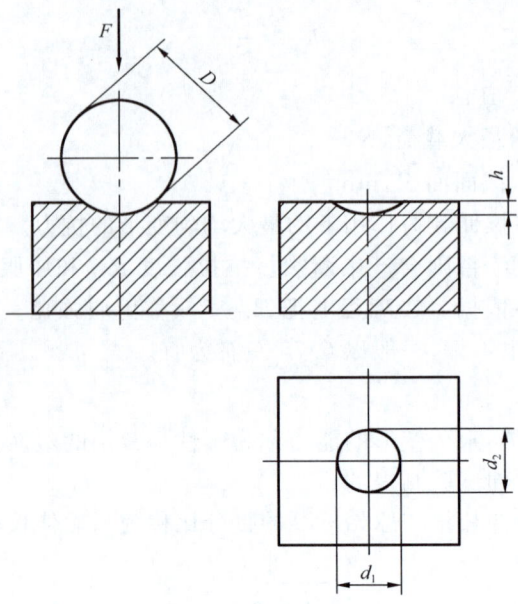

图 1-6 布氏硬度试验原理

表 1-7　　　　　　　　　　布氏硬度符号及说明

符号	说明	单位
D	球直径	mm
F	试验力	N
d	压痕平均直径，$d=\dfrac{d_1+d_t}{2}$	mm
d_1、d_2	在两相互垂直方向测量的压痕直径	mm
h	压痕深度，$h=\dfrac{D-\sqrt{D^2-d^2}}{2}$	mm
HBW	布氏硬度 = 常数 × $\dfrac{试验力}{压痕表面积}$ $HBW=0.102\dfrac{2F}{\pi D(D-\sqrt{D^2-d^2})}$	
$0.102\times F/D^2$	试验力-球直径平方的比率	N/mm²

注：常数 = $0.102\approx\dfrac{1}{9.80665}$，9.806 65 是从 kgf（已废弃）到 N 的转换因子，单位为 s/m²。

② 布氏硬度的表示方法

布氏硬度 HBW 表达方法示例如下：

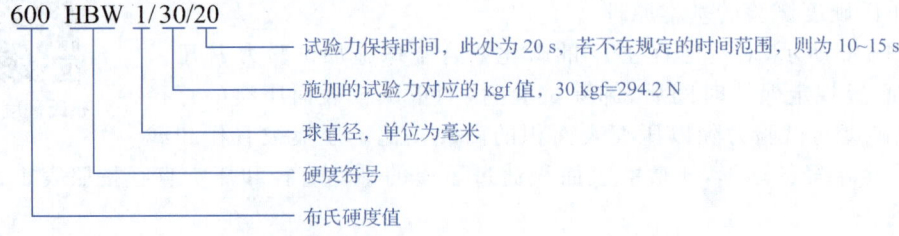

(2)洛氏硬度

①洛氏硬度试验的基本原理

将特定尺寸、形状和材料的压头按照规定分两级试验力压入试样表面,初试验力加载后,测量初始压痕深度。随后施加主试验力,在卸除主试验力后保持初试验力时测量最终压痕深度,洛氏硬度根据最终压痕深度和初始压痕深度的差值 h 及常数 N 和 S(见表1-8和表1-9)通过式(1-8)计算给出。

洛氏硬度试验

$$洛氏硬度 = N - \frac{h}{S} \tag{1-8}$$

表 1-8　　　　　　　　　　洛氏硬度标尺

洛氏硬度标尺	硬度符号	压头类型	初试验力 F_s/N	总试验力 F/N	标尺常数 S/mm	全量程常数 N	适用范围
A	HRA	金刚石圆锥	98.07	588.4	0.002	100	20～95HRA
B	HRBW	直径 1.587 5 mm 球	98.07	980.7	0.002	130	10～100HRBW
C	HRC	金刚石圆锥	98.07	1 471	0.002	100	20～70HRC
D	HRD	金刚石圆锥	98.07	980.7	0.002	100	40～77HRD
E	HREW	直径 3.175 mm 球	98.07	980.7	0.002	130	70～100HREW
F	HRFW	直径 1.587 5 mm 球	98.07	588.4	0.002	130	60～100HRFW
G	HRGW	直径 1.587 5 mm 球	98.07	1 471	0.002	130	30～94HRGW
H	HRHW	直径 3.175 mm 球	98.07	588.4	0.002	130	80～100HRHW
K	HRKW	直径 3.175 mm 球	98.07	1 471	0.002	130	40～100HRKW

注:当金刚石圆锥表面和顶端球面是经过抛光的,且抛光至沿金刚石圆锥轴向距离尖端至少 0.4 mm 时,试验适用范围可延伸至10HRC。

表 1-9　　　　　　　　　　表面洛氏硬度标尺

表面洛氏硬度标尺	硬度符号	压头类型	初试验力 F_s/N	总试验力 F/N	标尺常数 S/mm	全量程常数 N	适用范围(表面洛氏硬度标尺)
15N	HR15N	金刚石圆锥	29.42	147.1	0.001	100	70～94HR15N
30N	HR30N	金刚石圆锥	29.42	294.2	0.001	100	42～86HR30N
45N	HR45N	金刚石圆锥	29.42	441.3	0.001	100	20～77HR45N
15T	HR15TW	直径 1.587 5 mm 球	29.42	147.1	0.001	100	67～93HR15TW
30T	HR30TW	直径 1.587 5 mm 球	29.42	294.2	0.001	100	29～82HR30TW
45T	HR45TW	直径 1.587 5 mm 球	29.42	441.3	0.001	100	10～72HR45TW

②洛氏硬度的表示方法

洛氏硬度用符号 HR 表示,表达方法示例如下:

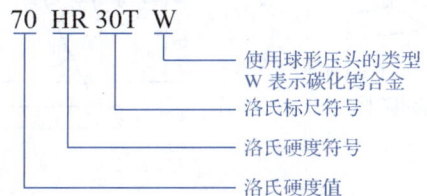

③洛氏硬度的特点和应用

洛氏硬度试验操作简便迅速,可直接从刻度盘上读出硬度,由于压痕小,所以可测定成品及薄工件,并且测试的硬度范围大。但当材料内部组织不均匀时,硬度数据波动大,测量不够准确,故需在被测工件表面上的不同部位测试数次,按规定第一次不计,从第二次开始取其算术平均值作为所测洛氏硬度。

(3) 维氏硬度

① 维氏硬度测试的基本原理

维氏硬度试验采用了与布氏硬度法相同的原理,但压头改用相对面夹角为136°的金刚石正四棱锥体。因此维氏硬度是用棱锥形压痕单位面积上所承受的平均压力来表示的,其表示符号为HV。在实际应用中,维氏硬度一般不进行计算,可直接从硬度计上读出对角线长度 d,再通过查表求出相应的硬度。

② 维氏硬度的表示方法

维氏硬度的表示方法规定为:HV前面为硬度大小,HV后面按"试验载荷/载荷保持时间(10~15 s 不标注)"的顺序用数值表示试验条件。例如,640HV30/20 表示用 294.2 N(30 kgf)试验载荷保持 20 s 测定的维氏硬度为 640。

③ 维氏硬度的特点和应用

维氏硬度试验是一种较为精确的硬度试验方法,广泛用于研究工作。在热处理工件的质量检验中,主要利用其低载荷来测定不适合用布氏和洛氏硬度试验法来测定的薄工件和工件上薄的硬化层的硬度。这是维氏硬度应用方面的主要特点。

4. 韧性

金属在断裂前吸收变形能量的能力称为韧性。金属的韧性通常随加载速度的提高、温度的降低、应力集中程度的加剧而减小。目前常用夏比冲击试验(一次摆锤冲击试验)来测定金属材料的韧性,它利用的是能量守恒原理:试样被冲断过程中吸收的能量等于摆锤冲击试样前、后的势能差。

冲击试验:将待测的金属材料加工成标准试样,然后放在试验机的支座上,放置时试样缺口应背向摆锤的冲击方向,如图 1-7(a)所示。再将具有一定重量 G 的摆锤升至一定的高度 H_1(图 1-7(b)),使其获得一定的初始势能(GH_1),然后使摆锤落下,将试样冲断。摆锤剩余势能为 G_{H2}。试样被冲断时所吸收的能量即摆锤冲击试样所做的功,称为冲击吸收功,即

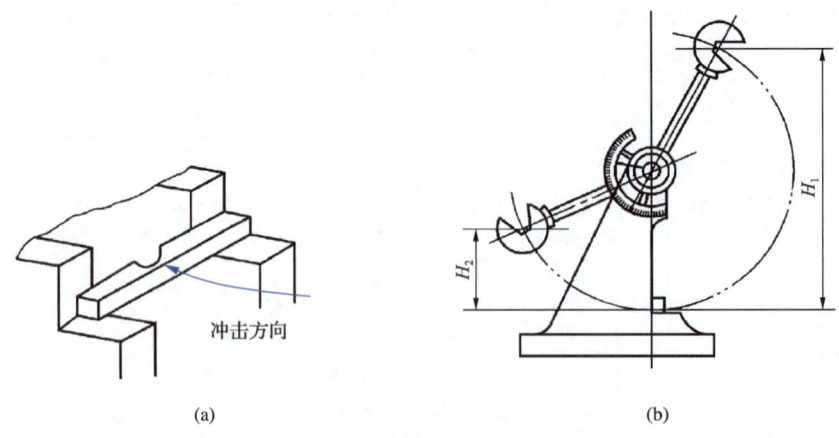

图 1-7 冲击试验

$$A_K = G_{H1} - G_{H2} = G(H_1 - H_2) \tag{1-9}$$

式中 A_K——冲击吸收功,J;

G_{H1}——摆锤初始势能,J;

G_{H2}——摆锤剩余势能，J；
G——摆锤重力，N；
H_1——摆锤初始高度，m；
H_2——冲断试样后，摆锤回升高度，m。

冲击试验

冲击韧度是指冲击试样缺口处单位横截面面积上的冲击吸收功，其计算公式为

$$a_K = \frac{A_K}{S_0} \tag{1-10}$$

式中　a_K——冲击韧度，J/cm^2；
A_K——冲击吸收功，J；
S_0——试样缺口处横截面面积，cm^2。

冲击韧度越大，表示材料的韧性越好。实践表明，承受冲击载荷的机械零件，很少因一次大能量冲击而破坏，绝大多数是在一次冲击不足以使零件破坏的小能量多次冲击作用下而破坏的，如凿岩机风镐上的活塞、冲模的冲头等。它们的破坏是由于多次冲击损伤的积累导致裂纹的产生与扩展，根本不同于一次冲击的破坏过程。对于这样的零件，用冲击韧度来设计显然是不切合实际的。研究结果表明，材料的多次冲击抗力取决于材料的强度和塑性的综合性能。冲击能量小时，材料的多次冲击抗力主要取决于材料的强度；冲击能量大时，则主要取决于材料的塑性。

5. 疲劳强度

许多机械零件，如轴、齿轮、弹簧等，它们在工作过程中各点所受的应力往往随时间做周期性变化，这种随时间做周期性变化的应力称为循环应力或交变应力。在循环应力作用下，虽然零件所承受的应力低于材料的屈服强度，但经过较长时间的工作而产生裂纹或突然发生完全断裂的过程称为金属的疲劳。统计数据表明，在机械零件失效中大

疲劳强度

约有80%以上属于疲劳破坏，因此疲劳破坏是机械零件失效的主要原因之一。机械零件之所以产生疲劳破坏，是因为材料表面或内部有缺陷（夹杂、划痕、尖角等）。这些地方的局部应力大于屈服强度，从而产生局部裂纹而开裂。

图1-8所示是金属材料的疲劳曲线，它描述了交变应力与循环次数之间的关系。由图中可以看出，当应力低于一定值时，试样可以经受无限次周期循环而不被破坏，此应力值称为疲劳强度或疲劳极限。金属的疲劳强度受很多因素的影响，归纳起来有工作条件、表面状态、材料本质及残余应力等。改善零件的结构形状、提高零件表面粗糙度以及采取各种表面强化的方法，都能提高零件的疲劳强度。

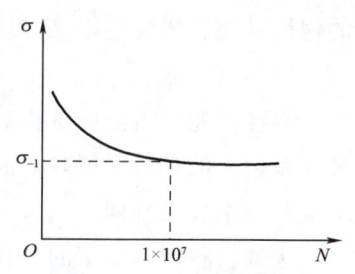
图1-8　金属材料的疲劳曲线

实际上金属材料不可能做无数次交变载荷试验。对于钢铁材料，一般规定1×10^7周次而不断裂的最大应力为疲劳极限；而非铁金属则取1×10^8周次。

四、工艺性能

工艺性能直接影响零件加工后的工艺质量,是选材和制定零件加工工艺路线时必须考虑的因素之一。它包括铸造性能、压力加工性能、焊接性能、切削加工性能和热处理性能等。

1. 铸造性能

金属及合金铸造成优良铸件的能力称为铸造性能。衡量铸造性能的判据有流动性、收缩性和偏析等。

(1) 流动性

液体金属充满铸型型腔的能力称为流动性。它主要受金属化学成分和浇注温度的影响。流动性好的金属容易充满整个铸型,获得尺寸精确、轮廓清晰的铸件。

(2) 收缩性

铸件在凝固和冷却过程中,其体积和尺寸减小的现象称为收缩性。铸件收缩不仅影响尺寸,还会使铸件产生缩孔、疏松、内应力、变形和开裂等缺陷。

(3) 偏析

合金中合金元素、夹杂物或气孔等分布不均匀的现象称为偏析。偏析严重时可能使铸件各部分的力学性能产生很大差异,降低铸件的质量。

> **拓展资料**
>
> 云纹铜禁以其巧夺天工的造型和精美气魄让人们叹为观止,其卓越的铸造工艺彰显了大国工匠追求卓越的精神风貌,我们要继承并发扬这种弥足珍贵的大国工匠精神。更多内容请扫描二维码进行延伸阅读与学习。
>
>
> 延伸阅读

2. 压力加工性能

金属材料在压力加工(锻造、轧制等)下成形的难易程度称为压力加工性能。它与材料的塑性有关。塑性越好,变形抗力越小,金属的压力加工性能就越好。

3. 焊接性能

焊接性能是指金属材料对焊接加工的适应性,也就是在一定的焊接工艺条件下,获得优良焊接接头的难易程度。一般低碳钢的焊接性能好于高碳钢。

4. 切削加工性能

金属材料切削加工的难易程度称为切削加工性能。当金属材料具有适当的硬度和足够的脆性时较易切削。铸铁比钢切削加工性能好,一般碳钢比高合金钢切削加工性能好。

5. 热处理性能

热处理性能是指金属材料通过热处理后改变其性能的能力。热处理性能包括可淬性、氧化、脱碳、变形、开裂等。

钢制零件通过热处理,可改善其切削加工性能,提高力学性能,延长使用寿命。

学习任务二　金属材料的结构与组织

任务引入

金属是指具有光泽、良好的导电性、导热性、一定强度和塑性的物质,如铁、锰、铝、铜等。具有金属特性的元素称为金属元素。在所有应用材料中,凡是由金属元素或是以金属元素为主而形成的、具有一般金属特性的材料通称为金属材料。

高强度是人们对结构材料的最主要追求,因为它是零部件小型化的基础。为什么工业上一般不使用纯金属而多使用合金呢?为什么生产上常常可以用增加金属晶体缺陷的方法来提高其强度?通常,采用某种措施提高金属材料的强度,往往会以降低它的塑性和韧性为代价。那么有没有一种方法既能增加金属材料的强度又能提高其塑性和韧性?举世闻名的南京长江大桥为什么不使用价格低廉的碳钢,而要花费巨资研制当时我国尚没有的锰钢投入使用?

任务分析

虽然金属材料的性能受到许多方面因素的影响,是一个十分复杂的问题,但长期实践和探索研究表明:决定金属及合金性能的基本因素是它们的内部微观构造,即其内部结构和组织状态。因此,掌握金属的内部结构和组织状态及其对性能的影响,对于更好、更合理地使用金属材料,并充分挖掘它们的潜力具有非常重要的意义。

1968 年建成通车的举世闻名的南京长江大桥,使用的钢梁每根长 160 m,桥梁的跨度要求达到 160 m,碳钢由于其比强度太低而远远达不到要求。当时鞍钢自主研发了锰钢,其主要理论依据就是固溶强化原理。实质就是用增加点缺陷的方法强化金属,它是强化金属材料的重要途径之一。它能够在不降低强度的情况下,减轻桥梁的自重,满足了设计要求。当然,固溶强化在提高金属材料强度的同时,会牺牲其一定的塑性和韧性。固溶强化原理运用的例子还很多,例如,我国的低合金强度结构钢,就是利用锰、硅等元素来强化铁素体,从而使材料的力学性能大为提高的。

相关知识

自然界中的固态物质按其原子的聚集状态而分为两大类:晶体与非晶体。在物质内部,凡原子呈无序堆积状态的,称为非晶体,例如普通玻璃、松香、树脂等,均属于非晶体。相反,凡原子呈有序、有规则排列的物质称为晶体。金属像绝大多数物质一样在固态下其内部原子是有规则排列的,这点已经通过 X 射线衍射、电子衍射证实,因此,固态金属属于晶体。

一、纯金属的晶体结构

1. 晶格、晶胞与晶格常数

晶体中的原子规则排列的方式称为晶体结构。图1-9(a)所示为晶体中的原子在空间呈规则排列的球体模型(这里近似地将原子看成"静态"的刚性球体)。

为了更清楚地表明原子在空间排列的规律,有必要将原子抽象化,把每个原子看成一个点,这个点代表原子的振动中心。这样,原子在空间堆积的球体模型就变成了一个规则排列的空间点阵。把这些点用假想的直线连接起来,就形成一个空间格子。这种表示原子在晶体中排列方式的空间格子,叫作结晶格子或结晶点阵,简称晶格或点阵,如图1-9(b)所示。

晶格中的每个点称为结点。结点代表原子在晶体中的平衡位置。在晶体中,结点的分布具有周期性的规律,因此每个结点都具有完全相同的周围邻点。这是晶格的一个重要特点。

由于晶体中的原子排列具有周期性,因此,可从晶格中选取一个最具有代表性的最小几何单元来说明晶体中的原子排列规律和特点,这个最小的能反映晶格原子排列特征的单元称为晶胞。图1-9(c)所示就是一个晶胞。可以认为整个晶格就是由无数大小、形状和方向相同的晶胞在空间重复排列而成的。

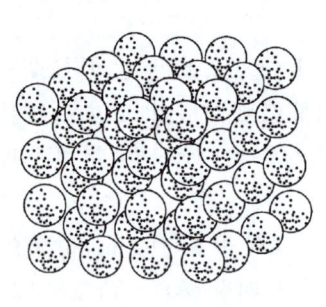
(a) 晶体原子规则排列的球体模型

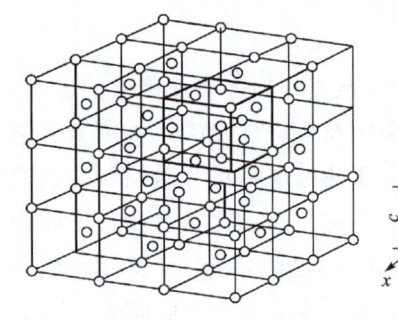
(b) 晶格

(c) 晶胞

图1-9 晶格构造模型

晶胞的大小和形状以晶胞的棱边长度 a、b、c 及棱边夹角 α、β、γ 来表示,其中晶胞的棱边长度称为晶格常数。其单位用 Å 表示,1 Å$=1\times10^{-10}$ m,图1-10(c)所示为简单立方晶格的晶胞,其三个棱边相等($a=b=c$),三个棱边夹角也相等($\alpha=\beta=\gamma=90°$)。

不同元素组成的金属晶体因晶格形式及晶格常数不同,表现出不同的物理、化学和力学性能。金属的晶体结构可用 X 射线结构分析技术进行测定。

2. 晶面与晶向

在晶体中由一系列原子组成的平面,称为晶面。图1-10(a)所示为简单立方晶格的一些晶面。通过两个或两个以上原子中心的直线,可代表晶格空间排列的一定方向,称为晶向,如图1-10(b)所示。由于在同一晶格的不同晶面和晶向上原子排列的疏密程度不同,因此原子结合力也就不同,从而在不同的晶面和晶向上显示出不同的性能,这就是晶体具有各向异性的原因。

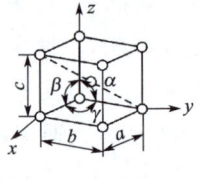
晶面与晶向

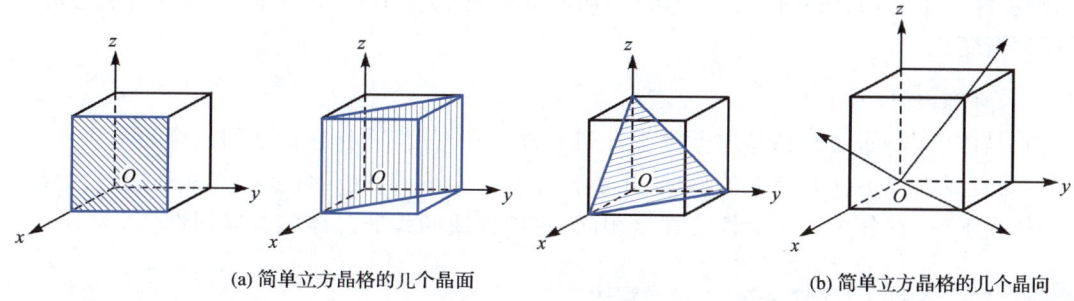

(a) 简单立方晶格的几个晶面　　　　　(b) 简单立方晶格的几个晶向

图 1-10　立方晶格中的一些晶面

3. 金属晶体的类型

在已知的金属元素中，除少数十几种金属具有复杂的晶体结构以外，绝大多数（85%左右）金属属于以下三种晶格。

（1）体心立方晶格

体心立方晶格的晶胞是一个立方体，原子位于立方体的八个顶角上和立方体的中心处，如图 1-11 所示。具有这种晶格类型的金属有 Cr、W、Mo、V 及 α-Fe 与 δ-Fe 等金属。

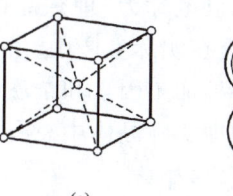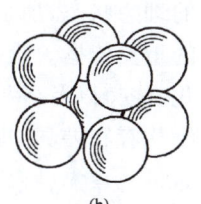

(a)　　(b)

图 1-11　体心立方晶胞

（2）面心立方晶格

面心立方晶格的晶胞也是一个立方体，原子位于立方体的八个顶角上和立方体六个面的中心，如图 1-12 所示。具有这种晶格类型的金属有 Al、Cu、Pb、Ni 及 γ-Fe 等金属。

晶体结构

（3）密排六方晶格

密排六方晶格的晶胞是一个正六棱柱体，十二个顶角上各有一个原子，上、下面中心处各有一个原子，整个正六方棱柱体中间还均匀分布着三个原子，如图 1-13 所示。具有这种晶格类型的金属有 Mg、Zn、Be 等。

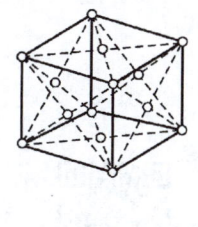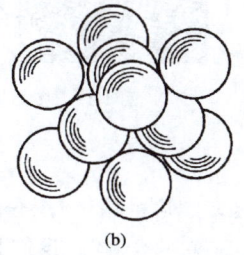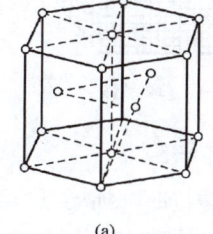

(a)　　　　(b)　　　　　　　　(a)　　　　(b)

图 1-12　面心立方晶胞　　　　　图 1-13　密排六方晶胞

4. 金属晶体的特性

（1）确定的熔点

纯金属进行缓慢加热，达到一定的温度，固态金属会熔化成液态金属，并且在熔化过程中,温度保持不变,其熔化温度称为熔点;而非晶体材料在加热时,由固态转变为液态时,其温度逐渐变化。

(2)各向异性

在晶体中,不同晶面和晶向上原子排列的方式和密度不同,它们之间结合力的大小也不同,因而金属晶体不同方向上的物理、化学和力学性能不同,这种性质叫作晶体的各向异性。非晶体则不然,在各个方向上性能完全相同,这种性质叫作非晶体的各向同性。

二、金属的实际晶体结构

前面讲述的晶体结构,是金属原子完全按照严格的一定规则排列的理想状态,所以也称为"理想晶体"。理想晶体是研究晶体结构特点的重要依据。但在实际生产中,由于金属材料在不同的条件下冶炼、熔化、浇铸以及各种加工因素和杂质的影响,其实际晶体结构与理想晶体结构存在差异,即实际晶体中总有缺陷存在。

结晶过程

1. 单晶体和多晶体

由一个晶核长大而成的晶体,其内部原子的排列应是规则的,并具有一定的位向。这种内部晶格位向基本一致而外形规则的小颗粒称为晶粒,实际上每个晶粒都是由无数位向相同的晶胞堆积而成的。我们把内部原子排列的晶格完全一致的由单个晶粒所形成的晶体称为单晶体(图1-14)。现代工业中,只有为了专门用途才制造单晶体。单晶体的力学性能是各向异性的。工业上实际使用的金属都是由许多个内部原子排列位向各不相同的晶粒所组成的多晶体(图1-15)。不同晶粒之间的交界称为晶界。多晶体由于其内部各个晶粒之间的位向各不相同,每个晶粒所具有的各向异性相互抵消了,因此多晶体就体现不出各向异性,也称为"伪各向同性"。

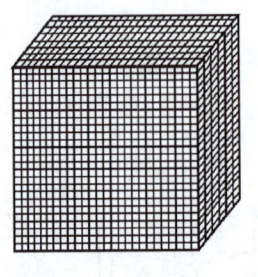

图1-14 单晶体

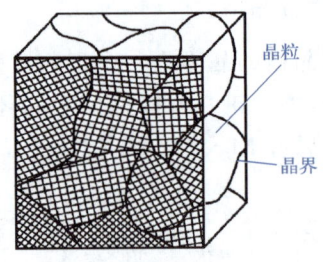

图1-15 多晶体

2. 实际金属的晶体缺陷

由于结晶条件、压力加工、原子热运动等原因,在实际晶体中还存在着大量的缺陷。这些缺陷对金属的性能将发生显著的影响。我们把实际金属中原子排列的不完整性称为晶体缺陷。晶体缺陷按其几何形态可以分为点缺陷、线缺陷和面缺陷三种。

空位、间隙原子、置换原子

(1)点缺陷

点缺陷是指长、宽、高尺寸都很小的一种缺陷,包括空位、间隙原子、置换原子和杂质等。

①空位：在实际晶体中，位于点阵结点上的原子并非是静止不动的，而是以其平衡位置为中心做热振动。温度一定时，原子振动能量的平均值一定，但是每个原子的振动能量并不完全相等。在某一瞬间，某一个原子的能量可能高于平均能量。当其能量达到足以克服周围原子对它的束缚时，它就可能跳离原来占据的平衡位置，从而在原来的位置上出现了一个空结点。这种晶体中空缺着原子的结点位置，称为空位，如图1-16所示。

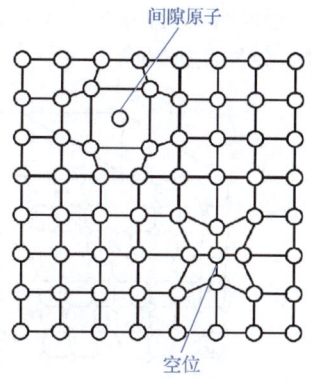

图 1-16　空位和间隙原子

②间隙原子：在形成空位的过程中，离开平衡位置的原子，既可能跳到晶体表面上的正常位置（或其他空位）上，也可能跳到晶体中原子之间的间隙位置。在后一种情况下，在产生一个空位的同时，也形成一个间隙原子。像这样不占有正常位置而处在晶格空隙间的原子，称为间隙原子（图1-16）。间隙原子有两种：一种是同类原子的间隙原子，另一种是异类原子的间隙原子。异类间隙原子大都是原子半径很小的原子，如钢铁中的碳、氢、氮、硼等原子。

实验表明，晶体中的空位和间隙原子的浓度与温度有关，温度越高，空位和间隙原子的浓度就越大。因此，如果将金属加热到高温后快速冷却，则高温时形成的过量空位，便被"冻结"至室温，这将影响金属的某些物理性能和力学性能，而且对某些材料随后的相变过程也有显著的影响。

在空位和间隙原子附近，原子间作用力的平衡被破坏，使原子发生靠拢和撑开的现象（图1-16），因此使正常的晶格发生了扭曲——晶格畸变。晶格畸变使得能量上升，金属的强度、硬度和电阻增加。

值得注意的是，晶体中的空位和间隙原子并不是固定不变的，而是不断运动和变化的。空位周围的原子有可能跳入这个空位，从而形成一个新空位，这样就发生了空位的位移。间隙原子也可能跳到另一个间隙处。当空位或间隙原子移至晶体表面和晶界或二者相遇时，便随之消失。

空位和间隙原子的运动，是金属晶体中原子扩散的主要形式之一。它将影响金属的固态相变过程和化学热处理过程。

（2）线缺陷

所谓线缺陷，就是在晶体的某一平面上，沿着某一方向伸展的线状分布的缺陷。这类缺陷的特征是，在某一个方向上的尺寸很大，而另两个方向上的尺寸很短。这类缺陷的主要类型是各种位错。位错就是晶体中某处的一列或若干列原子有规律的错排现象。位错有各种类型，其中最基本的，也是最简单的有两种：刃型位错和螺型位错。

①刃型位错：刃型位错如图1-17(a)所示，在一个完整晶体的某一晶面（ABCD）的上方，多出了半个原子面（EFGH），它中断于 ABCD 面上的 EF 处，由于该原子面像刀刃一样切入晶体，故称为刃型位错。产生位错的边缘线 EF 称为位错线。在 EFGH 面的末端 EF 线附近是一个晶格畸变区，即水平面上方的原子间距被挤压，水平面下方的原子间距被拉长。刃型位错造成的晶格畸变是左右对称的。离位错线越远，晶格畸变越小。根据多余半个原子面的相对位置不同，刃型位错有正、负之分。一般把晶体上半部多出半个原子面的位错称为正刃型位错，用符号"⊥"表示，在晶体下半部多出半个原子面的位错称为负

刃型位错

刃型位错，用符号"⊥"表示，如图 1-17(b)所示。当这两种相反的位错受力发生位移并相遇时，会彼此抵消。

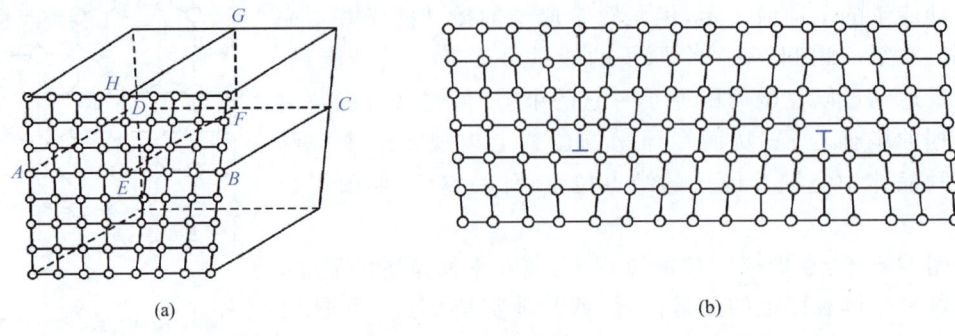

图 1-17　刃型位错

②螺型位错：螺型位错如图 1-18 所示。由图 1-18(b)可见，在 BC 右方的晶体，上、下两部分(图 1-18(a)中 $ABCD$ 晶面的上、下两部分)原子发生了错动，aa' 右方(图 1-18(a)中 aed 右方)的晶体，上部相对于下部错动了一个原子间距，结果在 BC 面和 aa' 面之间形成了一个上、下原子面不相吻合的过渡地带。在过渡地带中，原子偏离了平衡位置，排列呈螺旋线形状，此过渡地带即螺型位错。螺型位错的中心线称为位错线。图 1-18 所示为右螺型位错，反之称为左螺型位错。在螺型位错附近，由于原子的规则排列发生了变化，所以同样会引起晶格畸变。

螺型位错

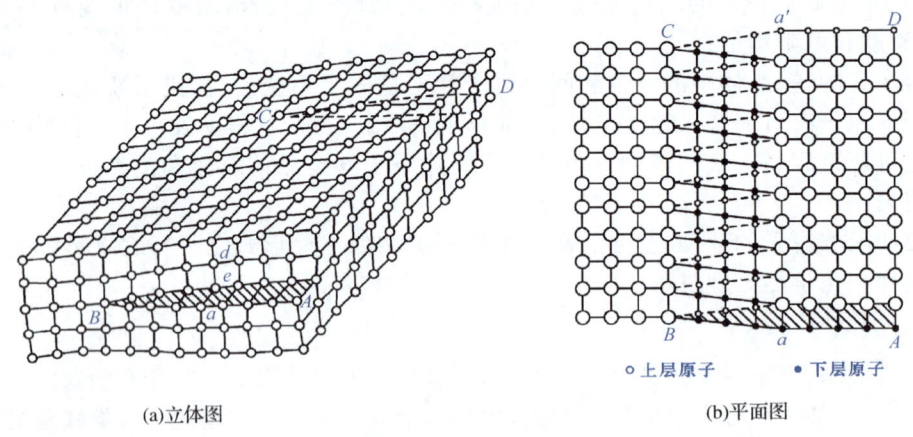

图 1-18　螺型位错

晶体中位错的数量一般用位错密度来表示。位错密度是指单位体积晶体所包含的位错线总长度。经适当退火的多晶体金属中，位错密度很低；经剧烈冷变形的金属，位错密度可大大提高。实验还证明，位错在相应的外部条件下，可在金属晶体中进行不同形式的运动。位错在晶体中的存在和运动及其密度的变化，对金属的塑性变形、强度及断裂起着重要的作用。此外，位错对原子的扩散及相变等过程也有较大的影响。

(3)面缺陷

面缺陷是指在两个方向上尺寸很大，在第三个方向上尺寸很小而呈面状分布的缺陷。面缺陷主要是指金属中的晶界和亚晶界。

①晶界的结构与特征：实际金属是由许多位向不同的晶粒组成的多晶体，因此在实际金属内有很多晶界。晶界处的原子排列与晶内不同，它们因同时受到相邻晶粒不同位向的综合影响，即要同时适应两个晶粒的位向，因而近似地处于两种位向的折中位置，呈无规则地排列。晶界是晶体中一种重要的面缺陷。

晶界是一个具有一定厚度、原子呈无规则排列的过渡带，其厚度主要受相邻晶粒及金属纯度的影响。实验表明，晶粒的位向差越大，金属的纯度越低，晶界就越宽，反之则越窄。根据相邻晶粒位向差的大小把晶界分为两类：相邻晶粒位向差在15°以下者，称为小角度晶界；位向差在15°以上者，称为大角度晶界。实际金属中绝大多数都是大角度晶界。

晶界

晶界处由于原子偏离平衡位置，晶格畸变较大，故晶界处原子的平均能量较晶内高，这部分高出来的能量称为晶界能。晶界的这种不规则排列及较高的能量状态，使其具有一系列不同于晶内的特征，从而影响到金属的性能、塑性变形和固态相变过程。晶界处的主要特征：

● 原子排列不规则，因此对金属的塑性变形起着阻碍作用，晶界越多，其作用越明显。显然，晶粒越细，晶界总面积就越大，金属的强度和硬度也就越高。所以在常温下使用的金属材料，一般总是力求获得细小的晶粒。

● 晶界处原子具有较高的能量，且杂质（往往是一些低熔点的杂质）较多，因此其熔点较低，有时还未加热到金属的熔点，晶界处就已先熔化了。

● 晶界处原子能量较高而容易满足固态相变所需要的能量起伏，因此新相往往在旧相晶界处形核。晶粒越细小，晶界越多，新相的形核率就越高。

● 晶界处有较多的空位，因此原子沿晶界的扩散速度较快。

● 晶界处电阻较高，且易被腐蚀。

②亚结构及亚晶界：在金属多晶体中，每一个晶粒内部的原子排列只是大体上整齐有序，并不是绝对完整的。实际上，在每一个晶粒内部还存在着许多尺寸很小、位向差也很小（通常不超过2°）的小晶块，它们相互嵌镶而成晶粒。这些小晶块称为亚结构，又称为嵌镶块或亚晶粒。在亚结构内部，原子排列位向是一致的。

两相邻亚结构间的边界称为亚晶界，亚晶界也是一种面缺陷，它是由一系列刃型位错所组成的小角度晶界。因此亚晶界附近原子的排列不规则，并产生晶格畸变。

亚结构的大小与金属加工条件有关。铸态金属亚结构较大，其边长一般为 1×10^{-2} mm，在经过加工变形或热处理后，亚结构则细化为 $1\times10^{-4}\sim1\times10^{-6}$ mm。亚结构的存在及其细化和亚结构间位向差的增大，都会提高金属的强度。

总之，实际金属的晶体结构不是理想完整的，而是存在着各种晶体缺陷，并且这些缺陷在不断地运动变化着。金属中的许多重要变化过程，都是依靠晶体缺陷的运动来进行的，并且金属的许多性能也都与晶体缺陷密切相关。

三、合金的晶体结构

1. 合金的基本概念

(1) 合金

一种金属元素与其他金属元素或非金属元素，通过熔炼或其他方法结合而成的具有金属特性的物质称为合金。合金不仅具备纯金属的基本特性,还具有优良的力学性能和特殊的物理、化学性能。因此,合金的应用要比纯金属广泛得多。在机械制造中使用的金属材料绝大多数都是合金,如碳钢、合金钢、铸铁、黄铜、青铜等。

(2) 组元

组成合金的独立的最基本的物质叫作组元,简称元。组元可以是金属元素(如 Fe)、非金属元素(如 C)或稳定的化合物(如 Fe_3C)等。

由给定组元按不同的比例配制出的一系列成分不同的合金即构成一个合金系。如普通黄铜就是由铜和锌两个组元组成的二元合金系。组元的数目可用来命名合金系,如二元合金系、三元合金系和多元合金系等。也可以用构成合金系的组元来命名合金系,如 Fe-C 合金系、Al-Mg-Si 合金系等。

(3) 相

所谓相,是指一个合金系统中具有相同的物理和化学性能并与该系统的其余部分以界面分开的组成部分。即合金中具有同一成分、同一聚集状态,并能以界面相互分开的各个均匀组成部分。如果合金是由成分、结构都相同的同一种晶粒构成的,则各晶粒间虽界面(晶界)分开,但它们仍属同一种相;如果合金是由成分、结构都不相同的几种晶粒构成的,则它们将属于不同的几种相。例如,纯铁在常温下由单相 α-Fe 组成,而铁中含有碳元素形成碳钢后,由于铁和碳的相互作用而形成 Fe_3C,其成分、结构与 α-Fe 完全不同,因此碳钢中就出现了一个新相 Fe_3C,称为渗碳体。

根据构成合金的各组元之间的相互作用,合金中的相结构可分为固溶体和金属化合物(或称中间相)两大类,称为合金的基本相。

2. 固溶体

组成合金的各组元在液态时能相互溶解形成均匀的单相液体,凝固后仍能相互溶解形成均匀的单相固体,这种单相固体称为固溶体。固溶体的晶体结构是在一种组元的晶格上分布着两种组元的原子。形成固溶体后,晶格保持不变的组元称为溶剂,晶格消失的组元称为溶质。因此,固溶体的晶体结构和溶剂组元的晶体结构相同。

固溶体

根据溶质原子在溶剂中所处位置不同,固溶体可分为间隙固溶体和置换固溶体两大类。

(1) 间隙固溶体

间隙固溶体是指溶质原子分布于溶剂晶格间隙之中而形成的固溶体。如图 1-19(a)所示。一般只有当溶质与溶剂原子半径之比小于 0.59 时,才能形成间隙固溶体。所以间隙固溶体中的溶质原子的尺寸都比较小,通常都是一些原子半径小于 1 Å 的非金属元素,例如碳、氧、硼等。

(2) 置换固溶体

置换固溶体是指溶质原子置换了溶剂晶格中某些结点位置上的溶剂原子而形成的固溶体。如图 1-19(b)所示。在置换固溶体中,溶质在溶剂中的溶解度主要取决于两者原子直径的差别、它们在元素周期表中的位置及晶格类型三个条件。一般说来,若两者原子直径差别较小,在元素周期表中的位置相互靠近,晶格类型相同,则这些组元能以任意比例互相溶

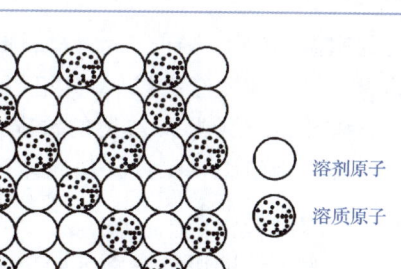

(a) 间隙固溶体　　　　　　(b) 置换固溶体

图 1-19　晶格结构模型

解,这种固溶体称为无限固溶体。反之,若不能很好地满足上述条件,则溶质在溶剂中的溶解度是有限的,这种固溶体称为有限固溶体。有限固溶体的溶解度和温度有密切关系,温度越高,溶解度越大。

无论是间隙固溶体还是置换固溶体,由于溶质原子的溶入,溶剂的晶格发生畸变,阻碍了位错的运动,使晶格间的滑移变得困难,从而提高了合金抵抗塑性变形的能力,使合金的强度、硬度升高,而塑性、韧性下降。这种现象称为固溶强化,它是提高金属材料力学性能的重要途径之一。

3. 金属化合物

合金组元间发生相互作用而形成的一种新相,其晶格类型和性能完全不同于其任一组成元素,一般可用分子式表示,且具有一定的金属性质。金属化合物的成分都处在两组元最大溶解度之间,因此也叫中间相。其一般特点是熔点高、硬度高和脆性高。它是许多合金的重要组成相。

4. 机械混合物

纯组元、固溶体和金属化合物是构成合金内部组织的基本相。除此之外,在合金的组织中常出现由两种或两种以上的相机械地混合在一起而组成的一种多相组织,称之为机械混合物。机械混合物中各组成相仍保持各自原有的晶格类型和性能。而机械混合物的性能则取决于各组成相的性能以及它们的数量、形状、大小和分布情况。

四、金属材料的组织

1. 组织的概念

将一小块金属材料用金相砂纸磨光后进行抛光,然后用侵蚀剂侵蚀,即可获得一块金相样品。在金相显微镜下观察,就可以看到金属材料内部的微观形貌。这种微观形貌称为显微组织,简称组织。因此,所谓组织,是指用金相观察方法,在金属及合金内部看到的涉及晶体或晶粒的大小、方向、形状、排列状况等组成关系的构造情况。也可以说是人们观察(包括用肉眼直接观察或借助于仪器观察)到的合金的特征与形貌。金属材料的组织可以由单相组成,也可以由多相组成。

2. 组织的决定因素

金属材料的组织取决于它的化学成分和工艺过程。不同碳含量的铁碳合金在平衡结晶后获得的室温组织不一样。金属材料的化学成分一定时,工艺过程则是其组织的最重要的影响因素。例如纯铁经冷拔后,其组织由原来的等轴形状的铁素体晶粒变成拉长了的铁素体晶粒。碳质量分数为 0.77% 的铁碳合金经球化退火后,得到的组织为球状珠光体。这种组织与室温平衡组织——片状珠光体的形态完全不一样。

3. 组织与性能的关系

金属材料的性能由金属内部的组织结构所决定。纯铁经冷拔后,晶粒被拉长变形,同时其内部位错密度等晶体缺陷增多,其强度与硬度均比未变形前要高得多。纯铁经变形度为 80% 的冷拔变形后,其抗拉强度由冷拔前的 180 MPa 提高到 500 MPa。冷变形对纯铁的物理、化学性能也有较大的影响,如导电性、耐蚀性降低。碳质量分数为 0.77% 的铁碳合金,室温下平衡组织中含有片状的 Fe_3C 相,其硬度高达 800HBW。切削加工时,车刀要不断切断 Fe_3C,因此刀具的磨损很严重。但球化退火后,Fe_3C 相变为分散的颗粒状,切削时对刀具的磨损较小,使切削性能得到提高。

金属的组织结构由材料的成分、工艺所决定。金属材料的性能则由金属内部的组织结构所决定。不同组织结构的材料具有不同的性能。但是,在研究组织与性能之间的关系时,要特别注意以下两点:

(1) 在有些情况下,金属的组织名称相同,组成相也相同,但晶粒形状、大小不同,则它们的性能也不相同。如图 1-20 所示为两种晶粒大小不一样的纯铁,虽然它们的组织都是铁素体,都由单一的 α 相所组成,但晶粒大小不同。晶粒细小的纯铁比晶粒粗大的纯铁的强度、硬度高,塑性、韧性好。这两种纯铁的组织具有晶粒大小不一样的两种不同的形态。

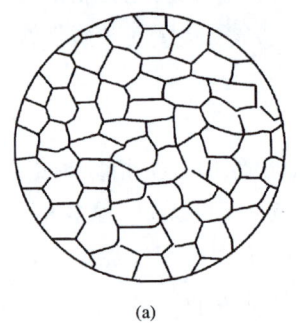 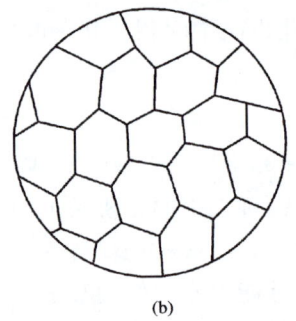

(a) (b)

图 1-20 两种晶粒大小不同的纯铁

(2) 在某些合金中,在显微镜下观察它们的组织相同,组成相也相同,且形状、大小无明显差异,只是成分有所不同。这时表现出来的性能也不相同。如镍质量分数分别为 10% 和 30% 的两种铜镍合金,其室温下的显微组织都是 α 固溶体(单相组织),且形状、大小相近。然而镍质量分数为 30% 的铜镍合金比镍质量分数为 10% 的铜镍合金的强度和硬度要高,电阻率要大。其原因是其晶粒内部的晶体结构出现很大的不同。镍质量分数为 30% 的铜镍合金的 α 固溶体中镍原子较多,造成晶格畸变增大,因而固溶强化效果显著。可见金属材料的性能不仅取决于其显微组织,而且取决于其成分和内部的微观结构。

综上所述,金属材料的成分、工艺、组织结构和性能之间有着密切的关系。了解它们之间的关系,掌握材料中各种组织的形成及各种因素的影响规律,对于合理使用金属材料有着十分重要的意义。

学习任务三　金属材料的变形与再结晶

任务引入

为什么具有体心立方晶格的铁、面心立方晶格的铜等金属都有较好的塑性,而具有密排六方晶格的锌就比较脆？我们知道漂亮的汽车外壳、装饮料的易拉罐都是用冷轧板冲成的,怎样才能使得这些板材在平面各方向的变形能力基本一样,而在厚度方向的变形要小于在平面内的变形？如何制造变压器铁芯的硅钢片,才会使铁损减小到最低限度以提高变压器的效率？冷拔钢丝时,钢丝拉过模孔后其断面尺寸不断减小,单位面积上所受的力不断增大,但钢丝出模后却从不会被拉断,这又是什么原因呢？构件难免会经受偶然超载,如何才能确保其安全可靠？当一种合金需冷加工成形时,常常会碰到这样的情况:在加工过程中工件会变得越来越硬而很难再继续加工,采取什么样的措施才能完成加工呢？

任务分析

金属的塑性与构成这种金属的晶体结构类型有关:滑移系甚多的面心立方和体心立方晶体,如铁、铜等的形变能力可以得到充分的发挥,故具有很好的塑性;相反,具有密排六方晶体的金属如锌等,由于滑移系少,晶粒之间的应变协调性很差,所以其塑性变形能力较低,脆性较大。

当金属发生冷塑性变形时,会出现形变织构,织构有有利的一面:制造变压器铁芯的硅钢片,因其组织是具有体心立方结构的铁素体,这种结构沿丝织构方向最易磁化,若采用具有丝织构的硅钢片做变压器,可使铁损大大减小,磁导率显著增大,可成倍提高设备效率;生产上利用织构的另一个例子是,利用板织构在平面各方向的变形能力基本一样,而在厚度方向的变形要小于在平面内的变形这一特点,用冷轧板可以冲成漂亮的汽车外壳及装饮料的易拉罐,这种少无切削的成形方式,不但制成品的质量好,还能极大地提高材料的利用率,十分值得推广。

冷拔钢丝时,正是由于钢丝产生了加工硬化,被拉细了的钢丝强度得到显著提高,不再继续变形,这才使得塑性变形能够均匀地分布在整个钢丝上,而不是集中在某些局部区域,所以才可以用冷拔的方法加工钢丝成形。同样道理,当构件发生偶然超载时,这种加工硬化现象的存在,能够避免悲剧的产生。

相关知识

前面我们已经学过,当应力超过屈服极限后材料会产生塑性变形。我们对材料的塑性变形会产生以下期望:结构件在承载时最好不产生塑性变形;结构件在超载后有永久变形给予预警,不会发生突然断裂;金属材料在加工时应容易变形便于加工。所以,塑性变形是材料的一个重要特性,我们应有充分认识。

金属在外力(载荷)作用下,首先发生弹性变形,载荷增加到一定值后,除了发生弹性变形外,还发生塑性变形,继续增加载荷,塑性变形也逐渐增大,直至金属发生断裂。即金属在外力作用下的变形可分为弹性变形、弹塑性变形及塑性变形三个连续的阶段。

弹性变形的本质是外力克服了原子间的作用力,使原子间距发生改变。当外力消除后,原子间的作用力又使它们回到原来的平衡位置,使金属恢复到原来的形状。因此金属弹性变形后其组织和性能不发生变化。和弹性变形不同,塑性变形又称永久变形,它比弹性变形复杂得多,下面先来分析金属的塑性变形。

一、金属的塑性变形

1. 单晶体的塑性变形

在常温和低温下,单晶体的塑性变形主要通过滑移方式进行,滑移是金属塑性变形的最基本方式。所谓滑移,是指晶体的一部分沿一定的晶面和晶向相对于另一部分发生滑动位移的现象。

例如,将一个表面经过抛光的纯锌单晶体进行拉伸试验,在试样的表面上出现了许多互相平行的倾斜线条的痕迹,称为滑移带,如图1-21所示。

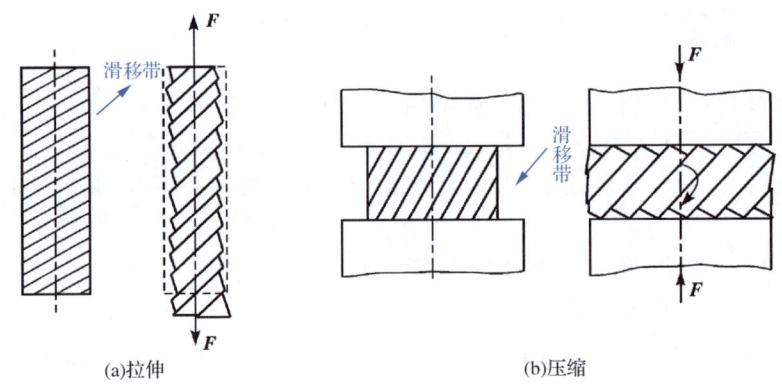

图1-21 纯锌单晶体滑移变形

滑移变形具有以下特点:

(1)滑移在切应力作用下产生。要使某一晶面滑动,作用在该晶面上的力必须是相互平行、方向相反的切应力(垂直于该晶面的正应力只能引起伸长或收缩),而且切应力必须达到一定值,滑移才能进行。当原子滑移到新的平衡位置时,晶体就产生了微量的塑性变形(图1-22)。许多晶面滑移的总和,就产生了宏观的塑性变形。

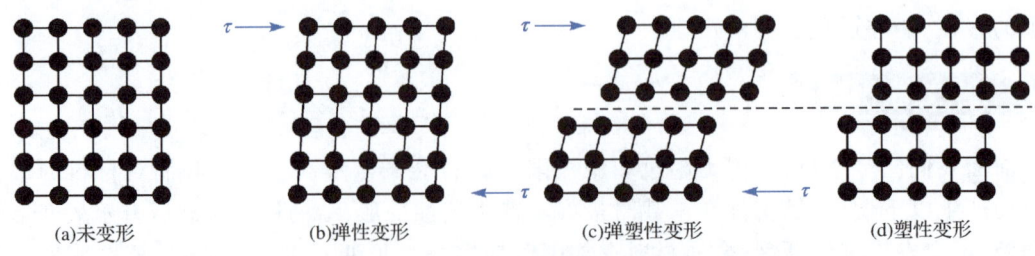

图1-22 晶体在切应力作用下的变形

(2)滑移沿原子密度最大的晶面和晶向发生。研究表明,滑移优先沿晶体中的一定的晶面和晶向发生,晶体中能够发生滑移的晶面和晶向称为滑移面和滑移方向。一般来说,滑移面和滑移方向越多,金属的塑性越好。

通常,滑移面和滑移方向往往是金属晶体中原子排列最密的晶面和晶向。这是因为原子密度最大的晶面其面间距最大,点阵阻力最小,因而容易沿着这些面发生滑移;至于滑移方向为原子密度最大的方向是由于最密排方向上的原子间距最短,即位错的阻力最小。

(3)滑移时两部分晶体的相对位移是原子间距的倍数。晶体滑移后,在其表面上出现滑移痕迹,通常称为滑移带。在电子显微镜下观察还会发现,任何一条滑移带实际上都是由若干条滑移线组成的。

(4)滑移的同时伴随着晶体的转动。单晶体滑移时,除滑移面发生相对位移外,往往伴随着晶面的转动,如图 1-21(b)所示。滑移的机理:晶体滑移时,并不是整个滑移面上的全部原子一起移动,因为那么多的原子同时移动,需要克服的滑移阻力十分巨大,实际上滑移是通过位错在滑移面上的运动来实现的,如图 1-23 所示。

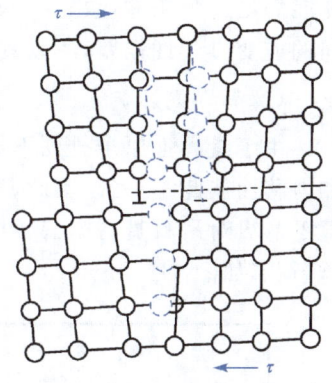

图 1-23　位错的运动

图 1-24 所示为一刃型位错在切应力 τ 的作用下在滑移面上的运动过程,即通过一根位错线从滑移面的一侧到另一侧的运动造成一个原子间距滑移的过程。从图 1-24 可以看出,当一条位错线扫过滑移面到达金属表面时,便产生一个原子间距的滑移量。同一滑移面上,若有大量位错移出,则会在金属表面形成一条滑移线,于是就产生了宏观的塑性变形。

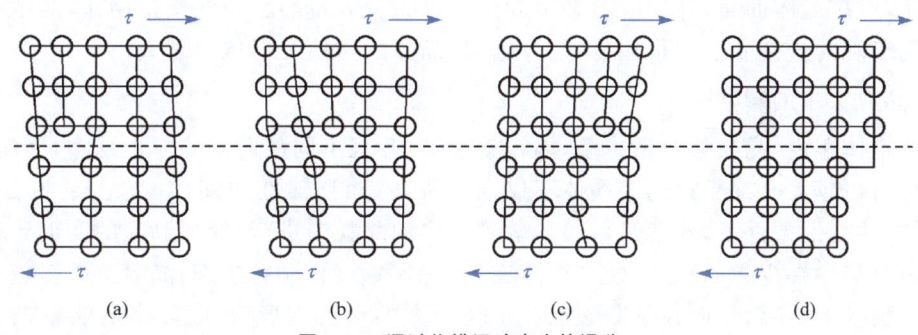

图 1-24　通过位错运动产生的滑移

2. 多晶体的塑性变形

(1)晶粒取向的影响

晶粒取向对多晶体塑性变形的影响主要表现在各晶粒变形过程中的相互制约和协调性。

当外力作用于多晶体时,由于晶体的各向异性,位向不同的各个晶体所受应力并不一致。处于有利位向的晶粒首先发生滑移,处于不利方位的晶粒却还未开始滑移。但多晶体中每个晶粒都处于其他晶粒包围之中,各晶粒的变形必然与其邻近晶粒相互协调配合,不然就难以进行变形,甚至不能保持晶粒之间的连续性,会造成空隙而导致材料的破裂。为了使多晶体中各晶粒之间的变形得到相互协调与配合,每个晶粒不只是在取向最有利的单滑移系上进行滑移,还必须在几个滑移系(包括取向并非有利的滑移系)上进行,其形状才能相应地进行各种改变。理论分析指出,多晶体塑性变形时要求每个晶粒至少能在五个独立的滑移系上进行滑移。可见,多晶体的塑性变形是通过各晶粒的多系滑移来保证相互间的协调的,即一个多晶体是否能够塑性变形,决定于它是否具备五个独立的滑移系来满足各晶粒变形时相互协调的要求。这就与晶体的结构类型有关:滑移系甚多的面心立方和体心立方晶体能满足这个条件,故它们的多晶体具有很好的塑性;密排六方晶体由于滑移系少,晶粒之间的应变协调性很差,所以其多晶体的塑性变形能力较低。

(2)晶界的影响

由于晶界上原子排列不规则,点阵畸变严重,而且晶界两侧的晶粒取向不同,滑移方向和滑移面彼此不一致,因此,滑移要从一个晶粒直接延续到下一个晶粒是极其困难的,在室温下晶界对滑移具有阻碍效应。对只有 2~3 个晶粒的试样进行拉伸试验表明,在晶界处呈竹节状,如图 1-25 所示。

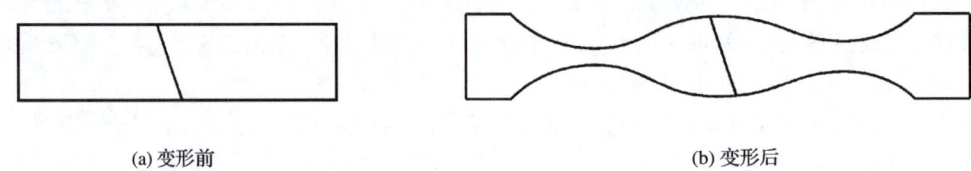

(a) 变形前　　　　　　　　　　　　(b) 变形后

图 1-25　两个晶粒试样在拉伸时的变形

多晶体试样经拉伸后,每一晶粒中的滑移面都终止在晶界附近。在变形过程中位错难以通过晶界而被堵塞在晶界附近,这是因为晶界处原子排列比较紊乱,阻碍位错运动。这种现象又叫"竹节"现象。

因此,对多晶体而言,外加应力必须大至足以激发大量晶粒中的位错动作,产生滑移,才能觉察到宏观的塑性变形。很显然,晶界越多,晶体的塑性变形抗力越大。

(3)晶粒大小的影响

在一定体积内,晶粒的数量越多,晶粒就越细,并且不同位向的晶粒也越多,因而其塑性变形的抗力也越大。细晶粒的多晶体不仅强度较高,而且塑性和韧性也较好。因为晶粒越细,在同样的变形条件下,变形量可以分散到更多的晶粒内进行,使各晶粒的变形比较均匀,而不致过分集中在少数晶粒上,使其严重变形。另一方面,晶粒越细,晶界就越多越曲折,有利于阻止裂纹的传播,从而在其断裂前能承受较大的塑性变形,吸收较多的能量,表现出较好的塑性和韧性。

因此,一般在室温使用的结构材料都希望获得细小而均匀的晶粒。因为细晶粒不仅使材料具有较高的强度、硬度,而且也使它具有良好的塑性和韧性,即具有良好的综合力学性能。故生产中总是尽可能地细化晶粒。

二、冷塑性变形对金属性能与组织的影响

塑性变形不但可以改变材料的外形和尺寸,而且能使材料的内部组织和各种性能发生变化。

1. 冷塑性变形对金属显微组织的影响

随着变形量的增加,原来的等轴晶粒将逐渐沿其变形方向伸长。当变形量很大时,晶粒

将沿着变形方向被拉长成纤维状,由原来的等轴晶粒逐步变成沿变形方向伸长的类似扁平纤维形状的晶粒,并且晶界也变得模糊不清,称为冷变形纤维组织。形成冷变形纤维组织后,金属的力学性能将会有明显的各向异性,如纵向的性能明显优于横向的。

2. 亚结构的变化

塑性变形也会使晶粒内部的亚结构发生变化,使晶粒破碎成亚晶粒。经一定量的塑性变形后,晶体中的位错线通过运动与交互作用,形成位错缠结,进一步增加变形量时,大量位错发生聚集,并由缠结的位错组成胞状亚结构,随着变形量的增加,变形胞的数量增多,尺寸减小。

3. 形变织构的产生

金属冷塑性变形时,晶体要发生转动,使金属晶体中原为任意取向的各晶粒取向逐渐趋于一致,这就形成了晶体的择优取向。当变形量较大时,晶粒的转动使每个晶粒的晶格位向趋于大体一致,这种由于变形而使晶粒具有择优取向的组织,称为形变织构。

形变织构有两种类型:

① 拔丝时形成的形变织构称为丝织构,其主要特征为各晶粒的某一晶向趋于平行于拉拔方向。

② 轧板时形成的形变织构称为板织构,其主要特征为各晶粒的某一晶面和晶向分别趋于平行于轧制面和轧制方向。

当出现形变织构以后,多晶体金属就表现出一定程度的各向异性,这对材料的性能和加工工艺有很大的影响。形变织构引起各向异性,它有有利的一面,也有有害的一面。如生产上可利用形变织构提高硅钢片某一方向上的磁导率;在冲压薄板件时,它会带来不均匀的塑性变形,而产生"制耳"现象,这是不希望产生的。

4. 塑性变形对金属性能的影响

塑性变形后金属性能变化最显著的是力学性能。随着塑性变形的增加,金属的强度、硬度提高,而塑性、韧性下降的现象称为加工硬化或形变强化。

加工硬化是强化材料的一种主要手段。例如,像18-8型奥氏体不锈钢这一类不能用热处理强化的金属材料,经40%轧制变形后屈服强度提高了3~4倍,抗拉强度也提高了1倍。此外,加工硬化可以使金属具有一定的抗偶然超载的能力,提高了构件在使用中的安全性。同时,加工硬化也是工件能用塑性变形方法成型的必要条件。例如金属材料在冷冲压弯曲变形中(图1-26),r 处变形最大,首先产生加工硬化,随后的变形即转移到其他部分,这样就可以得到壁厚均匀的冲压件。再如拖拉机的履带、铁路的道岔等都是利用加工硬化来提高硬度及耐磨性的。但有

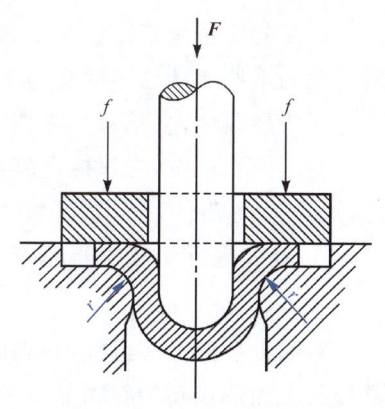

图1-26 冷冲压弯曲变形

时也会给进一步加工带来困难。如钢板冷轧、钢丝冷拔等过程中,需安排中间退火工艺,消除加工硬化。

除了力学性能之外,塑性变形也会使金属材料的其他性能发生变化,如电阻率增高,电

阻温度系数下降,导电性、磁导率下降,化学活性增加,腐蚀速度加快等。

5. 残余应力

内应力分为三类:第一类内应力又叫宏观内应力,是由金属表层与心部变形不一致造成的,所以存在于表层与心部之间;第二类内应力又叫微观内应力,是由晶粒之间变形不均匀造成的,所以存在于晶粒与晶粒之间;第三类内应力又叫点阵畸变,是由晶体缺陷增加引起点阵畸变增大而造成的内应力,所以存在于晶体缺陷中。

残余应力是一种内应力,在工件中处于自相平衡状态,其产生是由工件内部各区域变形不均匀及相互间的牵制作用所致的。通常可分为三种:

①宏观残余应力:是由工件不同部分的宏观变形不均引起的。

②微观残余应力:是由晶粒或亚晶粒之间的变形不均产生的。

③点阵畸变:是由工件在塑性变形中形成的大量点阵缺陷(如空位、间隙原子、位错等)引起的。

内应力的产生使材料变脆,耐蚀性降低。

三、回复与再结晶

金属材料经塑性变形后,空位、位错等结构缺陷密度增加以及畸变能升高,而使其处于热力学不稳定的高吉布斯自由能状态,具有自发恢复到变形前低吉布斯自由能状态的趋势,但在室温下,因温度低,原子活动能力小,故恢复很慢,一旦受热,温度较高时,原子扩散能力提高,组织、性能便会发生一系列变化。这种变化伴随着加热温度的升高,可分为回复、再结晶及晶粒长大三个阶段。

1. 回复

当加热温度不太高时,原子活动能力有所增强,晶格畸变程度大大减轻,金属内应力显著降低,强度、硬度稍稍下降,塑性、韧性略有上升,这个阶段称为回复。

回复的实质是指冷变形金属加热时,在光学显微组织发生改变前(再结晶晶粒形成前)所产生的某些亚结构和性能的变化过程。此时金属的显微组织无明显的变化,因此力学性能也无明显改变,只是某些物理、化学性能,如电阻和抗腐蚀等性能显著减小。

在工业生产中,为保持金属经冷塑性变形后的高强度,往往采用回复处理,以降低内应力,适当提高塑性。例如冷拔钢丝弹簧加热到 250~300 ℃,青铜丝弹簧加热到 120~150 ℃,就要进行回复处理,使弹簧的弹性增强,同时消除加工时带来的内应力。

2. 再结晶

对回复后的金属继续加热到较高温度时,由于原子活动能力增强,畸变晶粒通过形核及晶核长大而形成新的等轴晶粒的过程称为再结晶。

再结晶的实质就是冷变形金属加热到一定温度之后,在原来的变形组织中重新产生了无畸变的新晶粒,而性能也发生了明显的变化,并恢复到完全软化状态的过程。再结晶后的晶粒内部晶格畸变消失,位错密度下降,因而金属的强度、硬度显著下降,而塑性、韧性则显著上升。结果使变形金属的组织和性能又恢复到冷塑性变形前的状态。

金属的再结晶过程是在一定的温度范围内进行的。能进行再结晶的最低温度称为再结晶温度。对于工业用纯金属（纯度大于 99.9%），其再结晶温度与熔点间的关系可按下面的经验公式计算

$$T_{再} = (0.35 \sim 0.40) T_{熔} \tag{1-11}$$

式中　$T_{再}$——金属的再结晶温度，K；
　　　$T_{熔}$——金属的熔点，K。

实际生产中，为了消除加工硬化，必须进行中间退火。经冷变形后的金属加热到再结晶温度以上 100～200 ℃，保温适当时间，使变形晶粒重新结晶为均匀的等轴晶粒，以消除加工硬化和残余应力的退火，称为再结晶退火。

3. 晶粒长大

冷变形金属刚刚结束再结晶时的晶粒是比较细小均匀的等轴晶粒，如果再结晶后不控制其加热温度或时间，继续升温或保温，晶粒之间便会相互吞并而长大，这一阶段称为晶粒长大。我们应当避免这种使晶粒长大而导致晶粒粗化、力学性能变坏的情况。

四、金属的热塑性变形

1. 热加工与冷加工的本质区别

金属的冷塑性变形加工和热塑性变形加工是以再结晶温度来划分的。凡在金属的再结晶温度以上进行的加工，称为热加工，如锻造热轧等；而在再结晶温度以下进行的加工称为冷加工，如冷轧冷拉等。各种金属的再结晶温度不同，冷、热加工的温度界限差别极大。例如，钨的最低再结晶温度是 1 200 ℃，对钨来说，即使在 1 000 ℃ 高温下的加工仍属于冷加工；而锡的最低再结晶温度为 −7 ℃，即使在室温下的加工，对锡来说已属于热加工了。

热加工时，金属原子的结合力减小，而且加工硬化现象随时被再结晶过程所消除，从而使金属的强度、硬度降低，塑性、韧性增大，因此其塑性变形要比低温时容易得多。

2. 热加工对金属组织和性能的影响

正确的热加工可以改善金属材料的组织和性能。

(1) 消除铸态金属的组织缺陷

通过热加工，可使钢锭中的气孔、缩孔大部分焊合，铸态的疏松被消除，提高了金属的致密程度。

(2) 细化晶粒

热加工的金属经过塑性变形和再结晶作用，只要能避免临界变形度（2%～10%）及过高的终锻温度，就可以细化晶粒，提高钢的力学性能。

(3) 形成纤维组织

在热加工过程中，由于铸态组织中的各种夹杂物在高温下具有一定的塑性，它们会沿着变形方向伸长而形成纤维组织，使金属材料的力学性能在不同的方向上有明显的差异。通常沿着纤维的方向，其抗拉强度及韧性高，而抗剪切强度低。在垂直于纤维的方向上，抗剪

切强度较高,而抗拉强度较低。

(4)形成带状组织

如果钢在铸态组织中存在比较严重的偏析,或热加工时终锻(终轧)温度过低,钢内就会出现与热加工方向大致平行的由条带所组成的偏析组织——带状组织。带状组织是一种缺陷,它也会引起钢力学性能的各向异性。一般可用热处理方法消除带状组织。

思考题

1. 材料的使用性能与工艺性能有何区别?
2. 举例说明高熔点的金属和低熔点的金属各有什么用途。
3. 简述金属材料的化学性能。
4. 金属常用的力学性能判据有哪些?
5. 拉伸试验能测量哪些力学性能指标?
6. 常用的硬度测量方法有哪些?铸铁等组织粗大的材料为什么要用布氏硬度测量法?
7. 什么叫金属的疲劳破坏?疲劳破坏有何特征?
8. 材料的工艺性能有何意义?
9. 常用的工艺性能有哪些?
10. 什么叫晶体?什么叫非晶体?
11. 什么叫晶格?什么叫晶胞?
12. 常见的金属晶体有哪几种?
13. 晶体缺陷有哪几种?它们对力学性能有什么影响?
14. 什么叫固溶体?什么叫固溶强化现象?
15. 什么叫金属化合物?它有何特征?
16. 什么叫金属的组织?
17. 试述晶粒大小与力学性能的关系。
18. 什么是滑移?
19. 单晶体塑性变形的最基本方式是什么?在实际晶体中,它是通过什么来实现的?
20. 多晶体的塑性变形比单晶体复杂,它的不同点主要表现在哪几个方面?
21. 塑性变形对金属性能的影响有哪些?
22. 什么是加工硬化?它在生产中有何利弊?如何消除加工硬化?
23. 简述加热温度对冷塑性变形金属的组织和性能的影响。
24. 实际生产中,金属的再结晶温度是如何确定的?
25. 热加工与冷加工的本质区别是什么?它对金属的组织和性能有何影响?

课题二
钢的热处理

学习目标

1. 了解钢在加热和冷却时的组织转变。
2. 掌握钢的常规热处理。
3. 熟悉钢的表面热处理。
4. 了解热处理新技术及其发展趋势。
5. 能进行常规热处理操作。

>>> 学习任务一　分析并应用铁碳合金相图 <<<

任务引入

　　钢铁材料是现代模具工业中应用最广泛的金属材料,数控车床是加工模具最常用的设备,生产中的碳钢和铸铁均属于铁碳合金。不同的材料,其性能不同,应用的范围也不同。请确定图 2-1 所示数控机床各部件用什么材料制造,分析碳含量和性能之间的关系,进而掌握铁碳合金相图的应用知识。

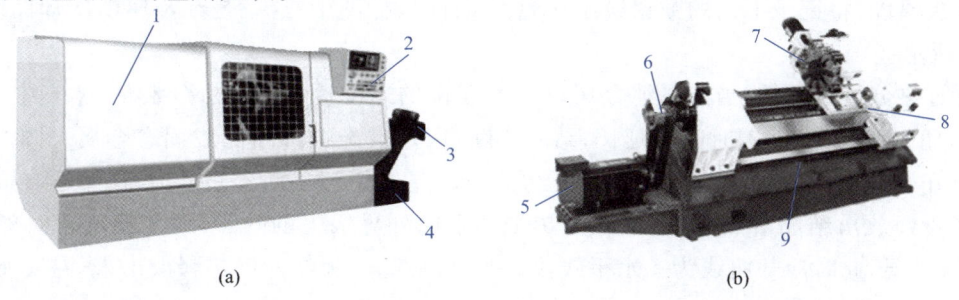

图 2-1　数控车床

1—防护罩;2—控制面板;3—排屑机壳;4—冷却液箱;5—主轴电动机;6—主轴;7—回转刀架;8—尾座;9—床身

任务分析

图 2-1 所示数控车床的防护罩、控制面板、冷却液箱和排屑机壳等部件,都是冲压加工并焊接成形的,因此应选用具有一定强度并且塑性好的低碳钢;而床身、尾座架及主轴电动机壳则由于这些部位对力学性能要求不高,大都是铸造成形的,所以可优先选用铸铁,因为铸铁生产成本低廉,具有优良的铸造性,其切削加工性、减振性及耐磨性都较好,刚好可以满足其使用性能的要求;而主轴和回转刀架不但对于强度有较高的要求,而且要能经受一定的冲击载荷,其冲击韧性要求要好,所以一般选用 45 钢等中碳钢调质处理。

相关知识

我们知道工业生产和日常生活中应用最广泛的金属材料——钢铁材料和铸铁都是铁碳合金,虽然它们的种类很多,成分不一,但是它们的基本组成都是铁(Fe)和碳(C)两种元素。因此,学习铁碳相图、掌握应用铁碳相图的规律解决实际问题是非常重要的。

铁(Fe)和碳(C)能够形成 Fe_3C、Fe_2C 和 FeC 等多种稳定金属化合物。所以,Fe-C 相图可以划分成 Fe-Fe_3C、Fe_3C-Fe_2C、Fe_2C-FeC 和 FeC-C 四个部分。由于金属化合物是硬脆相,后面三部分相图实际上没有应用价值(工业上使用的铁碳合金碳质量分数不超过5%),因此,通常所说的铁碳相图就是 Fe-Fe_3C 部分。

我们能够以 Fe-Fe_3C 相图为依据,从铁碳合金的组织、性能随成分变化的规律出发,推断出铁碳合金的性能,再根据实际生产中对零件的性能要求,选定相应的制作材料、加工工艺方法及强化途径。因此,Fe-Fe_3C 相图是材料科学的基础内容之一,是进行材料研究和开发的非常有用的工具,对材料的生产加工也具有指导作用。总之,Fe-Fe_3C 相图在生产实践中具有重大的现实意义。

一、纯金属的结晶过程及铁的同素异构现象

1. 纯金属的结晶过程

(1)纯金属的冷却曲线及过冷度

通常我们是通过热分析的方法来研究金属的结晶过程的,图 2-2 所示为热分析装置。将纯金属加热熔化成液体,然后让其极其缓慢地冷却下来,在冷却过程中,每隔一定的时间测量一次温度,将记录下来的数据绘制在温度-时间坐标图中,这就是纯金属的冷却曲线,如图 2-3 所示。

通过热分析法可知,当液态纯金属以极其缓慢的速度冷却,温度降到某一点(图 2-3 中 T_0)时,便开始结晶,随着时间的延长,结晶不断进行,直至全部结晶成固态金属。图 2-3 中自 a 点开始结晶,至 b 点结晶结束,整个结晶过程是在恒温下进行的。这是因为结晶时液态金属要释放出结晶潜热,这些结晶潜热抵消了向外界散失的热量,而使温度暂时停止降低,保持恒温,此时冷却曲线为一水平线段。当结晶终止,无结晶潜热释放出来,温度便开始继续降低。

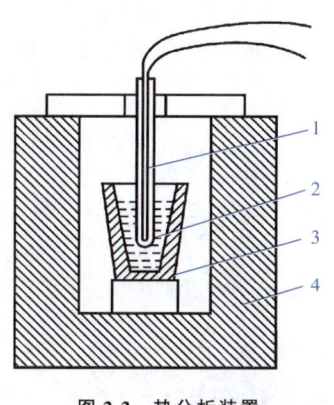

图 2-2 热分析装置
1—热电偶；2—金属液体；3—坩埚；4—电炉

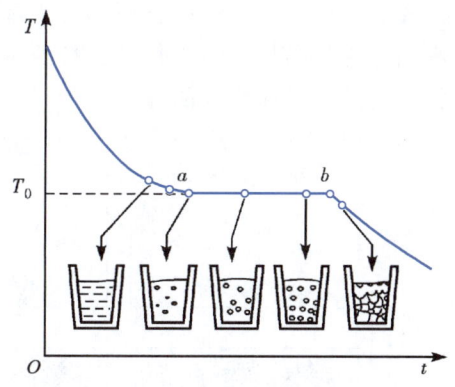

图 2-3 纯金属的冷却曲线

实际上让液态纯金属极其缓慢冷却是不易实现的，因此上述结晶过程只是理想条件下的情况。这种冷却速度极其缓慢的冷却，通常称为平衡条件下的冷却，简称平衡冷却。图 2-3 中温度 T_0 就是平衡冷却条件下的结晶温度，称为理论结晶温度（或平衡结晶温度），即某种金属的液体与固态晶体处于平衡状态的具体温度。此时液体的结晶速度与固态晶体的溶解速度相等，即自液体转为晶体的原子数目等于晶体溶于液体的原子数目。在这样的条件下实际的结晶过程是不可能发生的，而只有当温度低于理论结晶温度时结晶才得以真正地进行。用热分析法测得某一种纯金属在实际冷却条件下的冷却曲线证实了这一点，如图 2-4 所示。实际结晶温度 T_1 总是低于理论结晶温度 T_0，这一现象叫作过冷现象。T_0 和 T_1 之差称为过冷度（ΔT），即 $\Delta T = T_0 - T_1$。要想使液态金属的结晶有效地进行，必须具备足够大的过冷度，这就是结晶赖以进行的能量条件。过冷度的大小和冷却速度有关，冷却速度越快，液态金属的实际结晶温度越低，过冷度就越大。

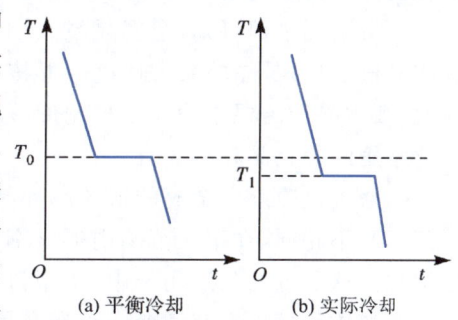

(a) 平衡冷却　　(b) 实际冷却

图 2-4 纯金属结晶时的冷却曲线

综上所述，纯金属的结晶有两个特点：一是结晶总是在一定的过冷度条件下进行的；二是结晶的整个过程是在恒温（T_1）情况下由开始到结束的。前者也是合金结晶以及其他固态下组织转变的共同特点。

金属发生结构改变的温度称为临界点，结晶温度就是一种临界点。

(2) 纯金属的结晶过程

液态金属的结晶是在一定过冷度的条件下，从液体中首先形成一些微小而稳定的小晶体，然后以它为核心逐渐长大。这种作为结晶核心的微小晶体称为晶核。在晶核长大的同时，液体中又不断产生新的晶核并不断长大，直到它们互相接触，液体完全消失为止。因此，结晶过程是晶核的形成与长大的过程。

图 2-5 所示为纯金属结晶的过程。结晶开始时，液体中某些部位的原子集团先后按一定的晶格类型排列成微小的晶核，然后晶核向着不同位向按树枝生长方式长大，当成长的枝晶与相邻的枝晶互相接触时，晶体就向着尚未凝固的部位生长，直至晶间的金属液体全部凝

固为止。最后形成许多互相接触而外形不规则的小晶体。这些外形不规则而内部原子排列规则的小晶体称为晶粒。由于每个晶粒的位向不同,所以它们相遇时不能合为一体,这些晶粒与晶粒之间的分界面称为晶界。

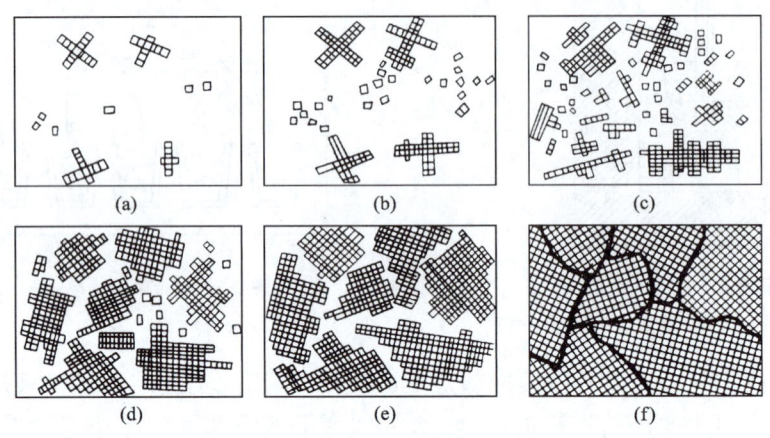

图 2-5　纯金属结晶的过程

(3)晶粒大小对金属力学性能的影响

晶粒大小对金属的力学性能有重要的影响。通常在室温下,细晶粒金属具有较高的强度和韧性。为了提高金属的力学性能,必须控制金属结晶后的晶粒大小。

分析结晶过程可知,金属晶粒大小取决于结晶时的形核率(单位时间、单位体积内所形成的晶核数目)与晶核长大速度。形核率越高,晶核长大速度越小,则结晶后的晶粒越细小。因此,细化晶粒的根本途径是控制形核率及晶核长大速度。

常用的细化晶粒方法有:

①增大过冷度。金属的形核率和晶核长大速度均随过冷度的增大而增大,但两者增大的速率并不相同,在很大范围内形核率比晶核长大速度增大更快,因此,增加过冷度能使晶粒细化。这种方法只适用于中、小型铸件,对于大型铸件则需要用其他方法使晶粒细化。

②变质处理。在浇注前向液态金属中加入一些细小的形核剂(又称变质剂或孕育剂),使它分散在金属液体中作为人工晶核,可使晶粒显著增加,或者降低晶核的长大速度,这种细化晶粒的方法称为变质处理。钢中加入钛、硼、铝等,铸铁中加入硅铁、硅钙等均能起到细化晶粒的作用。

③振动处理。在结晶时,对金属液体加以机械振动、超声波振动和电磁振动等使生长中的枝晶破碎,从而提供更多的晶核,达到细化晶粒的目的。

2. 铁的同素异构现象

有些金属在固态下存在着两种以上的晶格形式,这类金属在冷却或加热过程中,随着温度的变化,其晶格形式也要发生变化。

金属在固态下随温度的改变由一种晶格转变为另一种晶格的现象称为同素异构转变。具有同素异构转变的金属有铁、钴、钛、锡、锰等。以不同晶格形式存在的同一种金属的晶体称为该金属的同素异晶体。通常同一种金属的同素异晶体按其稳定存在的温度,由低温到高温依次用希腊字母 α、β、γ、δ 等表示。

纯铁的冷却曲线如图 2-6 所示。由图 2-6 可见,液态纯铁在 1 538 ℃进行结晶,得到具有体心立方晶格的δ-Fe,继续冷却到1 394 ℃时发生同素异构转变,δ-Fe转变为面心立方晶格的γ-Fe,再冷却到912 ℃时又发生同素异构转变,γ-Fe转变为体心立方晶格的α-Fe,如再继续冷却到室温,晶格的类型不再发生变化。这些转变可以表示为

$$\delta\text{-Fe} \xleftrightarrow{1\,394\ ℃} \gamma\text{-Fe} \xleftrightarrow{912\ ℃} \alpha\text{-Fe} \tag{2-1}$$

金属的同素异构转变与液态金属的结晶过程有许多相似之处:有一定的转变温度;转变时有过冷现象;放出和吸收潜热;转变过程也是一个形核和晶核长大的过程(图2-7)。

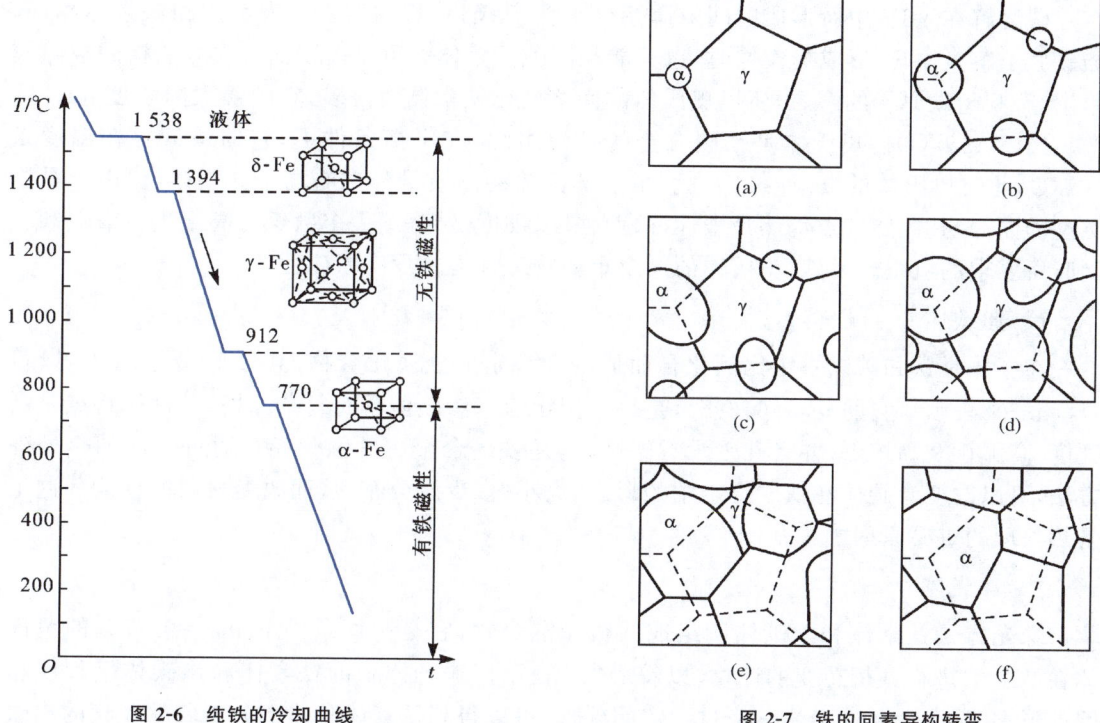

图 2-6　纯铁的冷却曲线　　　　　　　　　图 2-7　铁的同素异构转变

另一方面,同素异构转变属于固态相变,又具有其本身的特点。例如,同素异构转变时,新晶格的晶核优先在原来晶粒的晶界处形核;转变需要较大的过冷度;晶格的变化伴随着金属体积的变化,转变时会产生较大的内应力。例如γ-Fe转变成α-Fe时,铁的体积会膨胀约1%,这是钢热处理时引起应力、导致工件变形和开裂的重要原因。

二、铁碳合金相图的分析

1. 铁碳合金的基本组织

铁碳合金是以铁和碳为基本组元的二元合金,其组织是随成分、温度的不同而变化的,但归纳起来仍然是固溶体、金属化合物和机械混合物三种形态,包括铁素体、奥氏体、渗碳体、珠光体和莱氏体。

(1)铁素体

碳溶解在α-Fe中所形成的间隙固溶体称为铁素体,用符号"F"来表示。由于碳和铁的

原子直径和晶格类型存在很大差异,所以当它们以固溶体的形式结合时,只能是间隙固溶体。而α-Fe是体心立方晶格,晶格间隙半径较小,因此碳在α-Fe中的固溶度也较小。在727 ℃时,α-Fe中碳的最大溶解量仅为$w_C=0.021\ 8\%$,并随着温度的下降而逐渐减小,至室温时降到最低点$w_C=0.000\ 8\%$。铁素体是铁碳合金在室温下的主要组织,起着基体相的作用。由于碳质量分数甚微,固溶强化作用小,所以铁素体的性能与纯铁相似,即具有良好的塑性、较低的强度和硬度。

(2)奥氏体

碳溶解在γ-Fe中所形成的间隙固溶体称为奥氏体,以符号"A"表示。和铁素体相同,当碳原子溶入γ-Fe形成奥氏体时,也只能是间隙固溶体。可是由于面心立方晶格的空隙较集中,有利于碳原子的溶入,所以奥氏体的固溶度比铁素体大得多,它的最大固溶度为$w_C=2.11\%$(1 148 ℃)。奥氏体是铁碳合金的高温组织,在平衡条件下,它的最低存在温度是727 ℃,此时奥氏体的$w_C=0.77\%$。虽然奥氏体的碳质量分数略高于铁素体,但由于晶格类型的原因,其性能特点仍然是塑性好,而强度、硬度低,是绝大多数钢在高温进行锻造和轧制时所要求的组织。另外,奥氏体的一个重要物理性能是没有铁磁性。

(3)渗碳体

渗碳体是铁和碳以一定比例化合而成的亚稳定的金属化合物,其分子式为Fe_3C,以符号"Cm"来表示。它的$w_C=6.69\%$,是一个固定值。渗碳体具有复杂晶格,其性能特点是高硬度、高脆性及高熔点,并且几乎没有塑性,它是铁碳合金中的强化相。通过不同的热处理方法,可以改变渗碳体在铁碳合金中的形态、大小、多少及分布,从而改变材料的性能。这正是热处理的重要原理之一。

(4)珠光体

珠光体是铁素体和渗碳体所组成的机械混合物,它是平衡条件下$w_C=0.77\%$的奥氏体在727 ℃进行共析转变的产物,以符号"P"表示。珠光体中的铁素体和渗碳体呈片层相间的形态,称为片状珠光体。经过一定的处理,可以得到铁素体基体上分布着颗粒状的渗碳体,称为粒状(球状)珠光体。珠光体的强度、硬度较铁素体高,但塑性、韧性差。在硬度相同的情况下,球状珠光体的塑性、韧性要好于片状珠光体。由此可见,珠光体的力学性能主要取决于其组成相的形态、大小和分布。

(5)莱氏体

莱氏体是$w_C=4.3\%$的铁碳合金,在1 148 ℃发生共晶转变而从液相中同时析出的奥氏体和渗碳体的机械混合物,用符号"L_d"来表示。由于奥氏体在727 ℃时还将转变成珠光体,所以在室温下的莱氏体由珠光体和渗碳体组成,这种机械混合物称为低温莱氏体,用"L_d'"来表示。莱氏体的力学性能和渗碳体相似,硬度很高,塑性很差。

综上所述,上述五种基本组织中,铁素体、奥氏体和渗碳体是铁碳合金的基本相,珠光体、莱氏体则是其基本组织,其力学性能见表2-1。

表 2-1　　　　　　　　　　　铁碳合金组织的力学性能

组织名称	符号	碳的质量分数/%	力学性能		
			R_m/MPa	A/%	HBW
铁素体	F	约 0.021 8	180～280	30～50	50～80
奥氏体	A	约 2.11	—	40～60	120～220
渗碳体	Cm(Fe_3C)	6.69	30	0	约 800
珠光体	P	0.77	800	20～35	180
莱氏体	L_d(L_d')	4.30	—	0	>700

2. 铁-渗碳体相图的运用

(1)铁-渗碳体相图的知识

图 2-8 是简化后的 Fe-Fe_3C 相图。

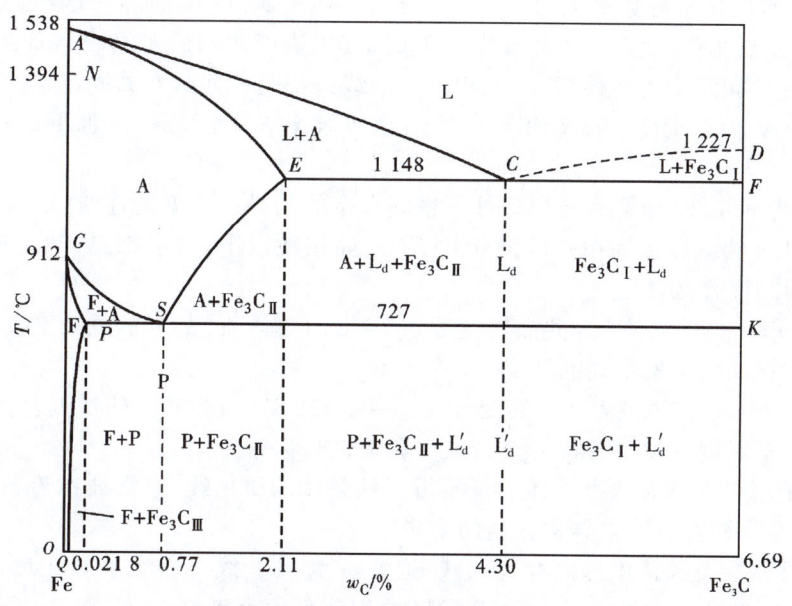

图 2-8　简化后的 Fe-Fe_3C 相图

①Fe-Fe_3C 相图中的特性点：C 点为共晶点。w_C=4.30% 的液态铁碳合金，在平衡条件下冷却至 1 148 ℃时发生共晶转变，同时结晶出 E 点成分(w_C=2.11%)的奥氏体和渗碳体。所谓共晶转变，是指一定成分的液态合金，在一定的温度下同时结晶出两种不同固相的转变。共晶转变是在恒温下进行的，反应过程中液相、奥氏体和渗碳体三相共存，直至共晶结束，完全变成固态奥氏体和渗碳体的机械混合物莱氏体。其反应式为

$$L_{w_C 4.3\%} \xrightarrow[\text{共晶反应}]{1\ 148\ ℃} L_{d\, w_{C} 4.3\%}(A_{w_{C} 2.11\%}+Fe_3C) \tag{2-2}$$

或

$$L_{w_C 4.3\%} \xrightarrow[\text{共晶反应}]{1\ 148\ ℃} L_{d\, w_C 4.3\%} \tag{2-3}$$

S 点为共析点，w_C=0.77% 的奥氏体，在平衡条件下冷却至 727 ℃时发生共析转变，由奥氏体中同时析出 P 点成分的铁素体(w_C=0.021 8%)和渗碳体(w_C=6.69%)。像这样由一种成分的固溶体，在一恒定的温度下同时析出两个一定成分的新的不同固相的过程，称为共析转变。

共析转变与共晶转变在相图形状上非常相似,并且都是一种相在恒温下转变成另外两种固相。但它们的本质是不同的,前者是固态下的转变,后者是结晶过程。共晶转变前的母相是液相,而共析转变前的母相为单一固相。共析转变也是在恒温下进行的,反应过程中奥氏体、铁素体、渗碳体三相共存,直至反应结束,奥氏体完全转变成铁素体和渗碳体的机械混合物即珠光体。其反应式为

$$A_{w_C 0.77\%} \xrightarrow[\text{共析反应}]{727\ ℃} P_{w_C 0.77\%}(F_{w_C 0.021\ 8\%} + Fe_3C) \tag{2-4}$$

或

$$A_{w_C 0.77\%} \xrightarrow[\text{共析反应}]{727\ ℃} P_{w_C 0.77\%} \tag{2-5}$$

E 点为奥氏体的最大固溶度点。在一定的温度条件下,奥氏体中溶解碳的数量有一最大值,即该温度下的固溶度。温度升高其固溶度也随之增大,当温度升至 1 148 ℃ 时,奥氏体的固溶度达到最大值,即 $w_C = 2.11\%$。由此可见,在平衡条件下奥氏体所存在的整个范围内,其溶解碳的质量分数最大为 2.11%,而且只有在 1 148 ℃ 时才能达到。

P 点与 E 点相似,表示铁素体在 727 ℃ 时,其固溶度达到最大值,即 $w_C = 0.021\ 8\%$。

②Fe-Fe$_3$C 相图中的特性线:二元相图中的线条都是一些具有共同特征的点的连线。

ACD 为液相线,是 Fe-Fe$_3$C 相图中所有铁碳合金在平衡冷却条件下的结晶起始温度连线。

$AECF$ 为固相线,是平衡冷却条件下铁碳合金的结晶终止温度连线。

在 ACD 液相线以上为单一的液相,$AECF$ 固相线以下,合金都是固相,而这两条线之间为固、液两相混合区。

水平线 ECF(1 148 ℃)为共晶转变线,$w_C = 2.11\% \sim 6.69\%$ 的铁碳合金,在平衡冷却过程中,均在该温度下发生共晶转变。

水平线 PSK(727 ℃)为共析转变线,$w_C = 0.021\ 8\% \sim 6.69\%$ 的铁碳合金,在平衡冷却过程中,均在该温度下发生共析转变。该线通常也被称为 A_1 线。

GS 线是平衡冷却时从奥氏体中开始析出铁素体的析出线,通常被称为 A_3 线。奥氏体向铁素体转变是铁发生同素异构转变的结果。

ES 线是碳在奥氏体中的固溶度曲线,通常称为 A_{cm} 线。它表示碳在奥氏体中的固溶度从最大值 E 点(1 148 ℃,$w_C = 2.11\%$)随温度降低而逐渐减小,直到 S 点(727 ℃,$w_C = 0.77\%$)。因此,$w_C > 0.77\%$ 的铁碳合金在从 1 148 ℃ 冷却至 727 ℃ 的过程中,都有可能从奥氏体中析出渗碳体,所以 ES 线又是奥氏体中开始析出渗碳体的析出线。

PQ 线是碳在铁素体中的固溶度曲线。该线表示碳在铁素体中的固溶度从其最大值 P 点(727 ℃,$w_C = 0.021\ 8\%$)随温度下降而沿该线变化到 Q 点(室温,$w_C = 0.000\ 8\%$),因此 $w_C > 0.000\ 8\%$ 的铁碳合金在从 727 ℃ 冷却至室温的过程中,将从铁素体中析出渗碳体。

综上所述,渗碳体可以有三个来源,从液态合金中直接结晶出来、从奥氏体中析出和从铁素体中析出。这三种来源不同的渗碳体在显微组织中的数量、形态和分布是不同的。我们往往把从液态合金中结晶出来的渗碳体称为一次渗碳体,用 Fe$_3$C$_Ⅰ$ 表示;从奥氏体中析出的称为二次渗碳体,用 Fe$_3$C$_Ⅱ$ 表示;从铁素体中析出的称为三次渗碳体,用 Fe$_3$C$_Ⅲ$ 表示。对于绝大多数铁碳合金,由于 Fe$_3$C$_Ⅲ$ 数量极少,往往予以忽略。

GP 线是 $w_C < 0.021\ 8\%$ 的铁碳合金的奥氏体平衡冷却时完全转变成铁素体的终止温度线。

③Fe-Fe$_3$C 相图中的相区:简化后的 Fe-Fe$_3$C 相图共有 12 个相区(5 个单相区,5 个两

相区,2 个三相区)。

相图中两组元的合金线(两纵坐标轴)分别为纯铁和渗碳体的单相区,由于它们的成分是固定值,所以呈直线。ECF 和 PSK 分别是共晶线和共析线,前者是液相、奥氏体和渗碳体三相平衡区,后者是奥氏体、铁素体和渗碳体三相平衡区。此外,相图中的两相区均分别存在于两个单相区之间,见表 2-2。

表 2-2　　　　　　　　　　　Fe-Fe₃C 相图中的相区

单相区		两相区		三相区	
相区范围	相组成	相区范围	相组成	相区范围	相组成
ACD 线以上	L	ACEA	L+A	ECF 线	L+A+Fe₃C
AESGA	A	CDFC	L+Fe₃C	PSK 线	A+F+Fe₃C
GPQOG	F	GSPG	F+A		
DFK 轴线	Fe₃C	ECFKSE	A+Fe₃C		
ANG 轴线	Fe(纯铁)	QPSK 线以下	F+Fe₃C		

(2)铁碳合金的分类

根据 Fe-Fe₃C 相图中铁碳合金的碳质量分数 w_C、组织转变的特点及室温组织,我们可将铁碳合金分为以下几类:

①工业纯铁:$w_C \leqslant 0.021\ 8\%$ 的铁碳合金称为工业纯铁。

②钢:$0.021\ 8\% < w_C < 2.11\%$ 的铁碳合金称为钢。根据其室温组织和碳质量分数 w_C 的不同,又可分为:

亚共析钢——$0.021\ 8\% < w_C < 0.77\%$;

共析钢——$w_C = 0.77\%$;

过共析钢——$0.77\% < w_C < 2.11\%$。

③白口铸铁:$2.11\% \leqslant w_C < 6.69\%$ 的铁碳合金称为白口铸铁。根据其室温组织和碳质量分数 w_C 的不同,又可分为:

亚共晶白口铸铁——$2.11\% \leqslant w_C < 4.3\%$;

共晶白口铸铁——$w_C = 4.3\%$;

过共晶白口铸铁——$4.3\% < w_C < 6.69\%$。

(3)Fe-Fe₃C 相图的应用

①根据 Fe-Fe₃C 相图判断铁碳合金的力学性能:合金的性能取决于组织,而合金的组织又是和成分密切相关的。铁碳合金的碳质量分数 w_C 不同,它们室温下的平衡组织也不同。碳质量分数 w_C 增大时,组织按 F→F+P→P→P+Fe₃C$_{\mathrm{II}}$→P+Fe₃C$_{\mathrm{II}}$+L'$_d$→L'$_d$→L'$_d$+Fe₃C$_{\mathrm{I}}$→Fe₃C 的顺序变化。为了便于分析,可以把低温莱氏体分解成珠光体和渗碳体两种组织。图 2-9(a)所示的是 F-P-Fe₃C 三种基本组织随碳质量分数 w_C 的变化规律,当 w_C 为 0 时,完全是铁素体;随着碳质量分数 w_C 的增大,铁素体含量逐渐减小,而珠光体的含量逐渐增大,而当 w_C 达到 0.77% 时,合金完全由珠光体组成;碳质量分数 w_C 进一步增大,则珠光体的含量逐渐减小,而渗碳体的含量逐渐增大,直至 w_C 达到 6.69% 时,合金全部由渗碳体组成。其中 F-P-Fe₃C 相对量的变化都呈直线关系。如果将珠光体再分解为铁素体和渗碳体,如图 2-9(b)所示,问题就更简单了,当碳质量分数 w_C 很小时完全是铁素体,随着碳质

量分数 w_C 的增大,铁素体含量逐渐减少,而渗碳体含量则由零开始相应增加,直至 w_C 为 6.69% 时全为渗碳体。同样,两者相对量的变化规律亦呈直线关系。

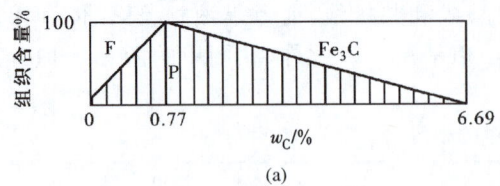 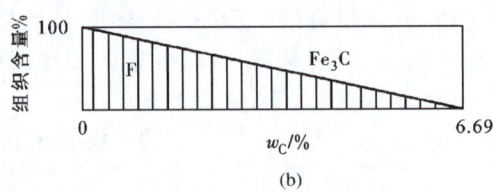

图 2-9　铁碳合金室温平衡组织与碳质量分数 w_C 的关系

下面分析铁碳合金的性能和其组织之间的规律性的变化关系。以组成相铁素体和渗碳体变化规律讨论:铁素体硬度、强度低,但塑性、韧性好,起基体相作用;渗碳体则很硬、很脆,是强化相。因此,随着碳质量分数由小到大,渗碳体含量逐渐增多,铁素体含量逐渐减少,铁碳合金的硬度越来越高,而塑性、韧性越来越低。图 2-10 所示为碳钢的碳质量分数 w_C 与力学性能之间的关系曲线。由图 2-10 可见,表示韧性的 a_K 曲线下降的幅度比塑性指标 A 和 Z 要快,这说明韧性指标对渗碳体含量的增加,即碳质量分数 w_C 的增大更敏感。硬度的变化基本上是随碳质量分数 w_C 的增大呈直线上升。而强度是一个对组织形态很敏感的力学性能,在亚共析区,因为只有铁素体和渗碳体两种组织的相对量变化,所以强度基本上是随碳质量分数 w_C 增大而直线上升;当碳质量分数 w_C 超过 0.77% 而进入过共析区时,其组织为珠光体和渗碳体,有游离渗碳体的存在,使强度的增加趋缓;另外,二次渗碳体是在原先奥氏体的晶界处析出的,当 w_C 超过 0.9% 后,随着碳质量分数 w_C 增大,渗碳体含量增多,逐渐形成网状,大大削弱了晶粒间的结合力,使强度急剧降低。因此在 w_C 为 0.9% 处出现强度最大值,而碳质量分数 w_C 继续增大,强度则不断下降。

② 作为选用钢铁材料的依据:根据 Fe-Fe₃C 相图所表示的成分组织和性能的规律,如果需要强度较高,塑性、韧性好,焊接性好的各种金属构件用的钢,可选碳含量较低的钢;如果需要强度、塑性和韧性都比较好的机器零件用钢,可选碳含量适中的钢;如需要强度较高、硬度高和耐磨性好的工具用钢,则可选碳含量较高的钢。

③ 作为制定铸、锻和热处理等热加工工艺的依据:图 2-11 所示为 Fe-Fe₃C 相图与铸、锻等工艺的关系。

在铸造工艺上的应用:根据 Fe-Fe₃C 相图的液相线可以找出不同成分的铁碳合金的熔点,从图 2-11 可以看出钢的熔化与浇注温度都要比铸铁高,靠近共晶成分的铁碳合金不仅熔点低,而且凝固温度区间也较小,故具有良好的铸造性。这类合金在铸造生产中获得广泛的应用。

在锻造工艺上的应用:由于奥氏体组织具有强度低、塑性好、便于塑性变形加工的特点,因此,钢轧制和锻造多选在单一奥氏体组织温度范围内进行。其选择原则是开始轧制或锻造的温度不得过高,以免钢氧化严重,甚至发生奥氏体晶界部分熔化使工件报废;终止温度也不能过低,以免钢塑性差,在锻造过程中产生裂纹。各种非合金钢适宜的轧制或锻造温度范围如图 2-11 所示。

在热处理工艺上的应用:根据对工件材料性能要求的不同,各种不同的热处理方法的加热温度都是参考 Fe-Fe₃C 相图选定的,如图 2-12 所示。

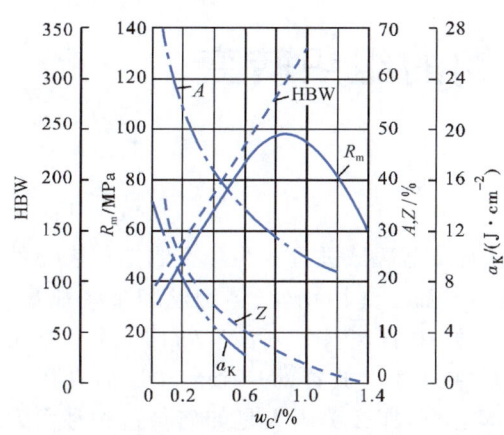

图 2-10 碳钢的碳质量分数 w_C 与力学性能之间的关系曲线

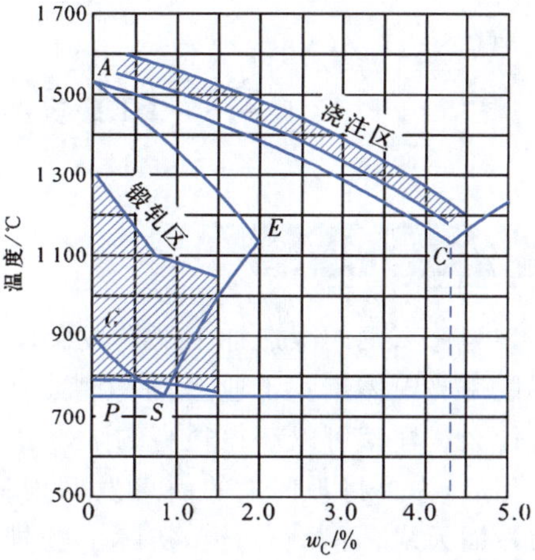

图 2-11 Fe-Fe₃C 相图与铸、锻等工艺的关系

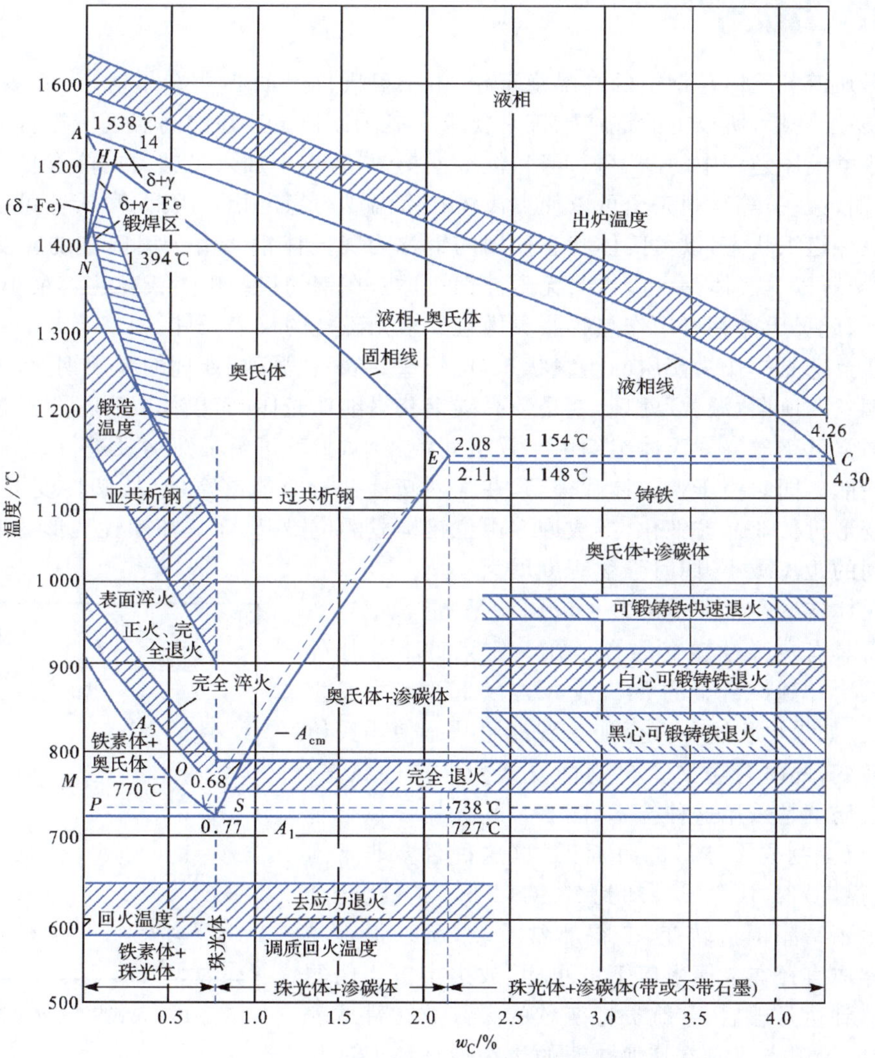

图 2-12 Fe-Fe₃C 相图与热处理温度的关系

学习任务二　钢的组织转变

任务引入

为什么钢的锻造加工都在奥氏体稳定存在的高温区域进行？为什么制造仪表元件通常都使用奥氏体钢？工业上，常用"派敦"处理的方式加工绳用钢丝、琴钢丝和某些弹簧钢丝，为什么这样就可以获得很高的强度？1969 年 7 月 20 日，美国"阿波罗"11 号登月舱在月球着陆后，为了将月球上的信息发回地球，宇航员在月球上放置的一个半球形的直径为 5 m 的月面天线，而我们知道，实际上登月舱只有 4 m 宽，那么美国人是如何将这种月面天线带上月球的呢？

任务分析

我们知道奥氏体是钢中的高温稳定相，由于奥氏体是面心立方晶格，其滑移系统多，塑性很好，易于变形，所以钢的锻造加工常要求在奥氏体稳定存在的高温区域进行。

虽然奥氏体是钢中的高温稳定相，但根据相图，若钢中加入足够量的能够扩大 γ 相区的元素（如铜、锰、镍等），则完全可以使奥氏体在室温成为稳定相。因此，奥氏体可以是钢在使用时的一种组织状态，以奥氏体状态使用的钢称为奥氏体钢。由于奥氏体的转变产物都具有铁磁性，所以奥氏体钢可以作为无磁性钢；另外，在钢的组织中奥氏体比容最小，其线胀系数最大，因此奥氏体钢可用作热膨胀灵敏且要求无磁性的仪表元件。

工业上珠光体作为使用的组织状态，比较重要的是"派敦"处理的绳用钢丝、琴钢丝和某些弹簧钢丝。所谓"派敦"处理，就是使高碳钢获得细珠光体（索氏体）组织，再经过深度冷拔而获得高强度钢丝。索氏体组织由于片层间距较小，滑移可沿最短途径进行，因而具有良好的冷拔性能。同时由于渗碳体片很薄，在强烈塑性变形时能够弯曲，故塑性变形能力增强。冷塑性变形可使亚晶粒细化，形成许多由位错构成的位错壁，而且随塑性变形的增大这种位错壁之间的距离减小，同时强化程度增大。

马氏体转变在工业上的一种应用就是"形状记忆效应"，即将具有热弹性转变的合金在一定条件下施加外力或将其冷却到该合金的 M_s（或 M_f）以下并使之发生形状改变，如果再将这种合金加热到高温状态使马氏体发生逆转变，此时合金又会自动恢复到变形前的状态。美国宇航局就是采用这种技术（图 2-13），先用镍钛合金在 40 ℃以上制成半球形的月面天线（这种合金非常强硬，刚度很好），再让天线冷却到 28 ℃以下。这时，合金内部发生了结晶构造转变，变得非常柔软，所以很容易把天线揉成直径在 5 厘米以下的小团，放进宇宙飞船的船舱里。到达月球后，宇航员把变软的天线放在月球表面上，借助于阳光照射或其他热源的烘烤使环境温度超

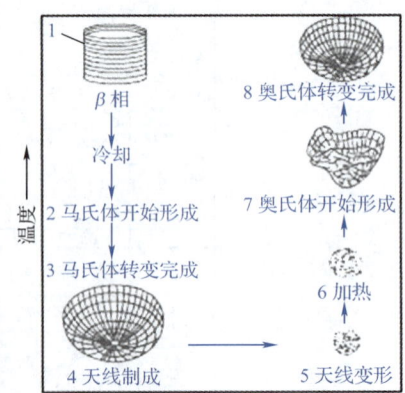

图 2-13　马氏体"形状记忆效应"

过40 ℃,这时天线犹如一把折叠伞那样自动张开,迅速投入正常的工作。

相关知识

我们可以通过了解钢在加热和冷却时固态相变的基本规律,采用适当措施控制相变过程,以获得预期的组织结构,从而获得预期的性能。

热处理是由加热、保温和冷却三个基本环节组成的。在大多数热处理工艺中,钢加热的主要目的是获得奥氏体组织。因此我们把将钢铁加热到 A_{c3} 或 A_{c1} 点以上以获得完全或部分奥氏体组织的操作称为奥氏体化。金属或合金在加热或冷却过程中,发生相变的温度称为相变点(或临界点)。对于钢和铸铁,用 A_1、A_3 和 A_{cm} 等表示平衡条件下的固态相变点,其中 A_1 表示加热时珠光体向奥氏体或冷却时奥氏体向珠光体转变的温度;A_3 表示亚共析钢加热时先共析铁素体完全溶入奥氏体的温度或冷却时先共析铁素体开始从奥氏体中析出的温度;A_{cm} 表示过共析钢加热时先共析渗碳体完全溶入奥氏体的温度或冷却时先共析渗碳体开始从奥氏体中析出的温度。一般条件下固态相变时,都有不同程度的过热度或过冷度。因此,为与平衡条件下的相变点相区别,将在加热时实际的 A_1 称为 A_{c1},冷却时实际的 A_1 称为 A_{r1};加热时实际的 A_3 称为 A_{c3},冷却时实际的 A_3 称为 A_{r3};加热时实际的 A_{cm} 称为 A_{ccm},冷却时实际的 A_{cm} 称为 A_{rcm}(图 2-14)。

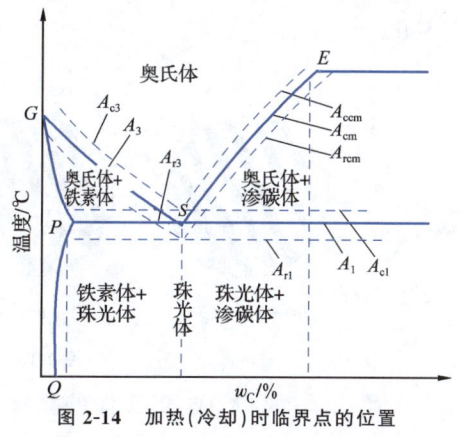

图 2-14　加热(冷却)时临界点的位置

一、钢在加热时的组织转变

1.奥氏体的形成机理

(1)奥氏体形成的热力学条件

人们经过长期实践和总结发现,自然界的一切运动总是从某种高能量不稳定状态,自发地转变为低能量稳定状态。例如,热量总是从高温物体传向低温物体,重物总是从高处落向低处,电流也总是由高电位流向低电位。从热力学的观点来看,一切自发过程都是从高自由能状态过渡到低自由能状态的,也就是说钢加热时组织转变的推动力是奥氏体与旧相珠光体之间的自由能之差。这里自由能是表示系统状态的能量,与系统的内能、体积、压力、温度等有关。自由能的大小表示系统的稳定程度。在等压、等温的条件下,一切自发转变过程都朝着自由能减小的方向进行,一直进行到自由能最低为止。这个规律又称为最小自由能原理。如图 2-15 所示,奥氏体自由能随温度变化曲线的斜率大于珠光

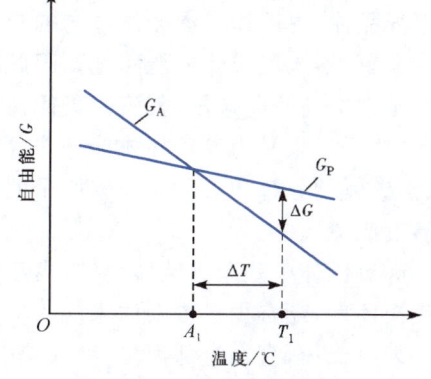

图 2-15　珠光体和奥氏体自由能随温度的变化曲线

体自由能随温度变化曲线的斜率,两曲线的相交点正是 Fe-Fe₃C 相图中的 A_1 点。在 A_1 点两相自由能相等,不能发生相变。只有在高于 A_1 温度,奥氏体自由能低于珠光体自由能时,才会发生珠光体向奥氏体的转变。这也正是钢加热形成奥氏体时必须要有一定过热度的原因。

(2)奥氏体的形成过程

根据 Fe-Fe₃C 相图,由铁素体和渗碳体两相所组成的珠光体,加热温度稍高于 A_{c1} 时要转变为单相奥氏体。由于新形成的奥氏体和原来的铁素体及渗碳体的碳含量和晶格结构相差很大,所以珠光体转变成奥氏体的整个过程可以看成是由四个基本过程组成的,如图 2-16 所示,即奥氏体晶核形成、奥氏体晶核长大、奥氏体中残余渗碳体溶解和奥氏体成分均匀化。

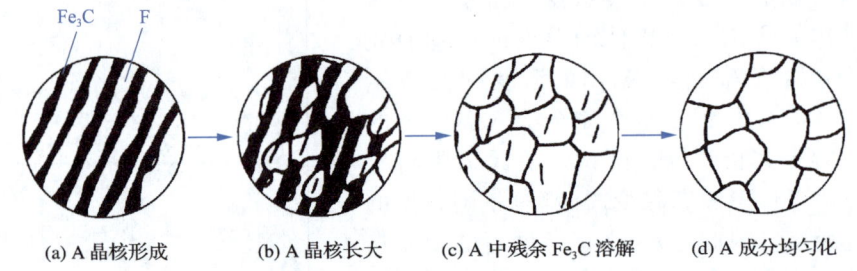

(a) A 晶核形成　　(b) A 晶核长大　　(c) A 中残余 Fe₃C 溶解　　(d) A 成分均匀化

图 2-16　珠光体向奥氏体转变过程

①奥氏体晶核形成:奥氏体的晶核通常优先产生于珠光体中铁素体与渗碳体的两相界面上。这是因为两相界面处的原子排列较紊乱,位错和空位的密度较高,处于高能量状态,新相在此形核,则可能消除部分晶体缺陷,使系统的自由能降低;另外,两相界面处碳原子浓度相差很大,有利于获得形成奥氏体晶核所必需的碳浓度。

②奥氏体晶核长大:处于旧界面上的奥氏体晶核,其一侧是铁素体,另一侧则是渗碳体。它的长大,是依靠铁素体向奥氏体的转变和渗碳体不断溶入奥氏体进行的。一方面,由于铁素体和奥氏体同是铁的同素异晶体,所以奥氏体晶核向铁素体一侧长大,只需铁原子短距离迁移进行晶格改组,从体心立方晶格的铁素体转变成面心立方晶格的奥氏体即可,因此奥氏体晶核向铁素体一侧长大速度较快。只是铁素体碳含量极少,奥氏体向铁素体转变的同时,碳原子必须不断地由奥氏体向铁素体方向扩散,才能保持平衡。另一方面,渗碳体不是铁的同素异晶体,奥氏体向渗碳体方向的长大,不能直接通过晶格的改组进行,而只能通过渗碳体的分解、溶入奥氏体方能实现。因此奥氏体向渗碳体一侧的长大速度要慢一些。而渗碳体由于它极高的碳含量,其溶入奥氏体正好提供了奥氏体不断向铁素体方向扩散所需的碳原子,这反过来又为渗碳体本身不断溶入奥氏体创造了条件。综上所述,铁素体晶格的改组、渗碳体的分解和溶入以及碳原子的扩散,使奥氏体的晶核得以不断长大,直至铁素体全部转变成奥氏体。

③奥氏体中残余渗碳体溶解:由于渗碳体溶入奥氏体的速度比较慢,因此当铁素体转变成奥氏体后,还有少量渗碳体未溶入奥氏体。随着时间的延长,这部分残余渗碳体继续不断地溶入奥氏体,直至全部消失,变成单一的奥氏体晶粒。

④奥氏体成分均匀化:由于原子的扩散需要一定的时间,所以当残余渗碳体刚刚溶解完时,奥氏体内部的成分是不均匀的,原先铁素体处碳含量低,渗碳体处碳含量高,因此只有再

延长一些时间才能通过碳原子的扩散使奥氏体内部成分均匀。

另外,在先形成的奥氏体晶核长大的同时,总会不断有新奥氏体晶核形成、长大。

2. 影响奥氏体化的因素

从本质上讲,奥氏体的形成是一个渗碳体的溶解、铁素体到奥氏体的点阵重构以及碳在奥氏体中的扩散过程。所以凡是影响扩散的因素如温度、成分等都将对奥氏体的形成产生影响。

(1) 温度

珠光体向奥氏体的转变遵循形核并长大的规律。实验表明,随着加热温度的升高,奥氏体的形核率和长大速度都急剧提高。这是因为加热温度越高,珠光体与奥氏体的自由能差越大(图 2-15),转变的动力越大;同时加热温度越高,奥氏体-铁素体相界面与奥氏体-渗碳体相界面之间的浓度差加大,即 Fe-Fe$_3$C 相图中 GS 线与 SE 线之间的距离加大,这就增大了奥氏体中碳的浓度梯度,加快了奥氏体的形核和长大速度;另外,加热温度越高,原子的扩散能力越强,奥氏体形核和长大速度越快。

(2) 成分

随着钢中碳含量的增大,渗碳体的数量相应增加,而铁素体的数量却相应减小,使得铁素体和渗碳体的相界面总量增多而加速珠光体向奥氏体的转变;另外,随着奥氏体中碳含量的增大,碳和铁原子的扩散能力将增大,这有利于残余渗碳体的溶解和铁素体向奥氏体的转变,也有利于加速奥氏体均匀化。

钢中加入合金元素,并不改变加热时奥氏体形成的基本过程,但影响奥氏体的形成速度。除钴外,大多数合金元素都会减慢碳在奥氏体中的扩散速度,同时合金元素本身的扩散速度也很慢,某些强烈形成碳化物的元素,如钛、钒、锆、铌、钼和钨等,会在钢中形成特殊碳化物,其稳定性高于 Fe$_3$C,很难分解或溶入奥氏体中,所以合金钢奥氏体均匀化的过程大多比碳钢慢,需要较高的温度和较长的保温时间。

(3) 原始组织

对同一成分的钢,晶粒越细,原始组织越分散,即铁素体与渗碳体的相界面越多,奥氏体形成速度越快。另外,原始组织中渗碳体的形态对奥氏体的形成速度也有影响,片状珠光体比粒状珠光体转变速度快,因为前者比后者具有更大的相界面面积。

3. 奥氏体的晶粒长大及其控制

(1) 奥氏体晶粒度的概念

将钢加热到相变点(亚共析钢为 A_{c3},过共析钢为 A_{c1} 或 A_{ccm})以上某一温度并保温给定时间所得到的奥氏体晶粒大小称为奥氏体晶粒度。一般分为 8 个标准等级(图 2-17),其中 1~4 级为粗晶粒,5~8 级为细晶粒。

(2) 奥氏体晶粒长大及其影响因素

奥氏体的起始晶粒一般都比较细小,小晶粒晶界多,晶界总面积大,界面能高,处于高能量状态。这就必然引起奥氏体小晶粒发展成大晶粒,以减少晶界,降低界面能。尽管奥氏体长大是一个自由能降低的自发过程,但不同的外界因素可以在不同程度上促进或抑制其长大过程的进行。这些影响因素主要有:

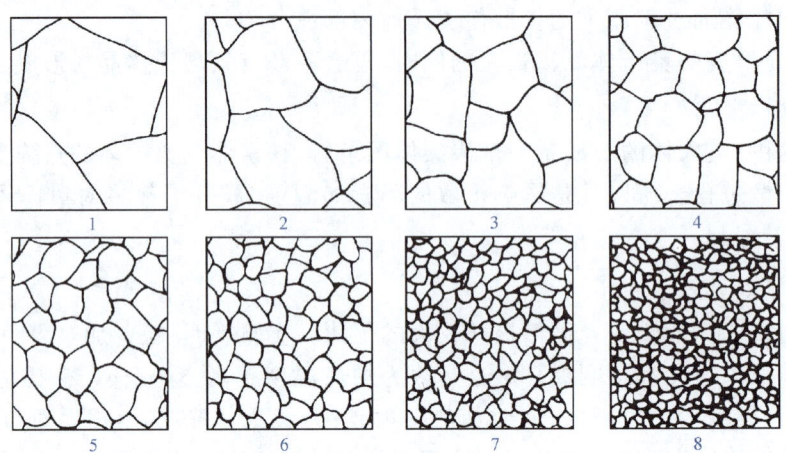

图 2-17　钢的标准晶粒度等级

①加热温度：由于奥氏体的晶粒长大是通过原子的扩散来实现的，而原子的扩散能力是随温度升高而增大的，因此奥氏体的晶粒也将随温度的增高而急剧长大。

②保温时间：在一定的加热温度下，奥氏体的晶粒将随着保温时间的延长而长大。一开始晶粒随时间的延长长大得较快，然后逐渐减慢。到一定的时间后，即使再延长保温时间，也变化不大。所以时间对晶粒的长大作用不如温度的大。

③加热速度：加热速度越快，过热度越大，形核率越高，奥氏体起始晶粒度越细。也就是说，快速加热至高温，短时保温，亦可获得细晶粒组织。

④化学成分：钢中的碳含量和合金元素都会对奥氏体晶粒长大产生显著影响。

• 碳含量：在一定的加热温度和相同的加热条件下，当钢中的碳含量不超过一定的限值时，奥氏体晶粒长大倾向随钢中碳含量的增大而增大。这是因为随着碳含量的增大，碳及铁原子在奥氏体中的扩散速度增大，从而加速了奥氏体的晶粒长大。碳含量一旦超过某一限值，就会形成过剩的二次渗碳体，成为晶粒长大的障碍物，阻止晶粒长大。所以钢中碳含量超过一定的限值后，奥氏体晶粒长大倾向又有所减小。

• 合金元素：凡是产生稳定碳化物的元素（如钛、钒、钽、铌、锆、钨、钼及铬），产生不溶于奥氏体的氧化物及氮化物的元素（如铝），促进石墨化的元素（如硅、镍、钴）以及在结构上自由存在的元素（如铜）等，都会在不同程度上阻碍奥氏体晶粒的长大。而锰和磷则有加速奥氏体晶粒长大的倾向。铝是目前工业生产中广泛用于控制奥氏体晶粒度的元素，用铝脱氧的钢中存在着高熔点的弥散的 AlN 质点，它阻碍奥氏体晶界的移动，从而细化了晶粒。一般钢中残余铝的质量分数为 0.02%～0.04% 时，即可获得本质细晶粒钢。

(3) 控制奥氏体长大的措施

①合理选择加热温度和保温时间。加热温度越高，奥氏体形成速度就越快，其晶粒长大倾向就越大，实际晶粒度也就越粗。延长保温时间也会引起奥氏体晶粒的长大。但加热温度对晶粒长大的影响要比保温时间的影响显著得多，因此要合理选择加热温度。

②合理选择钢的原始组织。原始组织主要影响起始晶粒度。一般来说，原始组织越细，碳化物弥散度越大，所得到的奥氏体起始晶粒就越细小。从晶粒长大原理可知，起始晶粒越细小，钢的晶粒长大倾向越大，即钢的过热敏感性增大，在生产上较难控制。因此在生产中

对高碳工具钢一般要求其原始组织为碳化物弥散度较小的球化退火组织,因为这种粒状珠光体组织不易过热。

③加入一定量的合金元素:晶粒的长大是通过晶界原子的移动来实现的。加入合金元素,使其在晶界上形成十分弥散的化合物,如碳化物、氧化物、氮化物等,这些弥散的化合物都对晶界的迁移起着"钉扎"作用,即机械阻碍作用,阻碍晶粒长大。另外,钢中加入硼及少量稀土元素,可吸附在晶界上并降低晶界的能量,从而减小晶粒长大的动力,也可限制或推迟晶粒的长大。

细化晶粒的措施,可采用重结晶处理。所谓重结晶,就是将固态金属及合金在加热(或冷却)通过相变点时,从一种晶体结构转变成另一种晶体结构的过程。在这里是指钢件加热到比临界点稍高的温度,使奥氏体重新形核并长大。实际生产中,工件经热加工(铸造、锻造、轧制、焊接等)后,往往晶粒粗大,力学性能降低。对此,可用重结晶来细化晶粒,例如对于有粗大晶粒的亚共析钢工件,可用完全退火或正火来细化晶粒。

4. 奥氏体转变的应用

由于奥氏体塑性很好,易于变形,所以我们常把钢的锻造加工安排在奥氏体稳定存在的高温区域进行。

由于奥氏体的转变产物都具有铁磁性,所以奥氏体钢可以作为无磁性钢;另外,在钢的组织中奥氏体比容最小,其线胀系数最大,因此奥氏体钢可用作热膨胀灵敏且要求无磁性的仪表元件。

二、钢在冷却时的组织转变

1. 过冷奥氏体的等温转变

钢在冷却时,主要的冷却方式有两种:一种是等温冷却,另一种是连续冷却,如图 2-18 所示。

(1)过冷奥氏体等温转变曲线

将高温奥氏体快速冷却到 A_1 以下的某一预定温度,等温停留一段时间并等其完成全部转变后,再以一定的方式冷却,这样的冷却方式称为等温冷却。属于这种冷却方式的有等温退火、等温淬火及分级淬火。由于其等温前的冷却速度很快,所以奥氏体被过冷到等温温度仍未发生变化。

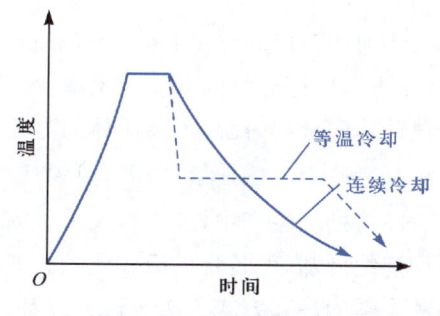

图 2-18 钢的冷却方式

这种在共析温度以下存在的奥氏体被称为过冷奥氏体。钢经奥氏体化后冷却到相变点以下的温度区间内等温保持时过冷奥氏体所发生的相转变称为等温转变。金属及合金在一定的过冷度或过热度条件下等温转变时,等温停留开始至相转变开始之间的时间称为孕育期。

等温转变曲线又称奥氏体等温转变曲线,因其形状像英文字母"C",故简称"C 曲线",是表示过冷奥氏体在不同过冷度下的等温过程中转变温度、转变时间与转变产物量(转变开始及终止)的关系曲线。

下面以共析钢为例来加以说明,将碳质量分数为 0.77% 的共析钢制成若干个一定尺寸的试样,加热到高于 A_{c1} 的温度,使其组织成为均匀的奥氏体。然后分别迅速地放入低于

A_{c1} 的不同温度(例如 710 ℃、650 ℃、550 ℃、500 ℃、450 ℃、350 ℃……)的熔盐槽中，迫使奥氏体过冷，发生等温转变。再在不同的温度等温过程中，测出过冷奥氏体转变开始和终止时间，把它们按相应的位置标记在时间-温度坐标图上。分别连接各转变开始点(aa' 上的点)和转变终止点(bb' 上的点)，便得到了如图 2-19 所示的过冷奥氏体等温转变曲线，即 C 曲线。由图 2-19 可知，在 A_1 以上是奥氏体的稳定区域。aa' 为过冷奥氏体转变开始线，在转变开始线左方是过冷奥氏体区(这一段时间称为孕育期)；bb' 为过冷奥氏体转变终止线，在转变终止线右方，转变已经完成，是转变产物区；在 aa' 和 bb' 之间是过冷奥氏体与转变产物共存的过渡区；在 C 曲线的下方有两条由连续冷却得到的水平线，M_s 为过冷奥氏体转变成马氏体的开始

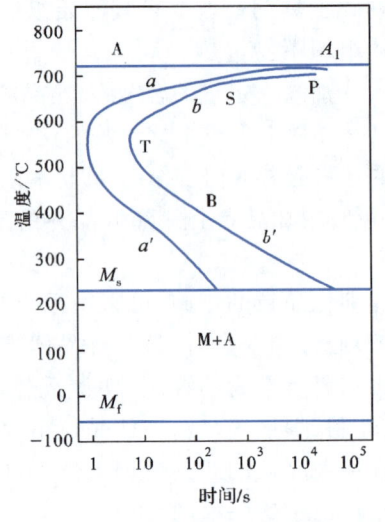

图 2-19　共析钢的过冷奥氏体等温转变曲线

温度线，约为 230 ℃，M_f 为过冷奥氏体转变成马氏体的终止温度线，约为 -50 ℃。在 C 曲线的拐弯处(约为 550 ℃，俗称"鼻子")，孕育期最短，此时奥氏体最不稳定，最容易分解。

(2) 影响奥氏体等温转变曲线的因素

影响 C 曲线形状、位置的因素很多，主要有以下几个方面：

① 碳含量：在正常加热条件下，亚共析钢的 C 曲线，随着碳含量的增加向右移动；过共析钢的 C 曲线，随着碳含量的增加向左移动。故在碳钢中以共析钢过冷奥氏体最稳定。

② 合金元素：除钴以外的所有合金元素溶入奥氏体后，都提高其稳定性，使 C 曲线右移。

③ 加热温度和保温时间：随着加热温度的提高和保温时间的延长，奥氏体的成分更加均匀，作为奥氏体分解的晶核数量减少，同时奥氏体晶粒长大，晶界面积减小，这些都不利于过冷奥氏体的分解，提高了奥氏体的稳定性，使 C 曲线右移。

2. 过冷奥氏体连续冷却转变的近似分析

在热处理生产中，过冷奥氏体大都是在连续冷却过程中进行转变的。由图 2-20 可知，所谓连续冷却，就是将奥氏体化的钢以一定速度连续冷却到室温，即随着时间的延长，温度不断下降的冷却方式。属于这种冷却方式的有普通淬火、退火和正火。钢经奥氏体化后在不同冷却速度的冷却过程中过冷奥氏体所发生的相转变称为连续冷却转变。

连续冷却转变图又称奥氏体连续冷却转变图或"CCT 曲线"，是指钢经奥氏体化后在不同冷却速度的连续冷却条件下，过冷奥氏体转变为亚稳态产物时，转变开始及转变终止的时间与转变温度之间关系曲线。但 CCT 曲线比较复杂，其测试也很困难，所以迄今为止有关 CCT 曲线的资料仍很缺乏。而关于各种钢 C 曲线的资料则较充分，因此我们往往借助于钢 C 曲线来近似、定性分析钢在连续冷却时的转变过程及其产物，并以此作为制定热处理工艺及选择有关工艺参数的依据。实践证明这种方法是基本可行的。

在利用 C 曲线近似分析连续冷却转变之前，先大致比较一下这两种曲线。过冷奥氏体连续冷却转变过程可以看作是由无数等温转变过程组成的，等温转变是连续冷却转变的基

础。在连续冷却转变过程中不会出现新的等温冷却转变时没有的转变,而且每一种转变只能出现在自己的转变温度区内,一旦过冷到自己的转变温度区以下,便立即中止,接着发生下一个温度区的转变。图2-20所示为共析钢C曲线与CCT曲线的比较。由图2-20可见,CCT曲线比C曲线向右下方移动一些,亦即转变开始时间推迟,温度降低。另外,由于过冷奥氏体连续冷却时抑制了贝氏体的产生,所以曲线的下半部分消失了。而马氏体转变本来就是在连续冷却条件下的转变,因此M_s线无变化。

现在,我们利用共析钢的C曲线来分析过冷奥氏体的连续冷却转变。把代表连续冷却的冷却曲线叠画在等温转变图(图2-21)上,根据它们和C曲线相交的位置,便可大致估计其冷却转变情况。例如,图2-21中冷却速度v_1相当于随炉冷却,则奥氏体在A_1以下附近的温度进行转变,得到珠光体组织;v_2相当于在空气中的冷却速度,可估计出奥氏体将转变为索氏体;v_3相当于在油中的冷却速度,则奥氏体在"鼻子"附近分解一小部分,而其余的奥氏体则转变为马氏体,最后得到托氏体和马氏体的混合组织;v_4相当于在水中冷却,它不与C曲线相交,过冷奥氏体来不及分解,便被过冷到M_s以下进行马氏体转变;$v_{临}$恰好与C曲线的开始转变线相切,是奥氏体不发生分解而全部过冷到M_s以下向马氏体转变的最小冷却速度,即钢在淬火时为抑制非马氏体转变所需的最小冷却速度,称为马氏体临界冷却速度。它是表示钢接受淬火能力的标志。影响钢临界冷却速度的主要因素是钢的化学成分,这一特性对于钢的热处理具有非常重要的意义。

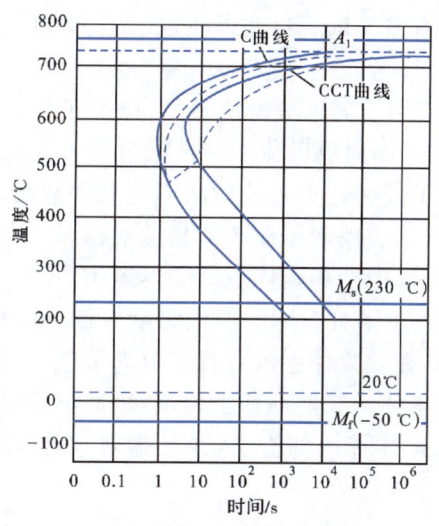

图2-20 共析钢C曲线与CCT曲线的比较

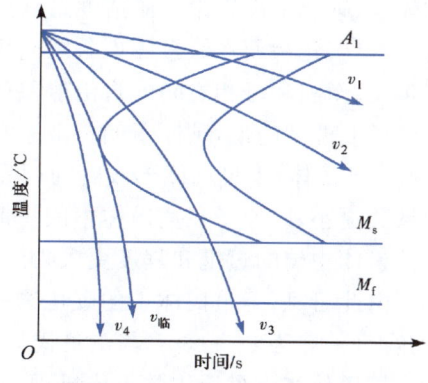

图2-21 连续冷却的等温转变图

3. 过冷奥氏体的组织转变类型

(1) 珠光体型转变

① 珠光体的组织形态及力学性能:以共析钢为例,在A_1与"鼻子"之间的等温转变,即$A_1 \sim 550\ ℃$范围内,奥氏体等温分解为铁素体和渗碳体的片层状混合物——珠光体。在珠光体转变区域内,转变温度越低(过冷度越大),形成的珠光体片层越薄,组织越细密。一般说来,在$A_1 \sim 650\ ℃$为等温转变,得到粗片状珠光体,简称珠光体,用符号"P"表示,它的硬度较低,小于25HRC;在650~600 ℃为等温转变,得到细片状珠光体,又称索氏体,用符号

"S"表示,它的硬度较高,可达25～35HRC;在600～550 ℃为等温转变,得到片层更细的珠光体,它的片层只有在电子显微镜下才能分辨清楚,通常把这种极细珠光体称为托氏体,用符号"T"表示,它的硬度更高,可达35～40HRC。这是因为珠光体的片层越细,珠光体中铁素体和渗碳体的相界面越多,塑性变形抗力越大,因而强度、硬度越高。

②珠光体型转变的应用:工业上珠光体作为使用的组织状态,比较重要的是"派敦"处理的绳用钢丝、琴钢丝和某些弹簧钢丝。

(2)贝氏体型转变

①贝氏体的组织形态及力学性能:仍以共析钢为例,当其在550 ℃～M_s温度范围内等温时,因转变温度较低,原子的活动能力较差,过冷奥氏体虽然仍分解成渗碳体和铁素体的混合物,但铁素体中溶解的碳超过了正常的溶解度。转变后得到的组织为碳含量具有一定过饱和程度的铁素体和极分散的渗碳体所组成的混合物,称为贝氏体。用符号"B"表示。贝氏体有上贝氏体和下贝氏体之分,通常把550～350 ℃形成的贝氏体称为上贝氏体,其在显微镜下呈羽毛状组织;在350 ℃～M_s形成的贝氏体称为下贝氏体,其在显微镜下呈黑色针状组织。上贝氏体的硬度为40～45HRC,且强度较低,塑性、韧性也较差;下贝氏体的硬度为45～55HRC,同时具有较高的强度及较好的塑性和韧性。

②贝氏体的形成机理:在贝氏体相变区域内,碳原子具有一定的扩散能力,而铁和合金元素原子则几乎不能扩散。在其形成温度区的上部和下部,碳原子的扩散速度是不同的。另外碳在贝氏体、铁素体和奥氏体中的扩散速度也是有差异的。这些就决定了上、下贝氏体形成过程中的不同规律性。

● 上贝氏体:上贝氏体形成时的领先相是铁素体。由于其形成温度较低,碳原子的扩散系数较小,碳原子由铁素体脱溶通过铁素体-奥氏体相界面向奥氏体中的扩散过程不能充分进行,结果碳化物便在铁素体板条之间析出而成为上贝氏体。上贝氏体的形成温度越低,过冷度越大,新相和母相之间的自由能差值越大,所以形成的铁素体板条的数量就越多。上贝氏体的形成温度越低,碳原子的扩散系数越小,上贝氏体中的渗碳体也就变得越小。

● 下贝氏体:下贝氏体形成时的领先相也是铁素体。下贝氏体的形成温度更低,碳原子扩散系数更小,碳原子在奥氏体中的扩散相当困难,而在铁素体中的短程扩散尚可进行。结果使铁素体中碳的过饱和程度更大,并使碳原子在铁素体的某些晶面上偏聚,进而沉淀出碳化物。由此可见,下贝氏体中的碳化物一般只能在铁素体片内部析出,并且排列成行,以一定的角度(一般为55°～60°)与下贝氏体的长轴相交。

上贝氏体和下贝氏体的形成机理如图2-22所示。

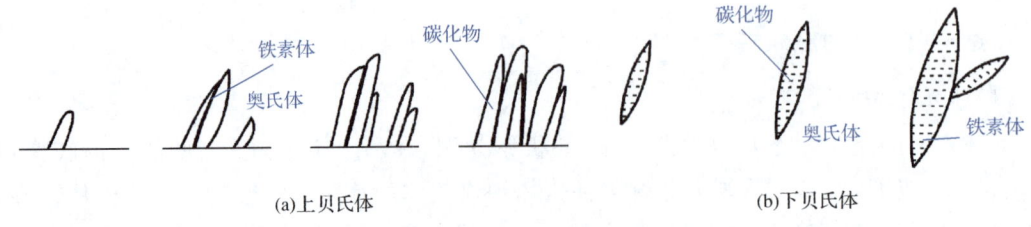

图2-22 贝氏体的形成机理

③贝氏体型转变的应用:综上所述,下贝氏体具有较高的强度、硬度及塑性与韧性相配

合的综合力学性能,在下贝氏体转变区域进行等温转变,获得下贝氏体组织,在静载下有较低的缺口敏感性和裂纹敏感性,在交变载荷下有较低的疲劳缺口敏感性。因此可以用这种方法提高零件的结构强度。

(3) 马氏体型转变

①马氏体的组织形态及力学性能:当钢从奥氏体区急剧冷却到 M_s 时,γ-Fe 晶格迅速向 α-Fe 晶格转变。但由于温度较低,钢中碳原子完全失去扩散能力,被迫全部留在 α-Fe 晶格中,大大超过了碳在 α-Fe 中的正常溶解度。这种碳溶解在 α-Fe 中的过饱和固溶体称为马氏体。碳含量较低($w_C=0.2\%$)的低碳马氏体,其单元立体形状为板条状,故称为板条马氏体,由于它的亚结构主要由高密度的位错组成,所以又叫作位错马氏体。板条马氏体的性能特点是具有良好的强度及较好的塑性。碳含量较高($w_C=1.0\%$)的高碳马氏体,每个马氏体晶体的厚度与径向尺寸相比是很小的,其断面形状呈针状,故称为针状马氏体或片状马氏体,由于其亚结构主要为细小孪晶,所以又称为孪晶马氏体。针状马氏体的性能特点是硬度高而脆性大。马氏体的硬度主要取决于马氏体中的碳含量。马氏体中由于溶入过多的碳,α-Fe 晶格发生畸变,增大了塑性变形的抗力,故马氏体的硬度随碳含量的增大而增大。但当钢中的碳质量分数大于 0.6% 时,由于 M_f 降到 0 ℃ 以下,当过冷奥氏体快速冷却到室温时,势必有较多的奥氏体不发生转变而残留在钢中,所以此时钢的硬度不再上升。因此我们把过冷到 M_f 以下温度仍未发生马氏体型转变的奥氏体称为残余奥氏体,用 A_R 表示。

②马氏体的形成条件:要得到马氏体组织,必须把钢加热到奥氏体状态,然后以大于临界冷却速度的冷却速度冷却到 M_s 点以下温度。所以马氏体的形成条件是一定的冷却速度(大于临界冷却速度)和深度过冷(低于 M_s 点)。大于临界冷却速度是为了抑制珠光体型转变(或贝氏体型转变);深度过冷是为了保证系统自由能的降低,以便为马氏体的形成提供足够的相变驱动力。

③马氏体型转变的特点:钢中马氏体型转变有着许多不同于珠光体型转变的特点。

• 转变的非扩散性:由于马氏体型转变的温度很低,铁原子和碳原子都失去了扩散能力,同时该转变的进行也无须原子的扩散,故非扩散性是马氏体型转变的本质,也是区别于其他转变的主要特征,因此马氏体型转变也被称为非扩散型转变。

• 转变的非等温性:由于马氏体型转变是非扩散型转变,因此没有孕育期(实际是孕育期极短),也无须转变时间(实际是转变速度极快)。由此可以看出,等温是无助于马氏体型转变的。当过冷奥氏体冷却到 M_s 以下后,马氏体的量随温度的下降而增加。若在某一温度停留,除了瞬间形成一定量的马氏体外,不会因为保温时间的延长而使马氏体的量再增加。要想增加马氏体的量,就必须继续降低温度。

• 转变的非彻底性:马氏体的转变温度是从 M_s 开始,随温度降低而不断进行的。M_f 是马氏体型转变终止温度,一般钢的 M_f 都非常低(如共析钢为 -50 ℃)。在通常冷却条件下,只能冷却到室温,因此马氏体型转变不能进行到底。实际上,即使真正冷却到 M_f,由于种种原因,马氏体型转变还是不能彻底结束,总还是有一定量的残余奥氏体存在。因此可以认为 M_f 是理论意义上的马氏体型转变终止温度。

• 比容增大:在马氏体、珠光体和奥氏体三种组织中,以马氏体的比容最大,奥氏体比容最小,并且马氏体碳含量越高,其比容越大。因此工件从奥氏体转变成马氏体后体积要增大,工件上各部位的形状、尺寸总是不一致的,这就造成各部位间体积变化的不均匀,从而产生内应力,这种因相变而产生的内应力称为组织应力。这是钢在淬火时产生变形甚至开裂的重要原因。

④马氏体型转变的应用:马氏体型转变在工业上的一种应用就是"形状记忆效应",即将具有热弹性转变的合金在一定条件下施加外力或将其冷却到该合金的 M_s(或 M_f)以下并使之发生形状改变,如果再将这种合金加热到高温状态使马氏体发生逆转变,此时合金又会自动恢复到变形前的状态。因此,美国宇航局就是采用这种技术把一个半球形的直径 5 m 的月面天线揉成直径 5 cm 以下的小团,放入只有 4 m 宽的登月舱,最后在月面上顺利打开并工作的。

学习任务三　钢的整体热处理工艺

任务引入

　　金属零件的制造过程一般包括毛坯成形和对毛坯的切削加工,毛坯生产方法主要有铸造、压力加工、焊接、粉末冶金等。显然任何一个金属零件的生产过程都包含了多道工序,并且每道工序都有可能产生加工缺陷,有的足以影响下道工序,使之难以进行下去;当零件最终加工成形后,我们往往发现其使用性能远不能满足生产实际的要求。那么零部件的实际生产中如何才能克服加工缺陷?怎样才能达到使用性能呢?

任务分析

　　其实只需在生产过程中对零部件进行适当的热处理,就可以解决这些困扰着我们的问题。我们需要预先热处理(退火或正火)来消除前道工序产生的某些缺陷,改善钢材的工艺性能,确保后续加工顺利进行;我们同样需要通过最终热处理(淬火及回火)来显著提高钢材的力学性能,充分发挥钢材的性能潜力,保证零件的内在质量,延长零件的使用寿命。

　　总之,恰当的热处理工艺可以消除铸、锻、焊件等的某些缺陷,改善其工艺性能。因此,热处理在现代工业中占有重要地位。例如,在机床制造中,60%～70%的零件要经过热处理;汽车、拖拉机制造中,70%～80%的零件都要经过热处理;而工量模具和滚动轴承等则百分之百地需要进行热处理。

相关知识

一、退火

　　所谓退火,就是将金属或合金加热到适当温度,保温一定时间,然后缓慢冷却的热处理工艺。退火的实质是将钢加热奥氏体化后进行珠光体型转变。退火后的组织,对亚共析钢是铁素体加片状珠光体,对共析或过共析钢则是粒状珠光体。总之,退火组织是接近平衡状态的组织。

1. 退火的目的

退火的目的主要有以下几点：

(1) 降低钢的硬度，提高塑性，以利于切削加工及冷变形加工。

(2) 细化晶粒，消除由铸、锻、焊引起的组织缺陷，均匀钢的组织及成分，改善钢的性能或为以后的热处理做准备。

(3) 消除钢中的内应力，以防止变形和开裂。

2. 常用的退火方法及应用

常用的退火方法有完全退火、球化退火、去应力退火、再结晶退火和扩散退火等。

(1) 完全退火

完全退火又称为重结晶退火，它是指将铁碳合金完全奥氏体化，随之缓慢冷却，获得接近于平衡状态组织的热处理工艺。

完全退火主要用于亚共析钢，一般是中碳钢及低、中碳合金结构钢的锻件、铸件及热轧型材，有时也用于它们的焊接构件。完全退火不适用于过共析钢，因为过共析钢完全退火需加热到 A_{ccm} 以上，在缓慢冷却时，渗碳体会沿奥氏体晶界析出，呈网状分布，导致材料脆性增大，给最终热处理留下隐患。

完全退火的加热温度通常推荐为：碳钢 $A_{c3}+30\sim50\ ℃$；合金钢 $A_{c3}+50\sim70\ ℃$；保温时间则要依据钢的种类、工件的尺寸、装炉量、选用炉型等多种因素来确定；为了保证过冷奥氏体完全进行珠光体型转变，完全退火的冷却必须是缓慢的，也就是说它的冷却曲线（图 2-21 中的 v_1）应大致在 $700\sim650\ ℃$ 温度范围内通过 C 曲线上的转变区域。在实际生产中，为了提高加热炉的使用效率，当工件随炉冷却至 $500\ ℃$ 左右即可出炉空冷。由 C 曲线可知，此时珠光体型转变早已结束。

(2) 球化退火

球化退火是使钢中碳化物球状化而进行的退火工艺。即将钢加热到 A_{c1} 以上 $20\sim30\ ℃$，保温一段时间，然后缓慢冷却，得到在铁素体的基体上均匀分布着球状或颗粒状碳化物的组织。

球化退火主要适用于共析钢和过共析钢，如非合金工具钢、合金工具钢、轴承钢等。这些钢经轧制、锻造后空冷所得组织是片层状珠光体与网状渗碳体，这样的组织硬而脆，不仅难以切削加工，而且在以后的淬火过程中也容易变形和开裂。而球化退火得到的是球状珠光体组织，其中的渗碳体呈球形颗粒，弥散分布在铁素体基体上，和片状珠光体相比，不但硬度低，便于切削加工，而且在淬火加热时，奥氏体晶粒不易粗大，冷却时工件变形和开裂倾向小。另外对于一些需要改善冷塑性变形（如冲压、冷镦等）的亚共析钢有时也可采用球化退火。

由于球化退火只是加热到略高于 A_{c1} 的温度，其奥氏体化是不完全的，只是片状珠光体转变成奥氏体及少量过剩碳化物溶解。因此，它不可能消除网状碳化物。如过共析钢有网状碳化物存在，则必须在球化退火前先进行正火，将其消除，这样才能保证球化退火正常进行。

(3) 去应力退火

将钢加热到略低于 A_1 的温度（一般为 $500\sim600\ ℃$），经适当保温后缓慢冷却到 $300\ ℃$

以下出炉空冷。像这样为了去除由于塑性变形、焊接等原因造成的以及铸件内存在的残余应力而进行的退火称为去应力退火。

工件中存在的内应力十分有害,如果不及时消除,将使工件在加工及使用过程中发生变形,影响工件精度。此外,内应力与外加载荷叠加在一起还会引起材料发生意外的断裂。因此,锻造、铸造、焊接以及切削加工后的工件应采用去应力退火,以消除加工过程中产生的内应力。

去应力退火的加热温度低于相变温度 A_1,因此在整个热处理过程中不发生组织转变。内应力主要是在保温和缓冷过程中消除的。为了将工件内应力消除得更加彻底,在加热时应控制加热速度。一般是低温进炉,然后以 100 ℃/h 左右的加热速度加热到规定温度。焊接件的加热温度应略高于 600 ℃。保温时间视情况而定,通常为 2～8 h。铸件去应力退火的保温时间宜取上限,冷却速度控制在 20～50 ℃/h,冷却至 300 ℃ 以下才能出炉。

(4)再结晶退火

再结晶退火又称为中间退火,是指经冷塑性变形后的金属加热到再结晶温度以上,保持适当时间,使形变晶粒重新结晶成均匀的等轴晶粒,以消除形变强化和残余应力的热处理工艺。它能达到消除加工硬化,恢复塑变能力,以利于进一步变形加工的目的。

(5)扩散退火

扩散退火又称为均匀化退火,它是为了减少钢锭、铸件或锻件的化学成分和组织的不均匀性,将其加热到高温,长时间保持,然后进行缓慢冷却,以达到化学成分和组织均匀化目的的退火工艺。

均匀化退火的加热温度一般选在钢的熔点以下 100～200 ℃,通常为 1 050～1 150 ℃,保温时间一般为 10～15 h,以保证扩散充分进行,达到消除或减少成分和组织不均匀的目的。由于扩散退火的加热温度高,时间长,所以晶粒必然粗大。为此,必须再进行完全退火或正火,使组织重新细化。

二、正火

将钢加热到 A_{c3}(或 A_{ccm})以上 30～50 ℃,保温适当时间后,在静止的空气中冷却的热处理工艺称为正火。正火将钢加热到完全奥氏体化状态,使钢中原始组织的缺陷基本被消除,然后再控制以适当的冷却速度。因此,正火得到以索氏体为主的组织。

正火与退火两者的目的基本相同,但正火的冷却速度比退火稍快,故正火钢组织比较细,它的强度、硬度比退火钢高。

1. 正火工艺的应用

(1)低碳钢

由于低碳钢退火态的硬度太低,切削加工时会产生粘刀现象,因此切削性能差。正火可使它们的硬度适当提高一些,有效地改善切削性能。

(2)中碳结构钢

由于中碳结构钢正火后已具备了一定的力学性能,因此在使用要求不高时可直接作为最终热处理,以代替工艺较复杂的调质处理,起到简化工艺、降低成本的作用。

(3) 过共析钢

正火加热到 A_{ccm} 以上,可使原先呈网状的渗碳体全部溶入奥氏体,然后以较快的速度冷却(空冷),抑制渗碳体在奥氏体晶界的析出,从而能起到消除网状渗碳体的作用,改善过共析钢的组织。

2. 退火与正火的选择

退火和正火确有某种程度上的相似之处,在实际选用时可从以下三个方面加以考虑:

(1) 切削加工性

一般来说,硬度为170~230HBW的钢,其切削加工性能最好。硬度过高,难以加工,且刀具易于磨损;硬度太低,切削时容易粘刀,使刀具发热而磨损,且工件的表面不光亮。因此,作为预备热处理,低碳钢正火优于退火,而高碳钢正火后硬度太高,必须采用退火。

(2) 使用性能

对于亚共析钢工件来说,正火比退火具有较好的力学性能。如果工件的性能要求不高,则可用正火作为最终热处理。但当工件形状复杂时,由于正火冷却速度快,有引起开裂的危险,所以采用退火为宜。

(3) 经济性

正火比退火的生产周期短,成本低,且操作方便,故应尽可能优先采用正火。

三、淬火

1. 钢的淬火工艺及种类

钢的淬火就是将钢加热到 A_{c3} 或 A_{c1} 以上某一温度,保持一定时间,然后以适当速度冷却获得马氏体和(或)下贝氏体组织的热处理工艺。

淬火的目的是使过冷奥氏体进行马氏体(或下贝氏体)型转变,得到马氏体(或下贝氏体)组织,然后配合以不同温度的回火,获得所需的力学性能。

(1) 淬火加热温度

淬火加热温度是根据钢的成分、组织和不同的性能要求来确定的。其中亚共析钢为 $A_{c3}+30\sim50$ ℃;共析钢和过共析钢为 $A_{c1}+30\sim50$ ℃。如图2-23所示。

① 亚共析钢:亚共析钢若选用低于 A_{c3} 的淬火加热温度,则此时钢尚未完全奥氏体化,还存在部分未转变的自由铁素体。在随后的淬火冷却过程中,只有奥氏体转变

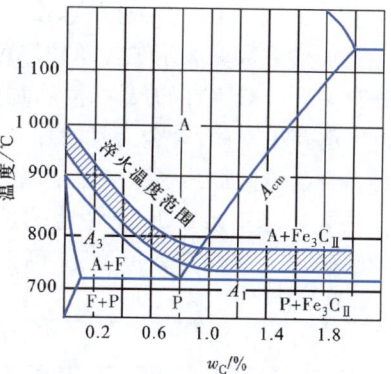

图2-23 碳钢的淬火加热温度范围

成马氏体,而那些未转变的铁素体仍然保留在淬火组织中。铁素体的硬度较低,从而使淬火后的硬度达不到要求,同时也会影响其他力学性能。若将亚共析钢加热到远高于 A_{c3} 的温度淬火,则奥氏体晶粒会显著粗大,从而破坏淬火后的性能。所以亚共析钢淬火只能选择略高于 A_{c3} 的温度,这样既保证完全充分奥氏体化,又保证奥氏体晶粒的细小。生产中在保证晶粒不粗大的情况下,可采用 $A_{c3}+50\sim70$ ℃的温度。

②共析钢和过共析钢：共析钢和过共析钢的淬火加热温度不能低于 A_{c1}，因为此时钢尚未奥氏体化。共析钢和过共析钢加热到略高于 A_{c1} 温度时，珠光体完全转变成奥氏体，并有少量渗碳体溶入奥氏体。此时奥氏体晶粒还较细小，且其碳含量已稍高于共析成分（w_C = 0.77%）。如果继续升高温度，则二次渗碳体不断溶入奥氏体，致使奥氏体晶粒不断长大，其碳含量不断升高，会导致淬火变形倾向增大、淬火组织显微裂纹增多及脆性增大。同时，由于奥氏体碳含量过高，淬火后残余奥氏体数量增多，降低工件的硬度和耐磨性。因此，过共析钢的淬火加热温度高于 A_{c1} 太多是不合适的，加热到完全奥氏体化的 A_{ccm} 或其以上温度就更不可取了。

共析钢和过共析钢的淬火加热温度一般推荐为 A_{c1}+30～50 ℃。实际生产中还可根据情况适当提高 20 ℃左右。在此温度范围内加热，其组织为细小晶粒的奥氏体和部分细小均匀分布的未溶碳化物。淬火后除了极少量残余奥氏体外，其组织为片状马氏体基体上均匀分布着细小的碳化物质点。这样的组织硬度高，耐磨性好，并且脆性相对较小。

在具体选择钢的淬火加热温度时，除了遵循上述一般原则外，还应考虑工件的化学成分、技术要求、尺寸形状、原始组织以及加热设备、冷却介质等诸多因素的影响，对加热温度予以适当调整。如对合金钢工件而言，通常取推荐温度的上限或更高温度。而对于形状复杂、易变形、开裂的碳钢工件，则应取推荐温度的下限，以减小淬火应力。

要使工件内外各部分均完成组织转变、碳化物溶解及奥氏体的成分均匀化，就必须在淬火加热温度保温一定的时间。在具体生产条件下，工件保温时间应根据工件的有效厚度来确定，并用加热系数来综合表述钢的成分、原始组织、工件的形状尺寸、加热设备及介质等多种因素的影响。估算保温时间的经验公式为

$$t = \alpha K D \tag{2-6}$$

式中　　t——保温时间，min；

　　　　α——加热系数，min/mm；

　　　　K——装炉修正系数；

　　　　D——工件有效厚度，mm。

加热系数 α 表示工件单位厚度所需要的加热时间，其大小与工件尺寸、加热设备及化学成分有关。一般工件的尺寸越大，加热系数越大；盐浴炉的加热速度比箱式炉要快，因此加热系数也就要小一些；合金元素的加入使奥氏体形成时间延长及钢的导热性下降，所以合金钢特别是高合金钢的加热系数要适当增大。α 的大小一般可通过查阅相关热处理手册获得。

装炉修正系数 K 是考虑装炉量的多少而确定的系数，装炉量大时，其取值也大，一般由经验确定。工件有效厚度 D 可根据表 2-3 确定。

表 2-3　　　　　　　　　　工件有效厚度 D 的确定

工件类型	有效厚度	工件类型	有效厚度
圆柱体	直径	锥体	距小头 2/3 长度处直径
板件	厚度	球体	3/5 直径
矩形截面	短边边长	复杂形状	工作部分厚度
筒类	壁厚		主要截面部位平均厚度

(2) 淬火介质

工件进行淬火冷却所使用的介质称为淬火冷却介质，简称淬火介质。理想的淬火介质

应具备的条件是使工件既能淬成马氏体,又不致引起太大的淬火应力。这就要求在 C 曲线的"鼻子"以上温度缓冷,以减小急冷所产生的热应力;在"鼻子"处冷却速度大于临界冷却速度,以保证奥氏体不发生非马氏体型转变;在"鼻子"下方,特别是 M_s 以下温度时,冷却速度应尽量低,以减小组织转变的应力。钢在理想淬火介质中的冷却速度如图 2-24 所示。

生产中实际使用的淬火介质可分为两大类:一类是工件在冷却过程中会发生物态变化的介质;另一类是不发生物态变化的介质。其冷却特性的不同,直接影响了工件的冷却速度。

① 改变物态的介质的冷却过程:这类介质在淬火过程中要发生物态变化,如水、水溶液及油类等。其特点是沸点较低,工件的冷却过程伴随着淬火介质的汽化,因而从工件表面吸收了大量的热量,加速了工件的冷却。汽化是决定这类介质冷却物性的主要因素。工件在它们中的冷却过程一般分为三个阶段,如图 2-25 所示。

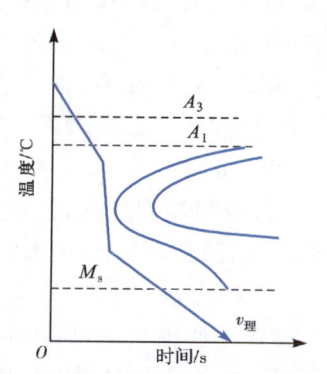

图 2-24　钢在理想淬火介质中的冷却速度

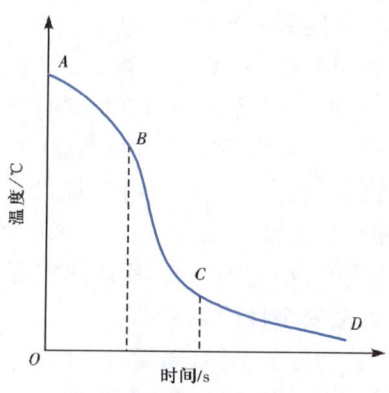

图 2-25　冷却过程的三个阶段

● 蒸气膜阶段(图 2-25 中 AB 段)——在工件刚进入介质的瞬间,周围介质立即被加热而汽化,在工件表面形成一层蒸气膜。这层蒸气膜是热的不良导体,它隔断了工件和周围的冷却介质,所以在这个阶段工件的冷却速度较慢。

● 沸腾阶段(图 2-25 中 BC 段)——当介质从蒸气膜吸收的热量超过工件的散热时,蒸气膜就会破裂,工件就与介质直接接触,介质在工件表面剧烈沸腾,不断逸出气泡,带走大量热量。此时工件冷却速度骤增,是冷却速度最大的阶段。

● 对流阶段(图 2-25 中 CD 段)——当工件的温度降到冷却介质的沸点以下时,沸腾便停止,进入对流冷却阶段。在此阶段,工件的冷却速度比蒸气膜阶段还要慢,而且随工件表面与介质的温差不断减小,其冷却速度越来越小。

在冷却过程的三个阶段中有两个转换点 B 和 C,B 称为介质的特性温度,是稳定的蒸气膜破裂时的温度;C 称为介质的对流阶段开始温度,一般为介质的沸点温度。

② 不改变物态的介质的冷却过程:这类介质在淬火过程中不发生物态变化,如熔盐、熔碱、熔融金属及气体等。其特点是工件的冷却主要靠辐射、对流和传导来进行,而介质本身并不汽化。因此,在工件冷却的全部过程中,决定冷却速度的主要因素是工件与介质的温差,温差越大,冷却速度越快。工件刚进入介质时,温差最大,因而立刻达到最高冷却速度,此后随温差的减小,冷却速度也逐渐变小。在这类介质的冷却曲线上,没有冷却速度明显加快或减慢的转折,即整个冷却过程中冷却速度是平缓降低的。此外,介质本身的流动性也是

影响其冷却速度的重要因素。流动性好,则冷却速度大。

③常用的淬火介质:水、盐水和碱水、油、熔盐和熔碱等。

● 水:水是冷却能力较强的急冷淬火介质。它来源广,价格低,成分稳定且不易变质。其缺点是在C曲线的鼻子区(500～650℃左右),水处于蒸气膜阶段,冷却速度不够快,会形成"软点";而在马氏体转变温度区(100～300℃左右),水处于沸腾阶段,冷却速度太快,易使马氏体转变速度过快而产生很大的内应力,致使工件变形甚至开裂。另外水温升高、水中含有较多气体或水中混入不溶杂质(如油、肥皂、泥浆等)均会显著降低其冷却能力。因此水适用于截面尺寸不大、形状简单的非合金钢工件的淬火冷却。

● 盐水和碱水:在水中加入适量的食盐和碱,使得高温工件浸入后在其表面形成蒸气膜的同时,析出盐和碱的晶体并立即爆裂,将蒸气膜破坏,工件表面的氧化皮也被炸碎,这样可以提高介质在高温区的冷却能力。其缺点是介质的腐蚀性大。一般情况下,盐的浓度为10%,苛性钠水溶液的浓度是30%～50%。它们可用作碳钢及低合金结构钢工件的淬火介质,使用温度应不超过60℃。淬火后应及时清洗并进行防锈处理。

● 油:一般采用各种矿物油作为淬火介质,如机油、变压器油和柴油等。作为淬火介质的矿物油,要求具有较高的闪点(油表面的蒸气和空气自然混合时,与火接触而出现火苗的温度)和较低的黏度,但两者难以兼得。常用淬火用油为 $5^\#$、$10^\#$、$20^\#$、$30^\#$、$40^\#$ 机油。油的序号越大,黏度越大。一般来说,油的黏度越大,闪点越高,冷却能力越低,但使用温度可相应提高;油的闪点低,冷却速度可以提高,工件上的附着油损耗也少,但使用时着火的危险较大,故安全性能差。

油的性能不同,温度对油的冷却能力的影响也不同。常温下使用时,低黏度油冷却能力明显高于高黏度油。油温升高,低黏度油冷却能力有所下降,而高黏度油则因黏度变小、流动性提高而使冷却能力有所提高。为了不致因油温过高引起燃烧、发生火灾或加速氧化过程,生产中油温一般控制在20～80℃,最高为120℃。

目前使用的新型淬火油主要有高速淬火油、光亮淬火油和真空淬火油三种。

高速淬火油就是在高温区冷却速度得到提高的淬火油。获得高速淬火油的基本途径有两条:一是选取不同类型和不同黏度的矿物油,以适当的配比相互混合,通过提高特性温度来提高高温区冷却能力;二是在普通淬火油中加入添加剂,在油中形成粉灰状悬浮物,以缩短蒸气膜阶段,加剧沸腾阶段的进行,从而提高高温区冷却能力。常用的添加剂有硫酸钡盐、硫酸钠盐、硫酸钙盐以及磷酸盐、硬脂肪盐等。生产实践表明,高速淬火油在过冷奥氏体不稳定区冷却速度明显高于普通淬火油,而在低温马氏体转变区冷却速度与普通淬火油相接近。这样既可得到较高的淬透性和淬硬性,又能大大减少变形,适用于形状复杂的合金钢工件的淬火。

光亮淬火油能使钢制工件在淬火后保持表面光亮。在矿物油中加入不同性质的高分子添加物,可以获得不同冷却速度的光亮淬火油。这些添加物的主要成分是光亮剂,其作用是将不溶于油的老化产物悬浮起来,防止其在工件上积聚和沉淀。同时光亮剂也能阻止工件表面的积炭胶粒的继续长大,从而提高淬火后工件的光亮度。另外,光亮淬火油添加物中还含有抗氧化剂、表面活性剂和催冷剂等。我国生产的光亮淬火油有GZ-1、GZ-2和GZ-3三个型号。

真空淬火油是用于真空热处理淬火冷却的介质。真空淬火油必须具备低的饱和蒸气压、较高而稳定的冷却能力以及良好的光亮性和热安定性,否则会影响真空热处理的效果。国产的真空淬火油有 ZZ-1 和 ZZ-2 两种。

● 熔盐和熔碱:属于不发生物态变化的淬火介质。一般用作分级淬火和等温淬火的冷却介质。

● 新型淬火介质:主要有聚乙烯醇水溶液和三硝水溶液等。

聚乙烯醇水溶液的常用浓度为 0.1%～0.3%,其冷却能力介于水和油之间。当工件淬入该溶液时,工件表面形成一层蒸气膜,此外又形成一层凝胶薄膜,两层膜使加热工件冷却。进入沸腾阶段后,凝胶薄膜破裂,工件冷却加快,达到低温时,凝胶薄膜又形成,工件冷却速度又下降,所以这种溶液在高、低温区冷却能力低,在中温区冷却能力高,有良好的冷却特性。

三硝水溶液由 25%硝酸钠+20%亚硝酸钠+20%硝酸钾+35%水组成。高温(500～650 ℃)时由于盐晶体析出,破坏蒸气膜形成,冷却能力接近于水;低温(200～300 ℃)时由于浓度极高,流动性差,冷却能力接近于油,故其可代替水-油双液淬火。

国内有些厂家采用由美国进口的 AQ-251 有机可溶性淬火剂,该淬火剂接近理想冷却速度,使用效果较好。

(3)淬火冷却方法

生产实践中应用最广泛的淬火分类是以冷却方式的不同来划分的,主要有单液淬火、双介质淬火、马氏体分级淬火、下贝氏体等温淬火及延迟淬火冷却等。如图 2-26 所示。

①单液淬火:单液淬火就是将奥氏体化工件迅速浸入某一种淬火介质中,一直冷却到室温的淬火操作方法。如图 2-26 中的曲线 a 所示。单液淬火选择冷却介质时,必须保证工件在该介质中的冷却速度大于此工件钢种的临界冷却速度,并保证工件不会淬裂。单液淬火介质有水、盐水、碱水、油及一些专门配制的淬火剂。一般情况下碳钢水淬,合金钢油淬。

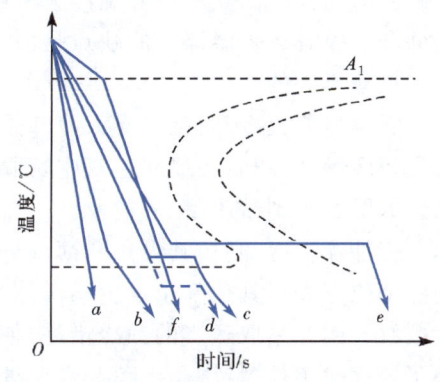

图 2-26 常用淬火方法冷却曲线

单液淬火操作简便,有利于实现机械化和自动化。其缺点是冷却速度受介质冷却特性的限制而影响淬火质量。例如,碳钢工件淬油由于冷却速度太慢而淬不硬,淬水或盐水则由于这些介质在 M_s 以下冷却速度仍很高,容易导致工件变形和开裂。因此,单液淬火对碳钢而言只适用于形状较简单的工件。

②双介质淬火:双介质淬火就是将钢件奥氏体化后,先浸入一种冷却能力强的介质,在钢件还未达到该淬火介质温度之前即取出,马上浸入另一种冷却能力弱的介质中冷却,如先水后油、先水后空气等。如图 2-26 中的曲线 b 所示。其典型实例是非合金工具钢的水淬油冷,即将工件先淬入水中避开 C 曲线的"鼻子",冷却至 300 ℃ 左右进行马氏体型转变时,再浸入油中缓冷,这样就能有效地减少变形和开裂。

双介质淬火的关键是控制好在第一种介质中的冷却时间。若时间太短,则会发生非马氏体型转变而淬不硬;若时间太长,则马氏体型转变已在快冷过程中开始,这样双介质淬火将失去其意义。因此,在实际操作中必须结合实际经验严格把握。由于双介质淬火受人为因素影响较大,质量不易控制,所以在应用方面有一定的局限性。

③马氏体分级淬火：马氏体分级淬火就是将钢奥氏体化，随之浸入温度稍高或稍低于钢的上马氏体点 M_s 的液态介质（熔盐或熔碱）中，保持适当时间，待工件的内、外层都达到介质温度后取出空冷，以获得马氏体组织的淬火工艺，有时也称为分级淬火。如图 2-26 中的曲线 c 所示，注意不能如图 2-26 中曲线 d 那样在 M_s 以下等温。

采用马氏体分级淬火时，工件在分级温度进行停留，待截面温度均匀后再空冷，因而大大减小了工件内、外冷却速度的差别，从而使马氏体型转变的不同时性明显降低，能有效地减小组织应力；同时，由于分级淬火的介质冷却速度较慢，且分级停留，工件匀温后再空冷，其冷却速度更缓，因此整个淬火过程的热应力也大大减小。

综上所述，分级淬火能有效地减小工件淬火的变形和开裂倾向。所以分级淬火适用于变形要求高的合金钢和高合金钢工件，也可用于截面尺寸不大、形状复杂的碳钢工件。

④下贝氏体等温淬火：下贝氏体等温淬火就是将钢奥氏体化，使之快冷到下贝氏体转变温度区（260～400 ℃）等温保持，使奥氏体转变为下贝氏体的淬火工艺。有时也称为等温淬火。如图 2-26 中的曲线 e 所示。下贝氏体等温淬火的特征是过冷奥氏体在下贝氏体转变温度区经长时间等温而进行组织转变，产生下贝氏体。由于工件截面上温度均匀，转变基本上同时进行，且下贝氏体比容比马氏体小、韧性好，因此等温淬火过程中产生的组织应力大大低于常规淬火所产生的组织应力，所处理的工件一般变形小，且不会出现淬火裂纹。

等温淬火的组织主要是下贝氏体，它硬度较高，且强度、韧性、塑性及疲劳强度等均比相同硬度的马氏体高。所以等温淬火一般适用于变形要求严格和要求具有良好强韧性的精密工件和工模具。等温淬火的缺点是由于等温熔盐或熔碱温度较高，冷却能力差，因此只能应用于尺寸不大的工件。

⑤延迟淬火冷却：延迟淬火冷却是为了减少淬火冷却残余应力和畸变，将工件奥氏体化后先较缓慢地冷却（一般在空气中）到略高于 A_{r3}（或 A_{r1}）点，然后进行淬火冷却的热处理工艺。如图 2-26 中的曲线 f 所示。

工件淬火冷却时，其尖角和薄壁处冷却速度最快，如果从较高温度直接浸入冷却介质，这些部位将先于其他部位发生马氏体型转变，会产生很大的应力，使这些较薄弱部位极易产生裂纹。因此采取适当的预冷措施，使尖角和薄壁处因散热快而温度降得比其他部位低，减小了淬火时工件（特别是尖角和薄壁处）与介质的温差，使冷却速度减缓，从而减小了淬火应力，有效地避免裂纹的产生。这种淬火方法尤其适用于壁厚相差较大的工件。

⑥局部淬火：局部淬火就是仅对零件需要硬化的局部进行加热淬火的工艺。局部淬火的主要方法有局部加热局部冷却法和整体加热局部冷却法。前者适用于盐浴炉加热时的工件，后者箱式炉、盐浴炉均可采用。

⑦深冷处理：深冷处理就是钢件淬火冷却到室温后，继续在 0 ℃ 以下的介质中冷却的热处理工艺，也称为冷处理。其目的是最大限度地减少残余奥氏体，以进一步提高工件淬火后的硬度和防止工件在使用过程中因残余奥氏体的分解而引起的变形。深冷处理仅适用于精度要求很高、必须保证尺寸稳定性的工件。

实际生产中冷处理温度一般不超过 −80 ℃，并且在专门的冷冻设备内进行，也可在放有低温介质的保温桶内进行。常用的低温介质是干冰（固体 CO_2）或干冰加酒精，可以达到 −70～−80 ℃ 的低温。冷处理应在淬火后立即进行，否则由于奥氏体的稳定化作用，会削弱处理效果。

2. 钢的淬硬性和淬透性

淬硬性和淬透性是表示钢接受淬火能力的两项性能指标。它们是选材、用材的重要依据，也是热处理技师必须了解的材料的重要性能。

(1) 淬硬性

淬硬性是指钢在理想条件下进行淬火硬化所能达到的最高硬度的能力，也称为可硬性。决定钢淬硬性的主要因素是钢的碳含量，更确切地说是淬火加热时固溶在奥氏体中的碳含量，碳含量越高，钢的淬硬性也就越高。钢中合金元素对淬硬性的影响不大，但对钢的淬透性却有重大影响。

(2) 淬透性

淬透性是指在规定条件下，决定钢淬硬深度和硬度分布的特性。即钢淬火时得到淬硬层深度大小的能力，它表示钢接受淬火的能力，又称可淬性。淬透性实际上反映了钢在淬火时，奥氏体转变为马氏体的难易程度。

淬火时工件截面上各处的冷却速度是不同的。表面的冷却速度最大，越到中心冷却速度越小。如果工件表面及心部的冷却速度都大于该钢的临界冷却速度，则沿工件的整个截面都能获得马氏体组织，即钢被完全淬透了。如果心部冷却速度低于临界冷却速度，则表面得到马氏体，心部获得非马氏体组织，这表示钢未被淬透。

临界冷却速度的大小可以用来表示钢淬透性的大小，但其不便于直接用于生产。因此，实际生产中常以一定条件下淬火后所得的马氏体组织层深度来表示其淬透性的大小。从理论上来讲，淬透层深度应是全淬成马氏体的深度，但由于当非马氏体组织数量不多时，无论用金相或硬度方法都难以区分，而半马氏体区（马氏体和非马氏体组织各占50%）不仅硬度发生陡降，其金相组织的特征也较明显。对淬火工件断面进行腐蚀后，会有一条较为明显的白亮淬火层与非硬化区的分界线，该处正是半马氏体区。所以一般规定，自工件表面至半马氏体区的深度为淬硬层深度。

还应指出：必须把钢的淬透性和钢在具体淬火条件下的淬硬层深度区分开来。钢的淬透性是钢本身所固有的属性，它只取决于其本身的内部因素，而与外部因素无关；而钢的淬硬层深度除取决于钢的淬透性外，还与所采用的冷却介质、工件尺寸等外部因素有关。例如在同样奥氏体化的条件下，同一种钢的淬透性是相同的，但是水淬比油淬的淬硬层深度大，小件比大件的淬硬层深度大。这决不能说水淬比油淬的淬透性高，也不能说小件比大件的淬透性高。可见评价钢的淬透性，必须排除工件形状、尺寸大小、冷却介质等外部因素的影响。

另外，由于淬透性和淬硬性也是两个概念，因此淬火后硬度高的钢，不一定淬透性就高；而硬度低的钢也可能具有很高的淬透性。

拓展资料

泵车之王的关键技术——86 m超长钢制臂架钢材的制备，充分展现了中国制造的卓越实力，这些新技术、新装备正引领着世界迈向新的高度，书写着中国制造的辉煌篇章。更多内容请扫描二维码进行延伸阅读与学习。

延伸阅读

四、回火

1. 淬火钢在回火时的组织和性能转变

回火就是钢淬硬后,再加热到低于 A_{c1} 以下的某一温度,保温一定的时间,然后冷却到室温的热处理工艺。回火的目的:合理调整力学性能,使工件满足使用要求;稳定组织,使工件在使用过程中不发生组织转变,从而保证工件的形状、尺寸不变;降低或消除内应力,以减少工件的变形并防止开裂。

(1) 回火时的组织转变

钢经淬火后其正常组织为:马氏体＋残余奥氏体(亚共析钢和共析钢);马氏体＋碳化物(在非合金钢中就是渗碳体)＋残余奥氏体(过共析钢)。而钢在室温下的平衡组织只有铁素体和渗碳体,因此淬火钢中不稳定的马氏体和残余奥氏体组织会自发地向铁素体和渗碳体转变。研究表明:回火加热时,淬火钢的组织转变并非是一个由马氏体和残余奥氏体直接分解转变成铁素体和渗碳体混合物的简单过程,而是随着温度的升高,经历一系列复杂的中间转变,形成不同的中间组织,最终才转变成铁素体和渗碳体。

淬火钢回火时的组织转变大致包括以下几个过程。

① 碳原子的偏聚和聚集:在 20~100 ℃,虽然铁和合金元素原子尚难以扩散,但碳原子已能短距离扩散,在转变为稳定组织的自发倾向驱使下,马氏体中过饱和的碳原子会自发地进行偏聚。

在低碳板条马氏体中,碳原子多偏聚在位错附近的间隙位置中。在高碳片状马氏体中,碳原子则多偏聚在晶体中的一定晶面上。

② 马氏体的分解:在 100~250 ℃,马氏体内过饱和的碳原子脱溶,沉淀析出亚稳相 ε-碳化物,使 α-固溶体趋于平衡。

当回火温度超过 100 ℃ 时,马氏体开始分解,过饱和固溶的碳原子以 ε-碳化物的形式从马氏体中开始析出。ε-碳化物的形式和成分都不同于渗碳体,它是密排六方晶格,其化学式接近于 $Fe_{2.4}C$。高碳钢中,ε-碳化物总是以条状或薄片形式析出于马氏体的一定晶面上,通常是由马氏体内原先的碳原子偏聚并长大而成的。对于碳质量分数小于 0.3% 的低碳板条马氏体,在低于 250 ℃ 时,一般不析出 ε-碳化物,只是碳原子进一步偏聚在位错缺陷处。

在温度不高(低于 250 ℃)的情况下,由于碳原子难以长距离扩散,而 ε-碳化物的析出必然造成其周围固溶体贫碳,使碳原子来源枯竭,所以 ε-碳化物的长大是极其有限的。因此在 200 ℃ 以下回火时,马氏体的分解不是依靠 ε-碳化物的长大,而主要是依靠 ε-碳化物的增多而进行的。

在 150~300 ℃,碳原子的扩散能力有所提高。此时既有碳化物的继续析出,也有已析出的碳化物的稍许长大,故马氏体的分解得以加速进行。

淬火马氏体回火时,碳已经部分地从固溶体中析出并形成了过渡碳化物,此时的基体组织即回火马氏体。回火马氏体是由马氏体分解(低于 250 ℃)得到的,分布在过饱和度降低了的固溶体基体上的高度弥散的碳化物的混合物。

③ 残余奥氏体的转变:非合金钢残余奥氏体的转变温度为 200~300 ℃。一般认为残余奥氏体转变产物与过冷奥氏体在相同温度下的转变产物基本一致,即在较高温度范围内,其转变产物为下贝氏体,在较低温度范围内的转变产物为马氏体,随后分解成回火马氏体。

④ 碳化物的析出、转化和长大:自马氏体分解开始,ε-碳化物就不断地从马氏体中析出。

回火温度越高,ε-碳化物的析出量越多。当温度升高到 250 ℃时,ε-碳化物开始逐渐向渗碳体转化。开始阶段转化速度较慢,在 350~400 ℃转化最为剧烈,大量的渗碳体都在这时生成。实际上,ε-碳化物并非直接生成渗碳体,而是首先生成其他类型亚稳定碳化物作为中间相(过渡相),然后再转化成渗碳体。在转化的同时,ε-碳化物仍可继续从马氏体中不断析出,ε-碳化物的最高存在温度可达 350~400 ℃。

低碳马氏体由于没有析出 ε-碳化物的过程,因此在回火温度高于 200 ℃时直接析出渗碳体。

渗碳体的形成也经历了形核与晶粒长大两个过程。随着回火温度的升高,扩散速度加快,渗碳体的形核与晶粒长大过程也加快。渗碳体的初始形态呈极薄的片状,在 400 ℃以上温度开始显著长大,最终形成粒状渗碳体。温度继续升高,粒状渗碳体不断长大。回火温度越高,渗碳体颗粒的尺寸越大。

⑤铁素体的回复与再结晶:随着回火温度升高,碳化物不断析出,致使 α-固溶体中的碳含量接近于平衡,这意味着铁素体开始回复。回复后的铁素体仍保持着原马氏体的板条或片状的外形。马氏体是回火时形成的,实际上是铁素体基体内分布着极其细小的碳化物(或渗碳体)球状颗粒,但因其过于细小以致在光学显微镜下高倍放大也分辨不出其内部构造,只看到其总体是一片黑的复相组织,称为回火托氏体。即在 350~450 ℃,回火后得到保持马氏体外形、但已经回复的铁素体和弥散分布的极细小渗碳体颗粒的混合物。

当回火温度上升到 500 ℃以后,回复后的铁素体开始由细小的板条或片状晶粒,逐渐长大成细小的等轴晶粒,这一过程称为铁素体的再结晶。在 600~700 ℃时,由于铁原子的扩散能力显著提高,铁素体的再结晶最为剧烈。索氏体是回火时形成的,在光学显微镜下放大五六百倍才能分辨出来其为铁素体基体内分布着碳化物(包括渗碳体)球状的复相组织,被称为回火索氏体,即在 500~650 ℃回火,得到细粒状渗碳体和等轴铁素体晶粒所组成的混合物。当回火温度为 650 ℃~A_{c1}时,渗碳体颗粒和等轴铁素体晶粒都显著长大,得到粗的粒状渗碳体和铁素体所组成的混合物,这种组织被称为回火珠光体,其金相组织基本上和球化退火组织相同。

总之,淬火钢的回火转变是由以上五个过程综合作用的结果,难以用明确的温度范围将它们截然分开,它们有时互相交错,有时同时进行。

(2) 回火后的力学性能

淬火钢回火时力学性能总的变化趋势是随着回火温度的上升,硬度、强度降低,塑性、韧性升高。

①回火对淬火钢硬度的影响:当回火温度为 200~250 ℃时,回火后的组织是回火马氏体,其硬度较淬火马氏体只是稍有下降。高碳钢因弥散状的 ε-碳化物大量析出,在温度低于 100 ℃时硬度反而略有回升。另外由于其有较多的残余奥氏体,在 200~250 ℃温度区间,它们将转变成回火马氏体,这会减缓其回火组织硬度下降的速度。对于低碳钢,由于其既不存在 ε-碳化物的析出,残余奥氏体量也极少,故不存在这两个变化。

在 300 ℃以上回火时,各种碳钢的硬度都随回火温度的升高而显著下降。图 2-27 所示为不同碳质量分数

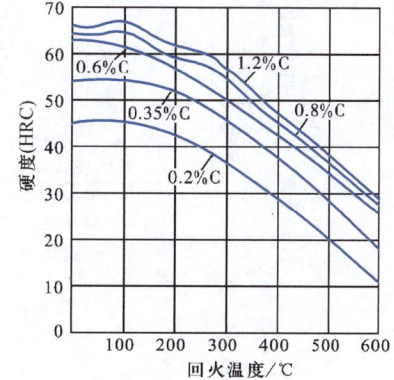

图 2-27 不同碳质量分数的碳钢硬度与回火温度的关系

的碳钢硬度与回火温度的关系。

②回火对钢的强度、塑性和韧性的影响：图2-28描述了低碳、中碳及高碳钢的力学性能与回火温度的关系。由图2-28可以看出，钢的强度指标（R_m、R_{eL}）与硬度指标的变化类似，随回火温度的升高而降低。塑性指标（A、Z）恰好与强度、硬度指标相反，随回火温度的升高而逐渐增大。冲击韧度（a_K）也是随回火温度的升高而增大，在600 ℃左右回火时达到最大。弹性极限（R_e）在300～350 ℃时最大，这是由于回火托氏体本身强度较高以及残余应力大大降低的缘故。另外，淬火钢回火时的力学性能也与其内应力消除程度有关，回火温度越高，淬火内应力消除越彻底，只有当回火温度高于500 ℃、并保持足够回火时间时，才能使淬火内应力基本消除。

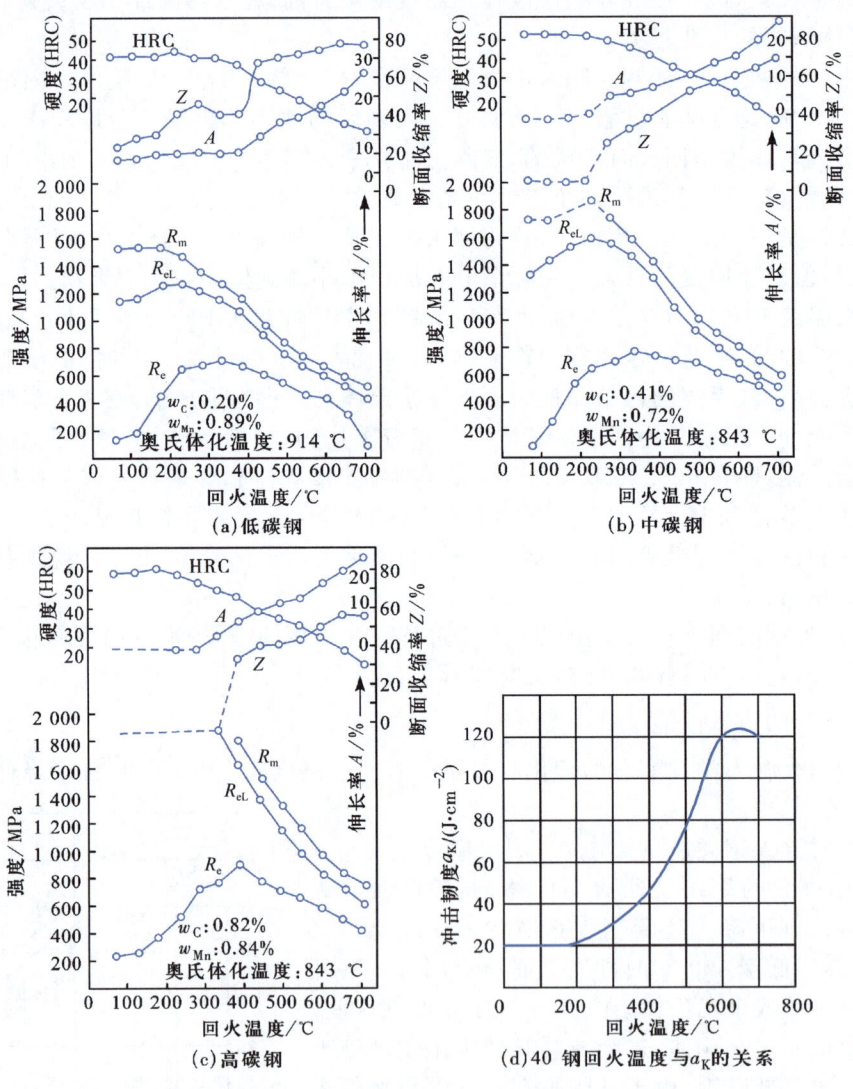

图2-28 碳钢的力学性能与回火温度的关系

2. 回火的分类及回火工艺的制定

(1) 回火的分类

按加热温度的不同,回火可分为低温回火、中温回火和高温回火三类。

① 低温回火:回火温度在 250 ℃以下,回火后的组织为回火马氏体,其硬度一般为 55～64HRC(低碳钢除外)。由于回火马氏体具有高的硬度和耐磨性以及高强度,同时经低温回火能适当降低淬火应力,减小脆性,因此低温回火主要用于高碳钢制工件(如刀具、量具、冷变形模具、滚动轴承件)以及渗碳件和高频淬火件等。

② 中温回火:回火温度在 300～500 ℃,回火后组织为回火托氏体,其硬度一般为 40～50HRC。淬火钢经中温回火后除了保持较高的硬度和强度以及足够的韧性外,其弹性极限也达到了极大值。因此中温回火广泛地应用于各类弹簧件,也可用于某些模具(如塑料模具等)以及要求较高强度的轴、轴套和刀杆等。

③ 高温回火:回火温度在 500～600 ℃,回火后的组织是回火索氏体,其硬度一般为 25～35HRC。回火索氏体组织既具有一定的硬度、强度,也具有良好的塑性和韧性,即有好的综合力学性能。习惯上将钢淬火及高温回火的复合热处理工艺称为调质。调质广泛用于各种重要的结构工件,尤其是在交变载荷下工作的工件,如汽车、拖拉机、机床上的连杆、连杆螺钉、齿轮和轴类工件等。

(2) 回火工艺的制定

制定回火工艺的主要参数有回火温度、回火时间和回火后的冷却速度。前两者是决定回火力学性能的主要因素。回火后的冷却速度对回火力学性能影响不大,只是对于某些含有铬、锰等元素的钢种而言,回火后快冷能避免其第二类回火脆性。

① 回火温度:工件的力学性能(如硬度、强度、塑性、韧性等)要求是选择回火温度的依据。实际生产中,由于硬度检查简便易行,且硬度和强度在一定范围内有着对应关系,因此常以硬度要求来确定回火温度。实践证明,只要材料选择正确,工艺合理,回火后达到要求硬度,其他力学性能(如塑性、韧性等)一般均能满足使用要求。

② 回火时间:回火需保持一定的时间,目的是使工件心部与表面温度均匀一致,保证组织转变的充分进行,并使淬火应力得到充分消除。如果回火时间过短,则会导致回火不充分,使得一些高碳钢工件在磨削时出现裂纹,刀具及模具等则会在使用时容易产生崩刃现象,也会使一些精密零件在使用一段时间后发生形状和尺寸的变化;但过长的回火时间则会提高成本,降低设备使用率。因此,回火时间的确定必须考虑工件的有效尺寸、回火温度以及加热介质等因素。

学习任务四　钢的表面热处理

任务引入

在生产中,有许多机械零件如曲轴、凸轮轴、传动齿轮等,在弯曲、扭转载荷下工作,同时还受磨损和冲击,这时应力沿断面的分布是不均匀的,越靠近表面应力越大,越靠近心部应力越小。因此,这种工件对表面的要求常常是耐磨、耐蚀和抗氧化性能等,而对零件内部的要求是韧性好,抗冲击。从经济角度考虑,零件内部材料价格要便宜,成型要容易,即整体具有良好的塑性和韧性。要解决这类问题,单靠整体热处理显然是不行的,那么我们必须采取怎样的热处理方法才能达到所需的性能呢?

任务分析

显然只有对零件表面进行强化的金属热处理工艺——表面热处理,才能满足我们的需求,因为我们不希望改变零件心部的组织和性能。

表面热处理一般分为两类:它是通过改变零件表层组织,以获得硬度很高的马氏体,而保留心部韧性和塑性(表面淬火),或同时改变表层的化学成分,以获得耐蚀、耐酸、耐碱性,且表面硬度比前者更高(化学热处理)的方法。

表面热处理的优点是,它一方面提高零件的表面性能,具有高硬度、高耐磨和高的疲劳强度,以保证零件的高精度;另一方面又使零件心部具有足够高的塑性和韧性,以防止脆性断裂,即使零件性能"表硬心韧"。

相关知识

一、钢的表面淬火

1. 感应加热表面淬火

(1)基本原理

所谓感应加热,就是利用电磁感应在工件内产生涡流而将工件加热的方法,如图 2-29 所示。工件放在感应器中,感应器由夹持连接板接在感应加热设备的输出端。当一定频率的交流电通过感应器时,由于电磁感应,会在工件表面产生与感应器中电流相反的感应电流。这种感应电流沿工件表面形成的封闭回路,称为涡流。在涡流及工件本身电阻的作用下,根据焦耳-楞次定律 $Q=I^2Rt$(I—感应电流;R—工件电阻;t—加热时间),电能便在工件表面转化为热能,使工件表面很快加热到淬火温度,再将工件立即进行淬火,就达到了表面淬火的目的。

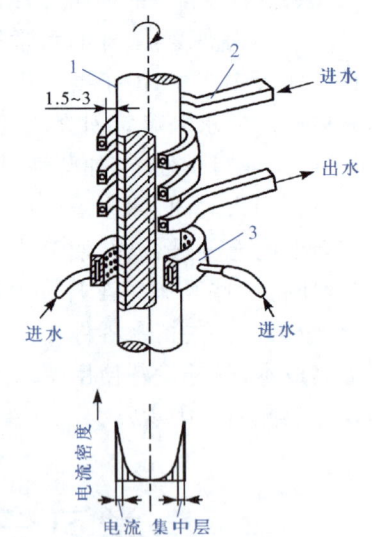

图 2-29 感应加热
1—工件;2—感应器;3—喷水套

涡流能实现表面加热,是由交变电流在导体中的特点所决定的。

①集肤效应:当导体中通过直流电时,导体截面上各处的电流密度是相同的。但当通过交流电时,其电流在导体截面上的分布是不均匀的,导体表面的电流密度大,中心的电流密度小,电流密度自表面向中心呈指数规律衰减。这种现象被称为交流电的集肤效应。交流电的频率越高,集肤效应就越显著。感应加热表面淬火就是利用这一特性而实现表面淬火的。

②邻近效应：两个相邻导体通过电流时，如果电流方向相同，则它们所产生的交变磁场的相互作用，使两导体相邻一侧的感应反电动势最大，电流被驱向于导体外侧流过；相反，当电流方向相反时，电流被驱向于两导体相邻一侧（内侧）流过，这种现象称为邻近效应。

在感应加热时，工件上的感应电流总是与感应器中的电流方向相反，所以感应器上的电流集中于内侧流过，而位于感应器内被加热工件上的电流则集中于表面，这就是邻近效应与集肤效应相叠加的结果。

在邻近效应的作用下，只有当感应器与工件间的间隙相等时，感应电流在工件表面的分布才是均匀的。所以工件在感应加热过程中要不断地旋转，以消除或减小因间隙不等所造成的加热不均，获得均匀的加热层。

另外，由于邻近效应的作用，工件上被加热区的形状总是与感应器的形状相似。因此在制作感应器时，应使其形状适合工件加热区的形状，这样才能取得较好的效果。

③环流效应：当交变电流通过圆环状或螺旋状导体时，由于交变磁场的作用，其外表面电流密度因自感反电动势增大而降低，因而在圆环内侧表面获得最大电流密度，这种现象称为环流效应。环流效应能提高加热工件外表面的热效率及加热速度。但对加热内孔不利，因为环流效应使感应器上的电流远离工件表面，导致加热效率显著降低，加热速度减慢。因此要在感应器上安装磁导率很高的导磁体，以提高加热效率。

④尖角效应：把外形带有尖角、棱边及曲率半径较小的凸出部分工件，置于感应器中加热时，即使感应器与工件之间的间隙相等，由于在工件的尖角处和凸出部分通过的磁力线密，感应电流密度大，加热速度快，热量集中，所以会使这些部位产生过热，甚至烧熔，这种现象称为尖角效应。例如齿轮在进行高频淬火时，尖角部分往往容易因过热而开裂。为避免尖角效应，设计时应将感应器与工件尖角和凸出部分的间隙适当增大，以减少该处磁力线的集中，使工件各处的加热速度和温度尽量均匀一致；或将工件尖角及凸出部分改为圆角或倒角，也能达到同样效果。

(2)特点及其在热处理中的应用

①感应加热能够在一定范围内控制加热层深度。既可以只对工件表面进行加热淬火，也可以进行穿透加热。

②加热速度快，生产率高。感应加热时的加热速度可高达每秒几百度到几千度，而一般热处理加热炉的加热速度最多不过每秒几度到几十度。

③工件的热处理质量高而稳定。由于其加热速度快，所以工件表面氧化、脱碳极少；因工件心部未加热，故变形也小。此外在批量生产中，其热处理质量也较其他热处理稳定。

④热效率高。由于感应加热是依靠工件本身发出的热量进行加热的，故其热损失少。热效率在60%以上，约为其他加热方式的两倍。

⑤易实现局部加热和连续加热。

⑥便于实现机械化和自动化。

感应加热表面淬火的不足之处在于：设备费用昂贵，并要配备专门的淬火机床；加热温度不易测定和控制；设备维护、调整和使用都要求较高技术水平等。

感应加热表面淬火常用于中碳钢和中碳合金钢结构工件，也可用于高碳工具钢和低合金工具钢工件以及铸铁件等。例如在齿轮、凸轮、曲轴、各种轴类和轧辊等方面得到广泛的应用。

(3) 设备

感应加热设备按输出电流频率不同可分为高频、中频、工频和超音频四类，其主要特性和应用范围见表2-4。

表2-4　感应加热设备的种类、主要特性及应用范围

感应加热设备	频率范围/kHz	功率/kW	感应电流透入深度/mm	应用范围
高频设备	200~300	5~500	0.5~1.0	小模数齿轮表面淬火；小轴类工件表面淬火
中频设备	1~8	15~1 000	2~10	较大模数齿轮、凸轮轴及曲轴类的表面淬火；中小轴类及轴承套圈的透热淬火
工频设备	0.05	100~2 000	80~100	大型轧辊和大直径工件的表面淬火
超音频设备	30~60	—	2.5~3.5	中小模数($m=3\sim6$)齿轮、花键轴表面轮廓淬火；凸轮轴及曲轴类表面淬火

(4) 感应加热表面淬火后的组织及性能

① 感应加热表面淬火后的组织：工件经感应加热表面淬火后，由于沿截面不同处的加热和冷却情况迥异，所以分别获得不同的组织。图2-30为淬火钢感应加热表面淬火后的组织、硬度与加热温度之间的关系。由图2-30可见，Ⅰ区加热温度高于A_{c3}，淬火后得到马氏体组织，故称为完全淬火层。在这一区中，由于靠近表面处温度较高，往往获得的马氏体较粗大，呈明显的针状，而靠里层温度较低，获得的马氏体较细，多为隐针马氏体。该区表面硬度可达56HRC左右。Ⅱ区加热温度为$A_{c1}\sim A_{c3}$，淬火后得到马氏体加未溶铁素体，常称为过渡层。过渡层由表至里铁素

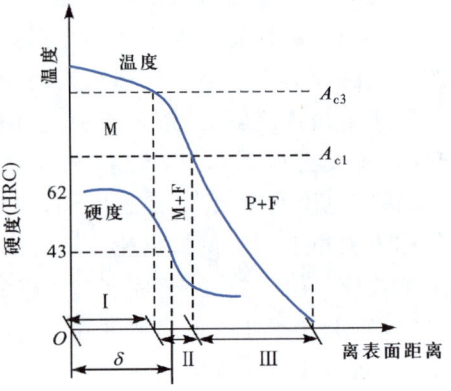

图2-30　淬火钢感应加热表面淬火后的组织、硬度与加热温度之间的关系

体量逐渐增加，所以硬度也逐渐降低。Ⅲ区加热温度低于A_{c1}，因此加热过程不产生相变，淬火后仍为原始组织，该层硬度保持原来硬度或略有降低。

② 感应加热表面淬火后的力学性能：感应加热表面淬火后工件表面具有较高的强度、耐磨性和高硬度。

● 硬度：感应加热表面淬火后工件的硬度比常规淬火要高出2~3HRC，这种现象称为超硬现象。产生超硬现象的原因是加热速度极快，使晶粒充分细化。这种现象在200℃以上回火后，即不复存在。

● 疲劳强度：感应加热表面淬火能有效地提高工件抗弯曲和扭转的疲劳强度。一般来说，对小工件能将疲劳强度提高2~3倍，大工件则能提高20%~30%。这是因为工件淬火表面的马氏体晶粒极为细小，碳化物弥散度高，并且产生了有利于提高疲劳强度的残余压应力。

● 耐磨性：经感应加热表面淬火后工件的耐磨性比常规淬火提高75%。其原因是感应加热氧化、脱碳少，且淬硬层中马氏体晶粒细小，但其耐磨性不如渗碳件。

(5)工艺

感应加热表面淬火的工艺参数分为热参数和电参数两种。热参数包括加热温度、加热时间和加热速度等;电参数有设备频率、工件单位表面功率以及决定单位表面功率的阳极电压、阳极电流、槽路电压和栅极电流等。生产上一般通过调整电参数来控制热参数,从而保证感应加热表面淬火的质量。

①感应加热表面淬火方法:感应加热表面淬火一般有两种方法,即同时加热淬火法和连续加热淬火法。

· 同时加热淬火法:将工件上需要加热表面的整个部位置于感应器内,一次完成加热,然后直接喷水冷却或将工件迅速置于淬火槽中冷却。这种方法适用于小型工件或淬火面积较小而尺寸较大的工件,如曲轴、齿轮等。

· 连续加热淬火法:加热和冷却同时进行,前边加热后边冷却。工件不仅转动而且沿轴向移动,对需要淬火部位均匀地进行加热淬火。这种方法适用于轴类等长型工件的表面淬火,如轴、齿条、机床导轨和大型齿轮等。

②淬火温度和加热速度的选择:淬火温度是指感应加热时工件表面的加热温度,它和钢的化学成分、原始组织及加热速度等因素有关。由于感应加热速度快、时间短,奥氏体晶粒来不及均匀化及长大,故其加热温度较常规热处理要高。此外其加热温度的测量和控制也较困难,生产上通常凭经验或试淬情况来加以确定。

③感应加热设备的选择:应根据工件的淬硬层深度要求选择电流频率。为保证工件表面淬火层的质量,应使电流的透入深度 $\Delta_热$ 大于所要求的淬硬层深度 δ,即采用较低的频率来满足 $\delta \leqslant \Delta_热$,以使淬火层内同时发热而达到比较均匀的温度。这种加热方式称为透入式加热。经验表明淬硬层深度 δ 不应小于电流透入深度 $\Delta_热$ 的 1/4,以电流透入深度 $\Delta_热$ 的 1/2 为最佳。对于一般碳钢:

$$\Delta_热 \approx \frac{500}{\sqrt{f}} \tag{2-7}$$

则

$$f \approx \frac{2.5 \times 10^5}{\Delta_热^2} \tag{2-8}$$

式中 δ——淬硬层深度,mm;

$\Delta_热$——电流的透入深度,mm;

f——电流频率,Hz。

④感应加热后的冷却:感应加热后通常采用的冷却方法如下:

· 喷射冷却:淬火冷却介质通过在感应器或冷却器上的许多喷射小孔,喷射到工件加热面上进行冷却的方法。冷却介质喷射压力为 0.15~0.3 MPa。一般冷却器和感应器分开,但也有感应器本身兼作冷却器的。这种方法适用于连续加热淬火和同时加热淬火。

· 浸液冷却:工件表面同时加热结束后,立即浸入淬火槽中进行冷却的方法。这种方法适用于同时加热淬火。

· 埋油冷却:将感应器和工件浸没在油中进行加热和冷却的方法。此法适用于油冷的合金钢工件。一般采用水、0.1%~0.3%聚乙烯溶液及油等作为感应加热表面淬火的冷却介质。由于油容易燃烧并会产生大量油烟,影响安全生产,故不能用于喷射冷却,而只能用于合金钢工件的埋油冷却。

⑤感应加热表面淬火后的回火：感应加热表面淬火后的工件，应及时回火，以减少内应力，防止变形、开裂，并稳定组织以达到所需的力学性能。通常回火方法有以下三种：

● 炉中回火：经浸液冷却或连续加热淬火工件以及薄壁工件等通常在炉中或油浴炉中进行回火。如果要求工件表面保持高硬度，则可采用 150～170 ℃ 低温回火。当回火温度超过 200 ℃ 时，硬度下降较快。

● 自回火：将感应加热好的工件迅速冷却，但不透冷，利用心部余热对淬火表面"自行"加热，达到回火目的。此法适用于同时加热表面淬火较大的工件及形状简单、大量生产的工件。自回火可节省电能，减小变形、开裂倾向，但会有温度和硬度不均匀现象。

● 感应加热回火：采用感应加热的方式进行回火的方法。此法适用于连续加热淬火的长轴、套筒等。为了有效地去除残余应力，这时工件的加热层必须超过淬火层深度，可采用 15～20 ℃/s 的较低加热速度进行回火。

2. 火焰加热表面淬火

(1) 基本原理和特点

所谓火焰加热表面淬火，就是将高温火焰喷向工件的表面，使工件表面迅速加热到淬火温度，然后快速冷却的一种表面淬火方法。其最常用的燃料是氧-乙炔火焰混合气体或其他可燃气体。

火焰加热表面淬火的特点是设备简单，成本低，使用方便灵活，适用于各种形状工件特别是大尺寸工件的局部淬火或表面淬火。其最大缺点是淬火加热时容易过热，淬火质量不易控制，影响因素较多。

(2) 方法

根据火焰喷嘴与工件相对运动情况，火焰加热表面淬火的方法可分为四种：

① 固定法：淬火工件和火焰喷嘴都不动，用火焰喷嘴直接加热淬火部分，当工件加热到淬火温度后立即喷水冷却，如图 2-31(a) 所示。这种方法适用于淬硬面积不大的工件（如气阀顶杆、杆件端部、导轨接头等）。

② 旋转法：用一个或几个固定火焰喷嘴对旋转 (100～200 r/min) 工件表面进行加热，使其表面加热到淬火温度，然后进行冷却，如图 2-31(b) 所示。这种方法适用于小直径的轴和模数小于 5 的齿轮。

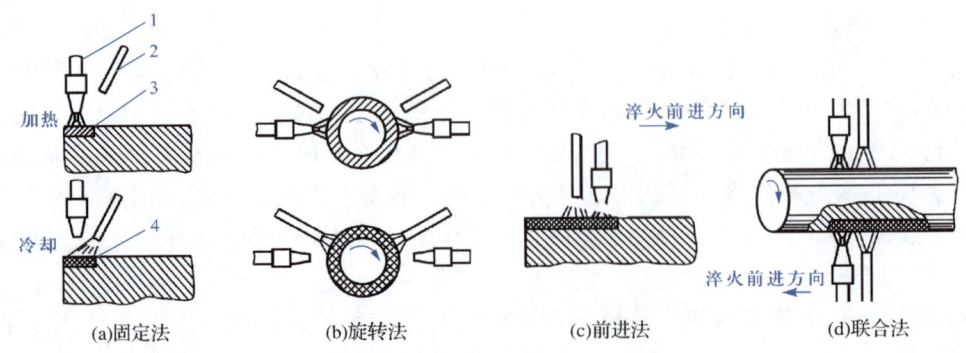

图 2-31 火焰加热表面淬火方法

1—火焰喷嘴；2—喷水装置；3—加热层；4—淬硬层

③前进法:火焰喷嘴和冷却装置沿淬火工件表面平行移动,一边加热,一边冷却,淬火工件可缓慢移动或不动,如图2-31(c)所示。这种方法可用于很长的工件(如长轴、机床床身及导轨等)进行表面淬火加热,也可用于大模数齿轮的逐齿淬火。

④联合法:淬火工件沿其轴线迅速旋转,而火焰喷嘴及喷水装置同时沿工件轴线平行移动,如图2-31(d)所示。该法加热均匀,可作冷轧辊的表面淬火用。

(3)设备

火焰加热表面淬火的主要设备包括火焰喷枪、火焰喷嘴、淬火机床、乙炔发生器和氧气瓶。其中火焰喷嘴的形状直接影响着火焰加热表面淬火的质量,为了均匀加热,要求其外形尺寸尽可能与淬火部位的形状尺寸一致。

(4)注意事项

①淬火前的准备:为使钢的淬硬层深度与硬度均匀一致并具有强韧的心部组织,在淬火前应进行预备热处理(通常是正火或调质)。此外,淬火前必须对淬火表面进行认真的清理和检查,淬火部位不允许有脱碳层、氧化皮、砂眼、气孔及裂纹等疵病。

②预热:合金钢、铸钢件及铸铁件进行火焰加热表面淬火时,由于材料导热性差,形成裂纹的可能性较大,所以必须在淬火前进行预热。

③加热温度:火焰淬火温度比常规淬火温度要高,在A_{c3}以上80~100 ℃,一般取880~950 ℃。淬火时加热温度凭经验掌握,并通过调整火焰喷嘴移动速度来控制。

④回火:淬火后工件应立即回火,以消除应力,防止开裂。回火温度根据硬度要求而定,一般为180~200 ℃,回火保温时间为1~2 h。

二、钢的化学热处理

1. 化学热处理的基本原理

(1)化学热处理的概念

将工件置于特定的介质中,通过加热和保温使介质分解成一定的化学元素渗入其表面,改变表层化学成分,并通过适当的热处理使表面获得与心部不同的组织和性能的热处理称为化学热处理。

不同的渗入元素,赋予工件表面的性能是不一样的。在工业生产中,化学热处理的作用有两方面:一是强化表面,如渗碳、渗氮、碳氮共渗、渗硼、硫氮共渗等,可以提高工件表面的疲劳强度、硬度和耐磨性;二是改善表面物理、化学性能,如渗铝、渗铬等,可以提高工件表面的抗腐蚀能力、抗氧化能力。

经过化学热处理的工件,其表面和心部具有不同的化学成分、组织和性能,实际上成了一种复合材料构件。如低碳钢经过表面渗碳、淬火后,用其制造的工件表面具有高硬度、高耐磨性的高碳钢淬火后的性能,而心部却保留了低碳钢淬火后所具有的良好的塑性和韧性。显然,这是单一的低碳钢或高碳钢所不能达到的。

钢的化学热处理,常以渗入的元素来命名。表2-5是常用的化学热处理方法及其用途。

表 2-5　　　　　　　　　常用的化学热处理方法及其用途

处理方法	渗入元素	用途
渗碳	C	提高硬度、耐磨性及疲劳强度
渗氮	N	提高硬度、耐磨性、疲劳强度及耐蚀性
碳氮共渗	C、N	提高硬度、耐磨性及疲劳强度
氮碳共渗	N、C	提高硬度、抗咬合性及疲劳强度
硫氮共渗	S、N	减摩,提高抗咬合性、耐磨性及疲劳强度
碳氮硫三元共渗	C、N、S	减摩,提高抗咬合性、耐磨性及疲劳强度
渗硼	B	提高硬度、耐磨性及耐蚀性
渗铝	Al	提高抗氧化及耐含硫介质的腐蚀性
渗铬	Cr	提高抗氧化、耐腐蚀及耐磨性

(2) 化学热处理的基本过程

化学热处理通常可分为分解、吸收和扩散三个基本过程。

① 分解:分解就是渗剂通过一定温度下的化学反应或蒸发作用,形成含有渗入元素的活性介质,然后通过活性原子在渗剂中的扩散运动而到达工件表面。活性原子是指从某些化合物中刚分解出来的或由离子刚转变而成的新生态原子。介质的分解过程实质上就是获得活性原子的过程。例如用煤油或甲烷渗碳:

$$2CO \longrightarrow [C]+CO_2 \qquad (2-9)$$

$$CH_4 \longrightarrow [C]+2H_2 \qquad (2-10)$$

式中,[C]为活性原子。

介质分解出活性原子的速度除了决定于化学反应的性质以外,还和反应的外在条件——介质浓度、分解温度及催化剂有关。

● 介质浓度:根据质量作用定律,任何化学反应的速度都和反应物浓度的乘积成正比。因此,介质浓度越高,分解速度越快。

● 分解温度:几乎所有化学反应的速度都随温度的升高而增大。实验指出,温度每提高 10 ℃,反应速度通常增加 2~4 倍。

● 催化剂:催化剂对于化学反应的作用主要是降低活化能。催化剂的催化能力与催化剂的性质和使用条件有关,也和催化剂的表面状态及表面积有关。清理工件表面、装夹工件时留有一定间隙等都能改善催化条件,加快化学反应的速度。

② 吸收:吸收是指渗入元素的活性原子吸附于工件表面并发生相界面反应,即活性原子与金属表面发生吸附-解吸过程。一般固体表面对气相的吸附分成两类——物理吸附和化学吸附。物理吸附是固体表面对气体分子的凝聚作用,吸附速度快,达到平衡也快。吸附大多为多分子层,固体晶格与气体分子之间没有电子的转移和化学键的生成。随着温度的升高,吸附在固体表面上的分子离开固体表面(解吸现象)增多。化学吸附则不同,它具有化学反应的基本特征,其结合力类似化学键,且有明显的选择性。化学吸附只能是单分子层,需要具有一定活性能的分子碰撞固体表面才能产生这种吸附。因此,温度愈高,化学吸附的作用也愈大。

化学热处理的吸附除受温度影响外,还和工件表面活性有关。工件表面活性指的是吸附和吸收被渗活性原子的能力。

工件表面光洁度愈差,吸附和吸收被渗活性原子的表面愈大,活性愈大。工件表面愈清洁,捕获被渗元素气体分子的能力愈强,因而增大了表面活性。

③扩散:扩散是指被吸附的活性原子从工件表面向内部扩散以及扩散到内部的渗入元素的原子与金属反应而形成固溶体或化合物。金属表面溶入被渗元素的原子后,表面该种元素的浓度增加。因而表面和心部之间存在着明显的浓度差异,这种浓度差异称为浓度梯度。在一定温度下,工件表面的活性原子将沿着浓度梯度由高浓度的工件表面向低浓度的工件心部扩散。

根据扩散定律并结合生产实际,影响扩散的因素主要有以下几个方面:

- 晶体结构:晶体结构反映了原子在空间的排列情况,若排列密度大,则原子扩散时需克服的阻力也大,扩散系数就越小。如果金属中存在空位或点缺陷,将使原子扩散时需克服的阻力减小,即激活能降低,所以随着空位的增加,扩散速度将加快。
- 原子尺寸:固溶体中溶质与溶剂尺寸差越大,晶格畸变越大,导致畸变能增大,使原子处于不稳定状态,因而降低了激活能,使扩散阻力减小,加快扩散速度。
- 温度:扩散系数随温度的升高而呈指数增大,因此升高温度将明显加快扩散。
- 浓度:扩散系数随组元浓度的变化而变化,不同元素的变化规律是不同的。如在Au-Ni合金中,扩散系数随Ni含量的增加而减少;在Fe-C合金中,扩散系数随碳含量的增加而增大。对能降低熔点的组元来说,因为低熔点组元降低了激活能,使原子扩散阻力减小,所以扩散系数随低熔点组元的增加而增大。
- 合金元素:加入与碳亲和力强的元素形成稳定碳化物时,阻碍扩散的进行;若加入微量元素溶入铁的晶格中,则使畸变能增大,降低激活能,从而加快了扩散速度。
- 晶粒:晶粒越细,晶界面越多,晶界处畸变能越大,从而使原子在晶界扩散速度加快。

2. 渗碳

(1)渗碳概述

①渗碳及其目的:钢的渗碳就是为了增加工件表层的碳含量和一定碳浓度梯度,将工件在渗碳介质中加热并保温,使碳原子渗入表层的化学热处理工艺。这是机器制造中应用最广泛的一种化学热处理工艺。渗碳的目的是使工件获得高的表面硬度、耐磨性及高的接触疲劳强度和弯曲疲劳强度。

②渗碳方法:根据所有渗碳剂在渗碳过程中聚集状态不同,渗碳方法可以分为固体渗碳法、液体渗碳法和气体渗碳法。在特定的物理条件下进行的渗碳包括真空渗碳、辉光离子渗碳及真空离子渗碳等。

③渗碳用钢:渗碳用钢分为非合金渗碳钢和合金渗碳钢,碳含量一般为 $w_C=0.1\%\sim 0.3\%$,非合金渗碳钢主要是15钢和20钢。这类钢经渗碳及随后的淬火、回火处理,其表面硬度可以达到58~64HRC,具有较好的耐磨性,但是淬透性较低,只适用于心部强度要求不高、承受负载较小的小尺寸工件,如衬套、链条片以及量具、夹具等。合金渗碳钢由于是在低碳钢的基础上加入了各种不同成分配比的合金元素,如 Cr、Mo、Ni、Mn、Ti、V 等,可抑制奥氏体晶粒长大,提高淬透性和增加回火稳定性,并改善了渗碳钢的工艺性能,用于制作轴类、

齿轮类、销杆类、链轮类等重要的承力工件,特别是承受负载大的小尺寸渗碳件。

④渗碳前的预备热处理:为了改善切削加工性能和为渗碳提供合理的原始组织,保证渗层和心部的质量要求,渗碳前应根据不同的材料选择适当的方法(如正火)进行预备热处理。

(2)气体渗碳

气体渗碳是将工件置于密封的特制渗碳炉内加热,并通入含碳气体或直接滴入含碳有机液体,经高温分解后产生活性原子并渗入工件表面,使工件表面增碳的过程。气体渗碳剂一般可分为两大类:一类是液态介质,可以用碳氢化合物有机液体,如煤油、苯、丙酮、甲醇等直接滴入炉内汽化而得到渗碳气体,气体在渗碳温度热分解、析出活性碳原子渗入工件表面;另一类是气态介质,可以用事先制备好的一定成分的气体通入炉内,在渗碳温度下分解出活性碳原子渗入工件表面来进行渗碳。

①滴注式气体渗碳:当用煤油、丙酮等直接滴入渗碳炉内进行渗碳时,由于在渗碳温度热分解时析出活性碳原子过多,往往不能被工件表面全部吸收,从而在工件表面沉积成炭黑、焦油等,阻碍渗碳过程的继续进行,造成渗碳层深度及碳浓度不均匀等缺陷。为了克服这些缺点,目前一般采用两种有机液体同时滴入炉内的方法。一种液体产生的气体碳势较低,作为稀释气体,另一种液体产生的气体碳势较高,作为富化气。这样配合使用,往往可以得到炭黑少、渗速快、碳势易于调节、渗碳质量高的良好效果。而渗剂应选择具有较大的产气量、高温下分解出的气体中碳氧比大于1且具有较好的安全性及经济性的液体。

滴注式气体渗碳工艺过程通常可划分为升温排气、渗碳(包括强渗和扩散)、降温冷却三个阶段,如图2-32所示。各个阶段的目的要求不同,应分别加以控制。

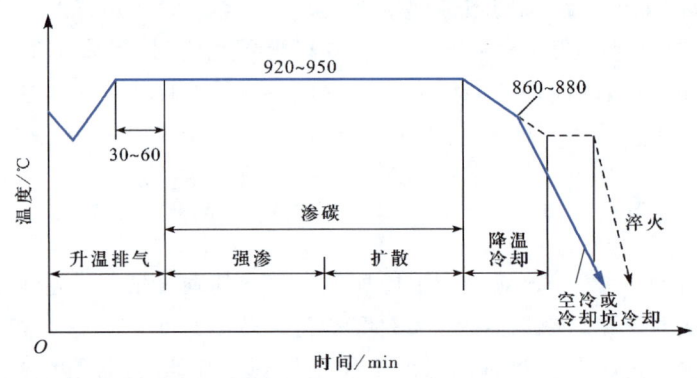

图2-32 井式炉滴注式气体渗碳工艺过程

● 升温排气阶段:工件装炉后,炉温大幅度下降,同时还有大量空气进入炉内。因此,本阶段的作用是使炉温迅速恢复到规定的渗碳温度。同时,要尽快排除进入炉内的空气,防止工件氧化。加大甲醇或煤油的滴量可增加排气速度,使炉内较快地形成还原性气氛或渗碳性气氛。如果用煤油排气,滴量只能适当增加,因为这时炉温较低,煤油分解不完全,滴量过大易产生大量炭黑。滴量应根据炉子的容积来确定。排气阶段的时间通常是炉温达到渗碳温度后再延续30~60 min,以便完全清除炉内的CO_2、H_2O、O_2等氧化脱碳性气体。

● 渗碳阶段:此阶段的作用是渗入碳原子,并获得一定深度的渗层。这一期间炉温保持不变,炉内压力应控制在15~20 Pa。渗剂滴量的控制有两种方法。一种是一段法(碳势固定不变),滴量始终保持恒定。其优点是操作简便,缺点是渗速慢,渗层表面碳浓度高,浓度梯度很大。另一种是分段法,即前段是强烈渗碳,后段为扩散。前段采用大滴量,保持炉内的高碳势(如$w_C=1.2\%\sim1.3\%$),这时工件表面吸收大量的活性碳原子,形成高浓度梯度,以提高渗速。后段采用小滴量,以适当降低炉内碳势,使工件表面的碳逐步向内层扩散,适当降低表面碳浓度,最后获得所要求的表面碳浓度和渗层深度。分段法虽然操作控制较麻烦,但渗入速度快,能缩短渗碳周期,而且渗层质量好,是值得普遍推广的方法。

• 降温冷却阶段:在渗碳阶段结束前1 h左右,从炉内取出试样,检查渗层深度,确定准确的渗碳时间。当达到要求的渗层深度时,对需要重新加热淬火工件随炉降温至860~880 ℃,然后出炉转入可防止氧化、脱碳的冷却室里冷却至室温,对直接淬火的工件,则随炉降温至810~840 ℃,保温30~60 min,然后进行淬火冷却。在以上的降温或保温过程中,应向炉内滴注适量的甲醇或煤油,甲醇滴量可为20~40滴/min,煤油滴量可为10~20滴/min,炉内压力应控制在50~150 Pa,以防发生氧化、脱碳。

②吸热式气氛渗碳:吸热式气氛是用天然气、丙烷、城市煤气及其他有机物质为原料,以一定比例与空气混合,在装有镍接触媒的高温(930~1 050 ℃)炉内进行不完全燃烧而得到的一种混合气体。这种气体的碳势较低,作为渗碳气氛需添加富化气,炉气碳势的调节可通过调整富化气的流量来实现。

由于吸热式气氛需要有特制的气体发生设备,其启动需要一定的过程,故一般适用于大批量的连续作业炉。

连续式渗碳在贯通式炉内进行。一般贯通式炉分成四个区,以对应于渗碳过程的四个阶段(加热、渗碳、扩散和预冷淬火)。不同区域要求气氛碳势不同,以此对其碳势进行分区控制。

气体渗碳是近年来发展最快的一种渗碳方法,目前不仅实现了渗层的可控,而且逐渐实现了生产过程的计算机群控,工人的劳动条件大为改善。

(3)渗碳后的热处理及其性能

①渗碳后的热处理:工件渗碳后成为表层高碳、心部低碳的一种工件。为了得到所需性能,应进行适当的热处理。常见的渗碳后的热处理工艺方法有以下几种:

• 直接淬火:将工件渗碳后,预冷到一定温度,然后立即进行淬火冷却的工艺方法称为直接淬火。该方法适用于气体渗碳或液体渗碳。固体渗碳由于工件装于箱内,出炉与开箱都较困难,故不宜采用直接淬火。

预冷温度是控制淬火质量的关键。预冷是为了减少淬火变形,使渗层析出少量碳化物,以减少残余奥氏体量,提高表层硬度。预冷温度一般取稍高于心部成分的A_{r3},保证心部不析出大量的铁素体,使心部强度提高。也可以预冷到$A_{rcm}\sim A_{r1}$,但应以表层不析出网状碳化物为原则。

直接淬火的优点为减少加热、冷却次数,简化操作,减少变形及氧化、脱碳。缺点为渗碳时在较高的渗碳温度停留时间较长,容易发生奥氏体晶粒长大。只有本质细晶粒钢在渗碳时不发生奥氏体晶粒的显著长大,才能采用直接淬火。

• 一次淬火:将渗碳后的工件于空气中或缓冷坑中冷却至室温,然后重新加热淬火的工艺方法称为一次淬火。

重新加热淬火的温度应根据工件性能要求来定。对心部强度要求较高的工件,淬火加热温度应选为稍高于 A_{c3} 的温度。可使心部晶粒细化,没有游离的铁素体,淬火后具有较好的强韧性。这时对表层渗碳层来说,先共析碳化物溶入奥氏体,淬火后残余奥氏体较多,硬度稍低。对心部强度要求不高、而表面又要求有较高的硬度和耐磨性的工件,淬火温度可选为稍高于 A_{c1} 的温度。这样,渗层先共析碳化物未完全溶解,而心部有大量未溶先共析铁素体,淬火后表面硬度、耐磨性较高,心部的强度、硬度较低。应当指出,采用这种淬火温度必须是淬火前表面渗层无网状碳化物。为兼顾表面与心部的组织、性能要求,可选用稍低于 A_{c3} 淬火加热温度,如 820~850 ℃。一次淬火的优点为工序较简单,便于操作,质量易于控制。缺点为只能侧重提高心部或侧重改善表面性能,难以同时满足两者的要求。

● 二次淬火:渗碳件进行两次加热淬火的工艺方法称为二次淬火。第一次淬火加热温度选在 A_{c3}+30~50 ℃ 以上,目的是细化心部晶粒,并消除表层网状碳化物。第二次淬火加热温度选在 A_{c1}~A_{ccm}(760~800 ℃),目的是细化渗碳层中马氏体晶粒,获得隐针马氏体、残余奥氏体及均匀分布的细粒状碳化物的渗层组织。

二次淬火的优点为表层和心部都能得到比较满意的组织和性能。缺点为加热、冷却次数多、周期长、成本高、易产生氧化与脱碳和变形等缺陷。不论采用哪种淬火方法,渗碳件在最终淬火后均需经 180~200 ℃ 的低温回火。

②渗碳淬火后的组织:根据表面碳含量、钢中的合金元素及淬火温度,渗碳淬火后的组织大致可分为两类:一类是从表面到心部组织依次为马氏体+残余奥氏体→马氏体→心部组织;另一类是马氏体+残余奥氏体+碳化物→马氏体+残余奥氏体→马氏体→心部组织。心部组织在完全淬透的情况下为低碳马氏体,淬火温度较低或淬透性较差时,心部组织为马氏体+游离铁素体或屈氏体+游离铁素体。

渗碳层的性能取决于表面碳含量、碳浓度梯度及淬火后的渗层组织。渗碳层的碳浓度是获得一定渗层组织的前提条件。通常要求渗层碳浓度梯度平缓,表面碳含量控制在 0.9% 左右,残余奥氏体量控制在不大于 15%。

渗碳层中碳化物的数量、大小、形状和分布对渗层的性能影响很大。表层粒状碳化物增多将提高表面耐磨性及接触疲劳强度。但碳化物数量过多且呈网状或条块状分布将使冲击韧性、疲劳强度等性能变坏。心部硬度取决于心部组织的结构。

心部硬度过高,会降低渗碳件冲击韧性;心部硬度过低,易出现心部屈服和渗层剥落现象。

3. 渗氮

(1)渗氮概述

渗氮就是在一定温度下(一般在 A_{c1} 温度下)使活性氮原子渗入工件表面的化学热处理工艺。经渗氮处理的工件具有以下特点:

①高硬度和高耐磨性:渗氮后工件表面硬度可以高达 950~1 200HV,而且到 600 ℃ 仍可保持相当高的硬度。这显然是渗碳淬火处理达不到的。由于硬度高,所以耐磨性也很好。

②较高的疲劳强度:渗氮后的表面产生了较大的残余压应力,能部分抵消在疲劳载荷下产生的拉应力,延缓疲劳破坏过程,使疲劳强度显著提高。

③良好的抗咬合性及耐腐蚀性:渗氮后的工件在短时间缺乏润滑或过热条件下,不容易发生卡死或擦伤损坏,具有良好的抗咬合性。并且抵抗大气、弱碱性溶液等腐蚀能力强,具

有良好的耐腐蚀性。

④变形小:渗氮温度低,一般为480～580 ℃,升温、降温速度又很慢,处理过程心部无组织转变,仍保持调质状态的组织,所以渗氮后的工件变形小。

渗氮的缺点是工艺过程较长,如果欲获得1 mm深的渗碳层,渗碳处理仅需要6～9 h;而欲获得0.5 mm深的渗氮层,渗氮处理需要40～50 h。其次,渗层较薄,不能承受太大的接触应力。

(2)气体渗氮原理

气体渗氮一般使用无水氨气(或氨＋氢或氨＋氮)作为供氮介质。整个渗氮过程可分为分解、吸收及扩散三个过程,即氨的分解、工件表面吸收氮原子、氮原子从表面向心部扩散。

气体渗氮温度一般为500～560 ℃,时间一般为30～50 h,当采用氨气为渗氮剂时,在450 ℃氨气开始分解,产生活性氮原子:

$$2NH_3 \longrightarrow 2[N]+3H_2 \tag{2-11}$$

活性氮原子被工件表面吸附后,首先形成氮在α-Fe中的固溶体,当氮含量超过α-Fe的溶解度时,便形成氮化物(Fe_4N、Fe_2N)。氮还与许多合金元素形成弥散氮化物,如AlN、CrN、Mo_2N等,这些合金氮化物具有高的硬度和耐磨性,同时具有高的耐腐蚀性。

影响渗氮的因素很多,如温度、时间、压力、介质成分以及工件钢的成分和组织等。只有合理地控制这些因素,才能获得满意的渗氮结果。

(3)渗氮前的热处理

渗氮处理是工件制造过程中的最后一道工序,工件渗氮后只进行精磨或研磨加工。为了保证心部有良好的综合机械性能,消除加工应力,减小渗氮变形以及为渗氮作好组织准备,渗氮前工件一般都需进行预备热处理。结构钢渗氮前常用的预备热处理是调质,以获得回火索氏体组织。

渗氮件调质工艺对渗氮质量有很大的影响。若调质的温度太低或保温时间不够,则调质后有游离的铁素体存在。由于氮在铁素体中的扩散速度较大,所以该处在渗氮后会有较高的氮浓度,易形成针状氮化物,使渗氮层脆性增大,容易剥落。因此调质后,表面层不允许出现游离铁素体。相反,若淬火温度过高,则淬火后晶粒变粗,氮化物优先沿晶界伸展,渗氮后会出现波纹状或网状组织,也使渗氮层脆性增大。

回火温度可决定基体中碳化物的弥散度。因此,若温度太高,则基体中碳化物弥散度减小,渗氮件心部强度、硬度不足,不能起支承硬而脆的渗氮层的作用;若回火温度过低,则心部强度、硬度过高,工件预备热处理后切削加工困难,并且还会降低渗氮速度。所以,适当选择回火温度既能使渗层和心部有较好的性能,又能获得一定的渗速。

对于形状复杂、尺寸稳定性及变形量要求很严的工件,在机械加工、粗磨后要酌情进行稳定化处理,以便消除机械加工所产生的内应力,保证渗氮处理变形量最小,组织稳定。稳定化处理温度应低于调质回火温度,保温时间一般为4～6 h。

38CrMoAlA钢是国内外普遍采用的渗氮钢,其特点是渗氮后可以得到很高的硬度,具有良好的淬透性,同时由于Mo的加入,抑制了第二类回火脆性。因此,既要求表面硬度高、耐磨性好,又要求心部强度高的渗氮工件,普遍选用38CrMoAlA钢。

但是这种钢具有下列缺点:在冶炼中易出现柱状断口,易沾污非金属夹杂物,在轧钢中易形成裂纹和发纹、有过热敏感性,加热时脱碳严重,脱碳层将导致渗氮层脆性增加和硬度降低。所以,工件应留有较大的加工余量,以保证渗氮前切削掉脱碳层。

(4)气体渗氮工艺

气体渗氮工艺曲线如图 2-33 所示。渗氮温度、渗氮时间和氨分解率是渗氮过程中极其重要的工艺参数,其确定原则如下:

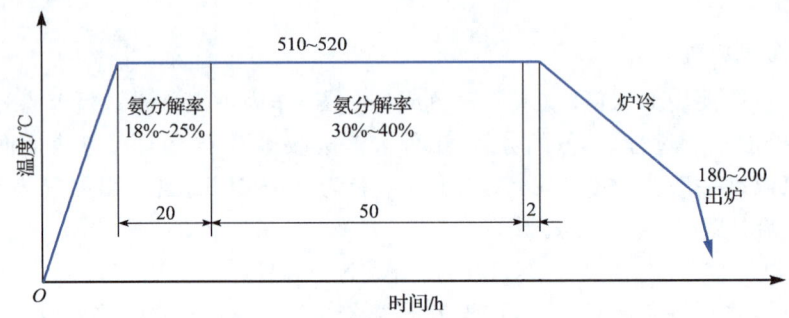

图 2-33　气体渗氮工艺曲线

①渗氮温度:渗氮温度对渗层表面最高硬度、渗层深度及变形量有很大影响。渗层的硬度随氮化物的增加而升高。渗氮温度低于 500 ℃时氮化物聚集不显著,弥散度大,渗层的硬度最高。超过 560 ℃时氮化物聚集长大,弥散度显著降低,渗层表面硬度也明显下降。

随渗氮温度的升高,氮原子的扩散速度显著增大,同时也加快了渗层对活性氮原子的吸收过程,因此渗层深度增加。但温度过高会使变形增大,心部强度下降。

渗氮温度多为 480～560 ℃。为了不影响工件调质后的心部强度,渗氮温度一般比调质时的回火温度低 40～70 ℃。

②渗氮时间:即渗氮时保温时间,它决定氮原子的渗入深度。随着渗氮时间的延长,渗氮层深度不断增加,并呈抛物线规律变化。即开始时增加速度快,随着时间的延长,渗层深度增加越来越慢。温度不同,渗层深度增加的速度也不同,温度越低,增加的速度越慢。因此,在较低的渗氮温度(如 500 ℃)下,想要获得较深的渗层是不可能的。只有提高渗氮温度,才能获得较深的渗层。

③氨分解率:氨分解率是指在某一温度下分解出来的氮和氢的混合气体占炉气总体积的百分比,即

$$氨分解率 = \frac{氢气体积 + 氮气体积}{炉气总体积} \times 100\% \tag{2-12}$$

对于一定的渗氮温度,氨的分解率有一个合适范围。若氨分解率过低,则大量的氨来不及分解,提供活性氮原子概率小,不仅渗氮速度低,而且还造成浪费;若氨分解率过高,则炉气几乎全部由分子态的 N_2 和 H_2 组成,所提供的活性氮原子也极少,同时大量的 H_2 吸附在工件表面也将阻碍氮的渗入。

氨分解率取决于渗氮温度、氨流量、炉内压力、工件表面积及有无催化剂等因素。在渗氮过程中,常采用调节氨流量的方法来控制氨分解率。

用氨分解率来控制氮势是一个比较粗略的方法。其控制精度不高,难以根据需要灵活地控制渗氮介质,以保证渗氮层的组织和性能。随着计算机控制技术的不断发展,炉内氮势已能应用计算机技术进行控制,并在生产上取得了良好的效果。

4. 碳氮共渗及氮碳共渗

(1) 碳氮共渗

在一定温度下同时将碳、氮渗入工件表层奥氏体中并以渗碳为主的化学热处理工艺称为碳氮共渗。碳氮共渗可以在气体介质中进行,也可以在液体介质中进行。

① 碳氮共渗的特点

碳氮共渗同渗碳相比有下列特点:

- 碳、氮同时渗入,渗层表面具有比渗碳更高的硬度、耐磨性和疲劳强度,同时氮降低了奥氏体形成温度,可在较高温度下进行共渗,工件不易过热,而且可直接淬火,淬火变形小。
- 氮使过冷奥氏体 CCT 曲线右移,使共渗层淬透性提高,同时可以在较缓和的淬火介质中淬火。碳氮共渗的渗速较快,可以缩短工艺周期。
- 碳氮共渗层一般都较浅,渗层深度通常为 0.2~0.8 mm。在薄层共渗时,渗层深度小于 0.2 mm,因而工件承载能力较低。

② 气体碳氮共渗

- 共渗介质:气体碳氮共渗介质可分为两大类:一类是渗碳介质+氨,如渗碳气体+2%~10%氨,苯或煤油+30%氨;另一类是含碳、氮的有机化合物,如三乙醇胺[$N(C_2H_4OH)_3$]、甲酰胺[$HCONH_2$]等。
- 共渗温度:目前应用较多的中温碳氮共渗温度为 800~880 ℃。选择共渗温度时,应考虑共渗速度和渗层质量。提高共渗温度可使共渗介质的活性增加和扩散系数增大,因此有利于共渗速度加快;提高共渗温度,渗层的氮浓度降低而碳浓度增高,可使共渗层接近于渗碳层;此外,提高共渗温度还可使工件的变形趋向增大。
- 共渗时间:共渗温度确定以后,共渗时间根据渗层深度而定。即

$$x = kt \tag{2-13}$$

式中 x——渗层深度,mm;

t——共渗保温时间,h;

k——常数,在 860 ℃碳氮共渗时,20 钢为 0.28,20Cr 钢为 0.30,40Cr 钢为 0.37,20CrMnTi 钢为 0.32。

③ 碳氮共渗组织和性能

碳氮共渗后一般都采用直接淬火。碳氮共渗层的组织为:表面是马氏体基体上弥散分布的碳氮化合物;向里是马氏体加残余奥氏体(马氏体为高碳马氏体,残余奥氏体较多);再往里则残余奥氏体量减少,马氏体也逐渐由高碳马氏体过渡到低碳马氏体。渗层中碳氮含量不同,组织不同,直接影响碳氮共渗层的性能。

碳氮含量增加,碳氮化合物增加,耐磨性及接触疲劳强度提高。但氮含量过高会出现黑色组织,将使接触疲劳强度降低;氮含量过低会使渗层过冷奥氏体稳定性降低,淬火后在渗层中出现托氏体网,工件不能获得高的强度和硬度。

碳氮共渗表面的最佳碳氮浓度为:$w_C = 0.8\% \sim 0.95\%$;$w_N = 0.25\% \sim 0.4\%$。

(2) 氮碳共渗

氮碳共渗就是在一定温度以下渗入碳和氮,并以渗氮为主的化学热处理工艺。氮碳共渗可以在气体介质中进行,也可以在液体介质中进行。

① 氮碳共渗的特点

氮碳共渗同渗氮相比有以下特点：
- 氮碳共渗的工艺时间短，一般为 1~4 h，而气体渗氮长达几十小时。
- 氮碳共渗获得的 ε 相，除含有氮以外，还含有少量的碳（一般可达 2%~4%），含碳的 ε 相具有一定的韧性，因而氮碳共渗所形成的白亮层一般脆性小。
- 抗磨。渗氮只适用于特殊的渗氮钢，而软氮化不受被处理材料的限制，可广泛用于钢铁 材料及粉末冶金材料。
- 设备简单，操作方便。

② 气体氮碳共渗
- 共渗介质：氮碳共渗介质有尿素、甲酰胺、氨气＋渗碳气体、氨气＋乙醇等。
- 共渗温度：根据 Fe-C-N 三元相图可知，Fe-C-N 三元合金的共析温度为 565 ℃，共析点的碳含量为 0.35%，氮含量为 1.8%。在此温度下，氮在 α-Fe 中具有最大溶解度，它有利于氮的吸收和扩散。所以氮碳共渗的合适温度为 570 ℃左右。为了不降低基体强度，4CrMoVSi、Cr12Mo 等钢件的处理温度应比回火温度低 5~10 ℃。
- 共渗时间：共渗时间根据渗层深度要求而定，一般为 1~6 h。化合物层厚度随处理时间延长而增加，在 1~3 h 内增加最快。超过 6 h，由于 ε 相形成后化合物层中碳浓度增加阻碍氮原子扩散，故渗层深度增加有限。表面硬度在 2 h 左右最大，大于或小于 2 h 硬度都降低。

③ 氮碳共渗组织和性能
- 钢铁工件的氮碳共渗组织：由表及里依次为由 $Fe_{2\sim3}N$、Fe_3N 和 Fe_4N 构成的化合物层（如果是合金，还有 Cr、W、V、Al、Mo 等合金氮化物）和扩散层（主要是氮在 α-Fe 中的固溶体）。
- 共渗层硬度：氮碳共渗显著提高工件表面硬度及耐磨性，与调质、感应加热表面淬火相比较，磨损失重分别减少 1~2 个数量级。
- 共渗层的抗疲劳性能：氮碳共渗后的疲劳强度高于渗碳或碳氮共渗淬火以及感应加热表面淬火。低、中碳钢提高 40%~80%；合金结构钢提高 25%~35%；不锈钢提高 30%~40%；灰口铸铁提高 20% 左右。
- 共渗层的耐磨性：氮碳共渗后以 ε 相为主的化合物层的化学稳定性高，具有良好的耐磨性，与法兰、镀锌件的耐磨性相当。氮碳共渗目前存在的问题是渗层较薄，不宜用于重载条件下工作的工件；在共渗过程中，炉内会产生剧毒气体 HCN，必须注意炉子密封，以免泄露而污染环境。

5. 其他化学热处理简介

(1) 渗硼

渗硼是将金属材料置于含硼介质中，经过加热，利用它们之间的化学或电化学反应使硼原子渗入材料表层形成铁的硼化物的工艺过程。

① 渗硼的工艺和原理：常用的渗硼工艺有粉末固体法、膏剂固体法、盐浴渗硼、气体渗硼等。近年来发展了一些快速、节能的渗硼新工艺，如感应加热渗硼、真空渗硼等。

固体渗硼的原理是供硼剂在高温和活化剂的作用下形成气态硼化物，它在工件表面不断化合与分解，释放出活性硼原子并不断被表面吸附和向内扩散，形成稳定的铁的硼化物层。一般供硼剂可采用硼铁、硫化硼、脱水硼砂等;活化剂可采用氟硼酸钾、氟硅酸钠、氟铝酸钠、碳酸氢铵等;填充剂可采用碳化硅、氧化铝、木炭等。

渗硼加热温度应根据所用钢种、工件的服役条件及渗后热处理的要求而定。温度过低,渗速太慢,不易达到一定的渗层厚度;温度过高,晶粒易粗大,还会使渗硼层疏松。渗硼时间应根据所用渗剂成分、要求的硼化物层深度、渗箱尺寸而定。

②渗硼的组织和性能:金属材料渗硼后,根据硼的浓度,其组织由表及里依次为FeB→Fe_2B→过渡区→基体组织,即由硼化物层、过渡层和基体组织三部分组成。

硼化物层的厚度一般为$0.1\sim0.3$ mm,其显微组织呈针状楔入基体,方向垂直于表面。硼化物层具有极高的硬度($1\,500\sim2\,000$HV)和远非其他表面硬化层所能比拟的耐磨性,并具有良好的耐腐蚀性、红硬性和抗高温氧化性。

近年来,渗硼工艺发展很快,应用范围越来越广。渗硼最适于易磨损以及在高温、腐蚀介质中工作的工件。渗硼除用于钢外,还用于硬质合金、有色金属和难熔金属。由于渗硼层脆性较大,渗层较薄,所以渗硼不适于承载严重冲击、承受接触疲劳及形状复杂、尺寸精度要求高的工件。

(2)其他多元共渗

同时向金属表面渗入两种或两种以上元素的化学热处理方法称为多元共渗。

与单元渗相比,获得同样的渗层深度,多元共渗所需时间要短得多,而且渗入的工艺温度较低,渗层的性能也较优越。这正是多元共渗工艺能得到迅速发展的原因所在。

①硫氮共渗:硫氮共渗是使工件表面同时渗入硫和氮的化学热处理工艺。其目的是综合利用渗硫的减摩作用及渗氮的抗磨损作用来提高工件的使用寿命,增加经济效益。

硫氮共渗主要有气体法和液体法,近年来推广应用的有离子法硫氮共渗新工艺。工件经硫氮共渗后金相组织分为三层:最外层是FeS;第二层是以Fe_3N为主的氮化物白亮层;第三层是氮的扩散层,层深不超过$10\ \mu m$。提高共渗温度、延长共渗时间、增大氨的供应量均会加大渗层的脆性。

硫氮共渗主要用于要求抗咬合性、耐磨性、疲劳强度高的工模具、刀具和工件上,能够大大提高其使用寿命。

②碳氮硫三元共渗:将工件置于含有活性碳、氮、硫原子的介质中,在$520\sim540$ ℃下保温一定时间,使工件表面同时渗入碳、氮、硫三种元素的化学热处理工艺称为碳氮硫三元共渗。

碳氮硫三元共渗是在一般硫氮共渗工艺基础上发展起来的,经过碳氮硫三元共渗处理后,工件在组织和性能上综合了渗硫和碳氮共渗的优点,具有较好的技术经济效果。

常见的碳氮硫三元共渗工艺有气体渗硫软氮化、液体渗硫软氮化等。近年来在研究和开发离子渗硫软氮化工艺方面也取得了较大进展。

渗硫软氮化的渗层的表面是$5\sim20\ \mu m$厚的硫化物层,该层的下面是由铁的碳氮化合物及含氮马氏体、残余奥氏体等相组成的白亮层,其下面则是过渡层和心部原始组织。

由于渗硫软氮化渗层的表面覆盖着一层韧而硬度低的硫化物层,因而摩擦接触表面具有良好的磨合性,同时该层的微孔中储有润滑油,再加上硫化物本身干摩擦系数很低,所以其韧性、塑性、抗摩擦性和抗咬合性,特别是接触疲劳强度均优于气体软氮化渗层,只是因硫化物层硬度低,故其抗磨损的能力比气体软氮化渗层差一点。

碳氮硫三元共渗工艺用于要求耐磨性、抗咬合性、疲劳强度高的结构工件、工模具、刀具上,可较显著地提高使用寿命。

(3)渗铝

使工件表面渗入铝的工艺称为渗铝。

①渗铝的工艺和原理:常用的渗铝工艺方法有固体渗铝法、液体渗铝法、气相渗铝法、热喷涂渗铝法、料浆渗铝法和真空镀铝法等。

形成渗铝层的主要机理有两种。固体渗铝法、气相渗铝法、料浆渗铝法的原理是靠铝或铝铁合金与活化剂(如氯化铵等)在加热时发生反应生成三氯化铝,三氯化铝在工件表面发生反应析出活性铝原子,活性铝原子立即渗入工件表层中;而液体渗铝法、热喷涂渗铝法、真空镀铝法的原理则是借助于熔融铝液与工件表面材料互溶而形成富铝合金层(渗铝层)。

一般供铝剂可采用铝粉、铝铁合金粉或铝铜铁合金粉。活化剂主要采用卤化物,如氯化铵、氟化钠等。填充剂可采用氧化铝、高岭土等。

渗铝温度一般为 850~1 050 ℃。若温度低,则渗铝速度慢,渗层薄,铝浓度高,脆性大。若温度太高,则晶粒急剧长大,力学性能下降。渗铝时间根据渗层厚度要求、渗铝剂成分和温度而定。延长渗铝时间能增加渗层深度,但其效果远不如提高温度明显。

②渗铝的组织和性能:工件渗铝后,通常靠近基体组织的渗层内层是呈柱状的含铝铁素体,铁素体中的碳和其他合金元素含量都很少。因此该区域的碳和合金元素将进行再分配。如果钢中碳和合金元素含量较高,则渗层下面将是富碳区。渗铝层的外层组织与渗铝工艺有很大关系。固体渗铝后外层是呈亮白色的铝铁化合物。液体渗铝后表层是以机械方式黏附的一层与合金液成分相同的铝(铁)合金。热浸、电泳和喷涂渗铝后外层由表及里依次为纯铝层、$FeAl_3$ 和 Fe_2Al_5 等化合物层。

渗铝能够提高工件和耐热合金的高温性能,改善铁基粉末合金、铜合金和钛合金的表面性能,所以用低级钢渗铝代替高级不锈耐热钢,如低碳钢渗铝代替在 800~900 ℃工作的炉内构件(料盘、炉底板等)及其他耐热件。

学习任务五　热处理新技术

任务引入

众所周知,可持续发展已成为世界各国在经济建设活动中必须遵循的首要原则。在可持续发展的内涵中环境保护、资源的有效利用与再生是核心要素。而热处理是和环境、资源密切相关的加工过程,其生产资料和剩余物资都可能是导致污染的根源。因此我们要考虑发展清洁和安全的少无污染的热处理技术,对不得已产生有害物质的热处理也必须有先进的无害化处理方法;另外,世界各国都因能源问题而困扰,而热处理是工业生产中的能耗大户,节能也是发展热处理新技术中的重要课题;随着工业生产和科学技术的发展,人类在宇航事业、原子能以及现代兵器领域,对金属材料制造的零件提出了更高的要求,如高强度、抗腐蚀、耐高温、抗疲劳及耐磨损等。总之,这些仅靠传统的热处理方法是无法解决的,因此我们应当对热处理新技术有一定的了解。

任务分析

针对以上情况,我们需要探讨既经济合理又能满足使用要求的热处理方式,从目前的热处理技术来看,应大力发展真空热处理、激光热处理、形变热处理以及气相沉积等新技术、新工艺,真正做到节能、环保和可持续发展。

相关知识

一、真空热处理

将金属工件在 1 个大气压以下(负压下)加热的金属热处理工艺称为真空热处理。20 世纪 20 年代末,随着电真空技术的发展,出现了真空热处理工艺,当时还仅用于退火和脱气。由于设备的限制,这种工艺较长时间未能获得大的进展。20 世纪 60~70 年代,陆续研制成功气冷式真空热处理炉、冷壁真空油淬炉和真空加热高压气淬炉等,使真空热处理工艺得到了新的发展。在真空中进行渗碳,在真空中等离子场的作用下进行渗碳、渗氮或渗其他元素的技术进展,又使真空热处理进一步扩大了应用范围。

真空热处理可用于退火、脱气、固溶热处理、淬火、回火和沉淀硬化等工艺。在通入适当介质后,也可用于化学热处理。

研究表明,由于工件是在 1.33~0.013 3 Pa 真空度的真空介质中加热,因此工件表面无氧化脱碳现象。另外真空加热主要是辐射传热,加热速度缓慢,工件截面温差小,可显著减小工件的变形。

真空热处理特别是真空淬火是随着航天技术的发展而迅速发展起来的新技术,它具有无污染、无氧化脱碳、质量高、节约能源、变形小等一系列优点。由于在真空中加热,零件中存在的有害物质、气体等均可除去,提高了性能和使用寿命。如 AISI430 不锈钢螺栓,真空加热比氢气保护下加热强度提高 25%,模具的寿命可提高 40%。真空渗碳温度可达 1 000 ℃,其扩散期只需一般气体渗碳的 1/5,所以整个渗碳时间可以显著缩短,渗层均匀,有效层厚。对于形状复杂、小孔多的工件渗碳效果更为显著。并可节约大量宝贵的能源。另外由于真空热处理加热均匀、升温缓慢,其加工余量减小,变形仅为盐浴加热的 1/5~1/10。

目前我国大部分省市均已不同程度地应用推广真空热处理工艺,处理的钢种涉及高速工具钢、模具钢、弹簧钢、滚动轴承钢及各种结构钢零件、各种非铁金属及其合金等。20 世纪 70 年代初,我国研制成大型真空油淬炉以来,真空热处理炉的制造已由仿制发展到适合国情的创新,从品种单一到多样化系列,从简单手动到复杂程控,从数量少到数量多,达到较高水平,具有相当的先进性和可靠性。

二、激光热处理

激光是 20 世纪 60 年代出现的重大科学技术成就之一。激光是用相同频率的光诱发而产生的。由于激光具有高亮度、高方向性和高单色性等很有价值的特殊性能,一经问世就引起了各方面的重视。20世纪70年代制造出大功率的激光器以后,相继出现了一些激光处理的表面强化新技术。目前,已有激光淬火、激光合金化、激光涂层以及激光冲击硬化等。这里我们只介绍激光淬火。

激光加热表面淬火就是用激光束照射工件表面,工件表面吸收其红外线而迅速达到极高的温度,超过钢的相变点。随着激光束离开,工件表面的热量迅速向心部传递而造成极大的冷却速度,靠自激冷却而使表面淬火。

自20世纪60年代初期发明激光以后,在热处理领域中迅速发展应用。用高能激光束扫射金属零件表面时,被扫射的表面以极快的速度加热,使温度上升到相变点以上,随着激光束离开工件表面,表面的热量迅速向工件本体传递,使表面以极快的速度冷却,从而实现表面淬火。照相机快门上的薄小零件(主动环、推板)要求某一特定微小部位具有高硬度、高耐磨性,现在采用激光进行选择性局部淬火,工艺简单,生产率极高,45钢薄小零件淬火硬度值可稳定在60HRC左右,无变形,耐磨性比原来采用火焰淬火提高一倍以上。我国在汽车修理行业对发动机缸体普遍采用激光淬火。镗缸经过大修后的发动机,平均行驶里程只有4万公里,但经激光淬火后,行驶里程可达20万公里以上,即提高了3~5倍,既大大节省了大修费用,也降低了油耗,减少了对环境的污染。还有好多种零件采用激光淬火,如高速钢盘形铣刀、摆臂钻床外柱内滚道、大功率柴油机活塞环、齿轮、制针机专用传输丝杆、蒸汽机车汽缸边瓣等。

激光淬火的优点有:硬化深度、面积可以精确控制,适应的材料种类较广,可解决其他热处理方法不能解决的复杂形状工件的表面淬火,不需要真空设备等。激光淬火的缺点主要有:电光转换效率低,仅10%左右,零件表面需预先黑化处理,以提高光能的吸收率,而黑化处理成本较高,一次投资较高。

三、形变热处理

形变热处理是将材料塑性变形与热处理有机地结合起来,同时发挥材料形变强化和相变强化作用的综合热处理工艺。这种方式不仅可以获得比普通热处理更优异的强韧化效果,而且能提高材料的综合力学性能,并可以简化工序,利用余热,节约能源及材料消耗,经济效益显著。形变热处理的应用广泛,从结构钢、轴承钢到高速钢都适用。目前工业上应用最多的是锻造余热淬火和控制轧制。美国采用控制轧制来生产高硬度装甲钢板,可提高抗弹性能。我国兵器工业系统开展了火炮、炮弹零件热模锻余热淬火、炮管旋转精锻形变热处理、枪弹钢芯斜轧余热淬火等试验研究,取得了很好的效果。

四、气相沉积技术

气相沉积根据沉积方式的不同可分为化学气相沉积法和物理气相沉积法两种。

1. 化学气相沉积法

化学气相沉积是在高温下将炉内抽成真空或通入氢气,然后通入反应气体并在炉内产生化学反应,使工件表面形成覆层的方法,简称CVD法。

这种化学气相沉积方法可进行钛、钽、锆、铌等碳化物和氮化物的沉积。

由于化学气相沉积反应温度高,并需要通入大量氢气,操作不当易产生爆炸,而且工件易产生氢脆,排出的废气含有 HCl 危害气体等缺点,近年来发展了物理气相沉积方法。

2. 物理气相沉积法

通过蒸发、电离或溅射等过程产生金属粒子,这些金属粒子在工件表面形成金属涂层或与反应气反应形成化合物涂层,从而强化工件表面的工艺过程叫物理气相沉积或 PVD 法。由以上定义可知,物理气相沉积主要是通过三种途径实现反应物与金属界面进行界面反应的,即金属蒸发产生金属粒子、通过等离子体使金属离解产生金属粒子、通过溅射产生金属粒子。所产生的离子在电场的作用下轰击工件表面并沉积在工件表面,通过扩散与基体形成冶金结合的界面。同 CVD 法相比,PVD 法的优点主要有:涂层材料的选择自由度更大,金属、合金、金属间化合物及陶瓷均可;沉积涂层的工艺温度较低(一般都在 600 ℃以下);成膜后表面精度高,可不必再对表面进行加工;沉积速度快以及无公害等。

思考题

1. 铁碳合金的基本组织有哪几种?分别说明它们的性能特征。
2. Fe-Fe$_3$C 相图中各特性点、特性线有何意义?
3. 试述 Fe-Fe$_3$C 相图的运用。
4. 什么叫热处理?热处理的目的是什么?
5. 通常热处理工艺分为哪几个阶段?
6. 何为奥氏体化?其经历了哪几个阶段?
7. 奥氏体晶粒大小对钢热处理后的性能有什么影响?如何才能获得细小、均匀的奥氏体晶粒?
8. 过冷奥氏体在不同温度下等温时其最终产物分别是什么?它们的组织形态和性能如何?
9. 过冷奥氏体等温转变与连续转变有何区别?
10. 简述马氏体型转变的特点。
11. 退火常用的工艺有哪些?
12. 选择退火或正火工艺时应注意什么?
13. 什么是淬火?淬火的目的是什么?
14. 什么是钢的淬透性?它有何意义?它与淬硬性有什么区别?
15. 钢淬火后回火的目的是什么?
16. 什么叫表面热处理?感应加热表面淬火有什么特点?
17. 什么叫化学热处理?
18. 比较气体渗碳和气体渗氮工艺并分别说出它们的优缺点。
19. 目前热处理有哪些新工艺、新技术?

课题三
模具材料概述

学习目标

1. 了解我国模具材料的分类。
2. 熟悉模具材料的性能要求。
3. 掌握选用模具材料的原则。

学习任务一　我国模具材料的分类

任务引入

如图 3-1 所示为垫片冲孔落料复合模,试指出各零件的名称和功用,区分常用工程材料和模具材料。

任务分析

冲裁模通常分为如下五个部分:

(1) 工作零件

冲模的工作零件是凸模和凹模,在复合模中还有凸凹模。它们成对互相配合,完成对坯料的成形。它们的形状、尺寸精度、固定方法及材质处理等决定着冲模的性能、模具成本及使用寿命。

(2) 辅助装置

辅助装置是协助凸模、凹模完成工件成形必不可少的装置。如材料送进的定向定位装

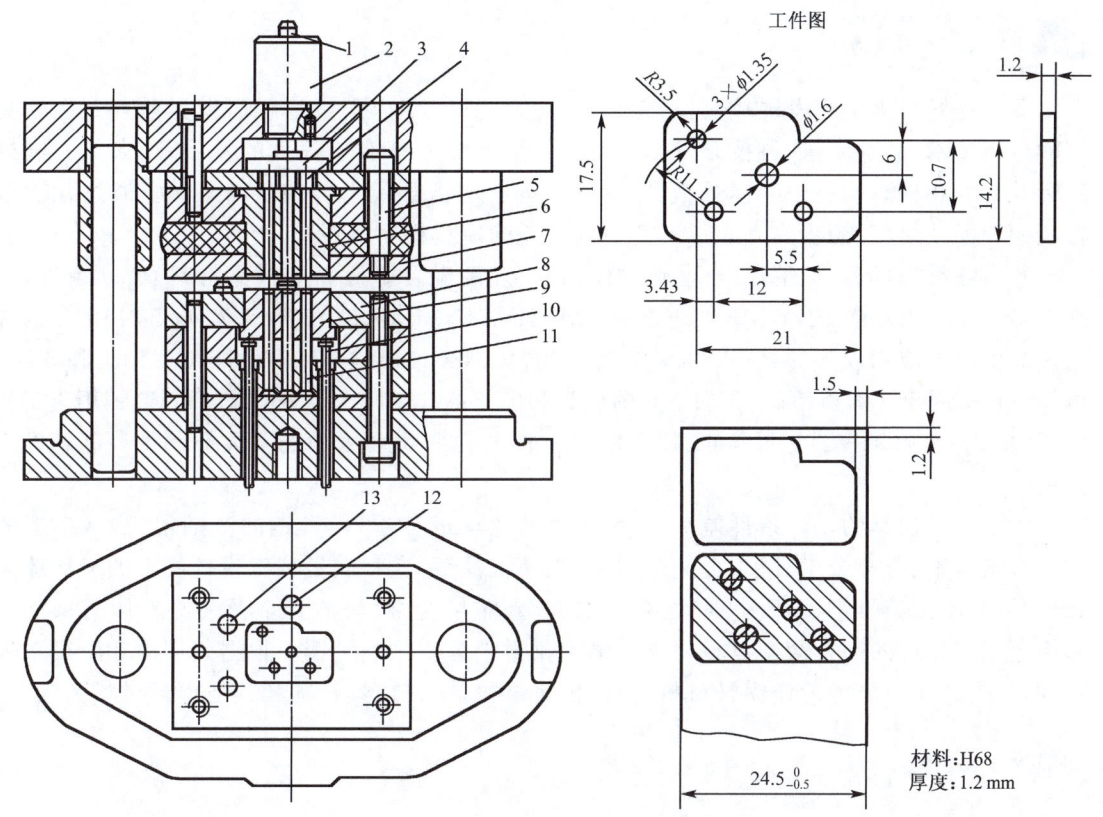

图 3-1 垫片冲孔落料复合模

1—打杆；2—旋入式模柄；3—推板；4—推杆；5—卸料螺钉；6—凸凹模；7—卸料板；
8—落料凹模；9—顶件块；10—顶杆；11—冲孔凸模；12—挡料销；13—导料销

置、废料排除装置、卸料退件装置、压料抬料装置等。它们的结构形式对工件质量、操作安全、生产率等都至关重要。辅助装置是冷冲压模具设计中不容忽视的重要部分。

（3）导向装置

导向装置是保证上模、下模准确合模的装置。要求工作可靠，导向精度好，有一定互换性。导向装置目前已基本标准化，并有商品供应。

（4）支撑零件

支撑零件是指上模架和下模架。凸模、凹模和其他所有的零件安装在其上组成一个模具整体。它们与压力机连接，传递并承受着工作压力。

（5）紧固零件

中小型模具大多采用沉头螺钉和销进行可卸式连接；有些凸模、凹模的连接则采用黏结或低熔点合金连接；大型模具的刃口或支架也有采用焊接方式的。

模具材料是一种特殊的工程材料，一般是指生产模具零件所使用的材料。

人们常说的模具材料通常是指模具工作零件即(1)的材料。

(2)～(5)部分属于常用工程材料的范畴。

> **相关知识**

我国的模具钢生产发展较快,从无到有,短短的 50 年内产量已跃居世界前列。在模具钢的生产技术、品种质量、科技开发以及实际应用等方面都有了很大的发展,绝大部分国外的标准钢号和科研试制中的模具钢号,我国基本上均已开展生产和研制工作。通过几次钢种整顿和标准修订,初步建立起了具有中国特色的模具材料体系。

我国各类模具钢、低熔点合金、钢结硬质合金、高温合金等新型模具材料有 70 余种,标准中 Cr12、Cr12MoV、CrWMn、9SiCr、5CrMnMo、5CrNiMo、3Cr2W8V 和 60Si2Mn 等钢种是模具生产中应用较多的材料,约占 80%。20、45、38CrMoAlA、T7A、T8A、T10A 和 T12A 钢等材料多用于工作负荷低、要求不高的模具和模架;W18Cr4V 和 W6Mo5Cr4V2 钢用于工作负荷大、要求较高的模具。近年来,随着模具工业的发展,我国又自行开发研制了一些新型模具钢。

由于各种模具的工作条件差别很大,所以从化学成分看,模具钢的范围很广,从一般的非合金结构钢、非合金工具钢、合金结构钢、高速工具钢,直到满足特殊模具要求的奥氏体无磁模具钢、耐蚀模具钢、马氏体时效钢、高温合金、难熔合金、硬质合金及一些专用的采用粉末冶金工艺生产的高合金模具材料等。本书仅讨论常用的模具钢。根据其用途和服役条件不同,将模具材料分为冷作模具材料、热作模具材料、塑料模具材料和其他模具材料。

一、冷作模具材料

冷作模具材料应用量大、使用面广,其主要性能要求有强度、硬度、韧性和耐磨性。冷作模具钢以高碳合金钢为主,均属热处理强化型钢,使用硬度高于 58HRC。以 9CrWMn 钢为典型代表的低合金冷作模具钢,一般仅用于小批量生产中的简易模具和承受冲击力较小的试制模具;Cr12 型高碳合金钢是大多数模具的通用材料,这类钢的强度和耐磨性较高,韧性较低;在对模具综合力学性能要求更高的场合,常用 W6Mo5Cr4V2 高速钢作为替代钢种。

1. 火焰淬火钢

近年来,针对覆盖件冲模,特别是大型镶块模具的加工和热处理问题,国外,主要是日本,开发了 SiMn 系列的碳质量分数为 0.6%~0.8% 的中合金火焰淬火钢。我国的 7CrSiMnMoV 火焰淬火钢与日本的 SX105V 钢成分相同。淬火时可用火焰加热模具刃口切料面,淬火前需对模具进行预热(预热温度为 180~200 ℃)。该钢淬火温度范围较宽(900~1000 ℃),对模具刃口施行局部火焰加热,硬化层的硬度与整体淬火相近,表层具有残余压应力,硬化层下有高韧性的基体,减少了刃口开裂、崩刃等早期失效的发生,提高了模具寿命。该类钢的另一特点是淬火变形小,一般只有 0.02%~0.05%,故可以在机械加工完成后采用氧乙炔喷枪等工具对模具工作部位火焰加热空冷淬火和火焰加热回火后直接使用。

2. 基体钢

基体钢是指在高速钢淬火组织基本化学成分基础上添加少量其他元素,适当调节碳质量分数,使钢的成分与高速钢基体成分相同或相近的一类工模具钢。这类钢由于去除了大量的过剩碳化物,因此与高速钢相比,其韧性和疲劳强度得到了大幅度的改善,但又保持了高速钢的高强度、高硬度、红硬性和良好的耐磨性。以 65Nb 钢为例,其成分与 M2 高速钢淬火组织中基体成分相当,但碳质量分数被提高到0.65%,使其具有一定数量的一次碳化物,因而改善了耐磨性。除了Cr、W、Mo、V这些高速钢的通用元素外,还加入了0.2%~0.35%的Nb。Nb在钢中形成稳定的NbC,并可溶入MC和M6C碳化物中,提高了碳化物的稳定性,一方面延缓了淬火加热时碳化物的溶解速度,阻止了晶粒长大,另一方面降低了奥氏体中的碳质量分数,增加了板条马氏体的数量,因而该钢具有良好的综合力学性能,被广泛用于制作冷挤压、冷镦、冷冲模具。

3. 高韧性低合金冷作模具钢

高韧性低合金冷作模具钢的主要特点是具有高的强韧性,工艺性能好,淬火温度范围宽(870~930 ℃),可淬油、空冷和风冷淬火,淬火加热脱碳敏感性小,热处理变形小,淬透性大于常用的CrWMn、9SiCr、9Mn2V等低合金冷作模具钢,并具有一定的耐磨性。GD(6CrMnNiMoVSi)钢是我国近年来研制的一种新型冷作模具钢,国外的类似钢种有美国的A6(7CrMn2Mo)和日本的GO4(8CrMn2Mo)等钢。GD钢中同时加入少量的Ni和Si,既强韧化了基体,又提高了低温回火抗力,Mo和V的加入可以细化晶粒。GD钢900 ℃加热淬火和200 ℃回火,组织为隐针马氏体、14%左右的残余奥氏体和均匀细小的未溶碳化物,σ_{bb}为4 483 MPa,冲击韧度可达145 J/cm^2,其强韧性优于同类钢。生产中GD钢可替代CrWMn、Cr12、9SiCr、60Si2Mn等钢制造重载冷冲裁模,表面可进行渗硼等化学热处理,对于因崩刃和断裂而早期失效的冷作模具,使用该钢可显著提高其寿命。

4. 高碳中铬耐磨模具钢

为了克服Cr12型高碳高铬耐磨冷作模具钢因碳化物偏析而易脆开裂的缺点,20世纪70年代以来,国内外均进行了大量的研究工作,通过降低铬含量,研制了几种新型中铬耐磨高韧性冷作模具钢。这类钢的铬质量分数一般降至4%~8%,并适当增加了Mo和V的质量分数,以便在提高钢的强韧性的同时,保持和改善其耐磨性。代表性的钢号有美国钒合金钢公司开发的Vasco Die(8Cr8Mo2V2Si)钢、日本山阳特殊钢公司开发的QCM8(8Cr8Mo2SiV)钢、日本大同钢公司开发的DC53(Cr8Mo2SiV)钢、我国的LD(7Cr7Mo2V2Si)钢和GM(9Cr6W3Mo2V2)钢等。

LD钢成分与Vasco Die钢相近,强韧性与耐磨性均优于Cr12MoV钢。LD钢的常规热处理工艺为1 100~1 150 ℃淬火,530~570 ℃回火2~3次。GM钢在1 100~1 160 ℃淬火,520~560 ℃回火2次,发生二次硬化,硬度可达64~66HRC,其耐磨性与高速钢相当,韧性不低于Cr12MoV钢。LD钢、GM钢、M2钢与Cr12MoV钢的力学性能对比见表3-1。

表3-1　　　　　　　　　几种冷作模具钢的力学性能

钢号	σ_{bb}/MPa	f/mm	a_K/(J·cm^{-2})(C形缺口)	K_{IC}/(MPa·m$^{1/2}$)	硬度(HRC)
LD	5 557	—	78(无缺口)	18.2	61.9
GM	4 808	4.80	28.0	20.2	65.4
M2	3 210	2.14	19.6	—	66.5
Cr12MoV	2 775	3.30	27.4	24.1	62.3

GM钢制作的模具在高速冲床上使用和作为多工位级进模,使用寿命比Cr12MoV钢提高数倍。LD钢用作六角螺栓冷镦模,寿命比Cr12MoV钢提高25倍。LD钢制造的汽车启动器导向筒冷挤压凸模,经1050 ℃淬火、200 ℃回火,使用寿命比Cr12钢和高速钢提高6倍。

二、热作模具材料

由于增加了温度和冷却条件这两个因素，且热作模具的工作条件比冷作模具复杂，因而热作模具用材的系列化，除少数几种用量特别大的以外，总的来说不如冷作模具用材系列完整。热作模具用材的选择，在力学性能方面要兼顾热耐磨性和抗裂纹性。但由于加工对象（热金属）本身强度不高，故对热作模具材料的屈服强度要求并不高，而加工过程中采用的冲击加工方式及不可避免的局部急热急冷特性，对韧性提出了较高要求。

常用的热作模具钢主要有 5Cr 型、3Cr-3Mo 型、Cr-W 型、Cr-Ni-Mo 型及 Cr-Mn-Mo 型几类。Cr-W 型的代表性钢种是 3Cr2W8V 钢，被广泛用作热挤压模和铜、铝合金压铸模。这种钢热稳定性高，使用温度达 650 ℃，但其导热性低，冷热疲劳性能较差，已逐渐有被铬系和铬钼系热作模具钢取代的趋势。Cr-Ni-Mo 型及 Cr-Mn-Mo 型热作模具钢主要用作锤锻模。

三、塑料模具材料

塑料模具工作条件、制造方法、精度及对耐久性要求的多样性，决定了其用钢的成分范围很大，各种优质钢都有可用之处，且形成了范围很广的塑料模具用材系列。

国内塑料成型模具钢尚未形成系列。一般塑料模具常采用正火态的 45 钢或 40Cr 钢经调质后制造。硬度要求较高的塑料模具采用 CrWMn 或 Cr12MoV 等钢制造。前者因硬度低、耐磨性和表面光洁度差、模具寿命短而逐步被预硬钢所取代；后者制造复杂模具时，因热处理变形大而往往不能满足要求。我国近年来在引进国外通用塑料模具钢的同时，也自行研制了一些塑料模具钢，大体可分为预硬钢、时效硬化钢和冷挤压成形塑料模具钢三类。

1. 预硬钢

预硬钢的碳质量分数为 0.3%～0.55%，常用的合金元素有 Cr、Ni、Mn、Mo、V 等。为了改善其切削加工性能，可加入 S 和 Ca 等元素。代表性钢种有 P20(3Cr2Mo) 钢及其改型钢、5NiSCa 钢等。P20 钢是国外使用最广泛的预硬钢，其淬火温度为 830～870 ℃，油淬后经 550～600 ℃回火，预硬至 30～35HRC 使用。为了提高其淬透性，可在钢中加入 1% 的 Ni，典型代表是瑞典的 718 钢。为了改善预硬塑料模具钢的切削加工性能，我国研制了 5NiSCa(5CrNiMnMoVSCa) 钢和 8Cr2S(8Cr2MnWMoVS) 钢。

5NiSCa 钢经 860～900 ℃加热淬火、575～650 ℃回火，硬度为 35～45HRC，切削加工性能良好。8Cr2S 钢作为预硬钢使用时，经 860～880 ℃加热淬火、550～620 ℃两次回火，硬度为 44～48HRC。该钢亦可机械加工成形后，再淬火回火使用，其热处理变形很小，属于空冷微变形钢。

2. 时效硬化钢

常用的时效硬化钢是低镍时效钢。PMS 钢和 25CrNi3MoAl 钢属于这类钢。PMS 钢的成分与日本的 NAK55 钢相近，钢中加入 1% 的 Cu，起时效强化作用，为改善切削加工性能，加入了 0.1% 的 S，固溶加热温度为 850～900 ℃，硬度为 30～32HRC，经 490～510 ℃时效，硬度可达 40～42HRC。25CrNi3MoAl 钢成分与 N3M 钢相近，经 880～900 ℃固溶处理、680 ℃时效，硬度为 25～30HRC，可进行机械加工，再经 520～540 ℃时效，析出与基体共格的金属间化合物 NiAl,硬度达 40~45HRC。这类钢的耐腐蚀性和耐磨性优于预硬钢,可用于复杂精密的塑料模具或大批量生产用的长寿命模具。

3. 冷挤压成形塑料模具钢

一些型腔复杂的塑料模具可采用冷挤压成形塑料模具钢通过冷挤压方法制造。这类钢的碳质量分数为 0.05%~0.08%,铬质量分数为 2%~5%,同时加入适量的 Ni、Mo 和 V。国内最近研制的 LJ 钢即专用冷挤压成形模具钢,其化学成分(质量分数)为:$w_C \leqslant 0.08\%$,$w_{Mn} < 0.30\%$,$w_{Si} < 0.20\%$,$w_{Cr} = 3.50\%$,$w_{Ni} = 0.5\%$,$w_{Mo} = 0.4\%$,$w_V = 0.12\%$;退火后硬度为 85~105HBW,冷挤压成形后,经渗碳淬火和回火,表面硬度为 58~62HRC,心部硬度为 28HRC,模具耐磨性好,无塌陷及表面剥落现象,模具寿命得到大幅度提高。

四、其他模具材料

在三大类模具材料之外,还有铸造模具钢、有色合金模具材料、玻璃模具材料等。近年来,我国开发研制了特种新型模具用材,如 CrMnN 系无磁模具钢(用于电子产品的无磁模具)、高温玻璃模具钢(用于高温餐具、高透光度车灯、显像管玻璃模壳模具)、陶瓷模具材料等。

拓展资料

福耀玻璃工业集团股份有限公司几十年来紧跟改革开放的步伐,坚持持续创新,为国家经济建设做出突出贡献,成为代表"中国制造"走向世界的典范。更多内容请扫描二维码进行延伸阅读与学习。

延伸阅读

任务实施

通过以上分析可知,在图 3-1 所示的垫片冲孔落料复合模中,凸凹模 6、落料凹模 8、冲孔凸模 11 是工作零件,应该使用模具材料,其他零件材料属于常用工程材料范畴。

学习任务二 模具材料的性能要求

任务引入

如图 3-2 所示为拉深模具总装图,在明细栏中列出了零件的名称、数量、材料和备注要求,请简要分析模具材料的使用性能。

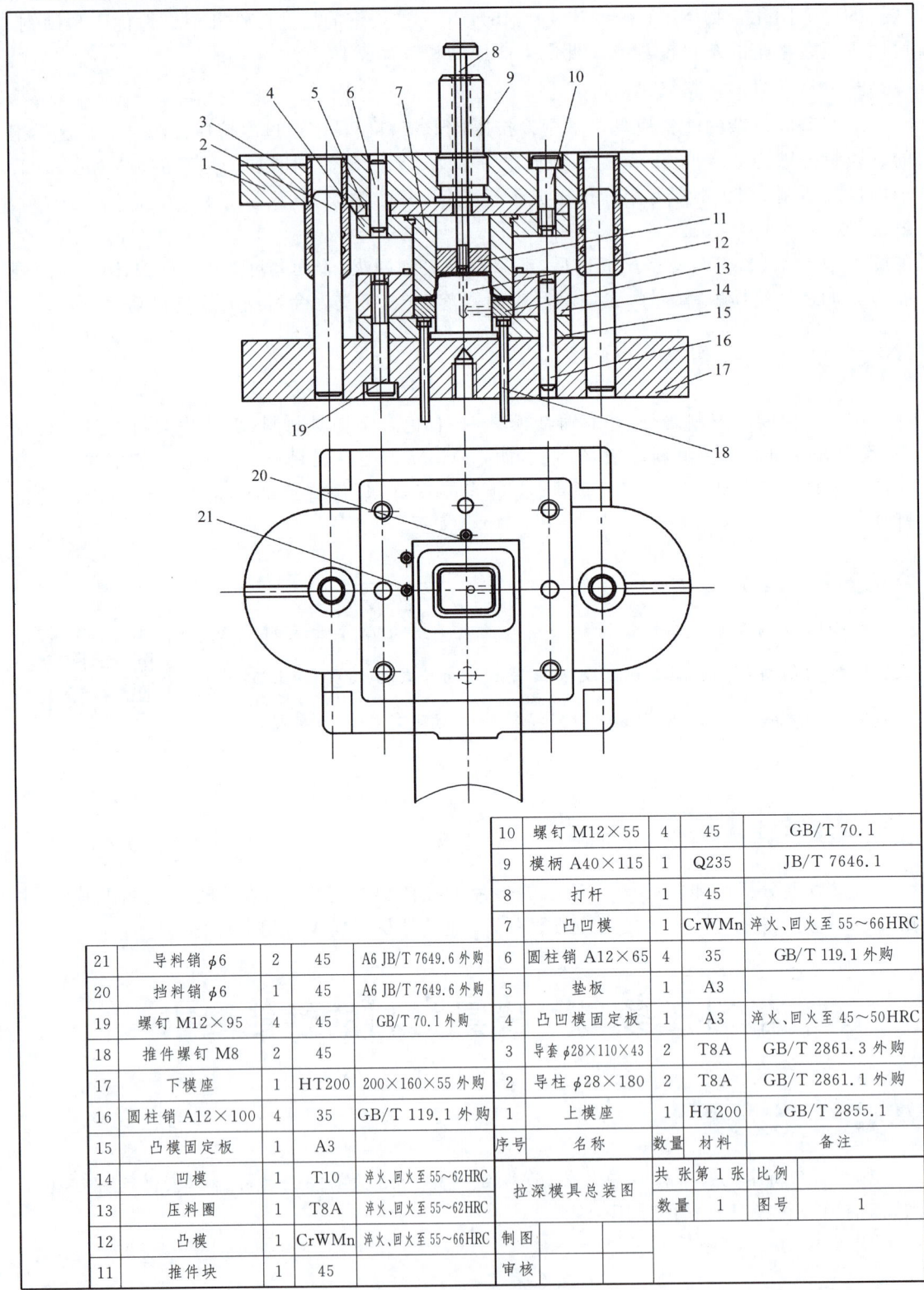

图 3-2 拉深模具总装图

任务分析

模具材料的性能要求包含两个方面：使用性能和工艺性能，模具总装图上一般仅列出各零件最终的使用性能要求。

模具的工作条件不同，对其材料的性能要求也不同，如冷冲压模具要求其材料具有高的强度、良好的塑性和韧性、高的硬度及耐磨性；冷挤压模具要求其材料具有高强度、高韧性、高淬透性以及良好的耐磨性、热稳定性和切削加工性；热作模具要求其材料在工作温度下保持高的强度和韧性、良好的抗腐蚀性、热稳定性和优良的热疲劳抗力。

相关知识

模具的各项性能要求有时是相互矛盾的。一般硬度越高，耐磨性就越高。在同样的硬度下，钢碳含量越高，耐磨性也就越高。热稳定性与加入元素的种类及数量有关，只有在高合金含量的情况下，才能达到所要求的抗软化能力。韧性则与前两者相反。碳化物中合金元素增加，钢变脆，这样就形成耐磨性和韧性之间以及稳定性和韧性之间的两对矛盾。在选择模具材料时，应首先考虑模具的某些基本性能必须能适应所制造模具的需要。一般情况下，主要是指钢的耐磨性、韧性、硬度和热硬性以及热疲劳抗力，这五种性能可以比较全面地反映模具材料的综合性能，可以在一定程度上决定其应用范围。当然对于一种模具的要求来说，可能其中的一种或两种性能是主要的，而另外的是次要的。

一、使用性能

模具材料的性能是由模具材料的成分和热处理后的组织所决定的。模具钢的基本组织由马氏体基体以及在基体上分布着的碳化物和金属间化合物等构成。

模具钢的性能应该满足某种模具完成额定工作量所需具备的性能，但因各类模具使用条件及所完成的额定工作量指标均不同，故对模具性能要求也不同。又因为不同钢的化学成分和组织对各种性能的影响不同，即使同一牌号的钢也不可能同时获得各种性能的最佳值，一般某些性能的改善会降低其他性能。因而，模具工作者常根据模具工作条件及工作定额要求选用模具钢及最佳处理工艺，使之达到主要性能最优、而其他性能损失最小的目的。

对各类模具钢提出的性能要求主要包括硬度、强度和韧性等。

1. 硬度

硬度是模具钢的主要技术指标，模具在高应力的作用下欲保持其形状尺寸不变，必须具有足够高的硬度。冷作模具钢在室温条件下一般硬度保持在60HRC左右，热作模具钢根据其工作条件，一般要求硬度保持在40～55HRC。对于同一钢种而言，在一定的硬度范围内，硬度与变形抗力成正比；但具有同一硬度值而成分及组织不同的钢种之间，其塑性变形抗力可能有明显的差别，如图3-3所示。

硬度表示了钢对变形和接触应力的抗力，而且是很容易测定的一种性能，同时硬度与强度也有一定关系，可通过二者的换算关系得到材料硬度值。可按硬度范围划定模具类别，如高硬度(52～60HRC)，一般用于冷作模具；中等硬度(40～52HRC)，一般用于热作模具。

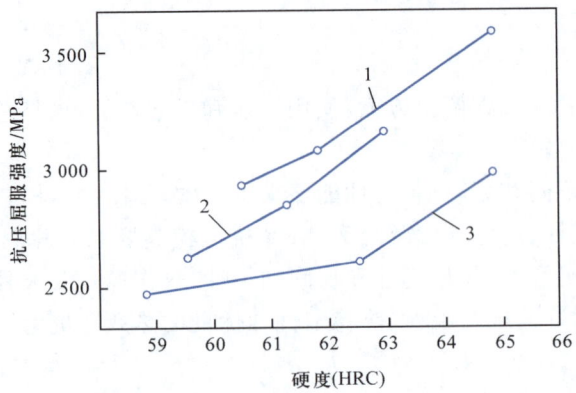

图 3-3　硬度对三种冷作模具钢抗压屈服强度的影响
1—W6Mo5Cr4V2 钢；2—Cr12MoV 钢；3—Cr5Mo1V 钢

钢的硬度与成分和组织均有密切关系，通过热处理，可以获得很宽的硬度变化范围。如新型模具钢 012Al 钢和 CG-2 钢分别采用低温回火处理后硬度为 60～62HRC，采用高温回火处理后硬度为 50～52HRC，因此可用来制作硬度要求不同的冷、热作模具。因而这类模具钢可称为冷作、热作兼用型模具钢。

在高温状态下工作的热作模具，要求保持其组织和性能的稳定，从而保持足够高的硬度，这种性能称为红硬性。非合金工具钢、低合金工具钢通常能在 180～250 ℃的温度范围内保持这种性能，铬钼热作模具钢一般能在 550～600 ℃的温度范围内保持这种性能。钢的红硬性主要取决于钢的化学成分和热处理工艺。

2. 强度

强度是指钢在服役过程中抵抗变形和断裂的能力。对于模具来说则是整个型面或各个部位在服役过程中抵抗拉伸力、压缩力、弯曲力、扭转力或综合力的能力。

衡量钢强度常用的方法是进行拉伸试验。拉伸试验是在拉伸试验机上进行的，试样需按规定的标准制备，拉伸过程中在记录纸上绘出拉伸力 F 与伸长量 ΔL 之间的关系图，即所谓的拉伸曲线图，分析拉伸曲线图就可以得出金属的强度指标。对于在压缩条件下工作的模具，还经常给出抗压强度。

对于模具钢，特别是碳含量高的冷作模具钢，因塑性很差，故一般不用抗拉强度而是以抗弯强度作为指标。抗弯试验甚至对极脆的材料也能反映出一定的塑性。而且，抗弯试验产生的应力状态与许多模具工作表面产生的应力状态极为相似，能比较精确地反映出材料的成分及组织因素对性能的影响。

在拉伸曲线图上有一个特殊点，当拉力到达这一点时，试样在拉力不增大或有所减小的情况下发生明显的伸长变形，这种现象称为屈服，这时的应力称为这种材料的屈服强度。而当外力去除后不能恢复原状的永久变形，称为塑性变形。屈服强度是衡量模具钢塑性变形抗力的指标，也是最常用的强度指标。对模具材料要求具有高的屈服强度，如果模具产生了塑性变形，那么用其加工出来的工件尺寸和形状就会发生变化，产生废品，模具也就失效了。

模具在使用过程中经常受到强度较高的压力和弯曲的作用，因此要求模具材料应具有一定的抗压强度和抗弯强度。在很多情况下，进行抗压试验和抗弯试验的条件接近于模具的实际工作条件（例如，所测得的模具钢的抗压强度与冲头工作时所表现出来的变形抗力较为吻合)。抗弯试验的另一个优点是应变量的绝对值大,能较灵敏地反映出不同钢种之间以及在不同热处理和组织状态下变形抗力的差别。

3. 韧性

在工作过程中,模具承受着冲击载荷,为了减少在使用过程中的折断、崩刃等形式的损坏,要求模具钢具有一定的韧性。韧性是模具钢的一种重要性能指标,它决定了材料在冲击试验力作用下对破裂的抗断能力。材料的韧性越高,脆断的危险性越小,热疲劳强度也越高。对于衡量模具脆断倾向,冲击韧度试验具有重要意义。

冲击韧度是指冲击试样缺口处单位截面积上的冲击吸收功,而冲击吸收功是指规定形状和尺寸的试样在冲击试验力一次作用下折断时所吸收的功。冲击试验有夏比 U 形缺口冲击试验(试样开成 U 形缺口)、夏比 V 形缺口冲击试验(试样开成 V 形缺口)以及艾氏冲击试验。

影响冲击韧度的因素很多。不同材质的模具钢,其冲击韧度相差很大,即使同一种材料,因组织状态不同、晶粒大小不同、内应力状态不同,冲击韧度也不相同。通常是晶粒越粗大,碳化物偏析越严重(带状、网状等),马氏体组织越粗大,钢越脆。温度不同,冲击韧度也不相同。一般情况是温度越高,冲击韧度值越高,而有的钢在常温下韧性很好,当温度下降到 $-20 \sim -40$ ℃ 时,则会变成脆性钢。

为了提高钢的韧性,必须采取合理的锻造及热处理工艺。锻造时应将碳化物尽量打碎,并减少或消除碳化物偏析,热处理淬火时防止晶粒过于长大,冷却速度不要过高,以防内应力产生。模具使用前或使用过程中应采取一些措施来减小内应力。

模具钢的化学成分,晶粒度,纯净度,碳化物和夹杂物等的数量、形貌、尺寸、分布以及模具钢的热处理工艺和热处理后得到的金相组织等因素都对钢的韧性有很大的影响。特别是钢的纯净度和热加工变形情况对其横向韧性的影响更为明显。钢的韧性、强度和耐磨性往往是相互矛盾的。因此,要合理地选择钢的化学成分并且采用合理的精炼、热加工和热处理工艺,以使模具材料的耐磨性、强度和韧性达到最佳的配合。

冲击韧性反映了材料在一次冲击过程中试样在整个断裂过程中吸收的总能量。但是很多工具是在不同工作条件下疲劳断裂的,因此,常规的冲击韧性不能全面地反映模具钢的断裂性能。目前已逐渐采用小能量多次冲击断裂或多次断裂寿命和疲劳寿命等试验技术。

4. 耐磨性

决定模具使用寿命最重要的因素往往是模具材料的耐磨性。模具在工作中承受相当大的压应力和摩擦力,要求模具能够在强烈摩擦下仍保持其尺寸精度。模具的磨损主要是机械磨损、氧化磨损和熔融磨损三种类型。为了改善模具钢的耐磨性,就要既保持模具钢具有高的硬度,又保证钢中碳化物或其他硬化相的组成、形貌和分布比较合理。对于重载、高速磨损条件下服役的模具,要求模具钢表面能形成薄而致密且黏附性好的氧化膜,保持润滑作用,减少模具和工件之间产生粘咬、焊合等熔融磨损,又能减少模具表面氧化磨损,所以模具的工作条件对钢的磨损有较大的影响。

耐磨性可用模拟试验方法测出相对耐磨指数 ε,作为表示不同化学成分及组织状态下的耐磨性水平的参数。图 3-4 所示为用不同钢种制作的标准冲孔模对冷轧硅钢片进行冲孔的试验结果,可反映各钢种的耐磨水平;试验以 Cr12MoV 钢为基准($\varepsilon = 1.0$)。图 3-5 所示是标准模具进行耐磨性试验的结果,较好地反映了工模具钢在磨粒磨损条件下的耐磨性。

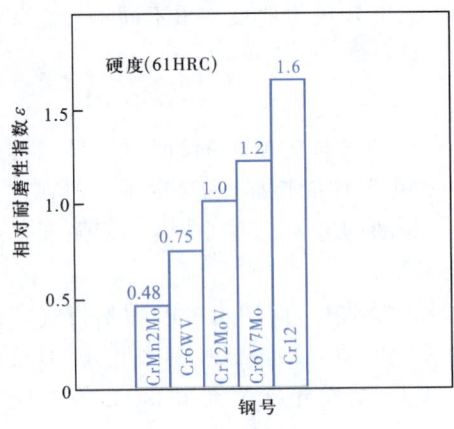

图 3-4　进行模拟冲裁试验的五种模具钢的耐磨性

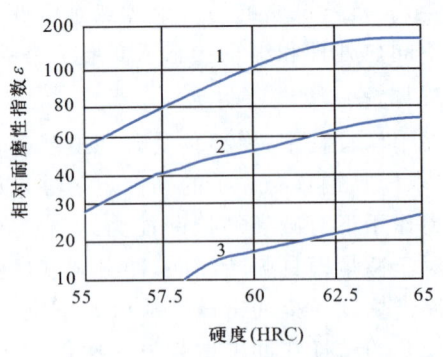

图 3-5　工模具钢的磨粒磨损抗力
1—高碳高钒高速钢；2—高碳高钒钢；
3—低合金模具钢及非合金工具钢

5. 抗热疲劳性能

热作模具钢在服役条件下除了承受周期性变化的载荷之外，还受到高温及周期性的急冷急热的作用，因此，评价热作模具钢的断裂抗力应重视材料的热机械疲劳断裂性能。热机械疲劳是一种综合性能的指标，它包括抗热疲劳性能、机械疲劳裂纹扩展速率和断裂韧性三个方面。抗热疲劳性能反映材料在热疲劳裂纹萌生之前的工作寿命。抗热疲劳性能高的材料，萌生热疲劳裂纹的热循环次数较多。机械疲劳裂纹扩展速率反映材料在热疲劳裂纹萌生之后，在锻压力的作用下裂纹向内部扩展时，每一应力循环的扩展量。断裂韧性反映材料对已存在的裂纹发生失稳扩展的抗力。断裂韧性高的材料，其中的裂纹如果要发生失稳扩展，必须在裂纹尖端具有足够高的应力强度因子，也就是必须有较大的裂纹长度。在应力恒定的前提下，在一种模具中已经存在一条疲劳裂纹，如果模具材料的断裂韧性值较高，则裂纹必须扩展得更深，才能发生失稳扩展。也就是说，抗热疲劳性能决定了疲劳裂纹萌生前的那部分寿命，而裂纹扩展速率和断裂韧性则决定了当裂纹萌生后发生亚临界扩展的那部分寿命。因此，热作模具如果要获得高的寿命，模具材料应具备高的抗热疲劳性能、低的机械疲劳裂纹扩展速率和高的断裂韧性值。

抗热疲劳性能的指标可以用萌生热疲劳裂纹的热循环数，也可以用经过一定的热循环后所出现的疲劳裂纹的条数及平均的深度或长度来衡量。

6. 咬合抗力

咬合抗力实际上就是发生"冷焊"时的抵抗力。该性能对模具材料较为重要。试验时通常在干摩擦条件下，把被试验的工具钢试样与具有咬合倾向的材料（如奥氏体钢）进行恒速对偶摩擦运动，以一定的速度逐渐增大载荷，此时，转矩也相应增大，该载荷称为"咬合临界载荷"，咬合临界载荷越高，标志着咬合抗力越强。表 3-2 列出了几种工模具钢及其表面强化工艺的咬合临界载荷。

表 3-2　　　　几种工模具钢及其表面强化工艺的咬合临界载荷

试验材料	W6Mo5Cr4V2	Cr12MoV	渗硫	离子渗氮	VC 渗层	TiC 渗层	硬质合金
咬合临界载荷/N	16	23	24	42	73	75	77

7. 耐蚀性

金属材料在腐蚀性介质中所具有的抵抗介质侵蚀的能力,称为金属的耐蚀性。

提高模具材料的耐蚀性,通常采用合金化方法获得一系列耐蚀合金,主要包括:

(1)提高金属或合金的热力学稳定性,即向原不耐蚀的金属或合金中加入热力学稳定性高的合金元素,以形成固溶体及提高合金的电极电动势,增强其耐蚀性。例如在 Cu 中加入 Au,在 Ni 中加入 Cu 和 Cr 等即属此类。不过这种大量加入贵金属的办法,在模具材料中的应用是有限的。

(2)加入易钝化合金元素,如 Cr、Ni、Mo 等,可提高基体金属的耐蚀性。在钢中加入适量的 Cr,即可制得铬系不锈钢。实验证明,在不锈钢中,Cr 质量分数一般应大于 13% 才能起抗蚀作用,Cr 质量分数越高,其耐蚀性越好。这类不锈钢在氧化性介质中有很好的耐蚀性,但在非氧化性介质如稀硫酸和盐酸中,耐蚀性较差。这是因为非氧化性酸不易使合金生成氧化膜,同时对氧化膜还有溶解作用。

(3)加入能促使合金表面生成致密腐蚀产物保护膜的合金元素,也可制取耐蚀合金。例如,钢能耐大气腐蚀是因其表面形成结构致密的羟基氧化铁 $[FeO_x \cdot (OH)_{3-2x}]$,它能起保护作用。钢中加入 Cu 与 P 或 P 与 Cr 均可促进这种保护膜的生成,由此可用 Cu 与 P 或 P 与 Cr 制成耐大气腐蚀的低合金钢。

不同的服役条件对模具材料的主要力学性能要求不同。对热作模具钢要考虑其抗热疲劳性能;对压铸模具应考虑其耐熔融金属的冲蚀性能;对于高温下工作的热作模具应考虑其在工作温度下的抗氧化性能;对于在腐蚀介质中工作的模具,应注意其耐蚀性;对高载荷下工作的模具应该考虑其抗压强度、抗拉强度、抗弯强度、疲劳强度及断裂韧度等。

由于模具种类繁多,工作条件差别很大,因此模具的常规性能及相互配合要求也各不相同,而且某种模具实际性能与试样在特定条件下测得的数据也不一致。所以,除测定材料的常规性能外,还必须根据所模拟的实际工况条件,对模具使用特性进行测量,并对模具的特殊性能提出要求,建立起正确评价模具性能的体系。

对热作模具必须测试其在高温条件下的硬度、强度和冲击韧度。因为热作模具是在某一特定温度下服役的,在室温下测定的性能数据,当温度升高时要发生变化。性能变化趋势和速率相差也很大,如材料 A 在室温下硬度比材料 B 高,但随温度上升,硬度下降显著,到达一定温度后,硬度反而低于材料 B。那么,当在较高温度工作条件下要求耐磨性高时,就不能选用材料 A,而需选用室温下硬度虽较低但随温度上升,硬度下降缓慢的材料 B。

对热作模具除要求高温条件下的硬度、强度、韧性外,还要求具有某些特殊性能。

(1)热稳定性

热稳定性表示钢在受热过程中保持金相组织和性能的稳定能力。通常钢的热稳定性用回火保温 4 h,硬度降到 45HRC 时的最高加热温度表示。这种方法与材料的原始硬度有关,有的资料将达到预定强度级别的钢加热,保温 2 h,使硬度降到一般热锻模失效硬度(35HRC)的最高加热温度定为该钢的稳定性指标。对于因耐热性不足而堆积塌陷失效的热作模具,可以根据热稳定性预测模具的使用寿命。

(2)回火稳定性

回火稳定性是指随回火温度升高,材料的强度和硬度下降快慢的程度,也称回火抗力或抗回火软化能力。通常以钢的回火温度-硬度曲线来表示,硬度下降慢则表示回火稳定性高或回火抗力大。回火稳定性也是与回火时组织变化相联系的,它与钢的热稳定性共同表示钢在高温下的组织稳定性程度,表示模具在高温下的变形抗力。

(3)抗氧化性能

实践证明模具材料抗氧化性能的优劣,对模具使用寿命影响很大。氧化会加剧模具工作过程中的磨损,导致模具因型腔尺寸超差而报废。氧化还会使模具表面产生腐蚀沟,成为热疲劳裂纹的起源,加剧模具热疲劳裂纹的萌生与扩展。因此,要求模具具备一定的抗氧化性能。

二、工艺性能

在模具生产成本中,材料费用一般占10%~20%,而机械加工、热处理、装配和管理费用占80%以上,所以模具的工艺性能是影响模具的生产成本和制造难易程度的主要因素之一。改善模具的工艺性能,不仅可以使模具生产工艺简单、易于制造,而且可以有效地降低模具的制造费用。模具材料的工艺性能主要包括可加工性,淬透性和淬硬性,淬火温度和热处理变形,氧化、脱碳敏感性及其他因素。

1. 可加工性

(1)可加工性概述

模具的可加工性包括热加工性能(热塑性、加工温度范围等)和冷加工性能(切削、磨削、抛光、冷拔等)。

模具的加工对模具寿命有不同影响,如模具材料毛坯的反复镦拔锻造、型腔的冷挤压和超塑成形等都会使模具材质组织致密,消除碳化物偏析。因此要减少各种加工手段的不利影响。机械加工要保证每道机械加工工序的加工精度和表面粗糙度;电加工要减小步距偏差、型孔尺寸偏差及表面粗糙度;钳工装配不得损坏已加工成形的工件基准面和工作面,保证模具的装配精度。

对各种精密加工,要求有较好的精度保证,但由于磨削加工可能导致金属表面的局部过热,产生大的表面残余应力以及组织变化等,其结果可能导致磨削裂纹的产生。常见的磨削缺陷有:磨削速度过快引起金属烧伤;用钝的或重载砂轮磨削引发的磨削裂纹。细小的磨削裂纹难以用肉眼观察,需用磁粉探伤或稀硝酸冷侵蚀方能显示。轻的磨削裂纹常垂直于磨削方向呈平行分布,严重的磨削裂纹呈龟裂状。这些磨削裂纹即使可以通过轻磨予以去除,但危害犹存,常导致模具的早期失效。为了减小磨削应力以及磨削裂纹,可对工件进行回火热处理。有些模具材料,如高钒高速钢、高钒高合金模具钢的磨削性很差,磨削比很低,不便于磨削加工,近年来改用粉末冶金生产,可以使钢中的碳化物细小、均匀,完全消除了普通工艺生产的产品中的大颗粒碳化物,不但使其磨削性大为改善,而且还改善了钢的塑性和韧性,使之能在模具制造中推广应用。

电火花加工常常作为模具的最后加工工序。电火花加工可在淬火、回火模具的表面形成淬火马氏体的白亮层。高碳马氏体的固有脆性和显微裂纹的存在,往往导致模具的早期开裂失效。此外,电火花加工可在模具表面形成不良的残余应力,降低了模具的使用寿命。

可以通过调整电加工规准,来减少硬化层的厚度,或者用喷丸法等去除变质层。模具的研磨抛光是加工中的关键工序,它不但能提高工件的表面质量,而且对模具的使用寿命有直接影响。模具型腔的表面粗糙度降低可有效地提高模具的使用寿命,对塑料注射模更是如此。

目前抛光工艺常采用机械抛光、电解抛光、化学抛光、超声抛光、挤压研磨、喷丸抛光等技术。这些抛光技术可使模具型腔表面微观粗糙程度降低、晶粒细化、残余应力由拉应力转化为压应力,从而提高模具材料的韧性、屈服强度和疲劳强度,降低和减缓黏着磨损,改善模具质量。

冷作模具钢大多属于过共析钢和莱氏体钢,其热加工和冷加工性能都不太好,因此必须严格控制热加工和冷加工的工艺参数,以避免产生缺陷和废品。另一方面,通过提高钢的纯净度,减少有害杂质的含量,改善钢的组织状态来改善钢的热加工和冷加工性能,从而降低模具的生产成本。

为改善模具钢的冷加工性能,自20世纪30年代开始研究向钢中加入适量的硫、铅、钙、稀土金属等元素或导致模具钢中碳石墨化的元素,发展了各种易切削模具钢,以进一步改善其切削性能和磨削性能,减少刀具、磨料消耗,降低成本。

(2)皮纹加工性

有些塑料制品要求制造有皮纹、装饰性图案或文字花样的表面,一般是采用化学蚀刻工艺,因此要求模具材料能适应这种化学蚀刻工艺,蚀刻以后,能够在模具表面得到图案清晰、纹理清楚的皮纹和图案。

(3)铸造工艺性

为了简化生产工艺,国内外近年来致力于发展采用铸造工艺直接生产出接近成品模具形状的铸造毛坯。例如我国已经研究采用铸造工艺生产一部分冷作模具、热作模具和玻璃成型模具。相应地发展了一些铸造模具用钢,对这类材料要求具有良好的铸造工艺性能,如流动性、收缩率等。

(4)焊接性

有些模具要求在工作条件最苛刻的部分堆焊上特种耐磨或耐蚀材料,有些模具希望在使用过程中采用堆焊工艺进行修复后重新使用。对这类模具就要求选用焊接性好的模具材料,以简化焊接工艺,避免或简化焊前预热和焊后处理工艺,更好地适应焊接工艺的需要,相应地发展了一批焊接性良好的模具材料。

(5)冷变形性

为了简化工艺、提高模具的制造效率,对批量生产的型腔模具,有些采用冷挤压工艺压制型腔,用淬硬的凸模将模具的型腔直接压制出来,因而要求模具材料具有良好的冷变形性,如塑料模具钢中的低碳低硅钢。

2. 淬透性和淬硬性

淬透性主要取决于钢的化学成分和淬火前的原始组织状态;淬硬性则主要取决于钢中的碳含量。对于大部分的冷作模具钢,淬硬性往往是主要的考虑因素。对于热作模具钢和塑料模具钢,一般模具尺寸较大,尤其是制造大型模具,其淬透性更为重要。另外,对于形状复杂、容易产生热处理变形的各种模具,为了减少淬火变形,往往尽可能采用冷却能力较弱的淬火介质,如空冷、油冷或盐浴冷却,为了得到要求的硬度和淬硬层深度,就需要采用淬透性较好的模具钢。

3. 淬火温度和热处理变形

为了便于生产,要求模具钢淬火温度范围尽可能放宽一些,特别是当模具采用火焰加热局部淬火时,由于难以准确地测量和控制温度,所以要求模具钢有更宽的淬火温度范围。

模具在热处理时,尤其是在淬火过程中,要产生体积变化、形状翘曲、畸变等,为保证模具质量,要求模具钢的热处理变形小,特别是对于形状复杂的精密模具,淬火后难以修整,对于热处理变形程度的要求更为苛刻,应该选用微变形模具钢制造。

4. 氧化、脱碳敏感性

模具在加热过程中,如果发生氧化、脱碳现象,就会使其硬度、耐磨性、使用性能和使用寿命降低。因此,要求模具钢的氧化、脱碳敏感性好。对于钼含量较高的模具钢,由于氧化、脱碳敏感性强,需采用特种热处理,如真空热处理、可控气氛热处理、盐浴热处理等。

5. 其他因素

在选择模具钢时,除了必须考虑使用性能和工艺性能之外,还必须考虑模具钢的通用性和价格。模具钢一般用量不大,为了便于备料,应尽可能地考虑钢的通用性,尽量利用大量生产的通用型模具钢,以便于采购、备料和材料管理。另外还必须从经济上进行综合分析,考虑模具的制造费用、工件的生产批量和分摊到每一个工件上的模具费用。从技术、经济方面全面分析,以最终选定合理的模具材料。

表 3-3 所示为几种通用型模具钢主要性能对比,可供选材时参考。

表 3-3　　　　　　　几种通用型模具钢主要性能[①]对比

钢号[②]	耐磨性	韧性	红硬性	尺寸稳定性	可切削性	可磨削性
O1(9CrWMn)	42	50	10	55	75	93
A2(Cr5Mo1V)	53	50	20	80	50	55
D2(Cr12Mo1V1)	70	32	23	90	35	25
D3(Cr12)	85	20	20	65	30	15
H11(4Cr5MoSiV)	38	90	37	85	75	85
H13(4Cr5MoSiV1)	40	88	40	85	70	85
H19(4Cr4W4Co4V2Mo)	45	65	60	55	60	60
M2(W6Mo5Cr4V2)	70	40	75	40	35	35
M42(Mo9W1Cr4VCo8)	88	37	90	40	30	38
M3(W6Mo5Cr4V3)	95	30	85	40	25	10

注:①以 100 为最佳;②(　)中为我国钢号,(　)外为 ASTM 钢号。

任务实施

在图 3-2 所示的拉深模具总装图上:

凸凹模 7 的材料为 CrWMn,热处理要求是淬火、回火至 55～66HRC;

凸模 12 的材料为 CrWMn,热处理要求是淬火、回火至 55～66HRC；

凹模 14 的材料为 T10,热处理要求是淬火、回火至 55～62HRC。

1. CrWMn 钢

(1)化学成分(GB/T 1299—2014)

w_C 为 0.90%～1.05%, w_{Si} ≤0.40%, w_{Mn} 为 0.80%～1.10%, w_S ≤0.03%, w_P ≤0.03%, w_{Cr} 为 0.90%～1.20%, Ni 的允许残余含量≤0.25%, Cu 的允许残余含量≤0.30%, w_W 为 1.20%～1.60%。

(2)力学性能

淬火至不小于 66HRC。

CrWMn 模具钢是应用较为广泛的冷作模具钢,被誉为"不变形钢",但形成网状碳化物比较敏感,主要用作淬火时要求变形很小以及截面不大而形状复杂的高精度的冷冲模等。

2. T10 非合金工具钢

(1)化学成分(GB/T 1299—2014)

w_C 为 0.95%～1.04%, w_{Si} ≤0.35%, w_{Mn} ≤0.40%, w_S ≤0.02%, w_P ≤0.03%, Cr 的允许残余含量≤0.25%、≤0.10%(制造铅浴淬火钢丝时), Ni 的允许残余含量≤0.20%、≤0.12%(制造铅浴淬火钢丝时), Cu 的允许残余含量≤0.30%、≤0.20%(制造铅浴淬火钢丝时)。

(2)力学性能

淬火至不小于 62HRC。

T10 是最常见的一种非合金工具钢,韧度适中,生产成本低,经热处理后硬度能达到 60HRC 以上,但是,此钢淬透性低,且耐热性差(250 ℃),在淬火加热时不易过热,仍保持细晶粒。韧性尚可,强度及耐磨性均较 T7～T9 高些,但热硬性(也称红硬性)低,淬透性仍然不高,淬火变形大。

适用范围:这种钢应用较广,适于制造切削条件较差、耐磨性要求较高且不受突然和剧烈冲击振动而需要一定的韧性及具有锋利刃口的各种工具,如车刀、刨刀、钻头、丝锥、扩孔刀具、螺丝板牙、铣刀手锯锯条,还可以制作冷镦模、冲模、拉丝模、铝合金用冷挤压凹模、纸品下料模、塑料成型模、小尺寸冷切边模及冲孔模,低精度而形状简单的量具(如卡板等),也可用作不受较大冲击的耐磨零件等。

综上所述,CrWMn 用于凸模和凸凹模、T10 用于凹模是合适的。

学习任务三 模具材料的选用原则

任务引入

如图 3-6 所示的灯具外壳零件,生产批量为大批量,未注公差取 MT5 级精度。要求选择该零件的成型模具材料。

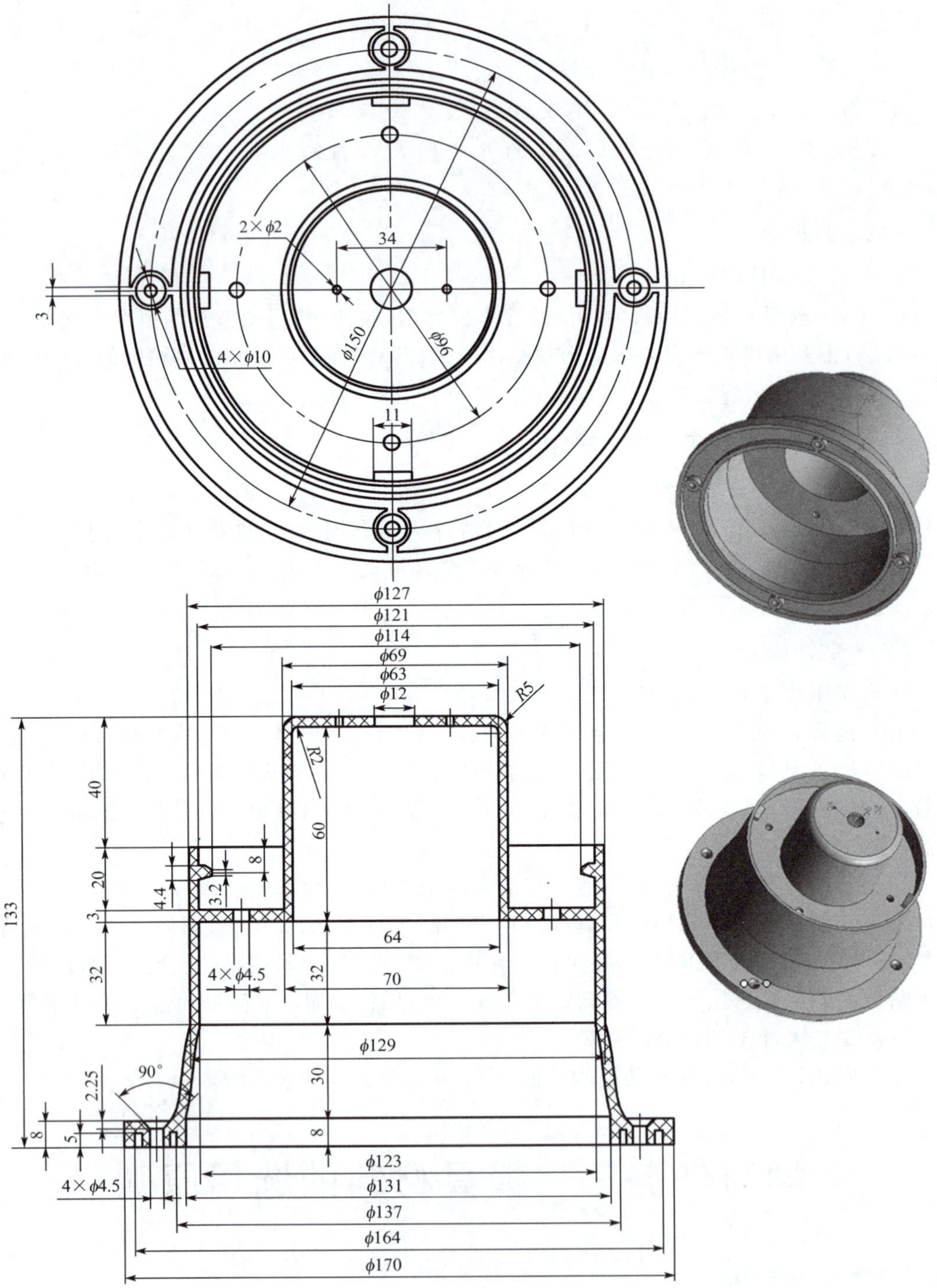

图 3-6 灯具外壳零件图

任务分析

根据塑料模具设计程序,一般需要了解塑件零件的设计要求、生产批量及进行塑件的工艺性分析,再结合模具材料的选用原则,主要考虑使用性能和工艺性能,确定该灯具外壳塑件的模具材料。

相关知识

材料的选用有三个通用原则。一是使用性能原则:材料的使用性能应满足模具的使用要求。对大量机器工件和工程构件,主要是机械性能;对一些特殊条件下工作的工件,则必须根据要求考虑材料的物理、化学性能。二是工艺性能原则:材料的工艺性能应满足模具生产工艺的要求。三是经济性原则:必须考虑材料的经济性。采用便宜的材料,把总成本降至最低,取得最大的经济效益,使产品在市场上具有最强的竞争力。

一、满足使用性能要求

根据使用性能选材的步骤是:通过对工件工作条件和失效形式的全面分析,确定工件对使用性能的要求;利用使用性能与实验室性能的相应关系,将使用性能具体转化为实验室性能指标;根据工件的几何形状、尺寸及工作中所承受的载荷,计算出工件中的应力分布;由工作应力、使用寿命或安全性与实验室性能指标的关系,确定对实验室性能指标要求的具体数值;利用相关手册根据使用性能选材。

1. 耐磨性

坯料在模具型腔中塑性变形时,沿型腔表面既流动又滑动,使型腔表面与坯料间产生剧烈摩擦,从而导致模具因磨损而失效。所以材料的耐磨性是模具最基本、最重要的性能之一。

硬度是影响耐磨性的主要因素。一般情况下,模具工件的硬度越高,磨损量越小,耐磨性也越好。此外,耐磨性还与材料中碳化物的种类、数量、形态、大小及分布有关。

2. 强韧性

模具的工作条件大多十分恶劣,有些常承受较大的冲击负荷,从而导致脆性断裂。为防止在工作时突然脆断,模具要具有较高的强度和韧性。

模具的韧性主要取决于材料的碳含量、晶粒度及组织状态。

3. 疲劳断裂性能

模具工作过程中,在循环应力的长期作用下,往往导致疲劳断裂。其形式有小能量多次冲击疲劳断裂、拉伸疲劳断裂、接触疲劳断裂及弯曲疲劳断裂。

模具的疲劳断裂性能主要取决于其强度、韧性、硬度以及材料中夹杂物的含量。

4. 高温性能

当模具的工作温度较高时,会使硬度和强度下降,导致模具早期磨损或产生塑性变形而失效。因此,模具材料应具有较高的抗回火稳定性,以保证模具在工作温度下具有较高的硬度和强度。

5. 抗热疲劳性能

有些模具在工作过程中处于反复加热和冷却的状态，使型腔表面受拉、压变应力的作用，引起表面龟裂和剥落，增大摩擦力，阻碍塑性变形，降低了尺寸精度，从而导致模具失效。冷热疲劳是热作模具失效的主要形式之一，这类模具应具有较高的抗热疲劳性能。

6. 耐蚀性

有些模具如塑料模具在工作时，其中的氯、氟等元素受热后分解析出 HCl 和 HF 等强侵蚀性气体，侵蚀模具型腔表面，加大其表面粗糙度，加剧磨损失效。

二、满足工艺性能要求

模具的制造一般都要经过锻造、切削加工、热处理等工序。为保证模具的制造质量，降低生产成本，其材料应具有以下特性：

（1）良好的可锻性　具有较低的热锻变形抗力，塑性好，锻造温度范围宽，锻裂、冷裂及析出网状碳化物倾向低。

（2）良好的退火工艺性　球化退火温度范围宽，退火硬度低且波动范围小，球化率高。

（3）良好的切削加工性　切削用量大，刀具损耗低，加工表面粗糙度低。

（4）较小的氧化、脱碳敏感性　高温加热时抗氧化性能好，脱碳速度慢，对加热介质不敏感，产生麻点倾向小。

（5）良好的淬硬性　淬火后具有均匀而高的表面硬度。

（6）良好的淬透性　淬火后能获得较深的淬硬层，采用缓和的淬火介质就能淬硬。

（7）较低的淬火变形、开裂倾向　常规淬火体积变化小，形状翘曲、畸变轻微，异常变形倾向低。常规淬火开裂敏感性低，对淬火温度及工件形状不敏感。

（8）良好的可磨削性　砂轮相对损耗小，无烧伤极限磨削用量大，对砂轮质量及冷却条件不敏感，不易发生磨损及磨削裂纹。

三、满足经济性要求

1. 材料的价格

模具材料的价格无疑应该尽量低。

2. 模具的总成本

模具选用的材料必须保证其生产和使用的总成本最低。模具的总成本与其使用寿命、重量、加工费用、研究费用、维修费用和材料价格有关。

3. 自然资源等因素

随着工业的发展，资源和能源的问题日渐突出，选用材料时必须对此有所考虑，特别是对于大批量生产的工件，所用材料应该来源丰富并顾及我国资源状况。另外，还要注意生产所用材料的能源消耗，尽量选用低能耗的材料。

在给模具选材时，必须考虑经济性这一原则，尽可能地降低制造成本。因此，在满足使用性能的前提下，首先选用价格较低的材料。能用碳钢就不用合金钢，能用国产材料就不用进口材料。另外，在选材时还应考虑市场的生产和供应情况，所选钢种应尽量少而集中，易购买。

为了缩短模具的制造周期,模具制造部门在选购模具材料时,应尽可能选用精料和制品。如经过剥皮、冷拔或磨削加工的精品钢,经过粗加工、精加工、甚至精加工淬火回火的模块。模具制造部门利用这些精料和制品简单加工即可与标准模架装配使用,既可以有效地缩短模具制造周期,适应模具使用部门的需要,又可以降低生产费用,提高材料利用率。

在进行模具材料选择时,根据模具的使用条件和要求,除了必须考虑以上各种因素,特别是材料的主要性能必须与模具的使用条件要求相适应外,还需要考虑选用的模具材料的价格和通用性。

一般情况下,当生产的工件批量很大、模具的尺寸较小时,模具材料在模具制造费用中所占的份额很小,材料的价格可不作为主要考虑的指标,可以尽量选择比较高级的适用模具材料。而对于大型或特大型形状较简单的模具,由于模具材料的费用将在模具总成本中占较大的份额,所以应选用价格较低的模具材料,或者模具本体选用价格低的材料,而在模具的关键工作部位,如型腔或刃口处,采用镶块或堆焊的方法将高级模具材料镶或堆焊上去,既能提高模具的使用寿命,又能降低材料费用。

模具材料的通用性,也是选用模具材料时必须考虑的因素。除了特殊要求以外,尽可能采用大量生产的通用型模具材料。目前,通用型模具钢技术比较成熟,积累的生产工艺和使用经验较多,性能数据也比较完整,便于在设计和制造过程中参考。

近年来,国内外许多专家针对模具材料选择,采用各种方法开发出一系列的材料选择系统,并应用于生产实际中。哈尔滨工业大学现代技术研究中心曾经将神经网络应用到注塑制品的材料选择中;广东工业大学采用基于规则为主的推理方法,进行了热作模具、塑料模具的材料选择专家系统的开发;南京航空航天大学CAD/CAM工程研究中心建立了采用模糊理论的模具材料选择决策系统。这些在一定程度上实现了模具材料的智能选择,但从整体来看,模具材料选择依然是一个经验性很强的系统工程,经验在选材过程中依然是最重要的依据。

任务实施

1. 塑件的原材料分析

塑件的原材料特性见表3-4。

表 3-4　　　　　　　　　　塑件的原材料特性

塑料品种	结构特点	使用温度	化学稳定性	性能特点	成型特点
聚碳酸酯 PC	线型结构非结晶型材料,透明	小于130 ℃,耐寒性好,脆化温度−100 ℃	有一定的化学稳定性,不耐碱、酮、酯等	透光率较高,介电性能好,吸水性小,但水敏性强(含水量不得超过0.2%),且吸水后会降解。力学性能很好,抗冲击抗蠕变性能突出,但耐磨性较差	熔融温度高(超过3 300 ℃才严重分解),但熔体黏度大;流动性差(溢边值为0.06 mm);流动性对温度变化敏感,冷却速度快;成型收缩率小;易产生应力集中

塑件熔融温度高且熔体黏度大,对于大于200 g的塑件应用螺杆式注射机成型,喷嘴宜用敞开式延伸喷嘴并加热,严格控制模具温度,一般在70~1 200 ℃为宜,模具应用耐磨钢并淬火;塑件水敏性强,加工前必须干燥处理,否则会出现银丝、气泡及强度显著下降现象;

塑件易产生应力集中,要严格控制成型条件,塑件成型后需退火处理,消除内应力;塑件壁不宜厚,避免有尖角、缺口和金属嵌件,以避免造成应力集中,脱模斜度宜取 20°。

2. 塑件成型工艺参数

塑件成型工艺参数见表 3-5。

表 3-5 塑件成型工艺参数

聚碳酸酯	预热和干燥	温度 t/℃	110～120	成型时间	注射时间/s	20～90
		时间 τ/h	8～12		保压时间/s	0～5
	料筒温度 t/℃	后段	210～240		冷却时间/s	20～90
		中段	230～280		总周期/s	40～190
		前段	240～285		螺杆转速 n/(r·min^{-1})	28
	喷嘴温度 t/℃		240～250	后处理	方法	红外线灯
	模具温度 t/℃		70(90)～120		温度 t/℃	鼓风烘箱 100～110
	注射压力 P/MPa		80～130		时间 τ/h	8～12

结论:根据以上分析,最后可以选择 T10A、GD 或 Cr12MoV 钢作为模具材料。

思考题

1. 模具材料一般可分为哪几类?
2. 简述模具材料的力学性能要求和工艺性能要求。
3. 简述选用模具材料的原则。
4. 简述我国模具材料的发展概况。

课题四
冷作模具材料

学习目标

1. 掌握冷作模具的工作条件和性能要求。
2. 熟悉冷作模具材料的选用。
3. 熟悉冷作模具的制造工艺。
4. 掌握并理解冷作模具材料的热处理。

学习任务一　冷作模具材料的工作条件与性能要求

任务引入

某模具企业使用材质为 W18Cr4V 的冷挤压模,该模具的生产工艺:锻造—机械加工—热处理。在挤压二十几件 20 钢工件后,在凸模的细圆头端处发生断裂。模具的非正常失效严重影响生产的正常进行,为此,根据模具的工作条件,对模具的性能提出要求。冷作模具材料种类繁多、结构复杂,在使用中主要受到压缩、拉伸、弯曲、冲击、摩擦等机械力的作用,因此,冷作模具材料的正常失效形式主要是磨损、脆断、弯曲、咬合、塌陷、啃伤、软化等。冷作模具钢是冷作模具使用最广泛的材料,因此要求冷作模具钢应在相应的热处理后,具有高的变形抗力、断裂抗力、耐磨损、抗疲劳、不咬合等能力。本章主要对冷作模具材料的工作条件、性能要求等进行综合分析。

任务分析

冷作模具是指在常温下对材料进行压力加工或其他加工所使用的模具。典型的冷作模具主要有冷冲裁模、冷拉深模、冷挤压模、冷镦模等。各类冷作模具都是在常温下对工件材料施力,使其产生变形或分离,从而获得一定形状、尺寸和性能的成品件。各类冷作模具不同,其工作条件也不同。

1. 冷冲裁模

冷冲裁模的工作对象是黑色金属钢板、有色金属板材或其他非金属板材,依靠冷冲裁模的刃口完成冷冲压加工中的分离工序,主要是对各种板料进行冲切成形。冷冲裁模的主要工作部位是凸模和凹模的刃口,靠它们对金属板料施加压力,使其产生弹性变形、塑性变形和分离的过程。在弹性变形阶段,凸模端面的中间部分与板料脱离,压力都集中在刃口附近的狭小范围内。在塑性变形和分离阶段,凸模切入板料,同时金属板料被挤入凹模洞口,使模具的刃口端面和侧面产生挤压和摩擦,所以对模具材料要求具有高的耐磨性、冲击韧性及耐疲劳断裂性能。

2. 冷拉深模

冷拉深模是将板材进行延伸使之成为一定尺寸和形状的产品的模具。冷拉深模的工作对象是黑色金属钢板、有色金属板材或其他非金属板材。依靠模具使金属坯料产生塑性变形而获得所需的形状。冷拉深模的凸模、凹模和压边圈的工作部位均无锋利的尖角,模具零件的受力不像冷冲裁模那样限定在较小的范围内,凸模和凹模之间的间隙一般比板材厚度大,模具较少出现应力集中。模具在工作时不易产生偏载,所承受的冲击力很小,凸模承受压力和摩擦力,凹模承受径向张力和摩擦力。因此对冷拉深模具材料要求具有高的硬度和耐磨性。

冷拉深模

3. 冷挤压模

冷挤压模是使金属坯料在强大而均匀的近似于静挤压力的作用下,产生塑性变形流动而形成产品的模具。在进行冷挤压加工时,金属坯料承受强烈的三向压应力。在模具的作用下,金属坯料沿凸、凹模间隙或凹模模口产生剧烈流动,变形位移大。而模具承受强大的挤压力(来自金属坯料的反作用力),同时产生很大的摩擦力。在挤压时形成的摩擦功和变形能会转化为热能,产生挤压中的热效应,导致模具的局部表面产生400 ℃以上的高温。此外,金属坯料端面不平整、凸模与凹模之间的间隙不均匀和中心线不一致等因素,还会使凸模在挤压时承受很大的偏载或横向弯曲载荷。因此,冷挤压模具钢需要具有高的变形抗力、耐磨性及断裂抗力,此外还应具有高的回火稳定性。

冷挤压模

4. 冷镦模

冷镦模是在冲击力的作用下将金属棒状坯料镦成一定形状和尺寸的产品的冷作模具。在冷镦加工过程中,冲击频率高(60~120 次/min),冲击力大,金属坯料受到强烈的镦击,同时,模具也同样受到短周期冲击载荷的作用。由于是在室温条件下工作的,塑性变形抗力大,工作环境差,凸模承受巨大的冲击压力和摩擦力,凹模承受冲胀力和摩擦力,产生强烈的摩擦,因而冷镦模最常见的失效形式是磨损失效和疲劳断裂失效。

相关知识

一、冷作模具材料的使用性能要求

1. 耐磨性

冷作模具在工作时,表面往往要与工件产生多次强烈的摩擦,模具必须在此情况下仍能保持其尺寸精度和表面粗糙度,防止早期失效。

由于模具材料的硬度和组织是影响模具耐磨性能的主要因素,因此为了提高冷作模具的抗磨性能,通常要求模具硬度高于加工件硬度30%~50%,材料的组织为回火马氏体或下贝氏体,其上面分布均匀、细小的粒状碳化物。要达到此目的,钢中碳的质量分数一般在0.60%以上。同时模具工作过程中的润滑和模具材料的表面处理,也对改善模具的耐磨性能有良好的影响。

2. 韧性

模具材料的韧性,要根据模具工作条件来决定,对于受强烈冲击载荷的模具(如冷镦模和剪切模)、易受偏心弯曲载荷的模具(如细长的冲头模)、应力集中的模具等,模具材料的韧性是十分重要的考虑因素;对于一般工作条件下的冷作模具,通常受到的是小能量多次冲击载荷的作用,模具的失效形式是疲劳断裂,因此模具不必具有过高的韧性。

影响韧性的因素很多,材料不同韧性相差很大,即使同一种材料,因组织状态不同、晶粒大小不同、内应力状态不同,韧性也不相同。因此为了提高冷作模具材料的韧性,通常要细化晶粒,减少碳化物偏析,减少马氏体组织等。温度不同,韧性也不同,一般情况下温度越高,韧性越高。

3. 强度

模具材料的强度指模具零件在工作过程中抵抗变形和断裂的能力。强度指标主要包括拉伸屈服强度、压缩屈服强度等。屈服强度是衡量模具零件塑性变形抗力的指标,也是最常用的强度指标,如压缩屈服强度对冷作模具冲头材料的变形抗力影响很大。为了获得高的强度,在材料选定的情况下,主要通过适当的热处理工艺进行强化。

4. 抗疲劳性

冷作模具一般是在交变载荷下工作的,所以所发生的破坏多为疲劳破坏,即工作载荷在材料的屈服强度以内,加工一定数量的坯料后发生破坏,因此为了提高模具的使用寿命,需要有较高的抗疲劳性能。模具材料的工作应力应在材料的疲劳强度以内。导致模具疲劳失效的因素有:钢中带状和网状碳化物、粗大晶粒;模具表面有微小刀痕、凹槽及截面尺寸变化过大和表面脱碳等。

5. 抗咬合性

当冲压材料与模具表面接触时，在高压摩擦下润滑油膜被破坏，此时被冲压件金属"冷焊"在模具型腔表面形成金属瘤，从而在成形工件表面划出印痕。咬合抗力就是对发生"冷焊"的抵抗力。影响咬合抗力的主要因素是成形材料的性质，如奥氏体不锈钢、镍基合金、精密合金等有较强的咬合倾向。模具材料及润滑条件也对抗咬合性有较大的影响。

二、冷作模具材料的工艺性能要求

1. 可锻性

采用锻造工艺可以减少模具的机械加工余量，改善材料组织中夹杂物与碳化物的形态、大小与分布状态，细化晶粒，形成有利的纤维组织，消除材料内部的组织缺陷。为了获得良好的锻造质量，要求模具材料的塑性好，热锻变形抗力小，锻造温度范围宽，晶粒不易长大，便于掌握，锻造裂纹产生倾向小，不易析出网状碳化物。

2. 可切削性

对可切削性的要求：切削力小，切削量大，刀具磨损小，以及加工后模具表面光洁。

冷作模具材料由于其本身的性能要求（冷作模具钢主要属于过共析钢和莱氏体钢），一般切削加工都较困难，为了改善切削加工性，应采用合理的热处理工艺，对于表面质量要求较高的模具可选用含 S、Ca 等元素的易切削钢。

3. 可磨削性

为了保证模具具有较好的表面粗糙度和尺寸精度，大部分模具都必须经过磨削加工。

对可磨削性的要求：对砂轮质量及冷却条件不敏感，不易发生磨伤和磨裂。改善模具钢的可磨削性，可以通过在炼钢过程中加入变质剂如 Si、Ca、稀土元素等。

4. 热处理工艺性

(1) 淬硬性与淬透性

淬硬性主要取决于钢的碳含量，淬透性主要取决于钢的化学成分、合金元素含量和淬火前的组织状态。对于大部分要求高硬度的冷作模具，对淬硬性要求较高；对于大部分热作模具和塑料模具，更多考虑淬透性；对于一些大截面深型腔模具，要想使模具的心部能得到良好的组织和均匀的硬度，就要选用淬透性好的模具钢。另外对于形状复杂、要求精度高又容易产生热处理变形的模具，为了减少其热处理变形，就需要采用淬透性较好的模具材料，以得到满意的淬火硬度和淬硬层深度。

(2) 回火稳定性

模具钢在回火时，抵抗其强度、硬度降低的能力称为回火稳定性，也称回火抗力或抗回火软化能力。冷作模具钢应采用低温回火，热作模具钢则采用中温回火。不同的钢在相同温度的回火后，强度、硬度下降少的，其回火稳定性好。耐回火性越高，钢的热硬性越高，在相同的硬度下，其韧性越好。合金元素在钢中对回火稳定性有较大提高，特别是强碳化物形成元素在回火时产生二次硬化现象，均不同程度地提高了钢的回火稳定性。一般对于受到强烈挤压和摩擦的冷作模具，也要求模具材料具有较高的耐回火性。

(3) 过热敏感性

模具钢在热处理加热时其加热温度应控制在一定范围内，如加热温度过高则可能引起奥氏体晶粒长大，导致随后得到粗大的马氏体，降低模具钢的韧性，增加其早期断裂的危险性，加热温度高还可能导致钢的表面产生脱碳现象。因此对于模具钢要求其过热敏感性小。

(4) 氧化脱碳倾向

模具在加热过程中，如果产生氧化、脱碳现象，就会改变模具的形状和性能，影响模具的硬度、耐磨性和使用寿命，导致模具早期失效。对于具有极为优秀高温性能的钼基合金，由于容易发生氧化、脱碳，适宜采用真空热处理、可控气氛热处理、盐浴热处理等。

(5) 淬火变形和开裂倾向

热处理引起尺寸变化有两种情况：一种是由材料特性决定的，另一种是由热处理工艺决定的。材料特性所引起的尺寸变化，即在加热冷却过程中产生的热应力和组织应力所引起的膨胀与收缩等变化。其变化大小与材料的纤维方向、化学成分、碳化物含量、残余奥氏体量等因素有关。由热处理工艺引起的尺寸变化是指翘曲与扭曲等变形，可通过控制加热方法、加热温度、冷却方法等热处理工序，达到一定程度的改善。对于一些形状复杂的精密模具，淬火后难以修整，一般选择微变形钢。

三、常用冷作模具材料

1. 非合金工具钢

(1) 化学成分

模具常用的非合金工具钢为 T7A、T8A、T10A、T12A 等。非合金工具钢的化学成分见表 4-1。

表 4-1　　　　　　　　　　非合金工具钢的化学成分

钢号	化学成分（质量分数）/%				
	C	Mn	Si	S	P
			不大于		
T7	0.65～0.74	≤0.40	0.35	0.030	0.035
T8	0.75～0.84	≤0.35			
T9	0.85～0.94				
T10	0.95～1.04	≤0.40			
T11	1.05～1.14				
T12	1.15～1.24				
T13	1.25～1.35				

(2) 力学性能

① 碳含量的影响：钢的硬度主要由碳含量决定，碳含量越高，硬度越高。钢的耐磨性取决于硬度，当非合金工具钢硬度在 60～62HRC 及以下时，耐磨性急剧降低。一般情况下，

碳含量越高,耐磨性越好,如 T12 钢比 T10 钢的耐磨性稍高。

由图 4-1 可知,非合金工具钢的硬度随回火温度升高而降低,但下降趋势与碳含量有关,碳含量越高,钢中析出的碳化物颗粒越多,阻止了硬度的下降,因而碳含量高的钢回火时硬度降低值比碳含量低的钢小。

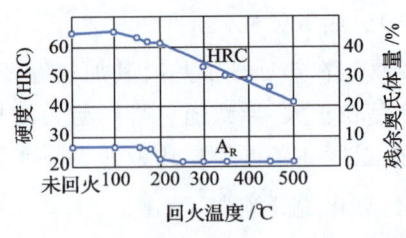

图 4-1 T10 钢的硬度、残余奥氏体量与回火温度的关系
(780 ℃淬火、水冷、回火保温 1 h)

②淬火温度的影响:提高淬火温度,淬火马氏体变粗,钢的强韧性下降。如图 4-2 所示为 T10 钢的淬火温度对强韧性的影响。但适当提高淬火温度,可提高非合金工具钢的淬透性,增加硬化层深度,提高模具的承载能力。如图 4-3 所示为 T10 钢的淬火温度对淬透性的影响。可见,对于容易淬透的小型模具,可采用较低的淬火温度(760~780 ℃);对于大、中型模具,应适当提高淬火温度(800~850 ℃)或采用高温快速加热工艺。

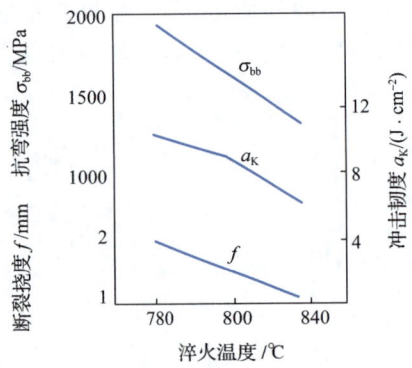

图 4-2 T10 钢的淬火温度对强韧性的影响
(150 ℃回火)

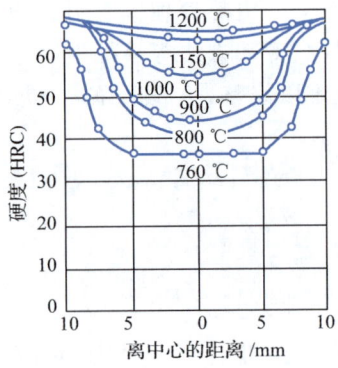

图 4-3 T10 钢的淬火温度对淬透性的影响
(试样经不同温度加热在水中淬火后,沿直径上的硬度变化)

③回火温度的影响:非合金工具钢的硬度随回火温度的升高而下降,如图 4-1 所示。但在低温区回火(150~200 ℃),硬度下降不多;当回火温度超过 200 ℃后,硬度才明显下降。非合金工具钢,如 T12 钢的力学性能与回火温度的关系如图 4-4 所示,当回火温度在 220~250 ℃时抗弯强度达到极大值,可是非合金工具钢在 200~300 ℃回火时,会产生回火脆性,导致韧性下降,因此韧性要求较高的非合金工具钢应避免在此温度区间回火。而承受弯曲及抗压载荷的非合金工具钢仍可采用 220~280 ℃回火,以获得高抗弯强度,提高模具的使用寿命。

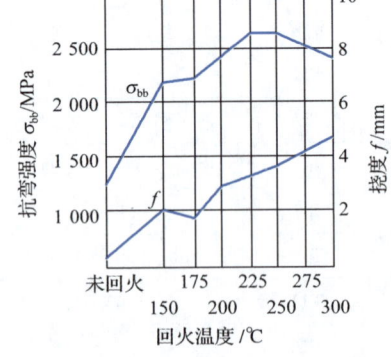

图 4-4 T12 钢的力学性能与回火温度的关系(780 ℃淬火)

(3) 工艺性能

①锻造性能:非合金工具钢变形抗力小,锻造温度范围宽,锻造工艺性能好,见表 4-2。

表 4-2		非合金工具钢的锻造工艺	℃
钢号	始锻温度	终锻温度	冷却方式
T7A、T8A	1 130~1 160	≥800	单件空冷或堆放空冷
T10A、T12A	1 100~1 140	800~850	空冷到 650~700 ℃后转入干砂、炉灰坑中缓冷

对于 T10A、T12A 的终锻温度和锻后冷却方式必须严格掌握,如果终锻温度过高,冷却速度过缓,容易析出网状二次渗碳体,它能显著降低钢的塑性与强度,增加模具淬火开裂,产生磨削裂纹及使用时出现脆断的倾向。一般锻后采用空冷的方法抑制网状碳化物的析出。

②预先热处理:非合金工具钢一般采用等温球化退火来消除锻坯的锻造应力,细化组织,降低硬度,以便于切削加工,同时为淬火做好组织准备。等温球化退火的工艺:加热温度为 750~770 ℃,等温温度为 680~700 ℃。退火后的组织应为 4~6 级的球状珠光体,硬度小于 197HBW。当钢坯锻造后出现颗粒粗大或网状碳化物时,应先进行正火后再等温球化退火,非合金工具钢正火工艺见表 4-3。

表 4-3　　　　　　　　　　非合金工具钢正火工艺

钢号	正火温度/℃	硬度(HBW)	正火目的
T7A	800~820	229~285	促进球化
T8A	800~820	241~302	改进硬度
T10A	830~850	255~321	加速球化
T12A	830~850	269~341	消除网状碳化物

③淬火及回火:淬火温度对淬火后模具质量有着重要影响。淬火加热温度是根据钢的临界点来选择的,淬火温度过高,会使奥氏体晶粒长大,增加淬火变形、开裂的危险,导致淬火马氏体粗大,力学性能恶化,同时还会使分散的碳化物量减少,残余奥氏体量增加,降低耐磨性;淬火温度过低,则奥氏体不能溶入足够的碳,碳的浓度不能充分均匀化,对模具的力学性能同样不利。

淬火保温时间必须能保证模具内部达到淬火温度并使奥氏体中碳浓度均匀化。保温时间不足,淬火后不能获得良好的组织和力学性能;保温时间过长,会使模具产生过热或表面脱碳,也浪费了能源,降低了生产率。

非合金工具钢的淬透性低,工件大小差异很大。实践经验得出:截面小于 4~5 mm² 油冷可淬透;5~15 mm² 必须水冷才能淬透;超过 20~25 mm²,水冷也不能淬透。非合金工具钢淬火后存在较大内应力,韧性低,强度也不高,必须再经过低温回火,使钢中的残余内应力消除,力学性能得到改善,模具才能得以应用。表 4-4 是非合金工具钢的淬火、回火工艺。

表 4-4　　　　　　　　　　非合金工具钢的淬火、回火工艺

钢号	淬火			回火		
	加热温度/℃	冷却介质	硬度(HRC)	加热温度/℃	保温时间/h	硬度(HRC)
7	780~800	盐或碱水溶液	62~64	140~160 160~180	1~2	62~64 58~61
	800~820	油或熔盐	59~61	180~200	1~2	56~60

续表

钢号	淬火			回火		
	加热温度/℃	冷却介质	硬度(HRC)	加热温度/℃	保温时间/h	硬度(HRC)
8	760～770	盐或碱水溶液	63～65	140～160 160～180	1～2	60～62 58～61
	780～790	油或熔盐	60～62	180～200	1～2	56～60
10	770～790	盐或碱水溶液	63～65	140～160 160～180	1～2	62～64 60～62
	790～810	油或熔盐	61～62	180～200	1～2	59～61
12	770～790	盐或碱水溶液	63～65	140～160 160～180	1～2	62～64 61～63
	790～810	油或熔盐	61～62	180～200	1～2	60～62

(4) 使用范围

综上所述，非合金工具钢生产成本低，易于冷、热加工，在退火状态下硬度较低，通过热处理后可以获得较高的硬度，具有一定的耐磨性；但淬透性差，淬火变形大，耐磨性不高。因此，非合金工具钢适于制造尺寸较小、形状简单、负荷较轻、生产批量不大的冷作模具。

2. 高碳低合金钢 CrWMn

(1) 化学成分

CrWMn 钢的化学成分见表 4-5。

表 4-5　　　　　　CrWMn 钢的化学成分 (GB/T 1299—2014)　　　　　　%

元素	C	Mn	Si	Cr	W	S	P
质量分数	0.90～1.05	0.80～1.10	0.15～0.35	0.90～1.20	1.20～1.60	≤0.030	≤0.030

CrWMn 钢的临界点：$A_{c1} \approx 750\ ℃$，$A_{ccm} \approx 940\ ℃$，$A_{r1} \approx 710\ ℃$，$M_s \approx 255\ ℃$。

(2) 力学性能

CrWMn 钢具有高淬透性。由于钨形成碳化物，这种钢在淬火及低温回火后具有比铬钢和 9SiCr 钢更多的过剩碳化物和更高的硬度及耐磨性，如图 4-5～图 4-7 所示。此外，钨还有助于保存细小晶粒，使钢获得较好的韧性并减小过热敏感性。在 800 ℃淬火时，钢的抗弯强度、韧性最高；在 270 ℃以下回火时，强度及冲击韧性随回火温度升高而显著上升。

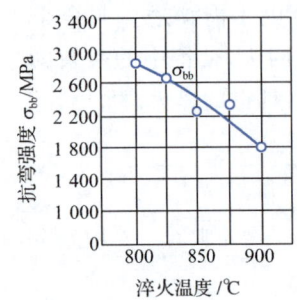

图 4-5　CrWMn 钢力学性能与淬火温度的关系

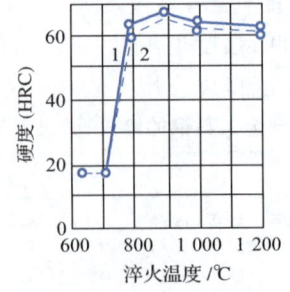

图 4-6　CrWMn 钢硬度与淬火温度的关系
1—试样表面硬度；2—试样中心硬度

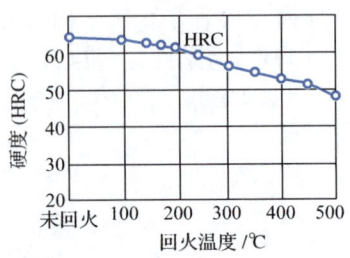

图 4-7　CrWMn 钢硬度与回火温度的关系

(3) 工艺性能

①锻造工艺：CrWMn 钢具有良好的锻造性能，其锻造工艺见表 4-6。锻造温度范围为 800～1 150 ℃，为了降低或减轻碳化物网的形成，锻后尽可能快地冷至 650～700 ℃，然后缓冷(坑冷、砂冷或炉冷)。该钢碳化物偏析比较严重，为了避免碳化物分布不均，有时需要反复镦粗拔长。

表 4-6　　　　　　　　　　　CrWMn 钢的锻造工艺　　　　　　　　　　　　　　　℃

项目	加热温度	始锻温度	终锻温度	冷却
钢锭	1 150～1 200	1 100～1 150	800～880	先空冷，再缓冷
钢坯	1 100～1 150	1 050～1 100	800～850	先空冷，再缓冷

②退火工艺：CrWMn 钢锻后需进行等温球化退火，退火加热温度为 790～830 ℃，等温温度为 700～720 ℃，退火后的组织比较均匀，退火后硬度为 207～255HBW。当锻造质量不高，出现严重网状碳化物或粗大晶粒时，必须在球化退火之前进行一次正火，正火加热温度为 930～950 ℃。

③淬透性：CrWMn 钢淬透性较好，淬火变形小。在油中的临界淬透直径 $D_0 = 30\sim50$ mm。直径为 40～50 mm 的钢件在低于 200 ℃ 的硝盐浴中冷却即可淬透。

(4) 使用范围

综上所述，CrWMn 钢具有较好的淬透性，淬火变形小，耐磨性、热硬性、强韧性均优于非合金工具钢，是使用较为广泛的冷作模具钢。主要用于制造要求变形小、形状较复杂的轻载冷冲裁模(料厚<2 mm)和轻载冷拉深、弯曲、翻边模等。

3. 高耐磨冷作模具钢 Cr12

(1) 化学成分

Cr12 型钢的成分特点是高碳量和高铬量，常用的钢号为 Cr12、Cr12MoV、Cr12Mo1V1。其化学成分见表 4-7，临界点见表 4-8。

表 4-7　　　　　　　　　Cr12 型钢的钢号及化学成分　　　　　　　　　　　　　%

钢号	化学成分(质量分数)					
	C	Mn	Si	Cr	Mo	V
Cr12	2.0～2.3	≤0.40	≤0.40	11.50～13.00	—	—
Cr12MoV	1.45～1.70	≤0.40	≤0.40	11.00～12.50	0.40～0.60	0.15～0.30
Cr12Mo1V1	1.40～1.60	≤0.60	≤0.60	11.00～13.00	0.70～1.20	≤1.10

表 4-8　　　　　　　　　　Cr12 型钢的钢号及临界点　　　　　　　　　　　　　℃

钢号	A_{c1}	A_{ccm}	A_{r1}	M_s
Cr12	810	835	755	180
Cr12MoV	810	—	760	—
Cr12Mo1V1	810	875	695	190

(2) 力学性能

Cr12 型钢属于莱氏体钢，钢中存在大量元素铬，主要形成 $(Cr、Fe)_7C_3$ 型化合物，而渗碳体型碳化物极少。Cr12 型钢随着淬火温度的升高,淬火硬度相应增大。这是由于淬火温度升高,合金碳化物溶入奥氏体的数量增加,使得奥氏体中固溶碳含量和合金元素含量增大的结果。淬火温度升高到 1 050 ℃时,硬度达到最大值。若再提高淬火温度,由于奥氏体中合金元素继续增多,M_s 下降,导致残余奥氏体量大幅增加,硬度急剧下降,同时还因为奥氏体晶粒变粗,使得抗弯强度和冲击韧度明显降低。如图 4-8 所示为淬火温度对 Cr12MoV 钢的硬度、晶粒度、残余奥氏体量和长度变化率的影响,如图 4-9 所示为淬火温度对 Cr12MoV 钢的抗弯强度、冲击韧度的影响。

对于 Cr12 型钢,当淬火加热时碳化物大量溶于奥氏体中,淬火后得到高硬度的马氏体。当回火时,自马氏体中析出大量弥散分布的碳化物,其硬度很高,因而提高了钢的耐磨性。如图 4-10 所示,Cr12MoV 钢经 1 020 ℃淬火、520 ℃回火时出现明显的二次硬化,而且淬火温度愈高,这种效应愈显著。在 200 ℃左右回火时,其抗弯、抗压强度最高;在 400 ℃左右回火,断裂韧度最高。

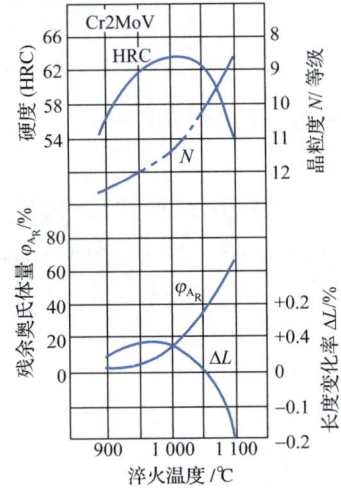

图 4-8　淬火温度对 Cr12MoV 钢的硬度、晶粒度、残余奥氏体量和长度变化率的影响

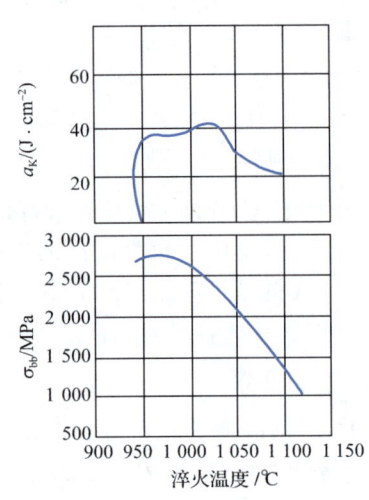

图 4-9　淬火温度对 Cr12MoV 钢的抗弯强度、冲击韧度的影响

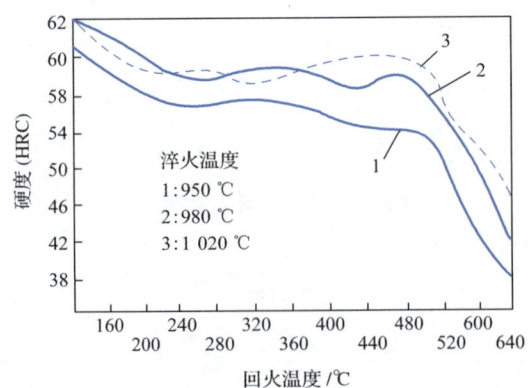

图 4-10　回火温度对 Cr12MoV 钢硬度的影响

综上所述,Cr12型钢采用哪种热处理工艺要视具体要求而定。例如,对Cr12MoV钢采用低温淬火(950～1 000 ℃)及低温回火(200 ℃)可获得高硬度及高韧性,但抗压强度较低;采用高温淬火(1 080～1 100 ℃)及高温回火(500～520 ℃)可获得较高硬度及高抗压强度,但韧性太差;采用中温淬火(1 030 ℃)及中温回火(400 ℃)可获得最好的强韧性和较高的断裂抗力。

(3)工艺性能

①锻造工艺:Cr12型钢结晶过程中析出的共晶碳化物极其稳定,以常规热处理方法无法细化。在较大规格钢材中残留有明显的带状或网状碳化物,钢材规格越大,碳化物不均匀度越严重。碳化物严重偏析,不仅易产生淬火变形及开裂,而且会使热处理后的力学性能变坏,尤其是横向性能下降更多,严重影响到模具寿命。因此,对Cr12型莱氏体钢必须进行锻造来改善碳化物的不均匀性,保证模具的强度和韧性。锻造不仅使钢中碳化物分布均匀,提高强韧性,而且在模具中形成合理的流线排列,促使各方向淬火变形趋势一致。

由于Cr12型钢属于高碳高合金钢,其导热性能差,塑性低,变形抗力大,锻造温度范围窄,组织缺陷严重,所以其锻造性能差。一般Cr12型钢的锻造温度为1 100～1 150 ℃,停锻温度为850～900 ℃。Cr12MoV钢的锻造工艺见表4-9。

表4-9　　　　　　　　　　Cr12MoV钢的锻造工艺　　　　　　　　　　　　　　　℃

项目	加热温度	始锻温度	终锻温度	冷却
钢锭	1 100～1 150	1 050～1 100	850～900	缓冷(坑冷或砂冷)
钢坯	1 050～1 100	1 000～1 050	850～900	缓冷(砂冷或炉冷)

锻造工艺的关键为毛坯加热温度及保温时间。温度低、时间短、透烧不足或变形抗力太大,会产生锻件内裂或裂纹;而加热温度高,会使毛坯过热或过烧,锻打碎裂而报废;保温时间长,会造成晶粒长大及表面严重脱碳。加热时,要先预热,逐渐升温,并注意工件放置位置适当,并且注意翻料,以使加热均匀。锻打时坚持多向镦拔,并且多次镦拔,才能保证击碎碳化物,改善锻件的方向效应。锻后注意缓冷并及时退火。

②退火工艺:Cr12型钢一般采用等温球化退火工艺,加热温度为850～870 ℃,保温2～4 h,等温温度为740～760 ℃,保温4～6 h,退火组织为索氏体＋合金碳化物。退火后硬度为207～255HBW。

③淬透性:Cr12型钢Cr的质量分数高达12%,所以具有高淬透性。截面为300～400 mm^{2}以下的模具在油中完全可以淬透,控制淬火温度,可以调节残余奥氏体量,实现微变形淬火。

(4)使用范围

Cr12型钢具有良好的淬透性和耐磨性,淬火体积变化小,在冷作模具钢中应用范围最广、数量最大,广泛用来制作形状复杂的重载冷作模具,如切边模、落料模、拉丝模、搓丝模等。但由于Cr12型钢中有大块共晶碳化物及较严重的网状碳化物,钢的脆性大,因而限制了其应用范围。Cr12Mo1V1(简称D2)钢是仿美国ASTM标准中的D2钢而引进的新钢号,由于其钢中Mo、V含量增加,改善了钢的铸造组织,细化了晶粒,改善了碳化物的形貌,因而D2钢的强韧性较Cr12MoV钢高,耐磨性也有所增加,但锻造性能、热塑成型性稍差。

4. 冷作模具用高速钢 W6Mo5Cr4V2

(1) 化学成分

W6Mo5Cr4V2 钢为钨钼系通用高速钢的代表，以 Mo 代替了部分 W，使铸态莱氏体得到细化，其化学成分见表 4-10。

表 4-10　　　　W6Mo5Cr4V2 钢的化学成分（GB/T 9943—2008）　　　　%

钢号	化学成分（质量分数）								
	C	Si	Mn	W	Mo	Cr	V	P	S
W6Mo5Cr4V2	0.80~0.90	0.20~0.45	0.15~0.40	5.50~6.75	4.50~5.50	3.80~4.40	1.75~2.20	≤0.03	≤0.03
W18Cr4V	0.70~0.80	0.20~0.40	0.10~0.40	17.5~19.0	≤0.30	3.80~4.40	1.00~1.40	≤0.03	≤0.03

W6Mo5Cr4V2 钢的临界点：A_{c1}≈850~885 ℃，M_s≈180 ℃。

(2) 力学性能

高速钢具有高强度、高抗压性、高耐磨性和高热稳定性等特点，与 Cr12MoV 相比，W6Mo5Cr4V2 钢韧性、扭转性能和耐磨性能稍差，其他性能都优于 Cr12MoV 钢。表 4-11 所列为 Cr12MoV、W6Mo5Cr4V2 钢在硬度 61HRC 下的力学性能。

表 4-11　　　　Cr12MoV、W6Mo5Cr4V2 钢在硬度 61HRC 下的力学性能

钢号	抗弯强度 σ_{bb}/MPa	抗弯屈服强度 R_{eL}/MPa	抗压强度 R_{mc}/MPa	抗扭强度 τ_b/MPa	冲击韧度 a_K/(J·cm^{-2})
Cr12MoV	3 500	2 050	6 000	1 850	34
W6Mo5Cr4V2	4 500	3 660	6 000	1 740	21

(3) 工艺性能

① 锻造工艺：高速钢中含有大量的钨、钼、铬、钒等合金元素，铸造组织中含有大量莱氏体共晶碳化物，这种碳化物不能靠正常的热处理方法予以清除，即使采用高温长时间扩散退火，也难以改善碳化物的不均匀分布。钢厂供应的高速钢材，虽经轧制或锻造，破坏了粗大的莱氏体共晶，但碳化物的分布仍然不均匀，尤其是大截面钢材，碳化物往往呈现严重的带状及网状，降低了钢热处理后的基体硬度、强度和韧性。因此，用于制造模具的高速钢材，都要经过改锻，并通过反复镦粗和拔长来改善碳化物的分布。锻造比越大，碳化物分布越均匀，W6Mo5Cr4V2、W18Cr4V 钢的锻造工艺见表 4-12。

表 4-12　　　　W6Mo5Cr4V2、W18Cr4V 钢的锻造工艺　　　　℃

钢种		加热温度	始锻温度	终锻温度	冷却方式
W18Cr4V	钢锭	1 220~1 240	1 120~1 140	≥950	砂冷或堆冷
	钢坯	1 180~1 220	1 120~1 140	≥950	砂冷或堆冷
W6Mo5Cr4V2	钢锭	1 180~1 190	1 080~1 100	≥950	砂冷或堆冷
	钢坯	1 140~1 150	1 040~1 080	≥900	砂冷或堆冷

② 退火工艺：高速钢退火是为了降低硬度，以利于切削加工，也是为淬火做组织准备和消除锻造加工中产生的内应力。另外，返修模具如需重新淬火，为避免产生萘状断口，也必

须预先进行退火。高速钢退火温度不宜过高,否则不仅不能进一步降低钢的硬度,反而会增加氧化和脱碳倾向。W6Mo5Cr4V2 钢易氧化、脱碳,应采用装箱或在保护气氛下退火。

锻后退火:加热温度为 840~860 ℃,保温 2~4 h,缓慢冷却到 500 ℃以下出炉空冷或炉冷到室温,硬度≤285HBW。

锻后等温退火:加热温度为 840~860 ℃,保温 2~4 h;炉冷至 740~760 ℃,保温 4~6 h,在炉冷到 500 ℃以下出炉空冷,硬度≤255HBW。

③淬火工艺:W6Mo5Cr4V2 钢淬火工艺见表 4-13。

表 4-13　　　　　　　　　　W6Mo5Cr4V2 钢淬火工艺

类型	预热温度/℃	淬火温度/℃	冷却	硬度(HRC)
工具	800~850	1 200~1 240	油冷	62~64
冷作模具	800~850	1 150~1 200	油冷	62~64

④回火工艺:高速钢必须经过三次以上的回火,其原因主要因为前次回火冷却过程中残余奥氏体转变成"淬火"马氏体,必须经再次回火才能消除前次回火时产生的组织应力,经三次回火后残余奥氏体体积分数才降到 2%~3%,硬度达 64HRC 以上。

推荐回火规范:回火温度为 560 ℃,回火 3 次,硬度为 62~66HRC。与 W18Cr4V 钢一样,W6Mo5Cr4V2 钢也出现回火二次硬化现象,回火硬化峰值在 560 ℃左右。

(4)使用范围

W6Mo5Cr4V2 钢为钨钼系通用高速钢的代表,以 Mo 代替了部分 W,使铸态莱氏体得到细化,轧制后碳化物不均匀程度较轻,粒度也细,因此该钢具有碳化物细小均匀、韧性高、热塑性好等优点。由于资源与价格的关系,许多国家用 W6Mo5Cr4V2 钢代替 W18Cr4V 钢成为高速钢的主要钢号。W6Mo5Cr4V2 钢的韧性、耐磨性、热塑性均优于 W18Cr4V 钢,硬度、热硬性、高温硬度与 W18Cr4V 钢相当,因此 W6Mo5Cr4V2 钢除用于制造各种类型的普通工具外,还可以制作大型及热塑性成型刀具;由于强度高、耐磨性好,因而还可以制作高负荷下的耐磨损零件,如冷挤压模具,但必须适当降低淬火温度以满足强度及韧性的要求。W6Mo5Cr4V2 高速钢易于氧化脱碳,在热加工及热处理时应加以注意。

5. 基体钢 6Cr4W3Mo2VNb(65Nb)

(1)化学成分

65Nb 钢与 W6Mo5Cr4V2 钢淬火基体成分相比,碳、钨含量稍高,钼含量稍低,并加入少量的铌。这种合金化特点,既保证了该钢具有高速钢的强度、硬度和耐磨性,又具有较高韧性和抗疲劳强度,钢的工艺性能也得到极大改善。65Nb 钢的化学成分见表 4-14。

表 4-14　　　　　　　65Nb 钢的化学成分(摘自 GB/T 1299—2014)　　　　　　　%

元素	C	Si	Mn	Cr	Mo	W	V	Nb	P	S
质量分数	0.60~0.70	≤0.40	≤0.40	3.80~4.40	1.80~2.50	2.50~3.50	0.80~1.20	0.20~0.35	≤0.03	≤0.03

65Nb 钢的临界点:A_{c1}=810~830 ℃,A_{r1}≈740~760 ℃,M_s≈220 ℃。

(2)力学性能

65Nb 钢经不同温度淬火后的硬度、晶粒度和残余奥氏体量见表 4-15,回火后的力学性能见表 4-16。对表 4-15 和表 4-16 分析可知,随着淬火温度的升高,由于碳化物不断溶解,残余奥氏体随之增加,奥氏体晶粒缓缓长大,当淬火加热温度大于 1160 ℃时,才开始明显长大;65Nb 钢经不同温度淬火,在回火过程中均有二次硬化现象,其硬度峰值、抗弯强度峰值均出现在 520~540 ℃处;65Nb 钢淬火温度为 1 080~1 180 ℃,回火温度为 520~600 ℃,一般采用两次回火,由于淬火温度范围宽,选择不同的淬火温度可满足不同模具的强度和韧性要求。

表 4-15　　　　65Nb 钢经不同温度淬火后的硬度、晶粒度和残余奥氏体量

淬火温度/℃	1 060	1 080	1 100	1 120	1 140	1 160	1 180	1 200
硬度(HRC)	65.1	65.7	65.6	65.5	65.6	66.3	65.7	65
晶粒度/级	—	—	11~12	10~11	9~10	9~10	9	8
残余奥氏体量(体积分数)/%	—	11	11.3	11.5	12	14	15	27

表 4-16　　　　65Nb 钢回火后的力学性能

淬火温度/℃	力学性能	回火温度/℃									
		220	300	350	400	450	500	520	540	560	580	600
1 080	HRC	61.0	58.5	58.5	58.5	59.5	60.0	60.0	60.0	58.5	58.5	55.5
	$R_{p0.2c}$/MPa	2 712	—	—	2 306	—	—	2 584	—	—	—	—
	σ_{bb}/MPa	725	2 675	—	3 058	—	4 038	4 469	4 400	4 162	—	—
	f/mm	1.28	4.29	—	3.70	—	7.52	8.6	8.6	9.92	—	—
	a_K/(J·cm^{-2})	51	59	—	63	—	55	80	80	—	—	—
	K_{IC}/(MPa·mm$^{1/2}$)	—	—	—	—	—	810	—	—	—	—	—
1 120	HRC	60.8	59.3	59.3	59.3	59.9	61.4	62.3	62.2	60.4	60.5	58.0
	$R_{p0.2c}$/MPa	2 705	2 350	—	2 350	—	2 292	2 527	2 616	2 641	2 759	2 292
	σ_{bb}/MPa	765	1 705	2 518	3 480	3 264	3 862	4 645	4 420	4 224	4 067	3 920
	f/mm	0.8	1.68	2.82	5.65	4.25	4.90	7.85	7.07	9.31	1.88	10.25
	a_K/(J·cm^{-2})	65	56	75	70	70	75	85	98	98	112	121
	K_{IC}/(MPa·mm$^{1/2}$)	717	773	—	846	—	624	—	634	—	—	—
1 160	HRC	61.7	59.6	59.6	59.6	60.3	61.8	62.6	62.5	61.5	60.5	59.1
	$R_{p0.2c}$/MPa	2 708	2 704	—	—	2 371	—	—	2 616	—	—	—
	σ_{bb}/MPa	686	1 460	1 724	2 597	3 067	3 822	4 684	4 811	4 782	4 547	4 312
	f/mm	0.75	1.36	1.50	2.76	3.37	4.74	5.83	6.04	9.28	13.14	10.08
	a_K/(J·cm^{-2})	2.78	—	—	65	91	46	45	51	79	94	73
	K_{IC}/(MPa·mm$^{1/2}$)	—	—	—	—	—	55.79	—	—	—	—	—

65Nb 钢的室温力学性能见表 4-17,抗压屈服强度稍低于高速钢,但抗弯强度、韧性比高速钢高得多。

表 4-17　　　　　　　　　　　　　　65Nb 钢的室温力学性能

钢号	热处理工艺	抗弯强度 σ_{bb}/MPa	挠度 f/mm	冲击韧度 a_K/(J·cm^{-2})无缺口	硬度(HRC)	断裂韧性 K_{IC}/(MPa·mm$^{1/2}$)
65Nb	1 180 ℃淬油,540 ℃两次回火,每次 1 h	4 596	5.8	153	63	555
	1 120 ℃淬油,540 ℃两次回火,每次 1 h	4 615	7.97	—	62.2	663
	1 170 ℃淬油,540 ℃两次回火,每次 1 h	4 400	8.6	—	60.2	809
Cr12MoV	970 ℃淬油,200 ℃两次回火,每次 1 h	3 050	—	49	58.5	633
	1 030 ℃淬油,200 ℃两次回火,每次 1 h	2 616	—	47	61.6	672
W18Cr4V	1 260 ℃淬油,560 ℃三次回火,每次 1 h	2 822	1.8	24	65.5	474

（3）工艺性能

65Nb 钢的变形抗力较高铬钢、高速钢低,碳化物均匀性好,因而具有良好的锻造性能,但该钢的导热性较差,锻造时必须缓慢加热,锻造温度范围为 850～1 120 ℃,锻后缓冷。锻坯要及时退火,退火工艺为：加热 860 ℃,等温温度 730～740 ℃,退火硬度为 183～207HBW。由于该钢退火易软化,延长等温时间,硬度可降低至 180HBW 左右,这就为模具本身的冷挤压成形提供了条件,因此对 65Nb 钢模具可以采用冷挤压成形,这是 65Nb 钢的最大优点。

（4）应用范围

6Cr4W3Mo2VNb 曾用 65Cr4W3Mo2VNb 表示,简称 65Nb,是一种高韧性的冷作模具钢,由华中科技大学研制。65Nb 钢是以 W6Mo5Cr4V2 高速钢为母体,在其淬火基体成分的基础上适当增加碳含量,并加入适量铌合金的改型基体钢。它具有高速钢的高硬度和高强度等特点,又因无过剩的碳化物,所以比高速钢具有更高的韧性和疲劳强度。由于 65Nb 钢中加入适量铌,能起到细化晶粒的作用,并能提高韧性和改善工艺性能,因此可以用来制造各类冷作模具,适于制造复杂、大型或加工难变形金属的冷挤压模以及受冲击负荷较大的冷镦模,模具的使用寿命有明显提高。

> **拓展资料**
>
> 稀有金属在现代工业中发挥着重要作用,通过了解稀有金属的用处和重要性,坚定致力科技创新、提高技术水平的决心,从而实现绿色发展、可持续发展。更多内容请扫描二维码进行延伸阅读与学习。

延伸阅读

学习任务二　冷作模具材料的选用

任务引入

电子定子硅钢片冷冲裁模采用不同模具材料时,由于材料抵抗表面损伤的性能不同,模具的使用寿命不同,硬质合金冷冲裁模寿命可达 4 000 万件,T12 钢冷冲裁模寿命约为 20 万件,Cr12MoV 钢冷冲裁模寿命介于两者之间。

模具材料是影响模具质量、性能和使用寿命的关键因素,模具材料对模具工业的发展也是十分重要的一环,因此为适应模具工业发展应不断提高模具寿命,必须对模具材料进行合理选择。模具材料选择的主要根据:模具的尺寸大小、形状的复杂程度;模具被加工材料的特点、特性及生产批量;零件成型工艺及模具设计结构;模具使用性能及寿命要求。

任务分析

模具的失效大多数是由于模具表面损伤引起的,表面损伤是模具破坏的起源,模具材料抵抗表面损伤的性能指标直接影响着模具寿命。实际生产中,最常见的模具之一——冷冲裁模是在室温下分离冷轧钢板或有色金属板材,使各种板料冲切成形的冷作模具。从磨损机理上看,其主要失效形式为黏着磨损,同时也伴随磨粒磨损,使用时间过长也会产生疲劳磨损。因此,为了延缓冷冲裁模失效,提高冷冲裁模寿命,除了考虑模具设计因素和使用维修因素以外,应重点考虑选取耐磨性好的模具材料,并对模具材料进行合理的锻造和热处理工艺,采用表面渗氮、渗硼等表面强化技术,提高模具材料的强度和硬度以及耐磨性等性能指标。另外,凸模材料的耐磨性应选得比凹模材料的耐磨性要高。

相关知识

冷作模具钢是应用最广泛的冷作模具材料。除了传统的钢种外,近几年还引进、开发了很多新钢种,分类方法各异。按成分和性能可分为非合金工具钢、高碳低合金钢、高耐磨冷作模具钢、冷作模具用高速钢、基体钢、无磁模具钢、硬质合金及钢结硬质合金。常用的冷作模具钢见表 4-18。

表 4-18　　　　　　　　　　　常用的冷作模具钢

种类	钢号
非合金工具钢	T7A、T8A、T9A、T10A、T11A、T12A、T13A、T7、T8、T9、T10、T11、T12、T13
高碳低合金钢	9SiCr、9Mn2V、9CrWMn、CrWMn、6CrWMoV、GCr15、Cr2、60Si2Mn、8Cr2MnWMoVS、6CrNiMnSiMoV、Cr2Mn2SiWMoV、4CrW2Si、5CrW2Si、6CrW2Si、Cr06、8MnSi
高耐磨冷作模具钢	7Cr7Mo2V2Si、Cr12、Cr12MoV、Cr4W2MoV、Cr8MoWV3Si、9Cr6W3Mo2V2、Cr12Mo1V1、Cr12V、Cr12Mo、Cr5Mo1V
冷作模具用高速钢	W18Cr4V、W6Mo5Cr4V2、W9Mo3Cr4V、6W6Mo5Cr4V
基体钢	6Cr4W3Mo2VNb、5Cr4Mo3SiMnVAl
无磁模具钢	7Mn15Cr2Al3V2WMo
硬质合金及钢结硬质合金	YG 类、DT 合金

一、冷冲裁模具材料的选用

1. 薄板冷冲裁模具用钢

对于薄板冷冲裁模，国内长期以来主要用材有 T10A、CrWMn、9Mn2V、Cr12 及 Cr12MoV 钢等。其中 T10A 钢等非合金工具钢由于淬透性差、耐磨性低、热处理操作难度大、淬火变形、开裂难以控制等原因只适用于冲裁件总数较少、冲压件形状简单、尺寸小的模具。CrWMn 钢可用于冲压件总数多且形状复杂、尺寸较大的模具，但与 T10A 钢一样，耐磨性差，锻造控制不当时易产生网状碳化物，模具易崩刃，与其他合金模具钢比较，CrWMn 钢热处理变形较大。Cr12 及 Cr12MoV 钢耐磨性较高，性能较前几种钢好，但该类钢中碳化物不均匀，网状碳化物较严重，使用过程中易出现崩刃及断裂，因而使用寿命也并不高。为弥补老钢种的不足，近年来国内研制了多种新型钢种，主要有 6CrNiMnSiMoV（GD）、7Cr7Mo2V2Si（LD）、9Cr6W3Mo2V2（GM）等钢，使用效果显著。

2. 厚板冷冲裁模具用钢

厚板冷冲裁模刃口承受的剪切力大，摩擦发热严重，易磨损。凸模易产生崩刃、折断等。因此模具选材要求耐磨，并有强韧性。一般批量较小时，可选 T8A 钢，但该钢在淬火加热时，过热敏感性大，尤其在模具尖角部分容易过热，使用时易产生崩刃，所以用 T8A 钢制作模具寿命不高。对于批量较大的厚板冷冲裁模可选用 W18Cr4V 钢或 W6Mo5Cr4V2 钢制作凸模，用 Cr12MoV 钢制作凹模。这类钢耐磨性、抗压强度较好，基本能满足使用要求，但韧性较低，碳化物分布不均匀，使模具易断裂及崩刃，模具寿命也不理想。目前在一些企业已经使用了新钢种，如基体钢（LD、65Nb 等）、6CrNiMnSiMoV（GD）、6W6Mo5Cr4V、7CrSiMnMoN、马氏体时效钢（18Ni）等，使模具的寿命得到大幅度提高。

二、冷拉深模具材料的选用

选择冷拉深模具材料应根据制件的批量大小和模具的大小来考虑，同时也应考虑拉深材料的类别、厚度和变形率。对于小批量生产，可选用表面淬火钢或铸铁；对于轻载冷拉深模，宜选用非合金钢 T10A，高碳低合金钢 9Mn2V、CrWMn、GD，基体钢 65Nb 等；对于重载冷拉深模，可选用高耐磨冷作模具钢 Cr12、Cr12MoV、Cr12Mo1V1、Cr5Mo1V、GM、ER5 等。

三、冷挤压模具材料的选用

传统的冷挤压模具材料有非合金工具钢 T10A，高碳低合金钢 CrWMn、60Si2Mn，高耐磨冷作模具钢 Cr12、Cr12MoV，冷作模具用高速钢 W18Cr4V、W6Mo5Cr4V 等。这些材料在使用过程中都发现凸模易折断，凹模易胀裂，模具的使用寿命不高。这表明了模具材料的强韧性较差。新型模具钢如冷作模具用高速钢 6W6Mo5Cr4V1，高耐磨冷作模具钢 LD，基体钢 65Nb、012Al、LM2、GD，硬质合金和钢结硬质合金等可大大提高强韧性，提高模具的使用寿命。

四、冷镦模具材料的选用

冷镦模工作时,凸模必须承受强烈的冲击力,其最大压应力可达到 2 500 MPa,一般非合金工具钢或低合金工具钢是不能承受的,必须采用高强韧性合金工具钢制造。对模具寿命要求不高或轻载的冷镦凸模可采用 9SiCr、T10A、Cr12MoV、GCr15、60Si2Mn 等钢制造,凹模可采用 T10A、Cr12MoV、GCr15 等钢制造;对于重载、高寿命冷镦模,应采用高强韧、高耐磨性新型模具钢,如 012Al、65Nb、LD、LM、18Ni、GM、6W6Mo5Cr4V 等钢。这类钢强韧性很高,耐磨性稍次,经过表面强化处理就可以明显提高模具的耐磨性。

学习任务三 冷作模具制造工艺

任务引入

用 Cr12MoV 钢制作的硅钢片冷冲裁模,其设计硬度为 58～62HRC,正常的使用寿命为 20 万件/模以上。

该模具的制造工艺路线:下料—锻造—球化退火—机械加工—淬火＋低温回火—平磨—线切割加工—成形组装。

其中锻造工艺:始锻温度为 1 000～1 100 ℃,终锻温度为 800～850 ℃;锻造方法:多向反复镦粗—拔长—镦粗。

Cr12MoV 钢的球化退火工艺曲线如图 4-11 所示。

Cr12MoV 钢的淬火和回火工艺曲线如图 4-12 所示。

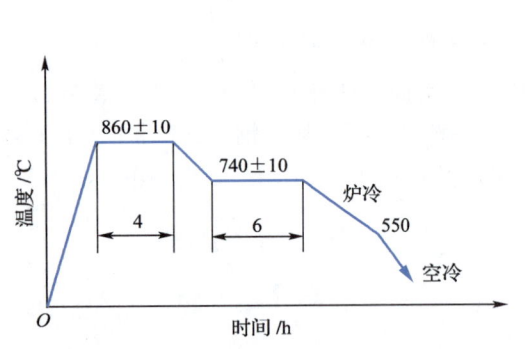

图 4-11　Cr12MoV 钢的球化退火工艺曲线

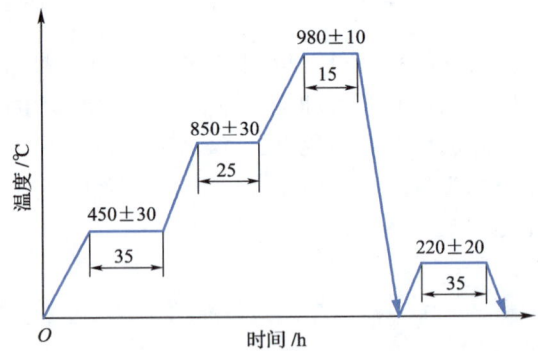

图 4-12　Cr12MoV 钢的淬火和回火工艺曲线

任务分析

(1)材料选择:Cr12MoV 钢属于高耐磨微变形冷作模具钢,其特点是具有高的耐磨性、淬透性、微变形、高热稳定性、高抗弯强度,仅次于高速钢,是冷冲裁模、冷镦模等冷作模具的重要材料。

(2)锻造工艺:Cr12MoV 钢属于高碳高铬钢,其特点是升温速度慢,锻造温度范围窄,一般始锻温度为 1 050~1 100 ℃,终锻温度为 840~880 ℃。在锻造方法上,对于 Cr12MoV 这样的高碳高铬钢,一般应采用变向锻造法,即多向反复镦粗—拔长—镦粗,而且要严格按照正确的锻造操作规程进行,以使材料组织中粗大的条状和块状碳化物充分破碎,消除带状组织的存在,以获得均匀的显微组织和力学性能。

(3)热处理工艺:Cr12MoV 钢热导性较差,因而在淬火加热时需要根据模具的尺寸大小、复杂程度进行两次以上的预热,以减小模具内外的温差,降低材料的内应力;有效地改善碳化物的分布形态,为淬火时组织和性能的最佳配合创造先决条件,有效地提高模具使用寿命。适当提高回火温度,可保证模具在硬度降低不多的情况下获得较好的韧性,减小模具的内应力,均匀热处理后的显微组织,获得所需的力学性能。

相关知识

模具是批量生产各种机电设备与家电产品零件必备的基础工艺装备,是进行少、无切削加工的主要工具。模具制造水平的高低,直接影响到产品质量、产量、成本及产品更新换代的周期,直接关系到企业产品结构调整速度和市场竞争力的强弱。生产要发展,模具走在前;产品要投产,模具是关键。因此,模具及制造工艺水平在国民经济发展中占据十分重要的位置,具有重大的经济意义。

一、模具工作零件

通常所说的制模工艺,实际上就是模具主要工作零件的加工制造方法。尽管模具的类型、品种繁杂,但其主要工作零件可概括归纳为如下两大类:

(1)刃口类工作零件,主要用于原材料和半成品(包括线、杆、管、板、条、带料和各种断面形状的型材及半成品)的剪断、裁切、剖切、切口(槽)、冲孔、落料等分离作业所用模具的凸、凹模。

(2)型腔类工作零件,主要用于各种粉、液、固态材料经模腔施压变形而获得各种复杂形状工件之型腔模(亦称成型模)的主要工作零件,即锻模、压铸模、金属模、蜡模、塑料模(含注射模、吹塑模、塑压模)、体积冲压用冷挤压模、冷锻模、凸肚胀形模、拉拔模、玻璃模、橡胶模、粉末冶金模等模具带模腔的工作零件。

多数模具除上述主要工作零件外,其余零部件都属于可事先成批预制或可在市场上购得的标准件。当然,有的标准件和半标准件还需根据模具结构或装配的需要,进行少许加工。

二、模具制造工艺

模具制造工艺不仅决定了模具的制造质量和模压制件精度与表面质量、模具寿命、制模周期,更重要的是还决定着模具的制造成本,因而历来为人们所关注。常用冷作模具的制造工艺路线如下:

(1)一般成形冷作模具:锻造—球化退火—机械加工成形—淬火与回火—钳修装配。

(2)成形磨削及电加工冷作模具:锻造—球化退火—机械粗加工—淬火与回火—精加工成形(凸模成形磨削,凹模电加工)—钳修装配。

(3)复杂冷作模具:锻造—球化退火—机械粗加工—高温回火或调质—机械加工成形—钳修装配。

由上述工艺路线可知,模具在制造过程中,为改善切削加工性能及获得最终的综合机械性能,一般都要经过预先热处理和最终热处理。机械加工前的热处理称为第一热处理或预备热处理。机械加工后,为达到模具的使用性能要求,需要进行热处理,称为最终热处理或第二热处理。在生产中,热处理工艺的安排是根据模具的材料和技术要求而定的,同时对模具的最终机械性能起着决定性的作用。因此,合理安排热处理工序对降低产品成本、减少废品、提高模具质量尤为重要。

热处理工序在安排上应注意以下几点:

(1)对于位置公差和尺寸公差要求严格的模具,为减少热处理变形,常在机械加工之后安排高温回火或调质处理。

(2)对于线切割加工模具,由于线切割加工破坏了淬硬层,增加淬硬层脆性和变形、开裂的危险性,因而线切割加工之前的淬火和回火,常采用分级淬火或多次回火和高温回火,以使淬火应力处于最低状态,避免模具线切割时变形、开裂。

(3)对于线切割加工后的模具,应及时进行再回火,回火温度不高于淬火后的回火温度,这样是为了稳定模具尺寸,并使表层组织有所改善。

总之,模具制造工艺路线应根据材质及使用性能,选择合理的热处理工艺方案,并根据模具具体情况在工艺路线中合理安排。但这也不是一成不变的,对于同一材质的不同模具,又可采用不同的热处理方法、不同的工艺路线,因而获得的组织及机械性能也不相同。在生产中应针对满足模具的要求适当安排,这样才能获得最大的经济效益。

学习任务四　冷作模具材料的热处理

任务引入

不锈钢表壳形状较复杂,其材料为0Cr18Ni9。原来用于表壳冷挤压成形的凸、凹模均采用W18Cr4V钢,但挤压300件左右就会在凸模表带销成形部位根部产生裂纹,模具的其他部位无明显磨损现象。对裂纹处进行断面分析,没有发现原始裂纹存在,钢的碳化物不均匀性级别小于3级,晶粒度为10级,硬度为63HRC。分析结果表明,钢材质量没有问题,而是W18Cr4V钢的抗弯强度、韧性不能满足工作要求而使模具产生裂纹。要解决这个问题,可从两方面考虑,即修改模具结构或选用强韧性更高的钢来制作凸模。但是修改模具结构会给挤压后的表壳加工带来很大困难,因此应选用高强韧性钢来制作凸模,而保留原模具结构。

任务分析

高强韧性钢 6W6Mo5Cr4V 与 7Cr7Mo2V2Si 的抗弯强度都可达 5 000 MPa 以上,高于 W18Cr4 钢。但在此强度下 7Cr7Mo2V2Si 钢的冲击韧度值比 6W6Mo5Cr4V 钢高出近一倍,因此选用 7Cr7Mo2V2Si 钢制作凸模。凸模毛坯尺寸为 45 mm×50 mm×80 mm,采用 φ50 mm 棒料下料,反复镦拔三次,要求成品毛坯的钢材流线方向与凸模长轴方向垂直,与尺寸 50 mm 方向平行,以保证凸模在工作状态时具有更高的强韧性。锻造加热过程要缓慢,保证充分烧透,始锻温度为 1120 ℃,终锻温度为 850 ℃,锻后砂冷。

7Cr7Mo2V2Si 钢凸模锻后退火工艺曲线如图 4-13 所示,淬火、回火工艺曲线如图 4-14 所示。

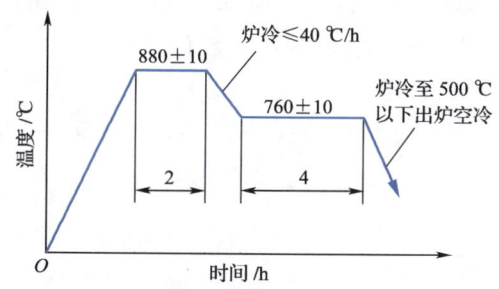

图 4-13 7Cr7Mo2V2Si 钢凸模锻后退火工艺曲线

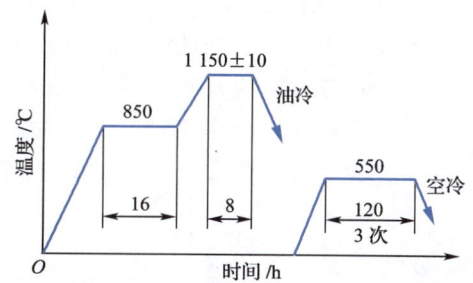

图 4-14 7Cr7Mo2V2Si 钢凸模淬火、回火工艺曲线

7Cr7Mo2V2Si 钢制造的表壳冷挤压凸模,使用寿命可超过 $1.5×10^4$ 件。由于模具能承受特别强的载荷,克服了不锈钢的强度较高和对加工硬化敏感的问题,因而使挤压件轮廓清晰,可获得较理想的形状精度,简化了挤压后的切削加工,使表壳的总加工费用明显降低。

相关知识

在加工模具时,应该根据模具制作过程、模具的材料和模具的使用性能及图样技术要求,通过选择不同的预先热处理及最终热处理工艺来满足模具的强度、硬度和韧性等要求,以提高模具的使用寿命。从生产的实践来看,不同用途的模具应安排不同的工艺路线及相应的热处理工艺方法;但这也不是一成不变的。对于同一材质的不同模具,采用不同的热处理方法和不同的工艺路线,获得的组织及力学性能也不相同。因此,合理地安排热处理工艺对改善模具组织结构、提高金属切削加工性能、增加工件的使用寿命尤为重要。

一、模具材料热处理综述

(1)冷作模具钢含合金元素量多且品种多,合金化较复杂。钢的导热性差,而奥氏体化温度又高,因此加热过程宜缓慢,多采用预热或阶梯式升温。

(2)为保护钢的表面质量,加热介质应予重视,所以气氛炉、真空炉等加热设备非常重视对加热介质的净化,盐浴加热应充分净化。

模具钢经真空热处理后有良好的表面状态,变形小。与大气下的淬火比较,真空油淬后模具表面硬化比较均匀,而且略高一些。主要原因是真空加热时,模具钢表面呈活性状态,不脱碳,不产生阻碍冷却的氧化膜。在真空下加热,钢的表面有脱气效果,因而具有较高的力学性能,炉内真空度越高,抗弯强度越高。真空淬火后,钢的断裂韧性有所提高,模具寿命比常规工艺普遍提高 40%～400%,甚至更高。冷作模具材料真空淬火技术已得到较广泛的使用。

(3)在达到淬火目的的前提下,应采用较缓和的冷却方式。等温淬火、分级淬火、高压气淬、空冷淬火等是优先选用的方法。

(4)为了进一步强化,采用冷处理、渗氮等表面处理方式有显著效果。

近年来的研究表明,模具钢经深冷处理(-196 ℃),可以提高其力学性能,一些模具经深冷处理后显著提高了使用寿命。模具钢的深冷可以在淬火和回火工序之间进行,也可在淬火、回火之后进行深冷处理。如果在淬火、回火后钢中仍保留有残余奥氏体,则在深冷处理后仍需要再进行一次回火。深冷处理能提高钢的耐磨性和抗回火稳定性。深冷处理不仅用于冷作模具钢,也可用于硬质合金。深冷处理技术已越来越受到模具热处理工作者的关注,已开发出专用深冷处理设备。冷处理主要用于冷作模具材料的精密零件。

(5)盐浴处理后应及时清理,工序间的防护工作很重要。

(6)冷作模具钢价格昂贵,冷作模具零件加工复杂,周期长,制造成本高,不宜返修。因此,其工艺制定和操作应十分慎重,避免质量事故,以保证生产全过程的安全。

二、冷冲裁模的热处理

1. 冷冲裁模的性能要求

冷冲裁模主要用于各种板材的冲切及成型。冷冲裁模的工作零件是凸模及凹模,模具的工作部位是凸、凹模的刃口,刃口工作时受到压力及摩擦力的作用。因此,对薄板冷冲裁模具用钢要求具有高的耐磨性,而对厚板冷冲裁模具用钢除要求具有高的耐磨性、抗压屈服强度外,为防止模具崩刃或断裂,还应具有高的强韧性。

2. 冷冲裁模的热处理特点

(1)薄板冷冲裁模的热处理特点

薄板冷冲裁模应具有高的精度和耐磨性,因此在工艺上应保证模具热处理变形小、不开裂和高硬度。通常根据模具材料类型的不同采用不同的减少变形的热处理方法。典型薄板冷冲裁模的热处理工艺参考表 4-19。

表 4-19　　　　　　　　　典型薄板冷冲裁模的热处理工艺

钢材及特点	热处理工艺	
	名称	具体做法
非合金工具钢 T10A,T8A:淬透性差,耐磨性低,热处理操作难度大,淬火变形、开裂难以控制	双液淬火工艺	T10A:淬火温度为 770～810 ℃,预冷时间为 3 s/mm,质量分数为 5%～10% 的 NaCl 水溶液 0.3 s/mm,100～120 ℃ 油冷,硬度随回火温度不同而不同
	碱浴淬火工艺	T10A:830 ℃ 加热预冷,170 ℃ 碱浴冷却 1 min 后油冷,硬度为 63～64HRC
	碱水-硝盐复合淬火工艺	T8A:780～800 ℃ 加热,在质量分数为 10% 的 NaOH 水溶液中冷却 8 s,170 ℃ 硝盐中保温 7 min,硬度为 59～62HRC(刃口部分)

续表

钢材及特点	热处理工艺	
	名称	具体做法
高碳低合金钢 9Mn2V、CrWMn、9CrWMn 等：淬火工艺易操作，淬裂和变形敏感性小，淬透性高，淬火型腔易涨大，尖角处易开裂	低温淬火工艺	CrWMn：淬火温度为 790～810 ℃；9Mn2V：淬火温度为 750～770 ℃
	恒温预冷工艺	CrWMn：820 ℃ 加热保温后，转入 700～720 ℃ 炉中保温 30 min 后油冷，硬度为 59～63HRC，160～180 ℃ 回火
	快速加热分级淬火工艺	CrWMn：980 ℃ 快速加热后，立即投入 100 ℃ 热油中冷却 30 min 后空冷，400 ℃ 回火，硬度为 55～58HRC
	热油等温淬火	9Mn2V：790～800 ℃ 加热，130～140 ℃ 热油等温 30 min，160～170 ℃ 回火 2 h
	冷油-硝盐复合淬火	CrWMn：650 ℃ 预热，800 ℃ 加热后放入 180 ℃ 硝盐里冷却 13 s，再放入油中冷却，200 ℃ 回火
	硝盐淬火	(1) 马氏体分级淬火(140～180 ℃ 硝盐) (2) 马氏体等温淬火(140～160 ℃ 硝盐) (3) 贝氏体等温淬火(200～260 ℃ 硝盐)

(2) 厚板冷冲裁模的热处理特点

由厚板冷冲裁模失效分析表明，崩刃、折断往往是厚板冷冲裁模最早出现的失效形式。那么厚板冷冲裁模热处理的出发点就应该是保证模具有较高的强韧性和耐磨性。从热处理的角度提高强韧性主要是通过细化奥氏体晶粒，细化碳化物，获得板条马氏体，下贝氏体及复相组织，合理选择回火工艺。在生产中制定热处理工艺时可参考如下方法：

① 高碳钢低温、短时、快速加热工艺：低碳板条状马氏体有较好的强韧性，如果能在热处理中获得较多的板条状马氏体会显著提高模具的断裂抗力。例如 T8 钢制作的冷冲裁模，用图 4-15 所示的热处理新工艺可以获得更多的板条状马氏体，使模具断裂抗力得到提高，可减少模具的崩刃现象。

② 等温淬火工艺：这种工艺的目的是减少变形。

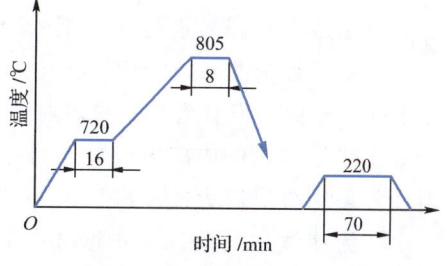

图 4-15　T8 钢热处理新工艺

通过等温淬火后获得的组织为下贝氏体，它代替了普通淬火的片状马氏体，因而有较好的强韧性，例如用 Cr12MoV 钢制作模具，最初采用 1 000 ℃ 加热油冷，220 ℃ 回火，再普通淬火，凸模崩刃失效。后改为 1 000 ℃ 加热、260 ℃ 等温 155 min、220 ℃ 回火，模具寿命得到提高。

③ 利用多次相变重结晶，促使奥氏体晶粒细化：近年来运用于冷作模具钢的细化晶粒预处理，以提高钢的屈服强度及耐磨性。例如用 T8 钢制作的冷冲裁模，一批模具按常规热处理，一批模具先进行晶粒碎化处理，然后进行常规热处理，硬度均为 58～60HRC，结果先进行晶粒破碎处理的模具寿命可提高 2～3 倍。

④ 细化碳化物处理：将钢加热到超过 A_{ccm} 点的高温，使二次碳化物充分固溶后，进行淬火及高温回火，使碳化物弥散析出，得到微细碳化物。然后再进行低温淬火及回火，可获得

细小的马氏体组织和微细的碳化物颗粒。用量较大的 Cr12MoV 钢通过循环加热工艺同样可以细化晶粒,改善碳化物分布及形状,以达到提高强韧性及耐磨性的目的。

多数冷作模具钢为提高强韧性,耐磨性都要受一定影响,用于冷冲裁模表面强化处理的方法有碳氮共渗、渗硼处理、TD 法处理、化学气相沉积处理、化学沉积镍磷合金工艺、模具表面电火花强化处理、表面喷涂等。

(3) 线切割加工影响模具的热处理

冷冲裁模的加工工艺、工作条件、失效形式、性能要求不同,其热处理特点也不同。对有线切割加工的模具,线切割工序安排在淬火和回火之后,因为它破坏了工件热处理后的应力状态,并在表层产生了 600~900 MPa 的拉应力,造成了局部应力的叠加,导致在线切割加工过程中的变形和开裂。这种变形和开裂既和被切割工件的尺寸大小有关,又和被切除部分的体积有关。这是因为尺寸越大,内应力就越大;切去部位越多,造成内应力的局部叠加的概率越大,变形和开裂的可能性越大。对于成形后不再经机械加工而直接淬火的冷冲裁模热处理应注意以下几点:

① 热处理变形要小。热处理变形会使冲裁间隙发生变化,既会影响冲裁力,又会使制件质量受影响。另外还会造成用以连接和固定凹模的定位销钉孔孔距发生变化,使其不易和垫板、托座正确连接,势必影响模具的装配和精度。

② 表面不允许有脱碳层或强渗碳层。模具刃口的脱碳,会使表面硬度降低,易产生磨损;如果表面有大量的增碳,会引起脆性加大,增加模具在使用中出现崩刃、碎裂的可能性。

③ 在热处理时通常采用下限淬火温度加热。这既可减少马氏体的比容变化引起的变形,又能保证获得细小的晶粒,提高其韧性。

④ 为提高冷冲裁模的使用寿命,常采用周期回火,这可减小冲裁工艺形成的拉应力。

对于成形后需要进行线切割的冷冲裁模,热处理时应注意以下几点:

① 要求淬透性高,淬硬层深。由于模具表面和心部冷却速度不同,模具表面和心部的硬度也不同。要保证模具型腔在线切割后具有高硬度,必须在淬火时保证工件有足够的淬硬层。

② 热处理后的内应力应处于最小状态。内应力越小,线切割变形和开裂的可能性越小。因而常采用分级淬火或多次回火和高温回火的方法。

③ 为使线切割模具尺寸相对稳定,并使表层组织有所改善,工件经线切割后必须及时进行再回火,回火温度不高于淬火后的回火温度。

三、冷拉深模的热处理

1. 冷拉深模的性能要求

在冷拉深时,冲击力很小,主要要求模具具有高的强度和耐磨性,在工作时不发生黏附和划伤,具有一定韧性及较好的切削加工性能,并要求热处理时模具变形小。对模具用钢的强度要求可以根据被拉深材料的强度和板材的厚度来决定,拉深件批量的大小及形状也应予以考虑。

2. 冷拉深模的热处理特点

为了保证冷拉深模的性能要求,在制定和实施热处理工艺时主要注意以下几点:

(1)避免模具表面产生氧化脱碳。在冷拉深模成形淬火过程中,往往会产生表面脱碳或形成托氏体组织造成软点,使模具的表面硬度和耐磨性显著降低,在使用中拉毛。因此,在热处理过程中应防止表面脱碳和软点,同时也应防止磨削引起的二次回火,使表面硬度降低。

(2)避免模具表面产生硬化接点。有些模具钢如 T10、CrWMn,经淬火后表面硬度较高,但因其所含高硬度的合金碳化物较少,耐磨性不够高,在较大的表面压力下由于被加工材料的流动与模具型腔表面硬的微凸体尖峰剧烈摩擦,形成了加工硬化接点,加剧了相互摩擦,引起金属材料和型腔表面的咬合。为防止这种咬合和损耗,可采用渗氮和镀硬铬的方法,使模具表面形成均匀致密的强化层,这种强化层能起到减少磨损和提高表面硬度的作用。

(3)对被拉深材料进行良好的润滑。在拉深过程中对模具及被拉深材料加以良好的润滑,并对被拉深材料进行退火,可以使模具的拉毛和黏附情况得到改善。对有多道拉深工序的制品,因塑性变形引起加工硬化,需要进行工序间退火。

(4)典型冷拉深模的热处理工艺见表 4-20。

表 4-20 典型冷拉深模的热处理工艺

钢号	工艺
Cr12MoV	(1)1 030 ℃淬火+200 ℃硝盐分级淬火 5～8 min+160～180 ℃回火 3 h,硬度为 62～64HRC (2)1 050～1 080 ℃油淬+500 ℃×2 h 回火 3 次+450～480 ℃离子渗氮
7CrSiMnMoV	890 ℃油淬+200 ℃回火 2 h,硬度 60～62HRC

四、冷挤压模的热处理

1. 冷挤压模的性能要求

冷挤压时,金属在三向不均匀的压力下产生塑性变形。由于模具承受很大的单位压力,所以金属的流动速度又快又剧烈。这就需要模具不但具有很高的强度和耐磨性,能承受住反复作用的高压力而不发生破坏,而且模具还应该具备抵抗微小塑性变形的能力,才能保证模具在高压下工作时不变形。此外,金属变形过程中会产生热效应,使工件和模具的温度升高,有时模具温度可达 200 ℃以上,因此还需要模具具有较高的回火稳定性。

2. 冷挤压模的热处理特点

为了能满足冷挤压模的性能要求,在制定和实施热处理工艺时应注意以下几点:

(1)避免材料碳化物偏析。因为碳化物是脆性相,它们的不均匀分布会增加钢的脆性,而且这种缺陷不可能用提高淬火加热温度的方法来解决,因此事先必须对钢材进行评级,不合要求的应予以改锻。目的就是破碎、细化和重新分布原有的带状和网状碳化物,以便在模具的工作部分获得均匀分布的细颗粒的金相组织。如 Cr12 钢碳化物粗大时,横向比纵向强度低 30%～40%,塑性低 50%～70%。

(2)采用常用规范的下限温度淬火。采用常用规范的下限或比下限温度还要低的温度进行淬火,来获得尺寸细小的马氏体,再经回火就可以得到高的强韧性。这对于要求具有高强韧性且磨损又不是主要失效形式的冷挤压模是十分有益的。

(3)控制一定的残余奥氏体量。高碳高合金钢制作冷挤压模,淬火后残余奥氏体量较多,一般要采用较长时间的回火或多次回火,以便控制和稳定残余奥氏体量,消除应力,提高韧性,稳定尺寸。

(4)采用等温淬火方法。对于以脆性破坏(折断、劈裂或脱帽)为主、韧性不足的冷挤压模常采用等温淬火工艺,其等温温度常在 $M_s+20\sim50$ ℃范围内,经等温淬火后再采用二次回火以减少内应力和脆性,促使残余奥氏体转变为回火马氏体。

(5)应用表面强化处理。为获得高的表面硬度和表面残余压应力,冷挤压模常采用表面渗氮、氮碳共渗、镀硬铬和渗硼等工艺。例如,Cr12MoV 冷挤压凹模经 990 ℃盐浴渗硼后,使用寿命可提高数倍。又如,活塞销冷挤压凸模采用 W6Mo5Cr4V2 钢制造,经气体氮碳共渗后寿命提高两倍以上。其主要原因是采用表面强化处理后增加了模具的耐磨性,而且会提高抗咬合能力,改善了表面应力状态。

(6)在使用过程中进行低温去应力回火。冷挤压模在使用一段时间后常将模具的成形部位再进行回火,其主要目的是消除使用过程中产生的应力,消除由于挤压载荷交变作用引起的内应力集中和疲劳。

典型冷挤压模热处理工艺见表 4-21。

表 4-21　　　　　　　　典型冷挤压模热处理工艺

钢号	工艺
Cr12MoV	1 020～1 030 ℃加热,200～220 ℃硝盐分级淬火+160～180 ℃×2 h 回火 3 次,硬度为 62～64HRC
W6Mo5Cr4V2	凸模:1 240 ℃加热,300 ℃分级淬火+500 ℃×2 h 回火 2 次 凹模:1 180 ℃加热,300 ℃分级淬火+500 ℃×2 h 回火 2 次
LD	凸模:850 ℃加热,1 120～1 150 ℃油淬,560 ℃×1 h 回火 3 次空冷,硬度为 60～62HRC
65Nb	凹模:840 ℃预热,1 100～1 180 ℃油淬+520～580 ℃×2 h 回火 2 次

五、冷镦模的热处理

1. 冷镦模具的性能要求

冷镦压是指金属毛坯在室温下受冲击压力后高度方向尺寸减小,而垂直于压力方向的横截面面积尺寸增大的成形方法。因此要求冷镦模具有高硬度、高强度、高耐磨性和足够的韧性。为保证冷镦模具有较好的强度和韧性,冷镦凹模的表层应有 1.5 mm 以上的硬化层,硬度为 58～62HRC,而心部只需硬度较低、韧性较好的索氏体组织即可,不能将整个截面都淬硬。

2. 冷镦模具的热处理特点

为了能满足冷镦模具的性能要求,冷镦模的热处理有如下特点:

(1)采用喷水淬火方法。如果将非合金工具钢制造的冷镦凹模整体加热后整体淬火,由于冷镦模型腔内部冷却速度较慢、淬硬条件差,易造成型腔部位硬度偏低,并且整体硬化后韧性较差,无法承受冷镦时巨大的冲击力,使之过早开裂。而采用喷水淬火法,韧性高,硬度均匀,硬化层沿凹模型腔轮廓均匀分布,这样可以避免过早开裂。

(2)回火要充分。冷镦模承受周期性的强大冲击力作用,会加速内应力的产生和集中,若模具内应力未充分释放,应力的过分集中会造成破坏。该类模具回火必须充分,应在 2 h以上,并进行多次回火,使内应力全部释放出来,整体淬火的合金钢模具更需如此。

(3)采用快速加热工艺减少冷镦模的淬火变形。通常快速加热的温度比正常淬火温度高 100~150 ℃,盐浴淬火加热时间为 3~4 s/min。快速加热可以获得细小的奥氏体晶粒,不仅能减少淬火变形,而且可以提高模具的韧性。

（4）采用表面处理。为了提高冷镦模的耐磨性和抗咬合性,冷镦模通常进行渗硼。通过渗硼,模具表面形成硬度高达 1 100HV 以上的硼化层,模具基体也得到强化,模具寿命大幅提高。

典型冷镦模的热处理工艺见表 4-22。

表 4-22　　　　　　　　典型冷镦模的热处理工艺

钢号	热处理工艺
T10A	(1)快速加热淬火工艺:快速加热温度为 960~980 ℃,喷水淬火形成薄壳硬化状态 (2)粗加工后进行完全退火,840 ℃加热保温 3 h 后炉冷至 500 ℃出炉空冷。最终热处理为 830~850 ℃加热后水淬油冷 200 ℃回火,硬度为 60~62HRC (3)两段回火工艺:将原 240 ℃×2 h 回火改为 200 ℃×1 h 回火,260 ℃×1 h 回火,使用寿命可提高 50%~100%
60Si2Mn	等温淬火工艺:870 ℃加热保温后,250 ℃等温淬火 250 ℃回火,硬度为 55~57HRC
Cr12MoV	(1)优化回火工艺,改 170 ℃×3 h 回火为 220 ℃×3~4 h 回火,硬度为 59~61HRC (2)中温淬火、中温回火工艺:1 020~1 040 ℃淬火,400 ℃回火,硬度为 54~57HRC
W6Mo5Cr4V2	低温淬火工艺:1 160 ℃淬火,300 ℃回火
6Cr4W3Mo2VNb	(1)1 120 ℃油淬+560 ℃×2 h 回火 (2)1 120 ℃油淬+550 ℃×1 h 回火+580 ℃×1.5 h 回火

思考题

1. 简述冷作模具的工作条件与性能要求。
2. 冷作模具钢应具备哪些特性？
3. 冷作模具是如何选材的？
4. 什么是基体钢？有哪些典型钢种？与高速钢相比,其成分、性能特点有什么不同？应用场合如何？
5. 从工艺性能和承载能力角度判断下列钢号哪些属于冷作模具钢:W6Mo5Cr4V2、Cr4W2MoV、Cr12Mo1V1、5CrW2Si、6CrNiSiMnMoV、7CrSiMnMoV、7Cr7Mo2V2Si、9Cr18、9Cr6W3Mo2V2、GCr15。
6. 冷冲裁模的热处理基本要求有哪些？其热处理工艺有哪些特点？
7. 冷拉深模的基本性能要求有哪些？如何预防冷拉深模的拉毛磨损和黏附？
8. 试述冷作模具的热处理特点。

课题五
热作模具材料

学习目标

1. 掌握热作模具的工作条件和性能要求。
2. 学会选用热锻模具钢并能根据热锻模具工作条件及性能制定热锻模具钢热处理工艺。
3. 学会选用热挤压模具钢并能根据热挤压模具工作条件及性能制定热挤压模具钢热处理工艺。
4. 掌握模具的表面处理技术。
5. 学会选用压铸模具钢并能根据压铸模具工作条件及性能制定压铸模具钢热处理工艺。
6. 了解特殊用途模具钢及其热处理。

学习任务一 制定热锻模具热处理工艺

任务引入

5CrMnMo 钢制锤锻模,外形尺寸为 350 mm×350 mm×250 mm,能够锻造 40Cr 毛坯 8 000 件以上,试制定热处理工艺。

任务分析

锤锻模工作环境比较恶劣,服役中要受到高温、高压、高冲击载荷的作用。模具型腔时刻与 1 000 ℃左右的锻坯产生强烈的摩擦,使模具本身温度高达 400~600 ℃;锻件取出后还要用水、油或压缩空气进行冷却,如此反复加热冷却,使模具表面产生较大的应力。锤锻模的主要失效形式是在交变热应力的作用下,模具表面产生网状或放射性的热疲劳裂纹,以及型腔产生严重偏载或磨损、工艺性裂纹,导致模具开裂。因此,锤锻模应具有较高的高温强度和韧性、良好的耐磨性和耐疲劳性。

锤锻模热处理工艺操作技术如下:

(1) 硬度要求

1~2 t 锤锻模为 43~47HRC,3~5 t 锤锻模为 37~43HRC,10 t 锤锻模为 37~40HRC。

(2) 淬火前的准备

装炉加热前,首先检查模具的型腔中,有无加工留下的刀痕,尤其是型腔的尖角部位。刀痕在热处理及使用中会发生很大的应力集中,易诱发裂纹源,一旦发现应设法清除。

为防止热处理加热时产生氧化脱碳,可采取真空淬火或保护气氛加热,在空气炉中加热,应涂覆抗氧化脱碳涂料保护。模具型腔中的尖角及厚薄变化悬殊处,应填上石棉,以减小加热和冷却时的温差。

(3) 淬火

锤锻模尺寸较大,在淬火加热时,应注意加热速度不宜太快,以防产生较大的内应力,导致模具开裂。因此,模具加热时,至少需经一次以上的预热。

① 加热温度的确定:随着技术进步和模具工业的发展,加热温度有升高趋势,由传统的 850 ℃ 提高到 880~900 ℃。

② 加热时间的确定:模具在箱式炉中加热时,应将装箱的厚度计算在内,作为工件计算厚度的一部分。在实际生产中,常以仪表达到温度时开始计算保温时间,模具装箱应选加热系数的上限,不装箱可取下限。箱式炉加热系数一般取 2~3 min/mm,盐浴炉取 0.8~1.0 min/mm。总的原则是加热时间尽量长些,以使钢充分奥氏体化。这对提高钢的耐回火性及抗疲劳能力有益。

③ 淬火冷却:5CrMnMo 钢锤锻模淬火冷却剂主要有油和盐浴。淬入硝盐等盐浴并不难,难的是在油中的冷却时间,出油过早或过迟均易产生热处理裂纹。在油中冷却时间过长,模具吊出油槽几乎不冒白烟;在油中冷却不足,出油后马上起火,致使淬火后硬度偏低。生产中常以厚度多少来估算在油中的冷却时间,计算方法很多,不能一概而论,要视模具生产的全过程综合考虑。

(4) 回火

模具回火一方面是为了降低淬火的内应力,另一方面是为了通过回火达到理想的金相组织和要求硬度。锤锻模回火规范见表 5-1。

表 5-1   锤锻模回火规范

锤锻模质量/t	型腔硬度(HRC)	回火温度/℃	保温时间/h	回火后冷却方式	去应力回火工艺
1~2	43~47	470~480	1.5~2	空冷	150~200 ℃×4 h
3~5	39~43	490~510	2~2.5	油冷	200~220 ℃×4 h
10	37~40	540~560	3~4	油冷	200~220 ℃×4 h

5CrMnMo 钢制锤锻模,外形尺寸为 350 mm×350 mm×250 mm。具体热处理工

为：910 ℃加热淬火，在油中冷却 50 min，500 ℃×2 h×2 次回火，硬度为 40～42HRC。采用这种热处理工艺，锻造 40Cr 毛坯 8 000 多件后，模具完好无损，比常规热处理寿命提高 2 倍以上。

相关知识

一、热作模具的工作条件

热作模具是将加热到再结晶温度以上的固态或液态金属压制成型的工具，包括热锻模（图 5-1、图 5-2）、热挤压模和压铸模三类。热作模具工作条件的主要特点是与热态金属相接触，这是与冷作模具工作条件的主要区别。

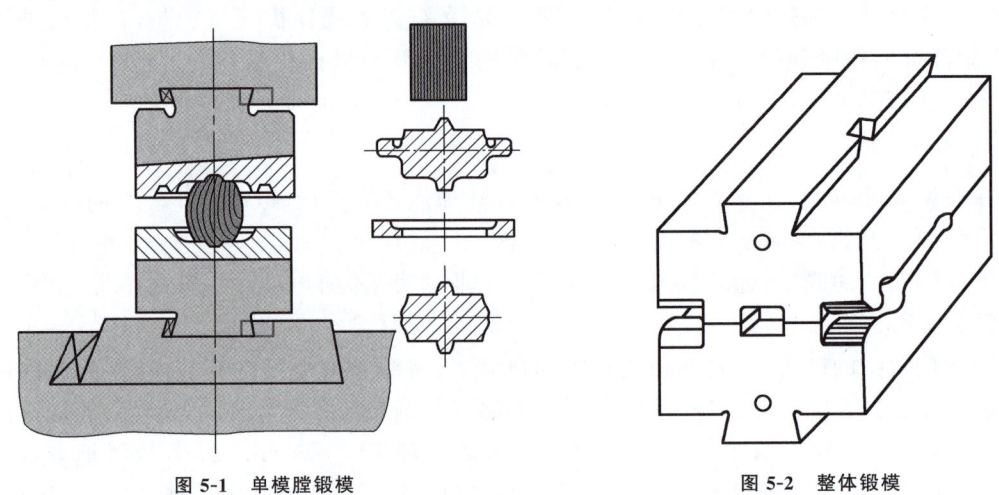

图 5-1　单模膛锻模　　　　　　　　图 5-2　整体锻模

热锻模具特别是锤锻模受强烈的冲击载荷和工作应力，并且模具型腔表面的温度很高，有时能达到 400 ℃以上。当工件脱模以后，型腔表面温度快速下降。这样型腔表面周期性地被加热和冷却，容易形成热疲劳裂纹。模锻压力机速度缓慢，冲击载荷较轻，但模具与热坯接触时间长，工作温度较高，热疲劳也很严重。热挤压是塑性的金属坯料在压力的作用下通过挤压模具型腔形成所要求形状的型材或管材的过程。热挤压模具是在高温、高压、磨损和热疲劳等恶劣条件下服役的。与高温工件接触，热挤压模具的型腔表面温度迅速升高，可达 500～800 ℃；压铸是在压铸机的作用下，将熔融的合金以高压、高速注入模具型腔内，冷凝形成与模具型腔形状相符的工件的方法。压铸模具在服役条件下不断承受高温加热和压力作用。压铸模具型腔温度与压铸材料种类及浇注温度有关。如压铸黑色金属时型腔温度可达 1 000 ℃以上。如此高的工作温度会使型腔表面硬度和强度显著降低。

热作模具的工作条件主要有以下三方面：

(1) 型腔表层金属受热

尽管热锻模具不同，型腔表层金属受热温度也不同，但是最低也有几百摄氏度；热挤压模具与压铸模具型腔表层温度更高。

(2) 型腔表层金属产生热疲劳

热作模具的工作特点是具有间歇性。每次使热态金属成型后都要用冷却介质冷却型腔的表面。因此，热作模具的工作状态是反复受热和冷却，从而使型腔表层金属产生反复的热胀冷缩，即反复承受拉压应力作用。其结果是引起型腔表面出现裂纹，称为热疲劳现象。

(3) 载荷作用

锤锻模受强烈的冲击载荷和工作应力；热挤压模具和压铸模具是在高压下服役的。

拓展资料

我国自行研制的8万吨模锻压力机可以实现一锤定型，从而实现大型模锻件的精密成型。中国的液压机水平已达世界前列，这为锻造轻金属模锻件提供了强大支持。更多内容请扫描二维码进行延伸阅读与学习。

二、热作模具的性能

1. 使用性能

(1) 硬度和红硬性

硬度是模具钢的主要技术指标。模具钢必须有足够高的硬度才能在高应力作用下保持形状、尺寸不变。热作模具钢根据其工作条件，一般要求硬度为 40～55HRC。在高温状态下工作的热作模具，要求保持其组织和性能的稳定，具有抗软化的能力，从而在 550～600 ℃仍保持足够高的硬度，这种性能称为红硬性，它是热作模具的重要性能指标之一，实际上反映了钢的高回火稳定性。加入 Cr、W、Si 等合金元素可以提高钢的回火稳定性，即提高钢的红硬性。

(2) 耐磨性

耐磨性是影响模具使用寿命的一个主要因素，模具在工作条件下承受大的压应力和摩擦力，要求模具在强烈摩擦下保持形状、尺寸精度，持久耐用。模具的磨损主要有机械磨损、氧化磨损、熔融磨损等。在一定范围内，提高钢的硬度有利于提高钢的耐磨性，但硬度达到一定值之后，这种作用就不明显了。模具钢的高耐磨性要求其不仅硬度高，而且硬化相的分布要合理。

(3) 强度和韧性

模具在使用过程中，承受较高的载荷以及冲击、弯曲、扭转等作用，承受重负荷的模具由于强度、韧性不足容易发生断裂、崩刃等现象，造成模具提前损坏。因此模具应该具有一定的强度和韧性。模具钢的化学成分、纯净度、热处理工艺等因素都会对钢的韧性产生影响。钢的韧性、强度、耐磨性往往是相互矛盾的，提高钢的韧性，可能导致强度、耐磨性降低。因此要合理地选择钢的化学成分和热处理工艺，使钢的强度、韧性、耐磨性达到最佳配合。

(4) 热疲劳性能

热作模具工作时除了承受周期性载荷作用之外，还要承受高温及周期性的急冷急热变

化。热交变应力易使热作模具材料发生疲劳破坏,导致模具热裂。一般说来,影响钢的热疲劳性能的因素主要有:

① 钢的导热性。钢的导热性高,可使模具表层金属受热程度降低,从而减小钢的热疲劳倾向性。一般认为钢的导热性与碳含量有关,碳含量高时导热性低,所以热作模具钢不宜采用高碳钢。在生产中通常采用中碳钢($w_C=0.35\%\sim0.60\%$)。碳含量过低,会导致钢的硬度和强度下降,也是不好的。

② 钢的临界点。通常钢的临界点(A_{c1})越高,钢的热疲劳倾向性越低。因此,一般通过加入合金元素 Cr、W、Si 等来提高钢的临界点,从而提高钢的抗热疲劳性。

2. 工艺性能

(1) 加工性

热作模具材料的加工性主要包括冷加工中的切削加工性和热加工中的锻压加工性两种。它主要取决于钢的化学成分和热处理工艺等。

(2) 淬透性和淬硬性

热作模具对这两种性能要求根据其工作条件不同有所侧重。对于小型模具,由于尺寸小,容易淬透,所以只要求高的硬度,偏重于高淬硬性;对于尺寸较大的模具,如果截面未淬透,则回火后未淬透部分的屈服强度和韧性会显著降低,影响模具工作寿命,所以其淬透性更为重要。

(3) 热处理变形性

热作模具在热处理时,尤其是在淬火过程中,要产生体积、形状变化。为保证模具质量,要求模具钢的热处理变形小,各方向变化相近似,且组织稳定。它主要取决于热处理工艺和钢的冶金质量等。

(4) 脱碳敏感性

热作模具如果在无保护气氛下加热,其表面会发生氧化、脱碳现象,就会使其硬度、耐磨性、使用性能和使用寿命降低。因此,要求模具钢的抗氧化性、抗脱碳敏感性好。对于某些氧化、脱碳敏感性强的热作模具钢,可采用特种热处理,如真空热处理、可控气氛热处理等。

三、热作模具钢的成分特点及分类

1. 热作模具钢成分特点

热作模具钢(简称热模钢)的成分与合金调质钢相似,一般碳的质量分数小于 0.5%(个别钢种碳的质量分数可达 0.6%~0.7%),并含有 Cr、Mn、Ni、Si 等合金元素。碳含量低可保证其具有足够的韧性。合金元素的作用是强化铁素体和增加淬透性。为了防止回火脆性,还加入 Mo、W 等元素;为了提高高温强度和热疲劳抗力,需增加相当数量的 Cr、W 及 Si。这些元素提高了相变温度,使模面在交替受热与冷却过程中不致发生相变而发生较大的容积变化,从而提高其抗热疲劳的能力。另外,W、Mo、V 等在回火时以碳化物形式析出而产生二次硬化,使热作模具钢在较高温度下仍保持相当高的硬度,这是热作模具钢正常工作的重要条件之一。

2. 热作模具钢的分类

根据工作温度、性能和用途可将通用热作模具钢分类如下：

(1) 按用途分：热锻模具钢；热挤压模具钢；压铸模具钢；热冲裁模具钢。

(2) 按耐热性分：低耐热钢（350～370 ℃）；中耐热钢（550～600 ℃）；高耐热钢。

(3) 按特有性能分：高韧性热模钢；高热强热模钢；高耐磨热模钢。

(4) 按合金元素分：低合金热模钢（W 系、Cr 系、CrMo 系）；中合金热模钢；高合金热模钢（WMo 系、CrMo 系等）。

表 5-2 列出了热作模具钢的分类，可供选用时参考。由表 5-2 可以看出，对每一种用途的热模钢，可以有不同性能、不同合金元素含量；而每一种钢号的热模钢，也可以用作几种用途的模具。因此，对热作模具钢做出统一的分类相当困难。

表 5-2　　热作模具钢的分类

按用途分	按特有性能分	按合金元素分	钢号
热锻模具钢	高韧性热模钢	低合金热模钢	5CrNiMo、5CrMnMo、4CrMnSiMoV
热挤压模具钢	高热强热模钢	中合金热模钢	3Cr2W8V、4Cr5MoSiV、4Cr5MoSiV1、4Cr5W2VSi、3Cr3Mo3W2V、4Cr3Mo3SiV、5Cr4W5Mo2V、5Cr4Mo3SiMnVA1
压铸模具钢	高热强热模钢	中合金热模钢	4Cr5MoSiV1、3Cr2W8V
热冲裁模具钢	高耐磨热模钢	低合金高碳热模钢	8Cr3

四、选用热锻模具材料

一般说来，锤锻模用钢有两个问题比较突出，一是工作时受冲击负荷作用，故对钢的力学性能要求较高，特别是韧性要求较高；二是锤锻模的截面尺寸较大（一般 300～400 mm），故对钢的淬透性要求较高，以保证整个模具组织和性能均匀。锻压模块按高度 h 大致可分为四类：$h \leqslant 275$ mm 的小型模块；$h = 275\sim325$ mm 的中型模块；$h = 325\sim375$ mm 的大型模块；$h = 375\sim500$ mm 的特大型模块。可以根据模具类型和服役条件选择钢种。常用的热锻模具钢见表 5-3。

表 5-3　　常用的热锻模具钢

模具类型	工作条件	推荐钢号
锤锻模	中、小型模块	5CrMnMo、5CrNiMo、4CrMnSiMoV
	大型、特大型模块	5CrNiMo、4CrMnSiMoV、5Cr2NiMoVSi
	镶块	4Cr5MoSiV1
压力机锻模	整体模块	5CrNiMo、5CrMnMo、4CrMnSiMoV、4Cr5MoSiV1、4Cr5MoSiV、3Cr2W8V、5Cr4W5Mo2V、3Cr3Mo3W2V
	镶块	4Cr5MoSiV1、4Cr5MoSiV

五、热作模具的制造工艺

1. 热作模具制造的工艺流程

从原材料转变为模具成品,要经过一系列加工工序。例如,5CrMnMo 钢制锤锻模加工工序为:下料—锻造—退火—机械加工—探伤—机械加工成形—打磨型腔—热处理—打磨抛光型腔—探伤—检验—装配—验收。这就是一种热作模具的制造工艺。热作模具是通过各种专业工艺,按照一定顺序进行加工、装配的。热作模具的制造工艺大致为毛坯制备、成形加工、热处理、钳工整修、模具装配、试模与验收等。

2. 制造工艺

(1) 毛坯制备

毛坯制备是由原材料转变为成品的生产过程的第一步。热作模具的毛坯主要有铸件、锻件、型材等。铸件坯料主要应用于热锻模的模体等。锻件坯料适用于要求机械性能、热处理性能较高,使用寿命要求较长的凸模、凹模、型腔、型心等重要工作工件。型材坯料主要用于工作工件以外的各种工件。

毛坯经过锻造,可以得到一定的几何形状,同时使其内部组织细密,碳化物和流线分布合理,从而改善钢的热处理性能,提高模具使用寿命。锻造毛坯要根据锻件重量合理选择锻压设备。坯料开始锻造时的温度,称为始锻温度。应该尽可能提高始锻温度,以使坯料有更好的锻压性能,但是不能高到奥氏体晶粒粗大现象产生,更不能高到过烧现象产生。过烧现象是指坯料加热温度过高,晶粒边界出现熔化,坯料完全失去塑性的现象。如果发生过烧现象,应在炉内降温后再次锻打。毛坯横截面上的温差会随着加热速度提高而增加,这样坯料内部会产生热应力,容易引起裂纹,所以毛坯加热时应该缓慢进行。坯料锻造成形后,停锻的瞬间温度称为终锻温度。终锻温度不宜过高,以防坯料形成粗大组织,但是也不宜过低,应高于再结晶温度。各类热作模具钢的锻造温度见表 5-4。

表 5-4　　　　　　　　各类热作模具钢的锻造温度

钢号	始锻温度/℃	终锻温度/℃	冷却方式
5CrMnMo	1 050~1 100	800~850	缓冷至 150~200 ℃后空冷
5CrNiMo	1 050~1 100	800~850	缓冷至 150~200 ℃后空冷
4CrMnSiMoV	1 050~1 100	≥850	缓冷(砂冷或坑冷)
5Cr2NiMoVSi	1 140~1 160	850~900	缓冷(砂冷或坑冷)
4Cr5MoSiV1	1 050~1 100	850~900	缓冷(砂冷或坑冷)
4Cr5MoSiV	1 070~1 100	850~900	缓冷(砂冷或坑冷)
4Cr5W2VSi	1 080~1 120	850~900	缓冷(砂冷或坑冷)
3Cr2W8V	1 080~1 120	850~950	空冷至 700 ℃后砂冷或坑冷
3Cr3Mo3W2V	1 050~1 100	≥850	缓冷(砂冷或坑冷)
5Cr4W5Mo2V	1 080~1 130	≥850	缓冷(砂冷或坑冷)
5Cr2NiMoVSi	1 140~1 160	850~900	缓冷(砂冷或坑冷)

锻打时,首先要轻捶快打,去掉氧化皮,然后再按照工艺要求锻打,并应及时倒棱。要进行反复镦粗和拔长,以改善内部组织中的碳化物分布,提高锻件质量。锻打完成后锻件要冷却。一般来说,碳和合金元素含量越高,冷却速度越慢。3Cr2W8V 钢锻后要在空气中冷却至

700 ℃,然后缓冷,比如砂冷、坑冷。其他热作模具钢锻后应缓冷,冷却至150～200 ℃空冷。

毛坯经过锻打后,形成了残留内应力,并且硬度提高,影响工件的加工,所以锻打以后,毛坯要进行退火热处理。

(2)成形加工

成形加工包括粗加工、半精加工、精加工等工序。毛坯经过粗加工可以获得和工件图样接近的形状和尺寸。通过粗加工,减小了半精加工、精加工的加工余量。通过半精加工,可以完成次要加工面或者精度要求较低的工件加工。通过精加工,工件可以达到图样的尺寸精度、形状、位置精度和表面质量要求。

(3)热处理

热处理包括退火、淬火、回火等。热处理的作用是改善工件内部组织、性能,达到加工和使用要求。要合理安排热处理工序,有利于保证工件质量和切削加工性能。

(4)钳工整修

钳工整修的作用是使加工后的工件更符合图样的要求。

(5)模具装配

将零部件按照模具装配图样和技术要求进行配合、定位、连接、固定成为一体的过程称为模具装配。这是整个模具制造工艺过程中的一个关键环节,关系到模具的质量。模具装配要保证工件之间的配合精度及位置精度,从而保证凸模与凹模间的精密配合以及其他辅助机构的运动精确性。

(6)试模与验收

装配好的模具,要用试模机或成形机械进行试模,边试模边调整,直到生产出的工件合格为止。实验合格的模具,要进行外观检验。

六、常用热锻模热处理实例

实例1:5CrMnMo钢制连接环热锻模复合等温淬火

煤矿用井下运输机连接环的热锻模,其外形尺寸为230 mm×175 mm×91 mm,硬度要求为42～44HRC,在2 t蒸汽锤上使用。锻件材料为20CrMnMo,加热到1 100～1 200 ℃的坯料在锻模型腔内直接锻压成形,每件工件两火锻打完毕。

采用原850 ℃淬油、480 ℃回火工艺,硬度虽达到要求,但模具的寿命只有1 000～2 000次;采用复合等温淬火新工艺,模具寿命提高到5 000～7 000次,5CrMnMo钢制连接环热锻模复合等温淬火工艺曲线如图5-3所示。

与原工艺相比,采用新工艺后有如下特点:

(1)利用锻造余热淬火和高温回火代替原锻后普通退火。

(2)提高淬火温度到900 ℃后,淬火组织主要是板条状马氏体,具有较好的力学性能。

(3)采用复合冷却方法,在油中冷却到200 ℃后,可得到部分马氏体,在260 ℃等温可得到下贝氏体组织,最终得到具有良好强韧性的马氏体与下贝氏体的复合组织,如图5-4所示。经上述工艺处理后,硬度为47～50HRC,但力学性能均比原工艺提高20%以上,所以模具寿命得到大大提高。

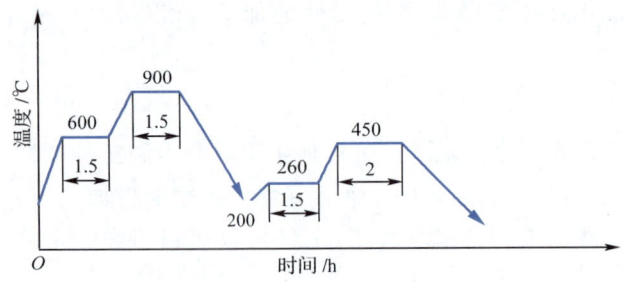

图 5-3　5CrMnMo 钢制连接环热锻模复合等温淬火工艺曲线　　图 5-4　5CrMnMo 钢热处理后金相组织(×500)

实例 2：5CrMnMo 钢制热锻模等温淬火

5CrMnMo 钢制热锻模按 850 ℃加热淬油，480 ℃回火，模具寿命只有 1 000～2 000 次。采用新工艺为：锻后趁余热形变淬火，高温回火，机械加工成形。在最终热处理时，将淬火温度提高到 890～900 ℃，在油中冷却到 180 ℃左右时，立即进入 260～280 ℃硝盐中等温 2 h；回火规范为 460～480 ℃×2 h×2 次。为减小应力和脆性，最后补充 220～240 ℃×3 h 回火。工艺曲线如图 5-5 所示。

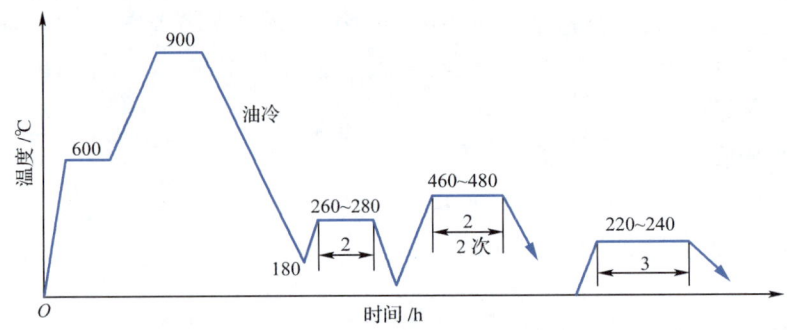

图 5-5　5CrMnMo 钢制热锻模等温淬火工艺曲线

经上述工艺处理后，硬度为 42～45HRC，模具寿命提高三倍左右。

实例 3：3Cr2W8V(H21)钢制尖嘴钳热锻模等温淬火

外形尺寸为 75 mm×75 mm×105 mm 的尖嘴钳热锻模，在 3 000 kN 摩擦压力机上使用，锻件材料为 45 或 40Cr 钢，锻打频率为 6～7 件/min。常规工艺处理的模具平均寿命为 4 000 件左右，失效形式为开裂或型腔变形塌陷；而采取等温淬火和控制模面达到一定的淬硬层深度的热处理，可以使模具寿命超过 2 万件。下面简单介绍其热处理工艺。

(1)热处理工艺 1

盐浴等温淬火：600 ℃、850 ℃两次预热，1 050～1 060 ℃加热，预冷到 950 ℃淬入 280 ℃硝盐 5 min，立即转入 380 ℃硝盐中等温 3～4 h，空冷；360 ℃×4 h×2 次回火。

(2)热处理工艺 2

H21 钢制尖嘴钳热锻模热处理工艺曲线如图 5-6 所示。该工艺为箱式炉高温短时加热和控制冷却的复合工艺。采用高温短时加热，可使模具表面和心部得到不同的淬火温度和不同的合金化程度,在随后的淬火冷却过程中,可获得内外不同的组织;也可用控制冷却的方法来达到此目的。这样可保证模具表面层有高的硬度和耐磨性,而心部有较好的强韧性,从而可以防止模具的开裂失效。

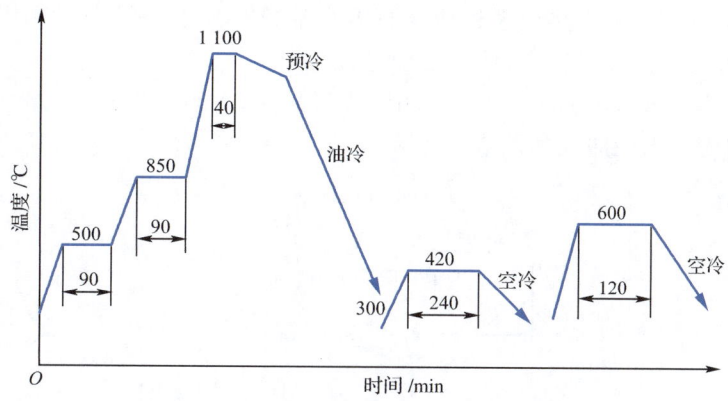

图 5-6　H21 钢制尖嘴钳热锻模热处理工艺曲线

模具淬火加热时,采用半装箱,用生铁屑保护模面。按上述工艺处理后,表面硬度为 48~50HRC,心部硬度为 40~43HRC,金相组织为回火马氏体＋碳化物＋少量的残余奥氏体。

● **实例 4:4Cr3Mo3SiV(H10)钢制车刀热锻模盐浴淬火工艺**

(1)预备热处理

加热温度为 860~880 ℃,保温时间为 2~3 h,等温温度为 710~730 ℃,保温时间为 4~6 h,炉冷至 500 ℃以下出炉空冷。退火后硬度≤229HBW。

(2)淬火回火

600 ℃、850 ℃两次预热,1 010~1 040 ℃加热淬油,油冷至 250 ℃左右出油空冷,淬火后硬度为 51~55HRC;回火温度根据锻模要求的硬度而定,例如要求硬度为 42~46HRC,则用 610~630 ℃回火。

用 H10 钢制作的中、小型热锻模使用寿命比 5CrNiMo 钢提高 50％以上。

学习任务二　制定热挤压模具热处理工艺

任务引入

铝型材热挤压模外形尺寸为 ϕ250 mm×40 mm。在使用前 550 ℃预热,在卧式挤压机上工作,在大于 200 MPa 的压力下,将 400~450 ℃铝锭挤压成形,试制定合理热处理工艺,以提高使用寿命。

任务分析

铝型材热挤压模具要承受高温、高压和强烈的摩擦作用。工作时,与 400~500 ℃的铝锭相接触,在 200 MPa 的压力下,把铝锭挤压成型材。以前用 3Cr2W8V 钢制铝型材热挤压模具,使用寿命低,现在企业大都改用 4CrMoSiV1(H13)模具钢制铝型材热挤压模具,采用合理的热处理工艺,能够提高使用寿命。

采用硼氮碳共渗与常规热处理相结合的热处理工艺,可提高强韧性和耐性,模具的寿命比常规热处理可提高 2～5 倍。具体热处理过程为:

600 ℃×1 h 渗氮+930～950 ℃×5～6 h 硼碳氮共渗+1 000～1 020 ℃淬油+530～550 ℃×2～3 h×2 次回火。工艺曲线如图 5-7 所示。

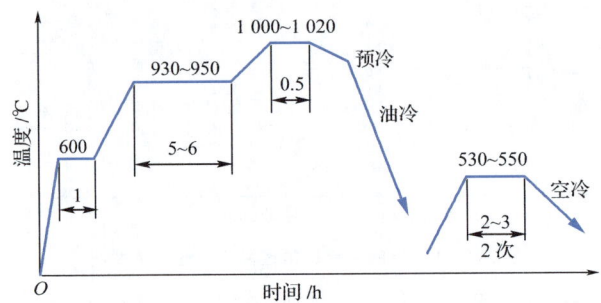

图 5-7　H13 钢热挤压模硼氮碳共渗工艺曲线

模具经上述工艺处理后,表面为 Fe_2B 相,硬度为 1 400～1 800HV,具有较高的耐磨性,心部有较好的强韧性,开裂倾向小。

相关知识

一、选用热挤压模具材料

很多有色金属和钢的型材、管材和异型材是采用热挤压工艺成形的。热挤压模具是在高温、高压、磨损和热疲劳等恶劣条件下服役的。热挤压模具主要由挤压筒、冲头、凹模和心棒(用于挤压管材)等主要部件组成。热挤压模具的工作特点是加载速度较慢,因此,型腔受热温度较高,通常可达 500～800 ℃。对这类钢的使用性能要求应以耐磨性、高的回火稳定性和抗热疲劳性为主。常用的热挤压模具钢有 4Cr5MoSiV、4Cr5MoSiV1、3Cr2W8V、4Cr5W2VSi 钢等。

当进行轻合金挤压时,尤其是对于那些容易引起开裂、带尖角的形状复杂的模具,宜选用韧性较好的热作模具钢,如 4Cr5MoSiV、4Cr5MoSiV1 钢。用于挤压钢、铜和铜合金的模具,由于工作温度相对高些,因此除了选用 4Cr5MoSiV、4Cr5MoSiV1 钢外,也可以选用高温强度较好的热作模具钢,如 3Cr2W8V 钢。5Cr4W5Mo2V 钢是新型的热作模具钢,该钢具有较高的红硬性、高温强度和较高的耐磨性,可进行一般的热处理或化学热处理,可代替 3Cr2W8V 钢制造某些热挤压模具,使用寿命较高。

挤压模具的寿命与所挤压的材料、挤压比密切相关,当加工变形拉力大的金属材料或在高挤压比的情况下,凹模和心棒的寿命大为缩短,模具的润滑条件和冷却条件对模具寿命有很大的影响。

热挤压模具钢选择见表 5-5。

表 5-5　　　　　　　　　　　　　热挤压模具钢选择

热挤压工件的材料	模具名称			
	凹模	冲头	心棒	挤压缸内套
铝、镁合金	4Cr5MoSiV1 4Cr5MoSiV	4Cr5MoSiV1 4Cr5MoSiV 4CrMnSiMoV	4Cr5MoSiV1 4Cr5MoSiV 4Cr5W2VSi	4CrSMoSiV1 4Cr5MoSiV
铜和铜合金	4Cr5MoSiV1 4Cr5MoSiV 3Cr3Mo3W2V 3Cr2W8V 5Cr4W5Mo2V	4Cr5MoSiV1 3Cr2W8V 4CrMnSiMoV 5Cr4W5Mo2V	4Cr5MoSiV1 3Cr2W8V 3Cr3Mo3W2V	4Cr5MoSiV1 4Cr3Mo3SiV

二、热挤压模具钢的热处理

1. 退火工艺

锻后退火是为了消除应力，降低硬度，便于切削加工，同时为了改善模具钢的组织，为随后淬火工序提供良好的纤维组织。通常用等温球化退火工艺。几种常用热挤压模具钢的退火工艺见表 5-6。

表 5-6　　　　　　　　几种常用热挤压模具钢的退火工艺

钢号	退火工艺	退火后的硬度（HBW）
3Cr2W8V	840～880 ℃→720～740 ℃，炉冷至 500 ℃出炉	≤241
5Cr4W5Mo2V（RM2）	750～850 ℃，炉冷至 500 ℃出炉	197～212
4Cr3Mo3W4VTiNb（GR）	820～850 ℃，炉冷至 500 ℃出炉	170～200
3Cr3Mo3W2V（HM1）	730～870 ℃，炉冷至 500 ℃出炉	197～229
4Cr5MoSiV 4Cr5MoSiV1	860～890 ℃，炉冷至 500 ℃出炉	≤223
4Cr5W2SiV	860～880 ℃，炉冷至 500 ℃出炉	≤229
3Cr3Mo3VNb	710～940 ℃，炉冷至 500 ℃出炉	187
6Cr4Mo3Ni2WV（CG2）	650～810 ℃，炉冷至 500 ℃出炉	220
5Cr4Mo3SiMnVAl（012Al）	720～860 ℃，炉冷至 500 ℃出炉	200～230
5Cr4W2Mo2VSi	790～920 ℃，炉冷至 500 ℃出炉	≤229
4Cr3Mo2NiVNb	850～860 ℃，炉冷至 500 ℃出炉	190～220

2. 淬火工艺

淬火加热时间的选择原则是使合金元素充分固溶，完成组织转变。若加热时间过短，则会降低钢的红硬性及回火抗力。

淬火冷却可以在油中进行，为减少变形，对变形要求严格的模具可采用热油淬火、分级淬火或等温淬火。热挤压模具钢推荐淬火温度见表 5-7。

表 5-7　　热挤压模具钢推荐淬火温度

钢号	淬火加热温度/℃	淬火介质	淬火后硬度(HRC)
3Cr2W8V	1 050～1 100	油	50
5Cr4W5Mo2V(RM2)	1 130～1 140	油	60
4Cr3Mo3W4VTiNb(GR)	1 160～1 200	油	56～57
3Cr3Mo3W2V(HM1)	1 030～1 090	油	52～55
4Cr5MoSiV	1 000～1 050	油、空	56～58
4Cr5MoSiV1	1 000～1 050	油、空	53～57
3Cr3Mo3VNb	1 060～1 090	油	47～48
6Cr4Mo3Ni2WV(CG2)	1 100～1 140	油	60
5Cr4Mo3SiMnVAl(012Al)	1 090～1 120	油	60
4Cr5W2SiV	1 060～1 080	油、空	56～58
5Cr4W2Mo2VSi	1 100～1 140	油	54～56
4Cr3Mo2NiVNb	1 130	油	54

3. 回火工艺

回火的目的是获得对模具所要求的强韧性,即调节硬度及韧性。回火温度的选择是在不影响模具抗脆断及抗热疲劳能力的前提下,尽可能提高模具的硬度。热挤压模具一般进行两次回火为最好,一般第二次回火温度低于第一次回火温度。但是,3Cr2W8V 钢在实际应用中,先经过低温回火,再经高温回火,韧度提高两倍,模具寿命也提高。

三、模具的表面化学热处理

化学热处理能有效地提高模具表面的耐磨性、耐蚀性、抗咬合性、抗氧化性等性能。几乎所有的化学热处理工艺均可用于模具钢的表面处理。化学热处理就是利用化学反应和物理冶金相结合的方法改变金属材料表面的化学成分和组织结构,从而使材料表面获得某种性能的工艺过程。

化学热处理普遍地由三个基本过程组成:

(1)活性原子的产生

通过化学反应产生活性原子或借助一些物理方法使欲渗入的原子的能量增加,活性增加。

(2)材料表面吸收活性原子

活性原子首先被材料表面吸附,进而被表面吸收,此过程为一个物理过程。

(3)活性原子的扩散

材料表面吸收了大量活性原子,使得表面层该原子的浓度大为提高,为渗入原子的扩散创造了条件,活性原子不断地渗入表面层,经扩散就形成了一定深度的扩散层。

以上三个过程进行的程度都与温度和时间两个要素有关,因此温度和时间是化学热处理过程中两个重要的工艺参数。

1. 渗碳

渗碳技术主要用于低碳钢制造模具零部件的表面强化。中高碳的低合金模具钢和高合金钢也可以进行渗碳或碳氮共渗。高碳低合金钢渗碳或碳氮共渗时,应尽可能选取较低的加热温度和较短的保温时间,可以保证表层有较多的未溶碳化物核心,渗碳和碳氮共渗后,表层碳化物呈颗粒状,碳化物总体积也有明显增加,可以增加钢的耐磨性。

中高碳高合金钢还可进行高温渗碳,因为在高温奥氏体化时,在这类钢中仍能残留较多难溶的弥散的碳化物。对这类含大量强碳化物形成元素的钢进行渗碳,使渗层沉淀出大量弥散合金碳化物的工艺称为 CD 渗碳法。65Cr4W3Mo2VNb 等基体钢有高的强韧性,但其表面的耐磨性常嫌不足。对这类钢制作的模具进行渗碳或碳氮共渗,可显著提高其使用寿命。

2. 渗氮

渗氮也称氮化,是在一定温度下(一般在 A_{c1} 以下)将活性氮原子渗入模具表面的化学热处理工艺。渗氮后模具的变形小,具有比渗碳更高的硬度,可以增加其耐磨性、疲劳强度、抗咬合性、抗蚀性及抗高温软化性等。渗氮工艺有气体渗氮、离子渗氮。

渗氮工艺有以下特点:

(1)氮化物层形成温度低,一般为 480～580 ℃,由于扩散速度慢,所以工艺时间长。

(2)氮化处理温度低,变形很小。

(3)渗氮工件不需再进行热处理,便具有较高的表面硬度(≥850HV)。

一些模具钢的渗氮工艺见表 5-8。

表 5-8　　　　　　　　　　　　一些模具钢的渗氮工艺

牌号	渗氮工艺				渗氮层深度/mm	表面硬度(HV)
	阶段	温度/℃	时间/h	氨分解率/%		
38CrMoAlA	Ⅰ Ⅱ	510 540	12 42	20～40 50～60	0.5～0.7	950～1 000
Cr12MoV	Ⅰ Ⅱ	480 530	18 25	14～27 36～60	≤0.2	720～860
40Cr	Ⅰ	490	24	15～35	0.2～0.3	≥600
4Cr5MoSiVl	Ⅰ	540	12	30～60	0.15～0.2	760～800
3Cr2W8V	Ⅰ Ⅱ	480 530	18 22	14～27 30～60	0.2～0.4	500～550

3. 渗硼

渗硼是继渗碳、氮之后发展起来的一项重要、实用的化学热处理工艺技术,是提高钢件表面耐磨性的有效方法。将工件置于能产生活性硼的介质中,经过加热、保温,使硼原子渗入工件表面形成硼化物层的过程称为渗硼。金属零件渗硼后,表面形成硼化物(FeB、Fe_2B、TiB_2、ZrB_2、VB_2、CrB_2)及碳化硼等硬度极高(1 300～2 000HV)的化合物,热稳定好。其耐磨性、耐腐蚀性、耐热性均比渗碳和渗氮高,可广泛用于模具表面强化,尤其适合在磨粒磨损条件下的模具。根据采用介质的不同,渗硼分为固体法、液体法和气体法。

4. 多元共渗

模具的化学热处理不仅可以渗入碳、氮、硼等非金属元素,还可以渗入铬、铝、锌等金属元素。在钢的表面渗入金属元素后,使钢的表面形成渗入金属的合金,从而可提高抗氧化、抗腐蚀等性能。各种合金钢的化学成分中,含有多种元素,因而可以兼有多种性能。同样在化学热处理中若向同一金属表面渗入多种元素,则在钢的表面可以具有多种优良的性能。将工件表层渗入多于一种元素的化学热处理工艺就称为多元共渗。

由于各种模具的工作条件差异很大,只能根据模具加工零件时的工作条件,经过分析和实验,找出最适宜的表面强化方法。当渗入单一元素的化学热处理不能满足模具寿命的要求时,可考虑多元共渗的方法。实践证明,适当的多元共渗方法对提高模具寿命具有显著的效果。

共渗层的相组织不仅与基体材料、处理工艺有关,而且还与渗入元素的浓度比例有关。

四、热挤压模具钢的性能要求

(1)高强度、冲击韧度及断裂韧度,以保证模具钢具有较高的断裂抗力,防止模具发生脆性断裂。

(2)室温及高温硬度高,耐磨性能好,以减缓模具的磨损失效发生。

(3)高温强度及回火抗力高,拉伸及压缩屈服强度高,防止模具产生塑性变形及堆塌。

(4)模具钢的相变点高,并具有高的导热性及较低的热胀系数,有利于热疲劳抗力的提高,推迟热疲劳开裂的发生。

(5)较高的抗氧化能力,以减少氧化物对磨损及热疲劳的不利影响。

五、提高热挤压模具使用寿命的途径

(1)选用高强韧性热模钢。
(2)正确的预处理工艺。
(3)热处理新工艺。
(4)化学热处理工艺。

六、常用热挤压模具热处理工艺实例

实例1:H13钢制热挤压模复合热处理工艺

铝型材热挤压模使用前要预热到500 ℃。铝合金锭加热到400~450 ℃以后放入挤压机,在15~20 MPa的压力下,通过热挤压模成形为铝型材。因此热挤压模要承受高温高压力的作用而产生热磨损和热疲劳等,故热挤压模主要失效形式是热磨损和热疲劳。采用真空热处理的方法来提高热挤压模的热疲劳性能,用氮化工艺的方法来提高热挤压模的表面硬度及耐磨性能。

热挤压模的真空热处理工艺:热挤压模先用金属清洗剂清洗,除去油污和沾在模具表面的杂质,然后用清水漂洗,用棉纱抹干,放入烘箱内烘干,再装进工件筐送入真空炉内进行真空处理,工艺曲线如图5-8所示。真空热处理后在井式回火炉中进行回火,第一次回火温度为590~610 ℃,时间为3 h,第二次回火温度为560~580 ℃,时间为3 h。回火后热挤压模的硬度为48~50HRC。

经过真空淬火和回火的热挤压模在精加工后进行氮化处理,将待氮化的热挤压模用金属洗净剂进行清洗,除去油污等杂质,然后用清水冲洗干净,放入工件筐内,装入 85 kW 的氮化炉内进行氮化处理,渗碳层达到 0.15 mm,氮化工艺曲线如图 5-9 所示。

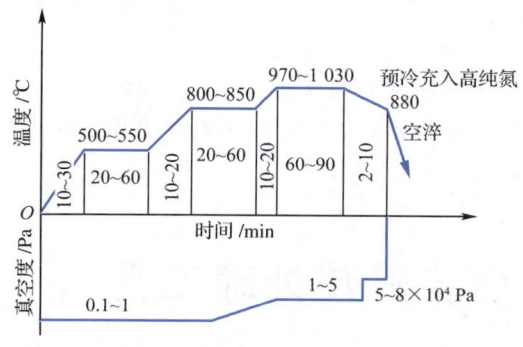

图 5-8 真空热处理工艺曲线

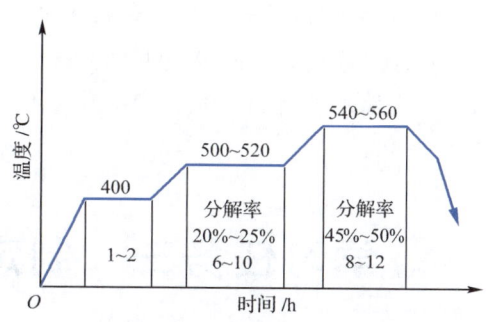

图 5-9 H13 热挤压模具氮化工艺曲线

采用真空热处理加上表面氮化工艺,使热挤压模的表面硬度增加至 $HV_{0.2}=1\,200\sim1\,300$ MPa,表层组织是 ε 相、γ 相和合金氮化物,这些氮化物以弥散形式分布在 ε 相和 γ 相中间和晶界上,如图 5-10 所示,从而使热挤压模氮化层耐磨性很好,使用寿命由 4～5 t/套提高到 8 t/套。

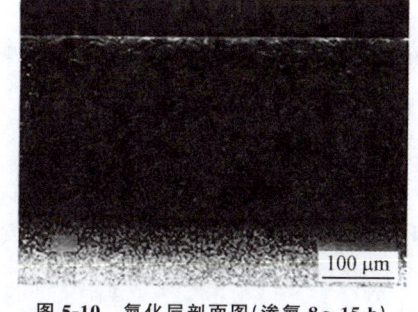

图 5-10 氮化层剖面图(渗氮 8～15 h)

● **实例 2:H21(3Cr2W8V)钢制热挤压模循环调质复合强化**

40CrNi 高强度螺栓热挤压模原用 H21 钢直接车削而成。热处理工艺为:1 080 ℃淬油,580 ℃回火。常因整体脆裂、六角型腔疲劳龟裂、半圆型腔磨损塌陷而失效,平均寿命只有 2 500 件。改用循环调质复合强化新工艺,使模具的寿命达到 2.6～3 万件,最高寿命达到 4 万件。新工艺简介如下:

(1)最后一次终锻结束后返回反射炉加热至 1 100～1 150 ℃,适当保温淬入 80～120 ℃ 热油中;冷至 200 ℃ 左右,进行 730～800 ℃×2 h 高温回火。循环三次,但每次淬火加热前需经 500 ℃、850 ℃ 预热。

(2)820 ℃×4～5 h 固体碳氮共渗,获得 0.70～0.80 mm 共渗层。经对共渗层机械剥离成分分析,共渗层的碳质量分数为 0.80%～0.95%,氮质量分数为 0.25%～0.35%。

(3)共渗后继续升温至 1 100～1 120 ℃ 淬火温度,适当保温后水冷 2～3 s,转入 340 ℃×3 h 硝盐。

(4)600～620 ℃×2 h×2 次回火,回火后油冷。

模具经上述热处理后表面硬度为 64～67HRC,基体硬度为 44～46HRC,模具寿命较常规处理提高 10 倍。

● **实例 3:H21 钢制热挤压模高温渗碳复合处理**

高温热挤压模使用寿命普遍不高,大多因为热硬性低、热疲劳强度差而报废;采用高温渗碳较好地解决了这一问题。现将热处理工艺简介如下:

(1)锻后余热淬火+高温回火

终锻温度 900 ℃,稍做停留,立即在油中淬火,720～740 ℃×2 h 高温回火。将形变与相变相结合,既细化了碳化物,又细化了马氏体。调质代替退火,节电省时。

(2)高温渗碳淬火+两次高温回火

将加工成成品的凹模经 1 150 ℃×2～2.5 h 高温渗碳后直接淬油,560～580 ℃×2 次回火。表面硬度为 60～61.5HRC,基体硬度为 52～53HRC,使用寿命比未渗碳常规处理提高 2～4 倍。

学习任务三　制定压铸模具热处理工艺

任务引入

3Cr2W8V(H21)钢制铝合金压铸模微变形实用工艺。

任务分析

H21 钢制铝合金压铸模,按常规工艺处理,在油中冷却,由于热应力和组织应力的作用,变形量往往过大而超过技术要求。其变形规律是型腔与型芯的尺寸缩小,且圆度误差较大。按模具的加工要求,希望型腔尺寸微缩,型芯的外形尺寸微胀;各孔距及打杆孔不变形或少变形,这样便于淬、回火后钳修、打磨、抛光及最终的表面强化处理。

控制 H21 钢制铝合金压铸模淬火变形的工艺有:

(1)锻造后正火+高温回火

880～900 ℃×2 min/mm 加热后空冷,720～740 ℃×3～4 h 高温回火后空冷,硬度为 220～240HBW。

(2)粗加工后调质处理

850～900 ℃×1.8 min/mm 预热,随炉升温至 1 100～1 150 ℃×0.5～1 h,淬油,700～720 ℃×2 h 空冷,获得均匀弥散的索氏体组织,同时也消除了应力。

(3)精加工后时效

精加工后的模具,由于几何形状复杂,应力较大,对淬火变形是不利的,因此应进行 400～500 ℃×4～5 h 的时效,清除机械加工产生的应力。

(4)正确的淬火回火

H21 钢含合金元素比较多,导热性比较差。为了避免和减少淬火加热过程中各部分温差过大而产生的变形,应进行两次以上的预热。淬火加热温度是决定模具变形大小及抗疲劳性能的主要因素。经实践证实,1 000～1 020 ℃是微变形淬火温度区,只要冷却方法适当,就能达到微变形的目的。

为了减少冷却时热应力与组织应力引起的变形,避免氧化,可采用分级淬火的方法。先在箱中预冷至 550～650 ℃,再淬入 300 ℃左右的硝盐中分级冷却;待无气泡时,转入 80 ℃左右的热油中继续分级;冷却一段时间出油空冷,完成马氏体转变。

H21 钢淬火冷却选择 450～550 ℃硝盐、130～140 ℃热油,这是冷却介质微变形区。对于小型模具,采用空冷,既能淬硬变形又小,一举两得。其热处理工艺曲线如图 5-11 所示。

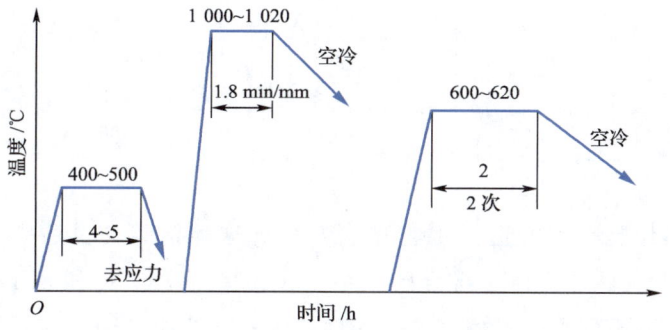

图 5-11　H21 钢制小型压铸模热处理工艺曲线

H21 钢回火时尺寸也会发生变化,为控制回火中的变形,选择既能提高韧性又能减少变形的温度。经实践证明,采用 600～620 ℃×2 h×2 次回火,模具尺寸与淬火前相比只缩小了 0.02～0.04 mm,这样便于钳修、打光与抛光作业,回火后硬度为 44～47HRC。

相关知识

一、选用压铸模具材料

压铸模具在服役条件下不断承受高速、高压喷射、金属的冲刷腐蚀和加热作用,从总体上看,压铸模具钢的使用性能要求与热挤压模具钢相近,即以要求耐磨性、高的回火稳定性与抗热疲劳性为主。所以通常所选用的钢种大体上与热挤压模具钢相同。例如常采用 4Cr5MoSiV1、3Cr2W8V 钢等。对熔点较低的 Zn 合金压铸模具,可选用 4Cr5MoSiV1、4Cr5W2VSi 钢等;对 Al 和 Mg 合金压铸模具,可选用 4Cr5MoSiV1、3Cr3Mo3W2V 钢等;对 Cu 合金压铸模具,由于其工作温度较高,可采用 3Cr3Mo3W2V、3Cr2W8V 钢。3Cr3Mo3W2V 钢具有较高的热强性、抗热疲劳性,又具有良好的耐磨性和抗回火稳定性等,其韧性和抗热疲劳性能优于 3Cr2W8V 钢,其使用寿命也高于 3Cr2W8V 钢。压铸模具钢选择可以参考表 5-9。

表 5-9　　　　　　　　　　　　　　压铸模具钢选择

压铸工件的材料	推荐钢号
锌及其合金	4CrMnSiMoV、4Cr5MoSiV1、4Cr5W2VSi
铝、镁及其合金	4Cr5W2VSi、4Cr5MoSiV1、4Cr5MoSiV、3Cr2W8V、5Cr4W5Mo2V、3Cr3Mo3W2V
铜及其合金	3Cr2W8V、3Cr3Mo3W2V

二、钨钼系热作模具钢的热处理

钨钼系热作模具钢中钨的质量分数为 8%～10%,加入适量的钼、钒,其高温强度、硬度、抗回火性均优于前两类热作模具钢,但是其韧性和抗热疲劳性则不及铬系热作模具钢。钨钼系热作模具钢适用于型腔工作温度为 600～650 ℃ 的热作模具。如锻压机模具、热挤压模具。三种钨钼系热作模具钢的临界温度见表 5-10。

表 5-10　　　　　三种钨钼系热作模具钢的临界温度　　　　　　　　　　　　　℃

钢号	A_{c1}	A_{c3}	A_{r1}	M_s
3Cr2W8V	800	850	690	370
3Cr3Mo3W2V	840	922	786	373
5Cr4W5Mo2V	830	893	700	330

1. 退火工艺

三种钨钼系热作模具钢的退火工艺见表 5-11。这类钢碳含量适中,合金元素含量较高,退火组织一般为粒状珠光体＋合金碳化物。3Cr3Mo3W2V 钢和 5Cr4W5Mo2V 钢因含钼而容易氧化、脱碳,最好采用可控气氛热处理炉或真空炉加热。

表 5-11　　　　　三种钨钼系热作模具钢的退火工艺

钢号	加热温度/℃	保温时间/h	冷却方法	退火硬度（HBW）
3Cr2W8V	820～840	2～4	炉冷至 500 ℃,空冷	217～241
3Cr3Mo3W2V	870～890	4～6	炉冷至 500 ℃,空冷	197～241
5Cr4W5Mo2V	860～880	2～4	炉冷至 500 ℃,空冷	217～255

2. 淬火工艺

三种钨钼系热作模具钢的淬火温度与淬火硬度见表 5-12。其淬火组织为马氏体＋残余奥氏体＋合金碳化物。为了减小淬火变形,加热时可以先在 800～850 ℃ 预热,加热后可以在空气中预冷至 900～950 ℃,然后分级淬火。3Cr2W8V 钢的淬透性不高,大尺寸模具如果采用空冷,心部容易淬不透,会出现贝氏体,影响模具性能,最好采用油冷。3Cr2W8V 钢奥氏体等温转变曲线如图 5-12 所示。

表 5-12　三种钨钼系热作模具钢的淬火温度与淬火硬度

钢号	3Cr2W8V	3Cr3Mo3W2V	5Cr4W5Mo2V
淬火温度/℃	1 100～1 150	1 050～1 090	1 100～1 140
淬火硬度（HRC）	50～55	55～57	59～61
淬火介质	油或空气	油或空气	油或空气

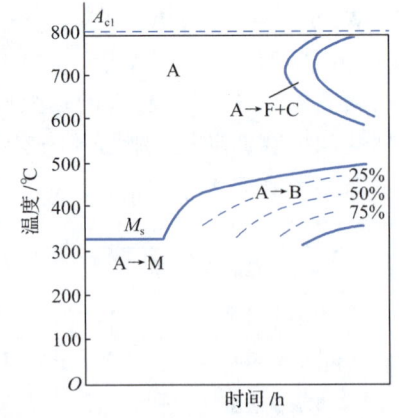

图 5-12　3Cr2W8V 钢奥氏体等温转变曲线

3Cr3Mo3W2V 钢和 5Cr4W5Mo2V 钢淬透性高,一般尺寸≤150 mm 的模具可以采用空冷。同退火加热一样,3Cr3Mo3W2V 钢和 5Cr4W5Mo2V 钢因含钼而容易氧化、脱碳,最好采用可控气氛热处理炉或真空炉加热。

3. 回火工艺

三种钨钼系热作模具钢常用的回火温度和回火硬度见表 5-13。为了提高此类钢的韧性,一般要进行两次或三次高温回火,使前面回火冷却过程中残余奥氏体转变产物得到充分回火,获得稳定的回火组织。

表 5-13　　　　三种钨钼系热作模具钢常用的回火温度和回火硬度

钢号	回火温度/℃	保温时间/h	回火次数/次	回火硬度(HRC)	冷却介质
3Cr2W8V	560～580	2	2	48～52	空气
3Cr3Mo3W2V	600～630	2	2	53～56	空气
5Cr4W5Mo2V	600～630	2	2	54～56	空气

3Cr2W8V 钢经过 1 150 ℃加热、油冷淬火、650 ℃回火的组织为回火马氏体+回火托氏体+合金碳化物。若淬火后经过 600 ℃回火则得到回火马氏体+合金碳化物,如果经过 680 ℃回火则得到回火托氏体+合金碳化物。3Cr2W8V 钢回火时析出的合金碳化物类型为 M_2C,其弥散度高而且难以聚集长大,所以耐回火稳定性好。

三、3Cr2W8V(H21)钢的性能特点

3Cr2W8V 钢是钨系高耐热热作模具钢的代表。早在 20 世纪 20 年代开始就用于生产,由于钨含量高,在温度不小于 600 ℃时,钢的高温强度和硬度明显要高于铬系热作模具钢。

1. 力学性能

3Cr2W8V 钢的主加元素刚好是 W18Cr4V 高速钢的一半,因此又称为半高速钢。钨含量越高,钢的热稳定性越高,耐磨性越好。铬能增加钢的淬透性,虽因冷热疲劳抗力差,在急冷、急热条件下工作时容易产生冷、热疲劳裂纹而失效,但其抗回火能力较强,在 550 ℃回火时会出现二次硬化峰,淬火温度越高,二次硬化峰值即硬度越高,热强性越好。由于 W_2C 的析出,在 650 ℃时,冲击韧度最低,因此高温韧性较差。

2. 工艺性能

3Cr2W8V 钢的临界点: $A_{c1} \approx 830$ ℃, $A_{c3} \approx 920$ ℃, $M_s \approx 350$ ℃。

(1)锻造

钢坯加热温度为 1 130～1 160 ℃,始锻温度为 1 080～1 120 ℃,终锻温度为 850～900 ℃,锻后先在空气中冷却到约 700 ℃,随后缓冲(砂冷或炉冷)。

(2)退火

等温退火的加热温度为 840～880 ℃,等温温度为 720～740 ℃,退火状态的组织为铁素体基体上分布着 Fe_3W_3C 和 $Cr_{23}C_6$,退火硬度不大于 241HBW。

(3)淬火及回火

为了提高模具的强韧性,可以采用高温淬火+高温回火工艺,即 1 140～1 150 ℃淬火+650～680 ℃回火,适用于承受动载荷较小的模具。

对于在动载荷下工作的小型模具或大型模具,可选用 1 050～1 100 ℃常规淬火工艺,油淬硬度为 50～54HRC,550～650 ℃回火两次,每次 2 h,回火后硬度为 40～50HRC。

3. 应用

3CrW8V 钢在淬火加热中的脱碳变形倾向较小,热处理工艺稳定,许多中小型机械厂

仍广泛应用,主要用在压力机锻模、热挤压模、压铸模、剪切刀上。考虑到3Cr2W8V钢的耐热疲劳性和韧性较差,有以下三种强韧化方法:

(1) 高温淬火＋高温回火

提高淬火温度,能使合金碳化物进一步溶解,奥氏体的钨含量增加,提高淬火钢的热硬性,在晶粒不粗大的条件下使热疲劳性能得到提高。例如3Cr2W8V钢制的40Cr钢销轴热锻模在作用力1 600 kN的摩擦压力机上锻造,原工艺用1 050～1 100 ℃淬火、600～620 ℃回火,硬度为47～49HRC,使用寿命仅500～2 000件;改用1 150 ℃淬火后660～680 ℃高温回火.硬度为39～41HRC,模具寿命达7 000～10 000件。

(2) 贝氏体等温淬火

3Cr2W8V钢制的自行车曲柄热成型模,在3 000 kN摩擦压力机上工作。若用常规工艺:1 080 ℃油淬、580～610 ℃二次回火,硬度为45～48HRC,平均寿命仅4 500件;改用1 100 ℃加热、340～350 ℃硝盐浴炉等温淬火,可获得在马氏体上分布适量下贝氏体的混合组织,从而提高了裂纹扩展抗力,使模具的平均寿命提高一倍,达到9 000件以上,最高达3.8万件。

(3) 控制淬硬层淬火

采用高温短时间加热或控制淬火操作,将使模具表面和心部得到不同的淬火加热温度,造成不同的合金度,在随后淬火时可获得内外不同的组织。例如在1 000～3 000 kN摩擦压力机上锻尖嘴钳,需用3Cr2W8V钢制的热挤压模,按常规工艺,硬度为46～48HRC,模具寿命仅4 000件,就会出现型腔变形塌陷或开裂,而改用高温短时加热淬火处理的模具,寿命可达32 000件。

四、特殊用途的热作模具钢及热处理

随着工业技术的日益发展,出现了各种新的热加工方法,对模具工作温度的要求更高,工作条件也更加苛刻。为此,各种高速钢、奥氏体耐热钢、高温合金、难熔合金等,都被用于制造模具。

1. 奥氏体热作模具钢

因为马氏体热作模具钢在650 ℃以上会发生碳化物的聚集长大,致使硬度、强度降低,因此为保证模具在750 ℃以上能耐高温、耐腐蚀、抗氧化,需要研制出奥氏体热作模具钢。现在主要有高锰系奥氏体热作模具钢和铬镍系奥氏体热作模具钢两类。

(1) 高锰系奥氏体热作模具钢

此钢又分为高锰系奥氏体模具钢和高锰系奥氏体无磁模具钢。

① 高锰系奥氏体模具钢

5Mn15Cr8Ni5Mo3V2和7Mn10Cr8Ni10Mo3V2是高锰系奥氏体模具钢,在加热和冷却过程中不发生相变,始终保持奥氏体组织,经1 150～1 180 ℃固溶处理和700 ℃时效后具有较好的综合力学性能,硬度为45～46HRC,但时效软化抗力很高.直到800 ℃时效,硬度仍能保持在42HRC左右,远远超过3Cr2W8V钢。

高锰系奥氏体耐热模具钢主要用于制造工作应力较高、使用温度达700～800 ℃的高温热作模具,如不锈钢、高温合金、铜合金的热挤压模,模具寿命比 3Cr2W8V 钢制模具提高 4～5 倍。实际应用中应先将模具预热到 400～450 ℃,由于这类钢的塑性、韧性不高,故实际应用受到限制。

②高锰系奥氏体无磁模具钢

7Mn15Cr2A13V2WMo(7Mn15)钢是一种高 Mn-V 系的无磁模具钢,7Mn15 钢在任何状态下都能保持稳定的奥氏体组织,除可制作冷作模具、无磁轴承及要求在强磁场中不产生感应的结构件外,因其在高温下还具有较高的强度和硬度,因此,也用来制作 700～800 ℃ 下使用的热作模具。

7Mn15 钢常用的热处理工艺为:1 180 ℃ 加热水淬,700 ℃ 回火空冷。

(2)铬镍系奥氏体热作模具钢

4Cr14Ni14W2Mo、Cr14Ni25CoV 钢属于铬镍系奥氏体热作模具钢,在 700 ℃ 以下具有良好的热强性,在 800 ℃ 以下具有良好的抗氧化性及耐蚀性。如 4Cr14Ni14W2Mo 钢在 800 ℃ 时仍有 250 MPa 的强度,且有很好的塑性与韧性。该类钢可进行 1 150～1 180 ℃ 或 1 050～1 150 ℃ 的固溶处理,再进行 750 ℃ 的时效处理,适合制造钛合金蠕变成型模具和具有强烈腐蚀性的玻璃成型模具。

2. 高温合金

当挤压耐热钢管时,模具型腔温度会高达 900～1 000 ℃,用奥氏体耐热钢也不能解决问题,需要采用高温合金来制作模具,如铁基、镍基、钴基合金。常用的镍基合金中,以尼莫尼克 100 号热强性最高,其化学成分为:$w_C = 0.3\%$,$w_{Ti} = 1.0\% \sim 2.0\%$,$w_{Cr} = 10\% \sim 12\%$,$w_{Al} = 4\% \sim 6\%$,$w_{Co} = 28\% \sim 22\%$,$w_{Mo} = 4.5\% \sim 5.5\%$,$w_{Fe} < 2\%$,其余为 Ni。在 900 ℃ 时持久强度仍有 150 MPa,可用于制作挤压耐热钢零件或挤压铜管的凹模及芯棒。

3. 硬质合金

硬质合金具有很高的热硬性和耐磨性,可用于制作工作温度较高的凸模或凹模中的镶块。如气阀挺杆热镦挤模,原用 3Cr2W8V 钢制作,模具寿命为 0.5 万件;改用钨钴类硬质合金 YG20 后,模具寿命提高到 1.5 万件。硬质合金还可用于制作压铸模、热切边凹模等。

4. 难熔合金

通常将熔点在 1 700 ℃ 以上的金属称为难熔金属。在压铸钢铁材料时,压铸模型腔的工作温度可高达 1 000 ℃,型腔表面受到严重的氧化、腐蚀和冲刷,常因产生严重的塑性变形和网状裂纹而失效,只能压铸几十件或几百件。因此可以用钨、钼、铌等熔点在 2 600 ℃ 以上的难熔合金来制作压铸模的型腔。由于它们的再结晶温度高于 1 000 ℃,可长时间在此温度之上工作。美国使用粉末烧结的钨基合金 Anviloy1150($w_W = 90\%$,$w_{Mo} = 4\%$,$w_{Ni} = 4\%$,$w_{Fe} = 2\%$)和钼基合金 TZM($w_C = 0.01\% \sim 0.04\%$,$w_{Zr} = 0.06\% \sim 0.12\%$,$w_{Ti} = 0.4\% \sim 0.55\%$,其余为 Mo)制作压铸模。

相比之下,钼基合金的热强度和持久强度较高,热导性好,热膨胀小,因此几乎不引起热裂。TZM 合金的塑性较好,便于成形加工,室温脆性也较钨基合金小,但其抗变形能力有限,且力学性能的各向异性十分明显。钼基合金做压铸模具用得比较成功,主要用于铜合金、钢铁材料的压铸模,也可用于钛合金、耐热钢的热挤压模等,其使用寿命远高于其他各种热作模具钢。

5. 压铸模用铜合金

在压铸钢铁材料时，一般 3Cr2W8V 钢压铸模的表面接触温度在 950～1 000 ℃左右，采用热导性高的铜合金制作的压铸模，其表面接触温度可降低到 600 ℃。随着模具型腔温度梯度的降低，可减少模具的应力和应变，能收到满意的效果。

常用的铜合金有铬锆钒铜（$w_{Cr}=0.6\%\sim0.8\%$，$w_{Zr}=0.4\%$，$w_V=0.4\%$，其余 Cu）、铬锆镁铜（$w_{Cr}=0.4\%$，$w_{Zr}=0.15\%$，$w_{Mg}=0.05\%$，其余 Cu）、钴铍铜（$w_{Co}=0.5\%\sim3\%$，$w_{Be}=0.4\%\sim2\%$，其余 Cu）等。在 600 ℃下这些铜合金的力学性能显著高于 1 000 ℃下的 3Cr2W8V 钢，模具使用寿命比 3Cr2W8V 钢提高 1.5～2 倍。用铜合金制压铸模镶块可在 980 ℃淬火后冷挤成形，然后进行时效处理，型腔的表面粗糙度好，可以提高使用寿命。

五、其他高耐热热作模具钢的性能特点

1. RM-2（5Cr4W5Mo2V）钢

（1）力学性能

该钢碳的质量分数属于比较高的，近 0.5%，合金元素总的质量分数约为 12%，碳化物较多，以 Fe_3W_3C 为主，因而具有较高的硬度、耐磨性、回火抗力及热稳定性，如在硬度为 40HRC 时的热稳定性可达 700 ℃，但是它的碳化物分布不均匀，韧性较差。

（2）工艺性能

RM-2 钢的临界点：$A_{c1}\approx836$ ℃，$A_{c3}\approx893$ ℃，$M_s\approx250$ ℃。

① 锻造：加热温度为 1 170～1 190 ℃，始锻温度为 1 120～1 150 ℃，终锻温度为 850 ℃，锻后在 600～850 ℃区间应该快冷，以避免网状碳化物的形成，在 600 ℃以下缓冷。

② 退火：加热温度为 870 ℃，等温温度为 730 ℃，炉冷到 500 ℃以下出炉空冷。

③ 淬火及回火：1 130 ℃淬火并在不同温度回火后的硬度见表 5-14。当 550 ℃回火时出现二次硬化峰值，700 ℃回火时仍保持 40.5HRC 的硬度。淬火温度超过 1 150 ℃时晶粒会明显增大，超过 1 200 ℃时显著增大。

表 5-14　　　　5Cr4W5Mo2V 的回火硬度（1130 ℃淬火）

回火温度/℃	淬火态	450	500	550	600	625	650	700
硬度（HRC）	59	57.5	57.5	58.5	55	52.5	47	40.5

（3）应用

RM-2 钢比 3Cr2W8V 钢具有较高的热强性、耐磨性及热稳定性，适于制作受热温度较高的小型热冲头、热切边模、精锻模、平锻模、压印机凸模、热挤压凸模及辊锻模等，使用寿命比 3Cr2W8V 钢普遍延长 2～3 倍，个别模具可延长 10～20 倍。

2. 012Al（5Cr4Mo3SiMnVAl）钢

012Al 钢是冷、热作兼用模具钢，有以下性能和应用。

（1）高温力学性能

012Al 钢的热稳定性高于 3Cr2W8V 钢，说明该钢具有较高的热硬性，热疲劳性也比 3Cr2W8V 钢优越得多。

(2)应用实例

用 012Al 钢制作的热作模具比 3Cr2W8V 钢制的模具使用寿命更长。在轴承套圈热挤压凸模及凹模上应用,寿命可提高 5～7 倍;在军品壳体热挤压凸模上应用,寿命可提高 2 倍以上;在轴承穿孔凸模及碾压辊上应用,寿命可提高 2～3 倍。

3. CG-2(6Cr4Mo3Ni2WV)钢

CG-2 钢是在高速钢的基体钢 6W6Mo5Cr4V(低碳 M2 钢)的基础上做适当的改进,增加 Ni 含量,降低 W、Mo 含量研制而成的冷、热兼用型基体钢

(1)力学性能

由于在钢中加入了 2% 的 Ni,提高了基体的强度和韧性,其室温及高温强度、热稳定性均高于 3Cr2W8V 钢,但高温冲击韧度与塑性要低于 3Cr2W8V 钢。

(2)工艺性能

CG-2 钢的临界点:$A_{c1} \approx 737\ ℃,A_{c3} \approx 822\ ℃,M_s \approx 180\ ℃$。

①锻造:始锻温度为 1 140～1 160 ℃,终锻温度为 950 ℃。此钢锻造性能稍差,要求反复镦拔三次以上,保证使碳化物均匀分布,锻后应缓冷并及时进行退火以消除应力。

②退火:CG-2 钢不易退火,故需采用球化退火,加热温度为 810 ℃,等温温度为 670 ℃,炉冷至 400 ℃以下出炉空冷,退火硬度为 220～400HBW。

③淬火及回火:淬火加热温度为 1 100～1 130 ℃,油冷。630 ℃回火两次,每次 2 h,硬度为 51～53HRC。若用作冷作模具,在 540 ℃回火两次,硬度为 59～62HRC。

(3)应用

CG-2 钢适于制作热挤压、热冲头等模具。曾在轴承套圈热挤压凸、凹模上应用过,寿命为 3Cr2W8V 钢凸模的 2～3 倍,在军需壳体热挤压凸模上应用,寿命提高近一倍,制作底板,使用寿命是 3Cr2W8V 钢底板的 3～6 倍。

CG-2 钢可用于冷作模具,制作标准件及轴承滚子的冷镦模、缝纫机零件冷镦模,比 Cr12MoV 钢模具寿命明显延长。

4. Y10(4Cr5Mo2MnVSi)钢和 Y4(4Cr3Mo2MnVNbB)钢

Y10 及 Y4 是分别为铝合金及铜合金的压铸模而研制的新型热作模具钢,铝合金的熔点较低,约为 580～740 ℃,Y10 钢是在 H13 钢的基础上适当提高钒、锰、硅的含量,属于含 5%铬的铬系高强韧性热作模具钢。铜合金的熔点温度较高,约在 850～920 ℃,Y4 是属于成分接近 3Cr3Mo 的铬钼系热作模具钢,但增加了微量元素铝和硼。

(1)力学性能

Y10 和 Y4 在冷热疲劳抗力及阻碍裂纹扩展的速率方面明显要优于 3Cr2W8V 钢,是比较理想的铝、铜合金的压铸模具材料,用于有色金属的压铸模,可使模具的使用寿命延长 1～10 倍,也可用于热挤压模、精锻模。

(2)工艺性能

Y10 钢的临界点:$A_{c1} \approx 815\ ℃,A_{c3} \approx 893\ ℃,M_s \approx 271\ ℃$。

Y4 钢的临界点:$A_{c1} \approx 789\ ℃,A_{c3} \approx 910\ ℃,M_s \approx 263\ ℃$。

①锻造与退火:两种钢的锻造及退火工艺与3Cr2W8V钢相近,锻造性能良好,温度范围较宽,无特殊要求,退火硬度低于3Cr2W8V钢。

②淬火和回火:淬火温度为1 020~1 120 ℃,回火温度为600~630 ℃,可根据用途及要求进行选择。

六、常用的压铸模具热处理工艺实例

实例1:H13钢制望远镜外壳压铸模高温淬火+高温回火

某光学仪器厂生产望远镜外壳,曾对H13钢采用1 020 ℃淬火,虽选择过不同温度回火,但模具的寿命始终比较低。经失效分析可知,热作模具在服役过程中频繁地被加热冷却,极易发生疲劳破坏。据统计,由热疲劳而引起的压铸模失效约占60%~70%。因此,国内外都非常重视压铸模的热疲劳寿命问题。该厂通过攻关,认定高温淬火+高温回火是首选工艺。

(1)预热:850~870 ℃。

(2)加热:由常规工艺的1 020~1 040 ℃提高到1 100 ℃。

(3)冷却:分级淬火或油冷。

(4)回火:生产实践证明,600 ℃回火热疲劳抗力最大,超过600 ℃回火热疲劳抗力开始下降,所以选定回火温度为600 ℃。回火后硬度为51~52HRC,模具寿命大大提高。

在600 ℃左右回火,钢的硬度适中,强度和塑性配合良好,显微组织的稳定性相当高,所以热疲劳抗力最高。随着回火温度的升高,钢的塑性和热稳定性虽有所提高,但强度迅速下降,使疲劳抗力降低。回火温度对疲劳抗力的影响,还与淬火温度有关,高的淬火温度提高了钢的耐回火性。

实例2:H13钢制铝合金压铸模高纯氮回充真空淬火

(1)预热

第一次预热的主要目的是清除模具淬火前机械加工产生的应力,防止和减小加热过程中引起的淬火变形。预热温度越高,消除应力效果越明显。预热温度选定为580 ℃,加热速度为8 ℃/min,保温时间为最终加热时间的两倍;真空度设定为2.666 44 Pa。第二次预热采用840 ℃,加热速度为12 ℃/min,真空度设定为26.664 4 Pa。

(2)淬火加热与冷却

在1 000~1 100 ℃进行淬火,硬度都可以超过55HRC。考虑到奥氏体晶粒不粗大、获得细针状马氏体,把淬火温度定在1 030~1 040 ℃。保温时间受设备功率、装炉量及装炉方式和工件大小等因素影响,保温时间不宜过长,按30 min+(工件厚度/50 mm)×10 min估算。加热速度为12 ℃/min。为防止碳和合金元素蒸发,真空度控制在26.664 4 Pa。保温后移至冷却腔,根据工件大小和装炉量,选择0.2~0.55 MPa高纯氮气(99.999%)进行高压气淬。冷却速度除与氮气压力有关外,还与冷却腔热交换有关。由于淬火炉冷却风机功率和热交换器水流量都很大,能够确保较大规格模具有足够高的淬火硬度和硬化深度,冷却过程中不需等温停留,继续冷至80 ℃出炉空冷。该工艺实施多年从未出现淬裂现象。

(3) 真空回火

采用真空下保温、随后低压快冷、室温出炉是确保模具高温回火表面无氧化脱碳的关键。回充高纯氮主要是让炉温均匀,提高加热速度,调节真空度。H13 钢压铸模采用三次高温回火,每次的加热速度都采用 8 ℃/min 升温,每次回火后选择 0.05～0.12 MPa 的压力进行快冷,或 300 ℃出炉用排风扇吹冷,也可以冷至室温出炉。

第一次回火的目的是把模具"搞硬"。保温时间是第三次回火保温时间的 1/3。

第二次回火的目的是把硬度"搞定"。根据压铸模的实际情况,要求硬度为 46～48HRC,选用 590～610 ℃回火较合适。保温时间是第三次回火保温时间的 2/3。

第三次回火的目的是"搞透",以充分消除淬火过程中的热应力和组织应力。回火温度选择 580～585 ℃;回火保温时间按经验公式(工件厚度/25 mm)h+2.5 h 来估算。回火过程真空度的控制应根据零件的要求来决定。

● **实例 3:Y10 钢制轿车变速器壳体压铸模氨冷淬火**

(1) 锻后球化退火工艺

840～850 ℃×2～3 h,炉冷至 720 ℃×4～6 h,炉冷至 300 ℃以下出炉空冷。

(2) 预热

采用三段预热:400～450 ℃,600～650 ℃,800～850 ℃。

(3) 淬火加热

采用盐浴加热。因模具比较大,采用 1 020 ℃较低的加热温度,保温时间应保证原始组织全部形成奥氏体,以及碳化物的充分溶解及溶解后碳和合金元素的充分扩散。这对压铸模具有较好的高温性能是很重要的。压铸模的加热保温时间应稍长些。这对提高模具耐回火性和抗疲劳能力都是有益的。

(4) 冷却

淬火冷却时,由于冷却速度过快,同时,在冷却过程中伴随着组织变化,因此,这是应力产生最激烈的阶段,若处理不当,都可能造成淬火变形和开裂。对大型压铸模来说,在保证模具使用性能的前提下,应采取尽可能慢的冷却速度。Y10 钢具有良好的淬透性,厚度为 150 mm 左右在空气中就能淬透。模具直接采用空冷,可获得极小的变形量,但表面会产生氧化将影响模具性能。对于大型的压铸模,采用直接油冷,然后通过适当温度回火,可获得较佳的使用性能,但油冷产生的内应力大。对于尺寸较大、结构复杂的模具,直接淬油是危险的。大量的生产实践证明,大尺寸的模具直接淬油产生变形和开裂的概率很高。因此,在生产中,大型模具很少淬油,以下介绍两种既可获得模具所需要的性能,又可减少变形、防止开裂的淬火工艺。

①预冷后分级淬火:Y10 钢在 400～550 ℃之间,过冷奥氏体极为稳定,这为分级淬火创造了有利条件。具体操作:于 1 020 ℃从炉中取出工件,在空气中预冷至 950 ℃左右,然后淬入 400～450 ℃硝盐中或更低一点的硝盐浴中。分级时间按 15～20 s/mm 计,分级后出炉空冷。

②氨冷淬火：在氨气中冷却可以获得比油冷更慢的速度。采用箱式电炉加热时，1 020 ℃保温结束随箱预冷，950 ℃开箱将模具放入特制的氨气桶内，向桶内通入压缩氨气，冷却到200 ℃左右取出空冷。

(5) 回火

模具冷至150～180 ℃立即进行回火。第一次用610 ℃，保温时间按3 min/mm 计算；第二次根据第一次回火后测定的硬度值调整，达到所需的50～54HRC 硬度；第三次进行600 ℃×4 h 去应力回火。

思考题

1. 简述热作模具的工作条件与性能要求。
2. 热作模具钢如何分类？
3. 热作模具钢如何选材？
4. 热挤压模具对模具材料有哪些要求？预备热处理方法有哪些？
5. 简述H13钢的真空热处理工艺。
6. 提高热挤压模具使用寿命的途径有哪些？
7. 锤锻模对模具钢性能有哪些要求？常见锤锻模用钢有哪些？
8. 压铸模对模具钢性能有哪些要求？常见压铸模用钢有哪些？

课题六
塑料模具材料

学习目标

1. 掌握塑料模具的工作条件与性能要求。
2. 掌握典型塑料模具材料的选用。
3. 熟悉塑料模具的热处理规范。

学习任务一 塑料模具的工作条件与性能要求

任务引入

表 6-1 列出了常用塑料的成型条件,这是塑料模具的工作条件。试分析它们对模具成型材料的性能要求。

表 6-1 常用塑料的成型条件

中文名称		低密度聚乙烯	硬质聚氯乙烯	聚丙烯	聚苯乙烯	丙烯腈-丁二烯-苯乙烯
英文缩写		LDPE	PVC	PP	PS	ABS
密度/(g·cm^{-3})		0.94~0.96	1.38	0.9~0.91	1.04~1.06	1.03~1.07
缩水率/%		1.5~3.6	0.6~1.5	1.0~2.5	0.6~0.8	0.3~0.8
烘料温度/℃		70~80	70~90	80~100	60~75	80~85
料筒温度/℃	前段	170~200	170~190	200~220	170~190	180~200
	中段	—	165~180	180~200	—	165~180
	后段	140~160	160~170	160~180	140~160	150~170
喷嘴温度/℃		—	—	—	—	170~180

续表

中文名称		低密度聚乙烯	硬质聚氯乙烯	聚丙烯	聚苯乙烯	丙烯腈-丁二烯-苯乙烯
模具温度/℃		60~70	30~60	80~90	32~65	50~80
注射压力/MPa		60~100	80~130	70~100	60~110	60~100
成型时间/s	注射时间	15~60	15~60	20~60	15~45	20~90
	高压时间	0~3	0~5	0~3	0~3	0~5
	冷却时间	15~60	15~60	20~90	15~60	20~120
	总周期	40~130	40~130	50~160	40~120	50~220
说明		高压聚乙烯成型条件除模温宜35~55℃外,其他均与低压聚乙烯相似	—	—	丁苯橡胶改性及甲基丙烯酸甲酯,改性的聚苯乙烯成型条件与上相似	该成型条件为加工通用级ABS塑料时所用,苯乙烯-丙烯腈共聚物(AS)成型条件与上相似

任务分析

塑料模具是一种生产塑料制品的工具,工作时模具装夹在注射机上,参见图6-1,熔融塑料在压力推动下被注入成型模腔内,并在腔内冷却成型,然后动、定模分开,经由顶出系统将制品从模腔顶出离开模具,最后模具再闭合进行下一次注射,整个注射过程是循环进行的。可见,在模具工作时,受到高温、高压、摩擦、冷热循环以及塑料的腐蚀,工作条件是比较恶劣的。

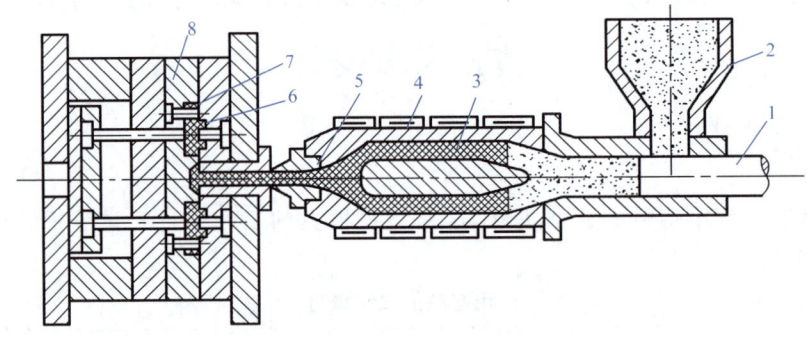

图6-1 柱塞式注射机成型原理

1—柱塞;2—料斗;3—分流梭;4—加热器;5—喷嘴;6—定模板;7—塑件;8—动模板

塑料模具的不同组成零件对材质的要求是不一样的。对于结构零件,包括浇注系统、导向件、定模板、顶出机构等,选用的材料为一般工程材料,如中低碳的非合金结构钢、合金工具钢或非合金工具钢。而对于成型零件,包括型腔、型芯、镶嵌件等一般选择塑料模具材料。

可根据塑料成型模具使用条件、加工方法和失效形式的不同将塑料模具材料的基本性能进行归纳。

相关知识

塑料制品的应用日渐广泛,为塑料模具提供了一个广阔的市场,同时对模具也提出了更高的要求。塑料模具的迅猛发展,带动了塑料模具材料的快速发展,主要表现在全球范围内塑料模具材料的开发速度加快、品种迅速增加,目前塑料模具材料仍然以钢为主。随着高性能塑料的开发和生产规模的不断扩大,塑料制品的种类日益增多,并向精密化、大型化和复杂化发展,使塑料模具的工作条件愈加复杂和苛刻,对塑料模具材料的性能要求也不断提高。因此,了解其服役条件、失效特点和性能要求,合理地选择塑料模具材料及热处理工艺,对保证模具质量、提高模具使用寿命和降低生产成本具有重要作用。

塑料模具材料的选择应从对塑料模具材料性能的分析开始,而塑料模具对其材料的性能要求应根据模具的工作条件、失效特点以及尺寸和形状等因素提出。

塑料模具材料应具有的性能包括使用性能和工艺性能两方面。

一、塑料模具材料的使用性能要求

1. 硬度、耐磨性和耐蚀性

塑料模具材料在硬度、耐磨性和耐蚀性上的要求,主要取决于塑料的性质和塑料制品的表面质量要求。

硬度是模具材料的主要性能指标,为了使模具在应力作用下能够正常工作,可通过选择合适的模具材料,并进行适当的热处理,使塑料模具获得所需的硬度。

耐磨性是塑料模具的基本性能之一。由于塑料模具在工作中会受到塑料填充和流动的压应力及摩擦力,所以塑料模具材料必须具有较高的耐磨性,使其在正常工作条件下能保持尺寸和形状稳定不变,并保证其具有足够的使用寿命。成型硬性塑料或含有玻璃纤维的增强塑料的塑料模具对模具材料的耐磨性要求则更高。

当塑料成型过程中有腐蚀性物质析出时,要求模具材料具有较好的耐蚀性。热固性塑料中一般含有固体填料,时常会有腐蚀性化学气体等物质释放,因此要求模具材料应具有较高的耐蚀性。

当塑料制品表面质量要求很高时,模具型腔表面轻微的损伤就足以导致模具的失效,这对模具材料的耐蚀性和耐磨性提出了更高的要求。

2. 强度、韧性和疲劳强度

塑料模具材料的这些性能主要取决于模具的工作压力、工作频率和冲击载荷等服役条件以及模具本身的尺寸和模具型腔的复杂程度。

塑料注射成型的压力通常为 30~200 MPa,闭模压力一般为注射压力的 1.5~2 倍,有时达 4 倍左右。为使塑料模具在使用过程中不发生变形,模具材料应具有一定的强度以及强度与硬度之间的良好配合。

韧性和疲劳强度是保证模具在工作过程中不发生过早开裂的重要性能指标。移动式压缩模或注射模经常受到冲击或碰撞,尤其是尺寸较大、形状复杂的塑料模具,其应力状态复杂且应力集中较大,要求材料有较高的韧性。而注射模的工作频率较高,要求材料具有较高的疲劳强度。

3. 耐热性

随着高速成型机械的出现，塑料制品的生产速度越来越高，这就决定了塑料模具势必在 20～350 ℃ 的温度范围内服役。若塑料流动性不好，在高速成型时，模具型腔的局部区域温度在较短时间内会超过 400 ℃。当模具的工作温度较高时，模具型腔的局部表面在压力和高温的共同作用下，可能产生回火软化并产生塑性变形，或由于模具型腔表面的回火转变产生拉应力，加之交变热载荷的作用使其产生热疲劳裂纹。因此要求模具材料应该具有良好的耐热性，使塑料模具材料在高温服役条件下，基体组织不发生变化，强度不降低，以防止模具的变形甚至开裂。

4. 尺寸稳定性

为保证塑料制品的成型精度，塑料模具在长期服役过程中的尺寸稳定性至关重要。为此，塑料模具除应具有足够的刚度外，还应具有较低的热膨胀系数和稳定的组织。

5. 导热性

高速注射成型塑料制品要求模具材料应具有良好的导热性，以使塑料制品尽快在模具中冷却成型。材料的导热性主要与材料种类有关，ZCuCr1 的导热性最好，铝合金次之，钢的导热性最差。

二、塑料模具材料的工艺性能要求

1. 切削加工性和表面抛光性

塑料模具材料应具有良好的切削加工性和表面抛光性。特别是塑料制品形状复杂、表面质量要求很高或有精细花纹图案时，模具材料应便于切削、抛光，且有良好的光刻蚀性能。

部分塑料模具需要进行预硬处理，即切削成形前预先进行热处理，使模具材料达到 35～45HRC 的硬度要求，切削成形后不再进行热处理，以保证塑料模具的尺寸精度和表面粗糙度。这就要求模具材料在有较高硬度的状态下，仍具有良好的切削加工性。模具材料的成分、组织、力学性能和加工硬化特性等都会影响其切削加工性。一般情况下，硬度对材料的切削加工性影响最大，硬度过高或过低都会使切削加工性变坏，尤其是经过淬火加低温回火的高硬度模具钢，切削加工十分困难。塑料模具材料的表面抛光性和光刻蚀性，对材料的冶金质量要求很高，如非金属夹杂物少、组织均匀细致、硬度较高且均匀。

2. 塑性加工性

塑料模具的塑性加工主要分为冷塑性变形加工和超塑性变形加工。对于型腔尺寸不大的多腔模具，可以采用塑性加工方法成型。目前，在塑料模具加工中比较常用的塑性加工方法是冷挤压成形，即在材料再结晶温度以下进行挤压成形。在设计此类模具时需选用变形加工性好的材料，即材料塑性好、变形抗力低、硬度低于 135HBW。因此，材料在冷挤压成形之前通常要进行旨在降低硬度、细化晶粒和消除应力的退火处理，如球化退火。

塑料成型模具的加工制造费用较高，一般占总成本的 75% 左右，而材料费用和热处理费用各占 10% 左右。因此比较重要的塑料模具，在保证使用性能的前提下，应优先选用工艺性能好的材料。

超塑性是指金属材料通过超塑性处理所表现出的超常规的塑性变形能力。如钢获得超塑性以后,其伸长率在一定的变形条件下甚至可达到200%。利用金属的超塑性热成型模具是近年来的一种模具制造新工艺,具有制作成本低和生产周期短的特点。大致工艺步骤是先将材料通过轧制、反复淬火、热机械处理以及固溶处理、时效处理,然后在超塑性变形温度下缓慢将材料挤压成模具。

3. 电加工性

电火花、线切割是目前塑料模具加工中常用的两种电加工方法,可用来制造几何形状比较复杂的模具型腔。但要注意,经过此类加工的模具表面,会因放电烧蚀而产生一个不正常的硬化层,对塑料成型和模具的使用寿命有不利影响。

4. 热处理工艺性

塑料模具的高精度要求模具材料的热处理工艺简单且变形小。模具工件对热处理工艺性的要求包括脱碳敏感性、淬火应力与淬火开裂倾向、淬透性、淬硬性和热处理变形等。这些性能对塑料模具的力学性能与塑料制品的成型质量影响很大。

5. 表面处理工艺性

对于耐磨、耐蚀的塑料模具,要求材料能够采取表面处理工艺,改善其表面的相应性能,并且不会对模具的整体性能带来不利影响。对塑料模具型腔表面的处理包括镀铬、渗碳、渗氮、碳氮共渗等表面处理工艺。对模具型腔进行强化处理也可以提高塑料模具的使用寿命。

6. 表面刻蚀性能和镜面加工性能

根据塑料制品的使用要求,或为掩饰制品表面某些不可避免的成型缺陷,模具型腔表面有时需要雕刻花纹、图案、文字等。因此对这类塑料模具的选材,一定要使其具有良好的表面刻蚀性能,通常包括刻蚀加工方便容易,刻蚀后不发生变形和裂纹两个方面。

塑料模具材料的镜面加工性能也是一个重要的性能指标。透明塑料制品在许多领域应用广泛。由于此类制品透明度要求不断提高,所以对其模具成型面的镜面加工性能要求随之提高,尤其是透明塑料仪表面板和各类光学镜片的成型模具。影响模具材料镜面加工的主要因素包括:

(1)钢中存在的三氧化二铝和硅酸盐等硬质非金属夹杂物以及碳化物的数量、尺寸和分布。这些第二相硬质点的数量越多,其镜面加工性能越差。非金属夹杂物的危害比碳化物还大。

(2)基体硬度。通常模具钢的基体硬度越高,其镜面加工性能越好,因为硬度不高将使抛光产生磨痕。

(3)组织均匀性。模具钢的组织均匀性越好,镜面加工性能越好。

7. 焊接性能

塑料模具由于结构设计的更改以及使用中磨损或开裂的修复,常常要对其进行补焊或堆焊作业。因此需要其具有一定的焊接性能。虽然模具钢的碳含量一般相对较高,但在其中选择塑料模具材料时,也必须对其提出一定的焊接性能要求,即在预热、缓冷等条件的支持下,完成补焊或堆焊工序。

总之,塑料模具对材料的性能要求,要考虑从模具的加工到使用的诸多方面,对塑料模具选材时所做出的性能要求,要综合分析其使用性能和工艺性能,避免片面性。

拓展资料

大国工匠孙景南心怀被焊花点亮的职业梦想,从一名学徒成长为中国电焊"大师",见证了中国轨道交通从"追赶者"到"领跑者"的辉煌历程。更多内容请扫描二维码进行延伸阅读与学习。

延伸阅读

任务实施

根据塑料模具使用条件,熔融塑料以一定的压力在模腔内流动,凝固的塑件从塑料模具中脱出,都对模具成型表面造成摩擦,引起磨损。造成塑料模具磨损失效的根本原因就是模具与物料间的摩擦。但磨损的具体形式和磨损过程则与许多因素有关,如模具在工作过程中的压力、温度、物料变形速度和润滑状况等。当塑料模具使用的材料与热处理不合理时,塑料模具的型腔表面硬度低、耐磨性差,其表现为:型腔表面因磨损及变形引起的尺寸超差;表面粗糙度值因拉毛而变高,表面质量恶化。尤其是当使用固态物料进入塑模型腔时,它会加剧型腔表面的磨损。加之塑料成型时,含有氯、氟等成分受热分解出腐蚀性气体HCl、HF,使塑料模具型腔表面产生腐蚀磨损,导致失效。如果在磨损的同时又有磨损损伤,使型腔表面的镀层或其他防护层遭到破坏,则将促进腐蚀过程。两种损伤交叉作用,加速了腐蚀-磨损失效。

因此塑料模具材料应具有以下性能:

1. 良好的抛光性能

许多模具的成型面甚至要求镜面(表面粗糙度 Ra 为 $0.05~\mu m$),以保证塑件良好的外观及顺利脱模。

2. 良好的耐磨性

模具型腔表面应具有足够的硬度(表面硬度一般不低于55HRC),以便在成型含有云母粉、石英砂、玻璃纤维等无机填料的塑料制品时,模具有足够的抗力。

3. 良好的抗腐蚀性能

用以抵抗塑料中存在的氯、氟等元素在受热分解时析出 HCl、HF 等有害气体的侵蚀。

4. 足够的硬化层深度和心部强度

防止模具工作时型腔表面堆塌、变形等。

5. 良好的加工性能

多数塑料模具往往是先淬火(预硬态)后加工,以保证模具的型腔尺寸的精度,所以模具要在45HRC左右的硬度下具有良好的机械加工性能。

学习任务二　选用塑料模具材料

任务引入

如图 6-2 所示为塑料护手套,材料为聚丙烯,中小批量,试确定模具成型零部件的材料。

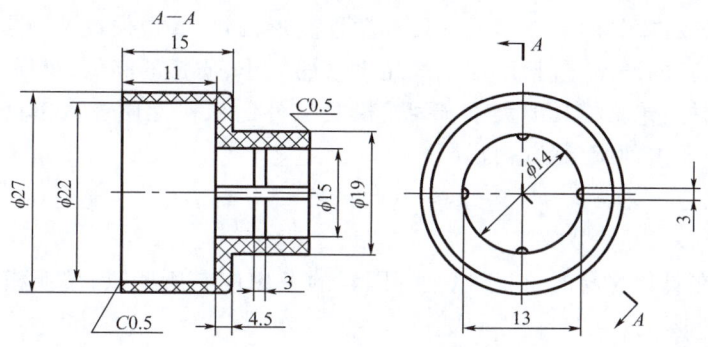

图 6-2　塑料护手套

任务分析

塑料护手套所用材料为聚丙烯,其特点是吸湿性小,易发生分解,流动性较好,冷却速度快,浇注及冷却系统应缓慢散热,成型收缩率较大,大概为 2%,易发生缩孔、变形等。因为塑料护手套是一个环形件,所以将浇口设计在外侧,可以一模多件,能大大提高生产率,而且去除浇口方便;推出机构采用推件板推出,特点是推力均匀,推出面积大,而且不需设复位装置。针对以上性能要求和工艺特性,对模具材料做出合理选择。

相关知识

塑料模具材料的选用是模具制造过程中的重要环节,塑料模具材料种类繁多,选择时应依据一定的原则进行,满足使用性能和工艺性能的要求,在模具材料选择中是相对重要的因素,因此首先必须依据模具的具体服役条件和制造工艺需求,针对各类塑料模具材料的使用和工艺特性,对模具材料做出符合性能要求的合理选择。同时,还要从实用性和经济性两方面进行综合考虑,降低塑料制品生产的成本,创造出较好的经济效益。

一、模具材料选用原则

1. 模具材料选择的基本要求

（1）综合性能优良

模具材料应具有一定的硬度和耐磨性,使模具在特定的工作条件下能够保持其形状和尺寸的稳定;应具有足够的强度和韧性,既能承受一定的高压又能承受一定冲击载荷的作用；应具有一定的抗热性能，包括一定的热强性和热硬性、热稳定性、热疲劳抗力和抗黏着性等，以承受模具工作时因强烈的摩擦而产生的局部高温。

（2）工艺性能良好

所选用的模具材料应具有良好的冷、热加工性能及热处理工艺性能，制造简单，加工方便，能够保证供应且经济性合理等。

2. 模具材料选择时应考虑的因素

① 模具的工作条件：包括承载力的大小、速度（冲击状况）、工作温度及腐蚀情况等。

② 模具的失效：模具的失效形式主要有塑性变形失效、磨损失效及断裂失效。

③ 模具所加工的产品：包括所加工产品批量的大小、质量的高低、材质的好坏等。

④ 模具的结构：包括模具的大小、形状、模具工件的工作性质等。模具的工作零件所用的材料应该比其他工件所用的材料好。

⑤ 模具的制造工艺。

⑥ 现有的设备及技术水平。

当然，我们在具体选材时，对于以上各因素的考虑应有所侧重，按照模具的工作要求有针对性地选择。

随着塑料制品产量的提高和应用领域的扩大，对塑料模具提出了越来越高的要求，促进了塑料模具的不断发展。目前塑料模具正朝着高效率、高精度、高寿命方向迅速发展。

二、几种典型塑料模具材料

我国目前用于塑料模具的钢种，可按钢特性和使用时的热处理状态分类，见表 6-2。

表 6-2　　　　　　　　　　　塑料模具钢分类

类别	钢种	类别	钢种
渗碳型	20、20Cr、20Mn、12CrNi3A、12Cr2Ni4A、20CrNiMo、DT1、DT2、0Cr4NiMoV	时效硬化型	18Ni140 级、18Ni170 级、18Ni210 级、10Ni3MnCuAl（PMS）、18Ni9Co、06Ni16MoVTiAl、25CrNi3MoAl
淬硬型	T7A、T8A、T10A、5CrNiMo、9SiCr、9CrWMn、GCr15、3Cr2W8V、Cr12MoV、45Cr2NiMoVSi、6CrNiSiMnMoV（GD）	耐蚀型	3Cr13、2Cr13、Cr16Ni4Cu3Nb（PCR）、1Cr18Ni9、3Cr17Mo、0Cr17Ni4Cu4Nb（74PH）
预硬型	3Cr2Mo、Y20CrNi3AlMnMo（SM2）、5NiSCa、Y55CrNiMnMoV（SM1）、4Cr5MoSiVS、8Cr2Mn、WMoVS（8CrMn）	调质型	45、50、55、40Cr、40Mn、50Mn、S48C、4Cr5MoSiV、38CrMoAlA

由于不同类型的塑料制品对模具钢的性能要求有差异，因此在不少国家已经形成范围很广的专用塑料模具钢系列，包括渗碳型塑料模具钢、淬硬型塑料模具钢、预硬型塑料模具钢、时效硬化型塑料模具钢、耐蚀型塑料模具钢以及调质型塑料模具钢等。

1. 渗碳型塑料模具钢

渗碳型塑料模具钢主要用于冷挤压成形的塑料模具。为了便于冷挤压成形，这类钢在退火时必须有高的塑性和低的变形抗力，因此，对这类钢要求有低的或超低的碳含量。为了提高模具的耐磨性，这类钢在冷挤压成形后一般都进行渗碳和淬火、回火处理，表面硬度可达 58～62HRC。

此类钢国外有专用钢种,如瑞典的 8416 钢、美国的 P2 和 P4 钢等。国内常采用工业纯铁(如 DT1 和 DT2 钢)、20、20Cr、12CrNi3A 和 12Cr2Ni4A 钢,以及最新研制的冷成形专用钢 0Cr4NiMoV(LJ)钢。下面介绍两个典型钢种。

(1) 0Cr4NiMoV(LJ)钢

① 化学成分

LJ 钢的化学成分见表 6-3。

表 6-3　　　　　　　　　　　　LJ 钢的化学成分　　　　　　　　　　　　　　%

元素	C	Mn	Si	Cr	Ni	Mo	V
质量分数	≤0.08	<0.3	<0.2	3.6～4.2	0.3～0.7	0.2～0.6	0.08～0.15

LJ 钢碳含量很低,因而塑性优异,变形抗力低。其中主加元素为铬,辅加元素为镍、钼、钒等,合金元素的主要作用是提高淬透性和渗碳能力,增加渗碳层的硬度和耐磨性以及心部的强韧性。

② 工艺性能

LJ 钢具有良好的锻造性能和热处理工艺性能。

锻造工艺:加热温度为 1 230 ℃,始锻温度为 1 200 ℃,终锻温度为 900 ℃。

退火工艺:加热温度为 880 ℃,保温 2 h,随炉缓冷(冷却速度约为 40 ℃/h)至 650 ℃后出炉空冷,退火硬度为 100～105HBW,可顺利地进行冷挤压成形。

固体渗碳工艺:加热温度为 930 ℃×6～8 h,渗后在 850～870 ℃油淬,然后再进行 200～220 ℃×2 h 的低温回火,热处理后表面硬度为 58～60HRC,心部硬度为 27～29HRC,热处理变形微小。LJ 钢渗碳速度快,渗层深度比 20 钢深一倍。

③ 实际应用

LJ 钢冷成形性与工业纯铁相近,用冷挤压法成形的模具型腔轮廓清晰、光洁、精度高。LJ 钢主要用来替代 10、20 钢及工业纯铁等冷挤压成形的精密塑料模具。由于渗碳淬硬层较深,基体硬度高,所以不会出现型腔表面塌陷和内壁咬伤现象,使用效果良好。

(2) 12CrNi3A 钢

① 化学成分

12CrNi3A 钢是传统的中淬透性合金渗碳钢,其化学成分见表 6-4。该钢碳含量较低,加入镍、铬合金元素以提高钢的淬透性和渗碳层的强韧性,尤其是镍,在产生固溶强化的同时,明显增加钢的塑韧性。与其他冷成形塑料模具钢相比,该钢的冷成形性属于中等。

表 6-4　　　　　　　　　　　　12CrNi3A 钢的化学成分　　　　　　　　　　　　%

元素	C	Si	Mn	Cr	Ni	P、S
质量分数	0.09～0.16	0.17～0.37	0.30～0.60	0.60～0.90	2.75～3.25	≤0.025

② 工艺性能

锻造加热温度为 1 200 ℃,始锻温度为 1 150 ℃,终锻温度大于 850 ℃,锻后缓冷,锻后必须软化退火。

退火工艺:740～760 ℃加热,保温 4～6 h 后以 5～10 ℃/h 的速度缓冷至 600 ℃,再炉冷至室温,退火后的硬度<160HBW,适于冷挤压成形。

正火工艺：870~900 ℃加热并保温3~4 h后空冷，正火后硬度≤229HBW，切削加工性良好。

12CrNi3A钢采用气体渗碳工艺时，加热温度为900~920 ℃，保温6~7 h，可获得0.9~1.0 mm的渗碳层，渗碳后预冷至800~850 ℃直接油淬或空冷，淬火后表层硬度可达56~62HRC，心部硬度为250~380HBW，变形微小。

③实际应用

12CrNi3A钢主要用于冷挤压成形的形状复杂的浅型腔塑料模具，也可用来制造大、中型切削加工成形的塑料模具，为了改善切削加工性，模坯须经正火处理。

2. 淬硬型塑料模具钢

(1) 常用钢种及热处理

常用的淬硬型塑料模具钢有非合金工具钢、低合金冷作模具钢、Cr12型钢、高速钢、基体钢和某些热作模具钢等。这些钢的最终热处理一般是淬火＋低温回火（少数采用中温回火或高温回火），热处理后的硬度通常在45HRC以上。

(2) 实际应用

非合金工具钢仅适于制造尺寸不大、受力较小、形状简单以及变形要求不高的塑料模具；低合金冷作模具钢主要用于制造尺寸较大、形状较复杂和精度较高的塑料模具；Cr12型钢适于制造要求高耐磨性的大型、复杂和精密的塑料模具；热作模具钢适于制造有较高强韧性和一定耐磨性的塑料模具。

另外，GD钢也是近年新推广使用的一种淬硬型塑料模具钢。该钢强韧性高、淬透性和耐磨性好，淬火变形小，价格低，用其取代Cr12MoV钢或基体钢制造大型、高耐磨、高精度塑料模具，不仅降低了成本，而且提高了模具的使用寿命。

3. 预硬型塑料模具钢

所谓预硬型钢（简称预硬钢），就是供应时已预先进行了热处理，并使之达到模具使用态硬度的钢。这类钢的特点是在硬度30~40HRC的状态下可以直接进行成形车削、钻孔、铣削、雕刻、精锉等加工，精加工后可直接交付使用，这就完全避免了热处理变形的影响，从而保证了模具的制造精度。

模具在制造过程中进行热处理是绝大多数模具长时间沿用的一种工艺，自20世纪70年代开始，国际上就提出预硬化的想法，但由于加工机床刚度和切削刀具的制约，预硬化的硬度无法达到模具的使用硬度，所以预硬化技术的研发投入不大。随着加工机床和切削刀具性能的提高，模具材料的预硬化技术开发速度加快，国际上工业发达国家在塑料模用材上使用预硬钢的比例已达到60%以上。我国从20世纪90年代中后期开始采用预硬钢。模具材料的预硬化技术主要在模具材料生产厂家开发和实施。通过调整钢的化学成分和配备相应的热处理设备，可以大批量生产质量稳定的预硬钢。采用预硬化模具材料，可以简化模具制造工艺，缩短模具的制造周期，提高模具的制造精度。可以预见，随着加工技术的进步，预硬化模具材料会用于更多的模具类型。

我国近年研制的预硬型塑料模具钢大多数以中碳钢为基础，加入适量的铬、锰、镍、钼、钒等合金元素制成。为了解决在较高硬度下切削加工难度大的问题，通过向钢中加入硫、钙、铅、硒等元素来改善切削加工性能，从而制得易切削预硬钢。有些预硬钢可以在模具加工成型后进行渗氮处理,在不降低基体使用硬度的前提下使模具的表面硬度和耐磨性显著提高。下面介绍几种典型预硬型塑料模具钢。

(1)3Cr2Mo(P20)钢

3Cr2Mo 钢是引进的美国塑料模具钢常用钢号,标注为 SM3Cr2Mo,SM 是塑料模具的简称。

①化学成分及相变点

3Cr2Mo 钢的化学成分见表 6-5。相变点为:$A_{c1} \approx 770$ ℃,$A_{c3} \approx 825$ ℃,$A_{r1} \approx 640$ ℃,$A_{r3} \approx 760$ ℃,$M_s \approx 300$ ℃,$M_f \approx 120$ ℃。

表 6-5　　　　　　　　　　　3Cr2Mo 钢的化学成分　　　　　　　　　　　　　%

元素	C	Si	Mn	Cr	Mo	P,S
质量分数	0.28~0.40	0.20~0.80	0.60~1.00	1.40~2.00	0.30~0.55	≤0.030

②工艺性能

● 锻造工艺:加热温度为 1 100~1 150 ℃,始锻温度为 1 050~1 100 ℃,终锻温度≥850 ℃,锻后空冷。

● 退火工艺:加热温度为 850 ℃,保温 2~4 h,等温温度为 720 ℃,保温 4~6 h,炉冷至 500 ℃,出炉空冷。

● 淬火及回火工艺:淬火加热温度为 860~870 ℃,油淬,540~580 ℃回火。预硬态硬度为 30~35HRC。

● 化学热处理:P20 钢具有较好的淬透性及一定的韧性,可以进行渗碳,渗碳淬火后表面硬度可达 65HRC,具有较高的热硬度及耐磨性。

③力学性能

850 ℃淬火、550 ℃回火的 P20 钢室温力学性能见表 6-6。

表 6-6　　　　　　　　　　　P20 钢室温力学性能

硬度(HRC)	R_m/MPa	$R_{p0.2}$/MPa	A_5/%	Z/%	a_K/(J·cm^{-2})
30	1 250	1 140	14	58	11.5

④实际应用

P20 钢适于制造电视机、大型收录机的外壳及洗衣机面板盖等大型塑料模具,其切削加工性及抛光性均显著优于 45 钢,在相同抛光条件下,表面粗糙度比 45 钢低 1~3 级。

(2)3Cr2NiMo(P4410)钢

①化学成分及相变点

3Cr2NiMo 钢是 3Cr2Mo 钢的改进型,是在 3Cr2Mo 钢中添加了质量分数为 0.8%~1.2%的镍,其化学成分见表 6-7。国内试制的 P4410 钢实际成分与瑞典生产的 P20 钢改进型 718 钢一致。P4410 钢的相变点为:$A_{c1} \approx 725$ ℃,$A_{c3} \approx 810$ ℃,$M_s \approx 280$ ℃。

表 6-7　　　　　　　　　P4410 钢的化学成分(质量分数)　　　　　　　　　　%

元素	C	Mn	Si	Cr	Mo	Ni	P	S
质量分数	0.28~0.40	0.60~1.00	0.20~0.80	1.40~2.00	0.30~0.55	0.80~1.20	≤0.020	≤0.015

② 生产工艺

P4410 钢的生产工艺为:碱性平炉粗炼—真空脱气、钢包喷粉精炼—水压机锻造—粗加工—超声波探伤—调质热处理—检验出厂。经此工艺生产出的钢可达到较高的洁净度,组织细密,镜面抛光性能好,表面粗糙度可达 0.05~0.025 μm。

③ 性能特点

经 860 ℃ 淬火、650 ℃ 回火后,P4410 钢的室温及高温力学性能见表 6-8。

表 6-8　　　　P4410 钢的室温及高温力学性能

试验温度/℃	R_m/MPa	R_{eL}/MPa	A/%	Z/%	a_K/(J·cm^{-2})	硬度(HRC)
室温	1 120	1 020	16	61	96	35
200	1 006	882	13.6	56	—	—
400	882	811	14.0	67	—	—

P4410 钢的硬度为 32~36HRC 时具有良好的车、铣、磨等加工性能。

P4410 钢也可采用火焰局部加热淬火,加热温度为 800~825 ℃,在空气中或用压缩空气冷却,局部表面硬度可达 56~62HRC,可延长模具使用寿命。也可对模具进行表面镀铬,表面硬度可由 370~420HV 提高到 1 000HV,显著提高模具的耐磨性和耐蚀性。

P4410 钢制造的模具局部损坏后也可用补焊法修补,焊接质量良好,可以进行加工。

④ 实际应用

P4410 钢在预硬态(30~36HRC)使用,可防止热处理变形,适于制造大型、复杂、精密的塑料模具。该钢也可采用渗氮、渗硼等化学热处理,处理后可获得更高的表面硬度,适于制作高精密的塑料模具。

(3) 8Cr2MnWMoVS(8Cr2S)钢

8Cr2MnWMoVS 钢属于易切削精密塑料成型模具钢,是为适应精密塑料模具和薄板无间隙精密冲裁模之急需而设计的,其成分设计采用了高碳、多元、少量合金化原则,以硫作为易切削元素。

① 特点

- 热处理工艺简便,淬透性好:空冷淬硬直径在 100 mm 以上,空冷淬硬度为 61.5~62HRC,热处理变形小。当在 860~900 ℃ 淬火、160~300 ℃ 回火时,轴向总变形率 <0.09%,径向总变形率<0.15%。
- 切削性能好:退火硬度为 207~239HBW,切削加工时,可比一般工具钢缩短加工工时 1/3 以上。硬度为 40~45HRC 时,用高速钢或硬质合金刀具进行车、铣、刨、镗、钻等加工,相当于碳钢调质态,硬度为 30HRC 左右时的切削性能远优于 Cr12MoV 钢退火态(硬度为 240HBW)时的切削性能。
- 镜面研磨抛光性好:采用相同的研磨加工工艺,其表面粗糙度比一般合金工具钢低 1~2 级,最低表面粗糙度为 0.1 μm。
- 表面处理性能好:渗氮性能良好,一般渗氮层深度达 0.2~0.3 mm,渗硼附着力强。

② 应用

8Cr2S 钢作为预硬钢适于制作各种类型的塑料模具、胶木模、陶土瓷料模以及印制板的冲孔模。该钢种制作的模具配合精密度较其他合金工具钢高 1~2 个数量级,表面粗糙度低

1～2级,使用寿命普遍高2～3倍,有的高十几倍。

（4）5CrNiMnMoVSCa（5NiSCa）钢

5NiSCa钢属于易切削高韧性塑料模具钢,在预硬态(35～45HRC)韧性和切削加工性良好;镜面抛光性能好,表面粗糙度低,可达0.2～0.1 μm,使用过程中表面粗糙度保持能力强;花纹蚀刻性能好,图案清晰、逼真;淬透性好,可制作型腔复杂、质量要求高的塑料模具。在高硬度(50HRC以上)下,热处理变形小,韧性好,并具有较好的阻止裂纹扩展的能力。

①化学成分及相变点

5NiSCa钢采用中碳加镍,其化学成分见表6-9。加热时相变点为695～735 ℃,冷却时相变点为305～378 ℃,$M_s \approx 220$ ℃。

表6-9　　　　　　　　　5NiSCa钢的化学成分　　　　　　　　　　　%

元素	C	Cr	Ni	Mn	Mo	V	S	Ca
质量分数	0.57	0.89	1.03	1.19	0.52	0.26	0.028	0.003 6

②工艺性能

● 锻造工艺:加热温度为1 100 ℃,始锻温度为1 070～1 100 ℃,终锻温度为850 ℃,锻后砂冷。

● 球化退火工艺:加热温度为770 ℃,保温3 h,等温温度为660 ℃,保温7 h,炉冷到550 ℃出炉空冷。退火硬度≤241HBW,加工性能良好。

● 淬火工艺:淬火温度为880～900 ℃,小件取下限,大件取上限,油冷或260 ℃硝盐分级淬火。

③力学性能

5NiSCa钢经不同温度淬火及回火后的力学性能见表6-10。

表6-10　　　　　　5NiSCa钢经不同温度淬火及回火后的力学性能

淬火/℃	回火/℃	$R_{p0.2}$/MPa	R_m/MPa	R_{mc}/MPa	A/%	Z/%	a_K/(J·cm^{-2})	硬度(HRC)
880	575	1 240.7	1 274.0	1 271.1	8.8	42.1	46.1	45.5
	625	1 240.7	1 274.0	1 271.1	8.8	42.1	46.1	39
	650	1 008.4	1 045.7	1 011.4	9.0	45.3	56.8	36
900	575	1 364.2	1 430.8	1 442.6	7.9	39.6	42.1	47
	625	1 252.4	1 291.6	1 355.3	8.3	41.7	49	41.5
	650	1 061.3	1 084.9	1 110.3	10.5	47.0	66.6	37

④实际应用

5NiSCa钢可用于型腔复杂、型腔质量要求高的注射模、压缩模、橡胶模、印制板冲孔模等。

（5）Y55CrNiMnMoV（SM1）钢

SM1钢属于易切削调质预硬型塑料模具钢,预硬态交货,预硬硬度为35～40HRC。易切削效果明显,性能稳定,综合性能明显优于45钢,还具有耐蚀性较好和可渗氮等优点。

①化学成分及相变点

SM1钢的化学成分见表6-11。其相变点为:$A_{c1} \approx 712$ ℃,$A_{c3} \approx 772$ ℃,$M_s \approx 290$ ℃。

表 6-11　　　　　　　　　　　　　　SM1 钢的化学成分　　　　　　　　　　　　　　　　%

元素	C	Mn	S	P	Cr	Ni	Mo	V	Si
质量分数	0.50~0.60	0.80~1.20	0.080~0.150	<0.030	0.80~1.20	1.00~1.50	0.20~0.50	0.10~0.30	<0.40

② 工艺性能
- 锻造工艺：锻造性能良好，锻造无特殊要求。
- 软化处理工艺：800 ℃加热，保温 3 h，680 ℃等温加热 5 h，硬度≤235HBW。
- 淬火、回火工艺：800~860 ℃加热，油淬，600~650 ℃回火。

③ 力学性能

经上述处理后，SM1 钢的力学性能见表 6-12。

表 6-12　　　　　　　　　　　　　　SM1 钢的力学性能

R_m/MPa	$R_\mathrm{p0.2}$/MPa	A_5/%	Z/%	a_K/(J·cm^{-2})	硬度（HRC）
1 176	980	15	45	44	35

④ 实际应用

SM1 钢生产工艺简便易行，性能优越稳定，使用寿命长。经电子、仪表、家电、玩具、日用五金等行业推广应用，效果显著。

4. 时效硬化型塑料模具钢

时效硬化型塑料模具钢的共同特点是碳含量低，合金度较高，经高温淬火（固溶处理）后，钢处于软化状态，组织为单一的过饱和固溶体。但是将此固溶体进行时效处理，即加热到某一较低温度并保温一段时间后，固溶体中就会析出细小弥散的金属化合物，从而造成钢的强化和硬化。并且，这一强化过程引起的尺寸、形状变化极小。因此，采用此类钢制造塑料模具时，可在固溶处理后进行模具的机械成形加工，然后通过时效处理，使模具获得使用状态的强度和硬度，这就有效地保证了模具最终尺寸和形状的精度。

此外，此类钢往往采用真空冶炼或电渣重熔，钢的纯净度高，所以镜面抛光性能和光刻蚀性能良好。这一类钢还可以通过镀铬、渗氮、离子束增强沉积等表面处理方法来提高耐磨性和耐蚀性。下面介绍几种时效硬化型塑料模具钢。

（1）25CrNi3MoAl 钢

25CrNi3MoAl 钢属于低镍无钴时效硬化钢，这是参考了国外同类钢的成分，并根据我国冶炼工业的特点及使用厂家对性能的要求加以改进而研制的一种新型时效硬化钢，为我国时效硬化型精密塑料模具专用钢种填补了空白。

① 化学成分及相变点

25CrNi3MoAl 钢的化学成分见表 6-13。其相变点为：$A_{c1}\approx740$ ℃，$A_{c3}\approx780$ ℃，$M_\mathrm{s}\approx290$ ℃。

表 6-13　　　　　　　　　　　　25CrNi3MoAl 钢的化学成分　　　　　　　　　　　　%

元素	C	Cr	Ni	Mo	Al	Si	Mn	S，P
质量分数	0.2~0.3	1.2~1.8	3.0~4.0	0.2~0.4	1.0~1.6	0.2~0.5	0.5~0.8	≤0.03

② 力学性能
- 硬度：25CrNi3MoAl 钢经不同温度固溶及时效处理后的硬度分别见表 6-14、表 6-15。

表 6-14　25CrNi3MoAl 钢经不同温度固溶处理(保温 30 min)后的硬度

加热温度/℃	830	920	960	1 000
硬度(HRC)	50	48.5	46.4	45.6

表 6-15　25CrNi3MoAl 钢经不同温度时效处理后的硬度

时效温度/℃	500	520	540
硬度(HRC)	35.5～38	39～41	39～42

● 室温力学性能:25CrNi3MoAl 钢经 880 ℃固溶、680 ℃回火、540 ℃时效处理 8 h 后的力学性能见表 6-16。

表 6-16　25CrNi3MoAl 钢的室温力学性能

硬度(HRC)	R_m/MPa	R_{eL}/MPa	A/%	Z/%	a_K[①]/(J·cm^{-2})
39～42	1 260～1 350	1 170～1 200	13～16.8	55～59	45～52

注:①表示 a_K 为夏比 U 形试样的冲击韧度。

③热处理工艺

● 用于一般精密塑料模具:淬火加热温度为 880 ℃,空冷或水冷淬火,淬火硬度为 48～50HRC,再经 680 ℃×4～6 h 高温回火,空冷或水冷,回火硬度为 22～23HRC,经机械加工成形。再经时效处理,时效温度为 520～540 ℃,保温 6～8 h,空冷,时效硬度为 39～42HRC。再经研磨、抛光或光刻花纹后装配使用。时效变形率约为－0.039%。

● 用于高精密塑料模具:淬火加热温度为 880 ℃,再经 680 ℃高温回火,其余工艺同①。但在高温回火后应对模具进行粗加工和半精加工,再经 650 ℃保温 1 h,消除加工后的残留内应力,然后再进行精加工。此后的时效、研磨、抛光等工艺仍同①。经此处理后时效变形率仅为－0.02%～－0.01%。

● 用于对冲击韧度要求不高的塑料模具:对退火的锻坯直接经粗加工、精加工,进行 520～540 ℃×6～8 h 的时效处理,再经研磨、抛光及装配使用。经此处理后,模具硬度为 40～43HRC,时效变形率≤－0.05%。

● 用于冷挤压型腔工艺的塑料模具:模具锻坯经软化处理后,即对模具挤压面进行加工、研磨、抛光。然后对冷挤压模具型腔和模具外形进行修整,最后对模具进行真空时效处理或表面渗氮处理后再装配使用。

④特点及应用

● 钢中镍含量低,价格远低于马氏体时效钢,也低于超低碳中合金时效钢。

● 调质硬度为 230～250HBW,常规切削加工和电加工性能良好。时效硬度为 38～42HRC,时效处理及渗氮处理温度范围相当,且渗氮性能好,渗氮后表层硬度达 1 000HV 以上,而心部硬度保持在 38～42HRC。

● 镜面研磨性能好,表面粗糙度可达 0.2～0.025 μm,表面光刻蚀性能好,光刻花纹清晰均匀。

● 焊接修补性好,焊缝处可加工,时效处理后焊缝硬度和基体硬度相近。

25CrNi3MoAl 钢可用于制作普通及高精密塑料模具,经十多家工厂试用技术经济效益显著。

(2)18Ni 类钢

18Ni 类钢属于低碳马氏体时效钢,其化学成分和力学性能见表 6-17。

表 6-17　18Ni 类钢的化学成分和力学性能

18Ni 钢级别	化学成分(质量分数)/%					R_{eL}/MPa	R_m/MPa	A/%	Z/%	硬度(HRC)
	Ni	Co	Mo	Ti	Al					
140 级	17.5～18.5	8～9	3.0～3.5	0.15～0.25	0.05～0.15	1 350～1 450	1 400～1 550	14～16	65～70	46～48
170 级	17～19	7.0～8.5	4.6～5.2	0.3～0.5	0.05～0.15	1 700～1 900	1 750～1 950	10～12	48～58	50～52
210 级	18～19	8.0～9.5	4.6～5.2	0.55～0.80	0.05～0.15	2 050～2 100	2 100～2 150	12	60	53～55

注：热处理工艺为 815±10 ℃固溶处理 1 h,空冷,经 480±10 ℃时效 3 h,空冷。

马氏体时效钢碳质量分数极低(约 0.03%),目的是改善钢的韧性。因这类钢的屈服强度有 1 400 MPa、1 700 MPa 和 2 100 MPa 三个级别,可分别简写为 18Ni140 级、18Ni170 级和 18Ni210 级,也分别对应国外的 18Ni250 级、18Ni300 级和 18Ni350 级。

18Ni 类钢中起时效硬化作用的合金元素是钛、铝、钴和钼。18Ni 类钢中加入大量的镍,主要作用是保证固溶体淬火后能获得单一的马氏体,其次 Ni 与 Mo 作用形成时效强化相 Ni_3Mo,镍的质量分数在 10% 以上,还能提高马氏体时效钢的断裂韧度。

18Ni 类钢主要用在精密锻模及制造高精度、超镜面、型腔复杂、大截面、大批量生产的塑料模具。但因 Ni 和 Co 等贵重金属元素含量高,价格昂贵,故尚难以广泛应用。

(3)06Ni6CrMoVTiAl(06Ni)钢

06Ni6CrMoVTiAl 钢属于低镍马氏体时效钢。该钢突出优点是热处理变形小,抛光性能好,固溶硬度低,切削加工性能好,具有良好的综合力学性能以及渗氮、焊接性能。因为合金元素含量低,所以其价格比 18Ni 类钢低得多。

①化学成分及相变点

低碳马氏体时效钢的硬化机理是在马氏体基体中析出金属间化合物而产生硬化,这首先要求低碳含量,并含有时效硬化元素,以提高钢的时效硬度。06Ni 钢的化学成分见表 6-18。其相变点为：$A_{c1} \approx 705$ ℃,$A_{c3} \approx 836$ ℃,$A_{r1} \approx 425$ ℃,$A_{r3} \approx 525$ ℃,$M_s \approx 512$ ℃,$M_f \approx 395$ ℃。

表 6-18　06Ni6CrMoVTiAl 钢的化学成分　　　　　　　　　　　%

元素	C	Ni	Cr	Mo	Ti	Al	V	Mn	Si	P、S
质量分数	0.06	5.5～6.5	1.3～1.6	0.9～1.2	0.9～1.3	0.6～0.9	0.08～0.16	≤0.5	≤0.6	≤0.03

②热加工工艺

- 锻造工艺：加热温度为 1 100～1 150 ℃,终锻温度≥850 ℃,锻后空冷。
- 软化退火工艺：可采用 680 ℃高温回火处理达到软化目的。
- 固溶处理工艺：固溶是时效硬化钢必要的工序,通过固溶既可达到软化目的,又可以保证钢在最终时效时具有硬化效应。固溶处理可以利用锻轧后快速冷却实现,也可以把钢加热到固溶温度之后油冷或空冷实现。

固溶处理后采用的冷却方式不同,对固溶及时效硬度影响很大。如 820 ℃固溶处理后,空冷硬度为 26～28HRC,油冷硬度为 24～25HRC,水冷硬度为 22～23HRC。固溶处理后冷却速度越快,硬度越低,但时效后硬度却更高。

06Ni 钢的时效硬度比 18Ni 类钢固溶硬度(28～32HRC)低,故而切削加工性能优于 18Ni 类钢。

推荐的固溶处理工艺:固溶温度为 800～880 ℃,保温 1～2 h,油冷。
- 时效工艺:时效温度为 500～540 ℃,时效时间为 4～8 h,硬度为 42～45HRC。

③力学性能

不同温度下测得的 06Ni 钢的力学性能见表 6-19。

表 6-19　　　　　　　　06Ni 钢室温和高温力学性能

试验温度/℃	R_m/MPa	$R_{p0.2}$/MPa	A/%	Z/%	a_K/(J·cm^{-2})
室温	1 478	1 422	9.3	37.2	3.4
100	—	—	—	—	1 503
200	1 292	1 262	11.2	54.2	36.8
300	1 238	1 197	10.5	53.3	41.7
400	1 153	1 128	13.7	56.5	51.9

由表 6-19 可见,随着试验温度的升高,虽然钢的强度有所下降,但塑性和韧性都迅速增加。在使用温度状态下,钢的韧性有较大增加。

④实际应用

06Ni6CrMoVTiAl 钢已分别应用在化工、仪表、轻工、电器、航空航天和国防工业部门,用以制作磁带盒、照相机、电传打字机等工件的塑料模具,均收到很好效果。该钢制作的录音机磁带盒塑料模具寿命可达 200 万次以上,压制的产品质量可与进口模具压制的产品质量相媲美;制作收录机磁带盒塑料模具,其平均寿命达 110 万次以上。

(4)10Ni3MnCuAlMoS(PMS)镜面塑料模具钢

光学塑料镜片、透明塑料制品以及外观光洁、光亮、质量高的各种热塑性塑料壳体件成型模具,通常选用表面粗糙度低、光亮度高、变形小、精度高的镜面塑料模具钢制造。

镜面性能优异的塑料模具钢,除要求具有一定强度、硬度外,还要求冷热加工性能好,热处理变形小。特别是还要求钢的纯洁度高,以防在镜面出现针孔、橘皮、斑纹及锈蚀等缺陷。

PMS 镜面塑料模具钢(简称 PMS 钢)是一种新型的析出硬化型塑料模具钢,具有良好的冷、热加工性能和综合力学性能,热处理工艺简便,变形小,淬透性高,适于进行表面强化处理,在软化状态下可进行模具型腔的挤压成形。

①化学成分及相变点

PMS 钢的化学成分见表 6-20。碳质量分数限制在 0.2% 以下,以保证钢的热加工性能及热处理后的韧性。Ni 和 Al 的加入是为了保证时效硬化后钢的硬度(40HRC 左右)。其相变点为:$A_{c1} \approx 675$ ℃,$A_{c3} \approx 821$ ℃,$A_{r1} \approx 382$ ℃,$A_{r3} \approx 517$ ℃,$M_s \approx 270$ ℃。

表 6-20　　　　　　　　PMS 钢的化学成分　　　　　　　　%

元素	C	Si	Mn	Ni	Cu	Al	Mo	P、S
质量分数	0.06～0.16	≤0.35	1.4～1.7	2.8～3.4	0.8～1.2	0.7～1.1	0.2～0.5	≤0.01

②工艺性能

- 锻造工艺:PMS 钢有良好的锻造性能,锻造加热温度为 1 120～1 160 ℃,终锻温度 ≥850 ℃,锻后空冷或砂冷。
- 固溶处理工艺:固溶处理的目的是使合金元素在基体内充分溶解,使固溶体均匀化并软化，便于切削加工。经 840～850 ℃加热 3 h 固溶处理，空冷后的硬度为 28～30HRC。

• 时效处理工艺：钢的最终使用性能是通过回火时效处理而获得的，钢出现硬化峰值的温度约为 510±10 ℃，时效后硬度为 40～42HRC。

• 变形率：PMS 钢的变形率很小，收缩量＜0.05%，总变形率径向为 -0.11%～-0.041%，轴向为 -0.026%～-0.021%，接近马氏体时效钢。

③ 力学性能

PMS 钢经 840～850 ℃加热、保温、空冷、固溶处理，再经 510 ℃及 530 ℃时效处理后的力学性能，见表 6-21。

表 6-21　　PMS 钢不同温度时效处理后的力学性能

钢种	时效温度/℃	硬度(HRC)	R_m/MPa	R_{eL}/MPa	A_5/%	Z/%	a_K/(J·cm^{-2})
PMS 钢（含 S）	510	42.5	1 303.5	1 169.1	16	49.2	14.7～17.1
	530	41.4	1 292.7	1 194.6	15	52.7	20.6
PMS 钢（低 S）	510	42.7	1 331.9	1 264.5	14.7	47.8	21.6
	530	41.8	1 252.5	1 191.7	14.6	55.7	21.6

④ 实际应用

PMS 钢适于制造各种光学塑料镜片，高镜面、高透明度的注射模以及外观质量要求极高的光洁、光亮的各种家用电器塑料模。

例如电话机壳体模具，生产出的电话机塑料壳体制品外观质量达到国外同类产品的先进水平，模具使用寿命也明显提高。又如大型双卡收录机注射模，生产出的机壳外观质量高，原用 45 钢制造注射模，模具寿命为 15 万模次；而 PMS 钢制造的注射模，寿命达 40 万模次。

PMS 钢是含铝钢，其渗氮性能好，时效温度与渗氮温度相近，因而，可以在渗氮处理的同时进行时效处理。渗氮后模具表面硬度、耐磨性、抗咬合性均提高，可用于注射玻璃纤维增强塑料的精密成型模具。

PMS 钢还具有良好的焊接性能，对损坏的模具可进行补焊修复。PMS 钢还适于高精度型腔的冷挤压成形。

(5) Y20CrNi3AlMnMo(SM2)钢

① 化学成分及相变点

Y20CrNi3AlMnMo(SM2)钢属于时效硬化型塑料模具钢，其化学成分见表 6-22。其相变点为：A_{c1}≈710 ℃，A_{c3}≈795 ℃，M_s≈405 ℃。

表 6-22　　SM2 钢的化学成分　　%

元素	C	Mn	S	P	Cr	Ni	Mo	Al	Si
质量分数	0.17～0.23	0.80～1.20	0.08～0.15	＜0.03	0.80～1.20	3.00～3.50	0.20～0.50	1.00～1.50	＜0.40

② 工艺性能

• 锻造工艺：锻造性能良好，锻造无特殊要求。

• 软化处理工艺：870～930 ℃加热，油冷，680～700 ℃高温回火 2 h，油冷，硬度≤30HRC。

• 热处理工艺：870～930 ℃加热，油淬，680～700 ℃油冷，500～560 ℃时效。

③ 力学性能

经上述处理后，SM2 钢的力学性能见表 6-23。

表 6-23　　　　　　　　　　　　　　SM2 钢的力学性能

R_m/MPa	$R_{p0.2}$/MPa	A_5/%	Z/%	a_K/(J·cm^{-2})	硬度（HRC）
1176	980	15	45	54	35

④实际应用

Y20CrNi3AlMnMo 钢生产工艺简便易行,性能优越稳定,使用寿命长。经电子、仪表、家电、玩具、日用五金等行业推广应用,效果显著。

5. 耐蚀型塑料模具钢

0Cr16Ni4Cu3Nb（PCR）钢属于析出硬化型不锈钢,硬度为 32～35HRC 时可进行切削加工。该钢再经 460～480 ℃时效处理后,可获得较好的综合力学性能。

（1）PCR 钢的化学成分及相变点

PCR 钢的化学成分见表 6-24。其相变点为：$A_s \approx 580$ ℃,$A_f \approx 723$ ℃,$M_s \approx 85$ ℃,$M_f \approx 300$ ℃。

表 6-24　　　　　　　　　　　　　　PCR 钢的化学成分　　　　　　　　　　　　　　%

元素	C	Mn	Si	Cr	Ni	Cu	Nb	S,P	其他
质量分数	≤0.07	<1.0	<1.0	15～17	3～5	2.5～3.5	0.2～0.4	≤0.03	添加特殊元素

（2）力学性能

PCR 钢时效处理后的力学性能见表 6-25。

表 6-25　　　　　　　　　　　PCR 钢时效处理后的力学性能

热处理工艺	R_m/MPa	R_{eL}/MPa	$R_{ec}^①$/MPa	A_5/%	Z/%	$a_K^②$/(J·cm^{-2})	硬度（HRC）
950 ℃固溶,460 ℃时效	1 324	1 211	—	13	55	50	42
1 000 ℃固溶,460 ℃时效	1 334	1 261	—	13	55	50	43
1 050 ℃固溶,460 ℃时效	1 355	1 273	1 442	13	56	47	43
1 100 ℃固溶,460 ℃时效	1 391	1 298	—	15	45	41	45
1 150 ℃固溶,460 ℃时效	1 428	1 324	—	14	38	28	46

注：①表示屈服极限。②C 形缺口冲击试样,$R = 12.7$ mm。

（3）工艺性能

①锻造工艺：加热温度为 1 180～1 200 ℃,始锻温度为 1 100～1 150 ℃,终锻温度≥1 000 ℃,空冷或砂冷。

钢中含有元素铜,其压力加工性能与铜含量有很大关系。当铜质量分数 $w_{Cu} > 4.5\%$ 时,锻造易出现开裂；当铜质量分数 $w_{Cu} \leq 3.5\%$ 时,其压力加工性能有很大改善。锻造时应充分热透,锻打时要轻捶快打,变形量小；然后可重锤,加大变形量。

②固溶处理工艺：固溶温度为 1 050 ℃,空冷,硬度为 32～35HRC,在此硬度下可以进行切削加工。

③时效处理工艺：在 420～480 ℃时效,其强度和硬度可以达到最高峰值,但在 440 ℃时冲击韧度最低,因此,推荐时效处理温度为 460 ℃,时效后硬度为 42～44HRC。

④淬透性及淬火变形：PCR 钢淬透性好,在 100 mm 断面上硬度均匀分布。回火时效后总变形率径向为 -0.05%～-0.04%,轴向为 -0.04%～-0.037%。

(4) 实际应用

PCR 钢适于制作含有氟、氯的塑料成型模具,具有良好的耐蚀性。如用于氟塑料或聚氯乙烯塑料成型模、氟塑料微波板、塑料门窗、各种车辆把套、氟氯塑料挤出机螺杆、料筒以及添加阻燃剂的塑料成型模,可作为 17-4PH 钢的代用材料。

聚三氟氯乙烯阀门盖模具,原用 45 钢或镀铬处理模具,使用寿命为 1 000~4 000 件;用 PCR 钢,当使用 6 000 件时仍与新模具一样,未发现任何锈蚀和磨损,模具寿命达 10 000~12 000 件。

四氟塑料微波板,原用 45 钢或表面镀铬模具,使用寿命仅为 2~3 次;改用 PCR 钢后,模具使用 300 次,未发现任何锈蚀和磨损,表面光亮如镜。

6. 其他塑料模具材料

(1) 铜合金

用于塑料模具材料的铜合金主要是铍青铜,如 ZCuBe2 和 ZCuBe2.4 等。一般采用铸造方法制模,不仅成本低,周期短,而且还可制造出形状复杂的模具。铍青铜可进行固溶时效强化,固溶后合金处于软化状态,塑性较好,便于机械加工。经时效处理后,合金的抗拉强度可达 1 100~1 300 MPa,硬度可达 40~42HRC。铍青铜适用于制造吹塑模、注射模以及一些高导热性、高强度和高耐蚀性的塑料模具。利用铍青铜铸造模具可以复制木纹和皮革纹,可以用样品复制人像或玩具等不规则的成型面。

(2) 铝合金

铝合金的密度小,熔点低,加工性能和导热性都优于钢,其中铸造铝硅合金还具有优良的铸造性能,因此在有些场合可选用铸造铝合金来制造塑料模具,以缩短制模周期,降低制模成本。常用的铸造铝合金牌号有 ZL101 等,它适于制造要求高热导率、形状复杂和制造周期短的塑料模具。形变铝合金也是用于制造塑料模具的铝合金之一,由于它的强度比 ZL101 高,所以可制作要求强度较高且有良好导热性的塑料模具。

(3) 锌合金

用于制作塑料模具的锌合金大多为 Zn-4Al-3Cu 共晶型合金,其主要成分见表 6-26。

表 6-26　　　　　　　　　　Zn-4Al-3Cu 的主要成分　　　　　　　　　　%

元素	Al	Cu	Mg	Zn
质量分数	3.9~4.5	2.8~3.5	0.03~0.06	约 92

锌合金还含有少量 Pb、Cd、Sn、Fe 等杂质。用此合金通过铸造方法易于制造出光洁而复杂的模具型腔,并可降低制模费用和缩短制模周期,锌合金的不足之处是高温强度较差,且合金易老化,因此锌合金塑料模具长期使用后易出现变形甚至开裂,这类锌合金适于制造注射模和吹塑模等。

用于塑料模具的锌合金还有铍锌合金和镍钛锌合金。铍锌合金有较高的硬度(150HBW),耐热性好,所制作的注射模的使用寿命可达几万至几十万件。镍钛锌合金由于镍和钛的加入,其强度、硬度得到了提高,因而模具寿命成倍增长。

任务实施

该塑料护手套是小型制件,根据注射机公称注射量大小,模具采用一模两腔式,在满足生产的前提下拥有较高的效率。

在注射成型过程中,模具的成型零部件将受到高压的作用,因此模具成型零部件应该具有足够的强度和刚度。强度不足将导致塑性变形,甚至开裂;刚度不足将导致弹性变形,使成型零部件向外膨胀,产生溢料间隙。由于模具成型零部件尺寸较大,成型零部件在发生大的弹性变形前,其内应力往往超过许用应力,因此应对成型零部件强度进行校核。

由于该塑件属于中小批量生产,因此为了便于加工,降低模具成本,动模和定模材料选用 3Cr2Mo 钢。

3Cr2Mo 钢的性能见本模块相关知识部分。

学习任务三 制定塑料模具的热处理工艺

任务引入

如图 6-3 所示为 DVD 门塑件 3D 图,材料为 ABS。大批量,自动化生产。

该零件尺寸中等大小,最大长度为 151 mm,最大高度为 28 mm,最大宽度为 35 mm,平均厚度为 1.8 mm,最大厚度为 2 mm,最小厚度为 0.8 mm。

试确定 DVD 门塑料成型模具的用材,并确定热处理工艺。

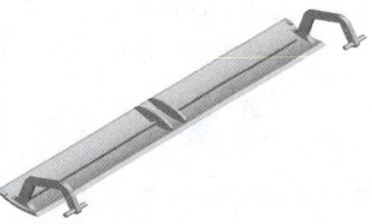

图 6-3 DVD 门塑件 3D 图

任务分析

首先,分析塑件的结构及成型工艺,然后分析材料 ABS 的注射成型工艺参数,选择该塑件的成型模具用材,最后确定该材质的热处理工艺。

相关知识

在从石器时代进展到铜器时代和铁器时代的过程中,热处理的作用逐渐为人们所认识。早在公元前 6 世纪,钢铁兵器逐渐被采用,为了提高钢的硬度,淬火工艺遂得到迅速发展。中国河北省易县燕下都出土的两把剑和一把戟,其显微组织中都有马氏体存在,说明是经过淬火的。为使金属工件具有所需要的力学性能、物理性能和化学性能,除合理选用材料和各种成型工艺外,热处理工艺往往是必不可少的。由于选用不同品种钢做塑料模具,其化学成分和力学性能各不相同,因此制造工艺路线不同,同样,不同类型塑料模具钢采用的热处理工艺也是不同的。

一、塑料模具的制造工艺路线

1. 低碳钢及低碳合金钢制模具

例如,20、20Cr、20CrMnTi 钢的工艺路线为:下料—锻造模坯—退火—机械粗加工—冷挤压成形—再结晶退火—机械精加工—渗碳—淬火、回火—研磨抛光—装配。

2. 高合金渗碳钢制模具

例如,12CrNi3A、12CrNi4A 钢的工艺路线为:下料—锻造模坯—正火并高温回火—机械粗加工—高温回火—精加工—渗碳—淬火、回火—研磨抛光—装配。

3. 调质钢制模具

例如,45、40Cr 钢的工艺路线为:下料—锻造模坯—退火—机械粗加工—调质—机械精加工—研磨抛光—装配。

4. 非合金工具钢及合金工具钢制模具

例如,T7A～T10A、9CrWMn、9SiCr 钢的工艺路线为:下料—锻造模坯—球化退火—机械粗加工—去应力退火—机械半精加工—机械精加工—淬火、回火—研磨抛光—装配。

5. 预硬钢制模具

例如,5NiSiCa、3Cr2Mo(P20)钢。对于直接使用棒料加工的,因其已进行了预硬化处理,故可在加工成形后直接抛光、装配。对于要改锻成坯料后再加工成形的,其工艺路线为:下料—改锻—球化退火—刨或铣六面—预硬处理(34～42HRC)—机械粗加工—去应力退火—机械精加工—研磨抛光—装配。

二、塑料模具的热处理特点

1. 渗碳钢塑料模具的热处理特点

(1)对于有高硬度、高耐磨性和高韧性要求的塑料模具,要选用渗碳钢来制造,并把渗碳、淬火和低温回火作为最终热处理。

(2)一般渗碳层的厚度为 0.8～1.5 mm,当压制含硬质填料的塑料时模具渗碳层厚度要求为 1.3～1.5 mm,压制软性塑料时渗碳层厚度为 0.8～1.2 mm。渗碳层的碳含量以 0.7%～1.0% 为宜。若采用碳氮共渗,则耐磨性、耐蚀性、抗氧化性、抗黏着性就更好。

(3)渗碳温度一般在 900～920 ℃,复杂型腔的小型模具可取 840～860 ℃ 中温碳氮共渗。渗碳保温时间为 5～10 h,具体应根据对渗层厚度的要求来选择。渗碳工艺以采用分级渗碳工艺为宜,即高温阶段(900～920 ℃)以快速将碳渗入工件表层为主;中温阶段(820～840 ℃)以增加渗碳层厚度为主,这样在渗碳层内建立均匀合理的碳浓度梯度分布,便于直接淬火。

(4)渗碳后的淬火工艺按钢种不同,可分别采用:重新加热淬火;分级渗碳后直接淬火(如合金渗碳钢);中温碳氮共渗后直接淬火(如用工业纯铁或低碳钢冷挤压成形的小型精密模具);渗碳后空冷淬火(如高合金渗碳钢制造的大、中型模具)。

2. 淬硬钢塑料模具的热处理

(1)形状比较复杂的模具,在粗加工以后即进行热处理,然后进行精加工,才能保证热处理时变形最小,对于精密模具,变形应小于 0.05%。

(2)塑料模具型腔表面要求十分严格,因此在淬火加热过程中要确保型腔表面不氧化、不脱碳、不侵蚀、不过热等。应在保护气氛炉中或在严格脱氧后的盐浴炉中加热,若采用普通箱式电阻炉加热,应在型腔表面涂上保护剂,同时要控制加热速度,冷却时应选择比较缓和的冷却介质,控制冷却速度,以避免在淬火过程中因产生变形、开裂而报废。一般以热浴淬火为佳,也可采用预冷淬火的方式。

(3)淬火后应及时回火,回火温度要高于模具的工作温度,回火时间应充分,至少要为 40 min。

3. 预硬钢塑料模具的热处理

(1)预硬钢是以预硬态供货的,一般不需热处理,但有时需进行改锻,改锻后的模坯必须进行热处理。

(2)预硬钢的预先热处理通常采用球化退火,目的是消除锻造应力,获得均匀的球状珠光体组织,降低硬度,提高塑性,改善模坯的切削加工性能或冷挤压成形性能。

(3)预硬钢的预硬处理工艺简单,多数采用调质处理,调质后获得回火索氏体组织。高温回火的温度范围很宽,能够满足模具的各种工作硬度要求。由于这类钢淬透性良好,因此淬火时可采用油冷、空冷或硝盐分级淬火。表 6-27 为部分预硬钢的预硬处理工艺。

表 6-27　　　　　　　　　　　部分预硬钢的预硬处理工艺

钢号	加热温度/℃	冷却方式	回火温度/℃	预硬硬度(HRC)
3Cr2Mo	830～840	油冷或 160～180 ℃硝盐分级	580～650	28～36
5NiSCa	880～930	油冷	550～680	30～45
8Cr2MnWMoVS	860～900	油或空冷	550～620	42～48
P4410	830～860	油冷或硝盐分级	550～650	35～41
SM1	830～850	油冷	620～660	36～42

4. 时效硬化钢塑料模具的热处理

(1)时效硬化钢的热处理工艺分两道基本工序。首先进行固溶处理,即把钢加热到高温,使各种合金元素溶入奥氏体中,完成后淬火获得马氏体组织。然后进行时效处理,利用时效强化达到最后要求的力学性能。

(2)固溶处理加热一般在盐浴炉、箱式炉中进行,加热时间分别可取 1 min/mm 和 2～2.5 min/mm,淬火采用油冷,淬透性好的钢种也可空冷。如果锻造模坯时能准确控制终锻温度,锻造后可直接进行固溶淬火。

(3)时效处理最好在真空炉中进行,若在箱式炉中进行,为防止型腔表面氧化,炉内需通入保护气氛,或者用氧化铝粉、石墨粉、铸铁屑在装箱保护条件下进行时效处理。装箱保护加热要适当延长保温时间,否则难以达到时效效果。部分时效硬化钢的热处理工艺可参照表 6-28。

表 6-28　　　　　　　　　　　部分时效硬化钢的热处理工艺

钢号	固溶处理工艺	时效处理工艺	时效硬度(HRC)
06Ni	800～850 ℃油冷	510～530 ℃×6～8 h	43～48
PMS	800～850 ℃空冷	510～530 ℃×3～5 h	41～43
25CrNi3MoAl	880 ℃水淬或空冷	520～540 ℃×6～8 h	39～42
SM2	900 ℃×2 h 油冷+700 ℃×2 h	510 ℃×10 h	39～40
PCR	1050 ℃固溶空冷	460～480 ℃×4 h	42～44

三、塑料模具的表面处理

为了提高塑料模具表面耐磨性和耐蚀性,常对其进行适当的表面处理。

(1)塑料模具镀铬是一种应用最多的表面处理方法,镀铬层在大气中具有强烈的钝化能力,能长久保持金属光泽,在多种酸性介质中均不发生化学反应。镀层硬度达 1 000HV,因而具有优良的耐磨性。镀铬层还具有较高的耐热性,在空气中加热到 500 ℃时其外观和硬度仍无明显变化。

(2)渗氮处理具有温度低(一般为 550~570 ℃)、模具变形甚微和渗层硬度高(可达 1 000~1 200HV)等优点,因而也非常适于塑料模具的表面处理。含有铬、钼、铝、钒和钛等合金元素的钢种比碳钢有更好的渗氮性能,用作塑料模具时进行渗氮处理可大大提高耐磨性。

模具的表面处理手段很多,几乎所有的表面处理及表面强化处理方法均在模具表面上得到应用。其中主要有三种:改变模具表面化学成分的方法、各种涂层的被覆法和不改变表面化学成分的方法。具体来说,主要有渗碳、渗氮和氮碳共渗、渗硼及其复合渗、TD 法、气相沉积、热喷涂、表面淬火、离子注入等技术。这些处理都可大幅度提高模具的使用寿命。如热锻模应用 Ni-Co-ZrO$_2$ 复合电刷镀,可提高模具寿命 50%~200%;采用化学沉积 Ni-P 复合涂层,硬度可达 78~80HV,耐磨性相当于硬质合金,对于玻璃纤维填充的塑料模具有很好的效果;采用 DVC 和 PVC 在各种工模具上沉积 TiC 和 TiN,可有效地改善模具表面的抗黏着性和抗咬合性,延长模具寿命。

1. 渗碳

在渗碳介质中加热,使钢的表层渗入碳的表面处理过程称为渗碳。渗碳一般是在钢的 A_{c3} 以上进行,目的是提高材料的表面硬度、接触疲劳强度、耐磨性等,而同时保留心部的良好韧性。它主要用于要求承受很大冲击载荷、高的强度和好的抗脆裂性能、使用硬度为 58~62HRC 的小型模具。

通过表面渗碳处理可显著提高模具的使用寿命。如 W18Cr4V 钢制冲孔冲模,经渗碳淬火后,其使用寿命比常规工艺处理提高 2~3 倍。

2. 渗氮和氮碳共渗

向钢件表层渗入氮以提高表层氮浓度的表面处理过程称为渗氮。渗氮的目的是提高材料的表面硬度、耐磨性、疲劳强度及抗咬合性,提高模具的抗大气与过热蒸气的腐蚀能力以及抗回火软化能力等。渗氮主要适用于受冲击较小的薄板冷拉深模、弯曲模以及冷挤压模、热挤压模和压铸模等。

为了使渗氮有较好的效果,必须选择含有铝、铬、钼元素的钢种,以便渗氮后能形成 AlN、CrN 和 Mo$_2$N 等。模具钢常用渗氮钢种有 Cr12、Cr12MoV、3Cr2W8V、38CrMoAlA、4Cr5MoVSi、40Cr5W2VSi、5CrNiMo、5CrMnMo 等。

氮碳共渗又称软氮化,是向钢件表面同时渗入氮和碳,并以渗氮为主的表面处理工艺。主要应用于热态下工作的压铸模具、塑料模具、热挤压模具以及锤锻模具等,并能显著提高其使用寿命。如 Cr12MoV 钢制 M6~M12 螺栓冷镦凹模经氮碳共渗后的工作寿命可提高 3~5 倍。再如 3Cr2W8V 钢制铝合金压铸模具用于压铸照相机机身时,经氮碳共渗后的使用寿命可提高约 8 倍,且工件脱模顺利,不粘模。

3. 渗硼及其复合渗

渗硼是指将钢件置于含硼介质中,使硼向钢件表层渗入以提高其硼含量的表面处理方法。渗硼层一般由 FeB+Fe_2B 双相或 Fe_2B 单相构成,其中 FeB 脆性大。渗硼主要适用于受冲击较小、主要为磨粒磨损失效的模具,如冷冲裁模、冷拉深模、冷挤压模和热挤压模等。45 钢制硅碳棒成形模经渗硼后,使用寿命比不渗硼的提高三倍以上。

为减小渗硼层的脆性,保证模具的耐磨性,渗硼后应进行淬火和低温回火处理。为了使渗硼模不仅表面硬,而且还具有减摩润滑性能,可在渗硼后再渗硫,即在高硬度渗硼层的基础上再覆盖一层减摩性良好的渗硫层,使模具表面具有由减摩层、硬化层和过渡层组成的复合结构。

为了进一步提高模具寿命,也可采用硼氮复合渗工艺以增加渗层厚度,减低渗硼层的脆性,强化过渡层,从而避免渗硼层的剥落。

4. TD 法

利用以硼砂为基的盐浴向钢件中渗钒、渗铌、渗铬等并形成碳化物的表面处理方法称为反应浸镀法,即 TD 法。它是熔盐浸镀法、电解法及粉末法进行扩散型表面硬化处理技术的总称。它可用于要求高耐磨性的各种冷作模具和热作模具,是钢件渗钒、渗铌、渗铬、渗钛等的常用方法。

渗钒后的模具寿命比渗氮处理的要高几倍甚至几十倍。渗铌后模具的寿命比常规处理的要提高几倍甚至几十倍。渗铬后的模具具有优良的耐磨性、抗高温氧化和耐磨损性能,适用于碳钢、合金钢和镍基或钴基合金工件,可使模具寿命大幅度提高。

TD 法设备简单,操作方便,成本低,而其表面强化效果与气相沉积法相近,在国外是非常受重视的表面强化技术。

5. 气相沉积

气相沉积是利用气相中发生的物理、化学过程,改变表面成分,在工件(模具)表面形成具有特殊性能的金属或化合物涂层的一种新技术,它包括化学气相沉积(CVD)和物理气相沉积(PVD)。

CVD 可以在材料上沉积碳化钛、氮化钛、碳氮化钛薄膜。由于处理温度较高,所以只适于用硬质合金、高速钢、高碳高铬钢、不锈钢和耐热钢等材料制造的模具,而且沉积处理后要进行淬火回火。

进行 PVD 处理时,工件的加热温度一般都在 600 ℃以下。目前主要有三种 PVD 方法,即真空蒸镀、真空溅射和离子镀,其中以离子镀在模具制造中的应用较广。真空蒸镀多用于透镜和反射镜等光学元件、各种电子元件、塑料制品等的表面镀膜,在表面硬化方面的应用不太多。真空溅射可用于沉积各种导电材料,但由于溅射会使基体温度升高到 500～600 ℃,故只适用于在此温度下具有二次硬化的钢及其所制造的模具。离子镀所需温度较低,涂层与基体的结合力较大,且沉积速度较其他气相沉积方法快,因此在模具上的应用日渐广泛。其中应用较多的是活性反应离子镀(ARE)和空心阴极离子镀(HCD)。

PVD 与 CVD 相比,主要优点是处理温度低、沉积速度快、无公害等,主要不足是沉积层与工件的结合力较小,镀层的均匀性稍差。

6. 热喷涂

热喷涂是将固体喷涂材料加热到熔化或软化状态,通过高速气流使其雾化,然后喷射、沉积到经过预处理的模具表面而形成具有各种不同性能的涂层的表面处理方法。

7. 表面淬火

表面淬火是对钢件表面快速加热，在心部接受传热升温之前就又快速冷却，从而只对表面实现淬火的工艺。在模具制造中，表面淬火多用于轻载、小批量的小型模具的热处理。

常用表面淬火方法有高频加热表面淬火、火焰加热表面淬火、接触电阻加热表面淬火和激光表面淬火等。例如，GCr15钢制轴承保持架冲孔用的冲孔凹模，经激光硬化处理后的使用寿命超过常规处理的两倍。

8. 离子注入

离子注入是将模具放在离子注入机的真空靶室中，在高电压的作用下，将含有注入元素的气体或固体物质的蒸气离子化，加速后的离子与工件表面碰撞并最终注入工件表面而形成固溶体或化合物表层。

离子注入的优点：注入层与基体结合牢固，工件无热变形，表面质量高，特别适合于高精密模具的表面处理。

9. 其他技术

除了以上表面强化手段外，用于模具表面的强化手段还有喷丸表面强化、电火花表面强化及各种表面镀覆和熔覆等。这些处理都可不同程度地强化模具材料的表面，提高模具的使用寿命。

面对如此众多的表面强化处理方法，在具体选择的时候，应根据具体情况进行选择。例如，适合于塑料模具的表面处理方法有：镀铬、渗氮、氮碳共渗、化学镀镍、离子镀氮化钛（或碳化钛或碳氮化钛）、PVD及CVD法沉积硬质膜或超硬膜等。

任务实施

1. 塑件的结构及成型工艺分析

（1）结构分析

该塑件端部带有连接运动部分，两个连接运动部分分别在不同的型腔内成型，故在模具设计和制造上要有一定的定位措施和良好的加工工艺，以保证转动的顺畅和零件的使用寿命。该塑件装配在DVD表面，对表面美观有一定要求，设计时要注意对外边面的处理。

（2）成型工艺分析

精度等级：采用一般精度5级。

脱模斜度：该注射零件壁厚约为1.8 mm，由于该塑件没有特殊狭窄细小部位，所用塑料为ABS，流动性较好，而且，主要部分有较好的弧度，可顺势脱模，所以塑件外表面没有放脱模斜度。同时，侧面采用滑块机构，脱模时，滑块抽去，两壁处脱模没有困难，所以也不放脱模斜度。

2. 材料ABS的注射成型工艺参数

由于ABS的吸水率为0.2%～0.8%，容易吸湿，成型前应进行充分的干燥，干燥至水分含量小于0.3%。干燥条件：用烘箱以80～85 ℃烘2～4 h或用干燥料斗以80 ℃烘1～2 h。

材料ABS的注射成型工艺参数如下：

注射机:螺杆式;

螺杆转速(r/min):48;

料筒温度(℃):前段 200～220,中段 180～200,后段 160～180;

喷嘴温度(℃):170～180;

模具温度(℃):50～80;

注射压力(MPa):70～100;

成型时间(s):注射 20～60,保压 0～3,冷却 20～90,总周期 50～160。

3. 材料 ABS 性能

ABS 为浅黄色粒状或珠状不透明树脂,无毒、无味、吸水率低,具有良好的综合物理机械性能,如优良的电性能、耐磨性、尺寸稳定性、耐化学性和表面光泽等,且易于加工成型。缺点是耐候性、耐热性差,且易燃。

ABS 在比较宽广的温度范围内具有较高的冲击强度,尺寸稳定性好,收缩率在 0.4%～0.8% 范围内,若经玻璃纤维增强后可以减少到 0.2%～0.4%,而且绝少出现塑后收缩。

ABS 具有良好的成型加工性,制品表面光洁度高,且具有良好的涂装性和染色性,可电镀成多种色泽。

ABS 是吸水的塑料,于室温下,24 小时可吸收 0.2%～0.35% 水分,虽然这种水分不至于对机械性能构成重大影响,但注射时若湿度超过 0.2%,塑料表面会受大的影响,所以对 ABS 进行成型加工时,一定要事先干燥,而且干燥后的水分含量应小于 0.2%。

(1)ABS 的主要性能指标

密度 $\rho=1.2$ g/cm^3;收缩率 0.4%～0.7%,取值 0.5%。

(2)ABS 成型塑件的主要缺陷及消除措施

主要缺陷:溢料飞边、气泡、熔接痕、烧焦及黑纹、光泽不良。

消除措施:增大注射压力、提高模具温度、加排气槽、充分预干燥。

通过以上分析,我们选择国产模具钢 3Cr2Mo(P20)。

4. 3Cr2Mo(P20)钢的性能及热处理

国产模具钢 3Cr2Mo(P20)标准:GB/T 1299—2014。

特性及适用范围:热作模具钢是引进美国的 P20 中碳 Cr-Mo 系塑料模具钢,属 P20 改良型,预硬化的硬度为 27～34HRC,硬度均匀,耐磨性好,适用于制作塑料模和压铸低熔点金属的模具材料。

此钢具有良好的可切削性及镜面研磨性能,具有较好的淬透性以及一定的热硬性,可以进行渗碳,渗碳淬火后表面硬度可以达到 65HRC,具有较高的硬度和耐磨性,因供货状态已进行了预硬化处理,故可直接加工成形后抛光、装配。主要用于电视机、电话机、吸尘器、饮水机等家用电器外壳塑料件的塑料成型模具。

化学成分:w_C 为 0.28%～0.40%,w_{Si} 为 0.20%～0.80%,w_{Mn} 为 0.60%～1.00%,$w_S \leqslant 0.030\%$,$w_P \leqslant 0.030\%$,w_{Cr} 为 1.40%～2.00%,Ni 的允许残余含量$\leqslant 0.25\%$,Cu 的允许残余含量$\leqslant 0.30\%$,w_{Mo} 为 0.30%～0.55%。

对于要改锻成坯料再加工成形的,其工艺路线:下料—改锻—球化退火—刨或者铣六面—预硬化处理(34～42HRC)—机械粗加工—去应力退火—机械精加工—抛光—装配。

热处理工艺如下：

- 临界点温度：$A_{c1} \approx 770$ ℃，$A_{c3} \approx 825$ ℃，$A_{r1} \approx 640$ ℃，$A_{r3} \approx 755$ ℃，$M_s \approx 335$ ℃，$M_f \approx 180$ ℃。
- 高温回火：回火稳定 730 ± 10 ℃，炉冷到温度 $\leqslant 500$ ℃，出炉空冷。
- 等温退火：退火温度 850 ± 10 ℃，保温时间 2 h，随炉降温至 720 ± 10 ℃，保温时间 4 h，出炉空冷。
- 淬火回火：淬火温度 850～880 ℃，油冷或者空冷，回火温度 580～640 ℃，出炉空冷。
- 调质处理：淬火温度 840～860 ℃，保温，淬油，淬火硬度 50～54HRC；回火温度 600～650 ℃，空气冷却，回火硬度 28～36HRC。
- 预硬化处理：温度 860～900 ℃，保温，淬油，回火温度 570～700 ℃，空冷，回火硬度 28～35HRC。

思考题

1. 试述塑料模具材料的选择原则。
2. 塑料模具热处理的基本要求有哪些？其热处理工艺有什么特点？
3. 对模具材料进行表面处理的目的是什么？处理手段有哪些？
4. 请解释下列名词术语：渗碳、TD法、气相沉积、热喷涂、表面淬火、离子注入。

课题七
模具加工材料

学习目标

1. 了解常用冲压材料的化学成分和力学性能。
2. 能够合理选择冲压材料。
3. 了解常用塑料及其选用。

▶▶ 学习任务一　选择常用冲压材料 ◀◀

任务引入

如图 7-1 所示为汽车闪光器及其固定支架,试选择该闪光器外壳及固定支架的材料。

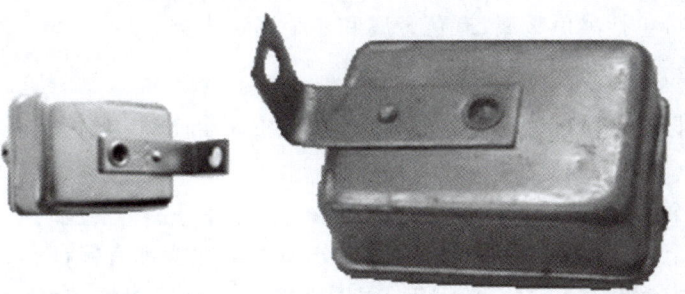

图 7-1　汽车闪光器及其固定支架

任务分析

闪光器外壳是闪光器电子部件的壳体,起着固定和保护闪光器电子部件的作用。固定支架是闪光器产品借以安装在汽车上使用的固定支撑件。由于二者用途不同,工艺要求不同,故应该选择不同的材料。

相关知识

一般来说,产品设计和工艺人员遇到下列情况时,都会涉及加工件材料选用问题。

(1)设计新产品时,根据产品的技术经济指标、对零部件的作用、受力情况和工作条件以及工艺要求选用材料。

(2)改进产品或仿制产品时,在原产品和仿制品的基础上提出改进方案,根据改制和仿制的要求选用合适的材料。

(3)进口产品国产化时,对样品进行技术分析和性能试验,选用性能与之相当的新材料。

(4)改变工艺流程时,选择代用材料。在生产过程中,采用新材料、新工艺、新技术和节能降耗都涉及材料的变更问题。

(5)原材料供需发生问题时,为确保生产的顺利进行,需要进行临时或长期材料变更。因此,合理选用材料是保证产品使用性、工艺性、经济性的基础。

钢中有60%~70%是板材,其中大部分是经过冲压制成的成品。汽车的车身、底盘、油箱、散热器片以及锅炉的汽包、容器的壳体、电动机的铁芯硅钢片等都是冲压加工的。仪器仪表、家用电器、自行车、办公机械、生活器皿等产品中,也有大量冲压件。冲压可加工各种类型的产品,小到钟表的秒针,大到汽车的纵梁、覆盖件;冲切厚度已达20 mm以上,加工尺寸幅度大,适应性强。随着冲压技术的快速发展及应用行业要求的不断提高,人们越来越关注冲压材料。

冲压所用的材料是多种多样的,绝大多数是板料、带料及块料,有时也对某些型材及管材进行冲压加工。材料类别包括黑色金属、有色金属和非金属三大类。其中主要以各种金属板料为冲压加工的对象。

一、常用冲压材料及其化学成分和力学性能

1. 常用冲压材料

常用冲压材料包括黑色金属、有色金属和非金属三大类。

(1)黑色金属

黑色金属板材按性质可分为普通非合金钢、优质非合金结构钢、低合金结构钢、电工硅钢、不锈钢等。

①普通非合金钢:如Q195、Q235钢等。

②优质非合金结构钢:这类钢板的化学成分和力学性能都有保证。其中碳钢以低碳钢使用较多,常用的有08、08F、10、20钢等,冲压性能和焊接性能均较好,用以制造受力不大的冲压件。

③低合金结构钢:常用的如Q345(16Mn)、Q295(09Mn2)钢,用以制造有强度要求的重要冲压件。

④电工硅钢:如DT1、DT2钢。

⑤不锈钢：如 1Cr18Ni9Ti、1Cr13 钢等，用以制造有防腐蚀、防锈要求的工件。

(2)有色金属

有色金属包括紫铜板、黄铜板、锡磷青铜板、铍青铜板、铝板、钛合金板、镁锰合金板等。铜及铜合金板常用的牌号有 T1、T2、H62、H68 等，其具有良好的塑性、导电性与导热性，防腐性能和焊接性能优良，用于仪表和壳体等产品；铝及铝合金板，常用的牌号有 L2、L3、LF21、LY12 等，其具有较好的塑性和导热性，较小的密度和变形抗力，用于测量仪表的面板、各种罩壳和支架等产品；镁锰合金板具有密度小、比强度高、比刚度高、阻尼性好、电磁屏蔽特性优越、抗振性好、耐蚀性能良好等特点，它们是减轻机械装备质量、提高机械装备各项性能的理想结构材料，适于加工成板材构件、挡板、燃油箱焊接件及飞机蒙皮等。

(3)非金属

非金属包括纸胶板、布胶板、皮革、塑料板、橡胶板、纤维板、云母板等，主要用于轻工业和建材业相应的产品中。

2.常用冲压材料的化学成分和力学性能

(1)黑色金属的化学成分和力学性能

影响钢板冲压性能的主要因素有化学成分、金属组织、力学性能和表面质量等。

①化学成分(以优质非合金结构钢为例)

优质非合金结构钢主要有 08(08Al、08F)、10、15、20 钢，其化学成分见表 7-1。

表 7-1　　优质非合金结构钢的化学成分(GB/T 5213—2019 和 GB/T 711—2017)

钢号	化学成分(质量分数)/%								
	C	Si	Mn	P	S	Ni	Cr	Cu	Al
08Al	≤0.08	≤0.03	0.35～0.45	≤0.020	≤0.03	≤0.01	≤0.03	≤0.15	0.02～0.07
08F	0.05～0.11	≤0.03	0.25～0.50	≤0.040	≤0.04	≤0.25	≤0.10	≤0.25	—
08	0.05～0.12	0.17～0.37	0.35～0.65	≤0.035	≤0.04	≤0.25	≤0.10	≤0.25	
10	0.07～0.14	0.17～0.37	0.35～0.65	≤0.035	≤0.04	≤0.25	≤0.15	≤0.25	
15	0.12～0.19	0.17～0.37	0.35～0.65	≤0.040	≤0.04	≤0.25	≤0.25	≤0.25	
20	0.17～0.24	0.17～0.37	0.35～0.65	≤0.040	≤0.04	≤0.25	≤0.25	≤0.25	

②化学成分对冲压性能的影响

在上述钢号中用量最大的是 08 钢，其有沸腾钢与镇静钢之分。08F 沸腾钢钢板价格低廉，表面质量好，但偏析比较严重，且有"应变时效"倾向，对于冲压性能要求高、外观要求严格的工件不适合；08Al 镇静钢钢板价格较高，但性能均匀，"应变时效"倾向小，适用于汽车、拖拉机覆盖件的拉深模具。

08 钢主要化学成分对冲压性能的影响见表 7-2。

表 7-2　　　　　　　08 钢主要化学成分对冲压性能的影响

元素名称	对冲压性能的影响
C	增加 FeC 的数量，提高钢板的抗拉强度和屈服强度，降低塑性，使冲压性能恶化，特别是当 FeC 出现于晶界时，对冲压性能的不利影响更大

续表

元素名称	对冲压性能的影响
Si	硅溶于铁素体中,强化铁素体的作用很大,提高强度,降低塑性,硅含量越低越好,深冲压钢板不能用硅脱氧
Mn	锰的直接影响不大,锰和硫形成 MnS 夹杂物,其数量和形态对冲压性能有影响
P	磷显著地提高强度和脆性,并有偏析倾向,易于形成带状组织,这些都对冲压性能不利
S	形成硫化物,其数量、形状和分布对冲压性能有很大影响,数量多且呈细长条状分布的硫化物对冲压性能不利
Al	是镇静钢的最终脱氧剂,可与氮形成氮化铝,显著降低钢板的"应变时效"倾向,容易得到"饼形"铁素体晶粒,改善冲压性能。钢中铝的最佳含量为其质量分数的 0.03%~0.05%

③金属组织对冲压性能的影响

优质非合金结构钢铁素体晶粒度的标准与拉深级别的关系,见表 7-3。

表 7-3　　　优质非合金结构钢铁素体晶粒度的标准与拉深级别的关系

钢板状态	钢号及拉深级别			
	ZF、HF	F	Z	S
	08Al	05F、8F、10F	08b、15F、20F、08、10、15、20	05F、08F、10F、15F、20F、08b、08、10、15、20
冷轧	6、7、8 或"饼形"	6、7、8、9 或"饼形"	6、7、8	6、7、8、9	5、6、7、8、9

注:1.08Al 镇静钢按其冲压性能分为三级:ZF 表示拉深最复杂工件,HF 表示拉深很复杂工件,F 表示拉深复杂工件。
2.其他深冲薄钢板(包括热轧板)按冲压性能分级为:Z 表示最深拉深件,S 表示深拉深件,P 表示普通拉深件。

优质非合金结构钢的杯突试验冲压深度见表 7-4。

表 7-4　优质非合金结构钢的杯突试验冲压深度(GB/T 5213—2019 和 GB/T 711—2017)　　mm

钢板厚度	钢号及级别							
	08Al			08、08F			10、15、20	
	ZF	HF	F	Z	S	P	Z	S
	E_r 值(杯突试验深度)不小于							
0.5	9.5	9.3	9.1	9.0	8.4	8.0	8.0	7.4
0.6	9.8	9.6	9.4	9.4	8.9	8.5	8.4	7.8
0.7	10.3	10.1	9.9	9.7	9.2	8.9	8.6	8.0
0.8	10.6	10.5	10.3	10.0	9.5	9.3	8.8	8.2
0.9	10.8	10.7	10.5	10.3	9.9	9.6	9.0	8.4
1.0	11.2	10.8	10.7	10.5	10.1	9.9	9.2	8.6
1.1	11.3	11.0	10.9	10.8	10.4	10.2	—	—
1.2	11.5	11.2	11.1	11.0	10.6	10.4	—	—
1.3	11.7	11.3	11.3	11.2	10.8	10.6	—	—
1.4	11.8	11.4	11.4	11.3	11.0	10.8	—	—
1.5	12.0	11.6	11.5	11.5	11.2	11.0	—	—
1.6	—	11.8	11.7	11.6	11.4	11.2	—	—
1.7	—	12.0	11.9	11.8	11.6	11.4	—	—
1.8	—	12.1	12.0	11.9	11.7	11.5	—	—
1.9	—	12.2	12.1	12.0	11.8	11.7	—	—
2.0	—	12.3	12.2	12.1	11.9	11.8	—	—

④力学性能

优质非合金结构钢的力学性能见表 7-5。

表 7-5　　优质非合金结构钢的力学性能(GB/T 5213—2019 和 GB/T 711—2017)

钢号	级别	厚度/mm	R_m/MPa	R_{eL}/MPa	A_{10}/%	R_{eL}/R_m
				不小于		
08Al	ZF	全部	260～330	200	44	0.66
		全部	260～340	210	42	0.70
	HF	>1.2	260～350	220	39	—
	F	1.2	260～350	220	42	—
		≤1.2	260～350	240	42	—
08F	Z		280～370	—	34	
	S	≤4	280～390	—	32	
	P		280～390	—	30	
08	Z		280～400		32	
	S	≤4	280～420		30	
	P		280～420		28	
10	Z		300～420		30	
	S	≤4	300～440		29	
	P		300～440		28	
15	Z		340～460		27	
	S	≤4	360～480		26	
	P		360～480		25	
20	Z		60～500		26	
	S	≤43	360～510		25	
	P		360～510		24	

(2)有色金属的组织和力学性能

铝、镁、钛等有色金属通常称为轻金属,其相应的铝合金、镁合金、钛合金则称为轻合金材料。

①铝合金

铝合金导热性好,易于成型,具有较好的强度,价格低廉。其中变形铝合金需要经过不同的压力加工方式生产成材,其质量轻,比强度高,是机械工业和航空工业中重要的结构材料。变形铝合金可分为不可热处理强化型铝合金和可热处理强化型铝合金。

● 不可热处理强化型铝合金

不可热处理强化型铝合金不能通过热处理来提高机械性能,只能通过冷加工变形来实现强化,其化学性能和组织比较单一。它主要包括高纯铝、工业高纯铝、工业纯铝以及防锈铝等。

● 可热处理强化型铝合金

可热处理强化型铝合金通过固溶和时效处理使合金的强度显著提高。这类铝合金品种系列多,用途广,可分为硬铝、锻铝、超硬铝等。

硬铝属于铝铜镁锰系合金,主要牌号有 LY1、LY2、LY6、LY10、LY11、LY12 等。其中

LY12 是使用最广、强度最高的硬铝,经淬火与时效等处理后其力学性能为 $R_\mathrm{m}=460$ MPa, $R_\mathrm{p0.2}=320$ MPa,$A=17\%$,$Z=30\%$。

锻铝属于铝镁硅系合金,其中最重要的品种是 LD10,其力学性能为 $R_\mathrm{m}=490$ MPa, $R_\mathrm{p0.2}=380$ MPa,$A=10\%$。

超硬铝属于铝锌镁铜系合金。在铝合金中强度最高,韧性也很高,具有良好的工艺性能(热塑性和焊接性)。其主要牌号有 LC3、LC4、LC6、LC10、LC12 等。其中 LC6 是具有最高强度的铝合金,强度可达 600 MPa。

② 镁合金

镁合金是最轻质的金属结构材料,具有密度小、比强度高、比刚度高、阻尼性好、电磁屏蔽特性优越、价格低廉、抗振性好等特点,是减轻机械装备质量,提高机械装备各项性能的理想结构材料。工业中应用的镁合金为变形镁合金和铸造镁合金两大类。许多镁合金既可用作铸造合金,又可用作变形合金。经锻造和挤压后,变形合金比相同成分的铸造合金具有更高的强度,可加工成形状更复杂的工件。

变形镁合金的牌号主要有 MB2、MB8、MB15、MB22、MB25 等,主要合金系为镁锌锆系、镁锰系、镁锂系、镁铝锌系和镁稀土锆系。

镁锌锆系合金是热处理强化变形合金。其中 MB15 经过固溶淬火和人工时效后,其 $R_\mathrm{m}=363$ MPa,$R_\mathrm{p0.2}=324$ MPa,$A=9.5\%$。在镁锌锆系合金中加入少量镉、钕或镧,可进一步强化合金,提高室温和高温强度,改善焊接性能。Mg-6Zn-0.6Cd-1.7Nd-0.7Zr 合金,室温下的 R_m 接近 400 MPa,150 ℃ 持久强度 $R_{100}=98$ MPa,是变形镁合金中强度最高的合金之一。

镁锰系合金有良好的耐蚀性和焊接性,其中 MB8 合金有中等强度和较高的塑性,其力学性能为 $R_\mathrm{m}=245$ MPa,$R_\mathrm{p0.2}=167$ MPa,$A=18\%$;而 ZM61(Mg-6Zn-1.2Mn)合金是强度最高的挤压合金之一,其力学性能为 $R_\mathrm{m}=385$ MPa,$R_\mathrm{p0.2}=340$ MPa,$A=8\%$,与某些高强度铝合金相当。

镁锂系合金是在镁中加入锂元素而获得的超轻变形合金,属于超轻型结构合金,是目前最轻的金属结构材料,具有极优的变形性能和较好的超塑性能,力学性能为 $R_\mathrm{m}=285$ MPa,$R_\mathrm{p0.2}=206$ MPa,$A=8\%$。单相组织的镁锂系合金的强度低,但有良好的冷变形能力,同时可焊接。

镁铝钕锌合金的力学性能为 $R_\mathrm{m}=469$ MPa,$R_\mathrm{p0.2}=428$ MPa,$A=14\%$,镁铝钇锌合金的力学性能为 $R_\mathrm{m}=497$ MPa,$R_\mathrm{p0.2}=434$ MPa,$A=5\%$。这类镁合金完全达到了高强度铝合金的性能水平。

③ 钛合金

钛合金耐蚀性、耐热性高,比刚度、比强度高。在所有的金属材料之中,只有最高强度钢的比强度高于钛合金。传统钛合金的屈服强度大多为 800~1 200 MPa,其中亚稳 β-钛合金强度最高。对于一些特殊的应用,可以通过三种措施提高钛合金的强度:合金化、加工工艺和复合材料技术。

钛合金可根据成分和室温基本组织特点分为 α-钛合金、(α+β)-钛合金、β-钛合金和近 β-钛合金。这四类合金的成分范围都很宽,合金元素的种类和数量都可在很大范围内变化,可以根据使用要求进行合金设计。

(3)各种类型冲压件对材料的力学性能要求(表 7-6)

表 7-6　　　　　　　各种类型冲压件对材料的力学性能要求

冲压件类别	抗拉强度 R_m/MPa(≤)	伸长率 A/%(≤)	硬度(HRB,≤)
平板件的冲裁	650	1～5	84～96
冲裁及大的圆角($r>2t$)、直角弯曲	500	4～14	75～85
浅拉深和成形,以圆角半径($r≥0.5t$)做 180°垂直于轧制方向弯曲或做 90°的平行于轧制方向的弯曲	420	13～27	64～74
深拉深成形,以圆角半径($r<0.5t$)做任何方向的 180°弯曲	370	24～36	52～64
深拉深成形	330	33～45	48～52

3. 新型冲压材料

当代材料科学的发展已经做到:根据使用与制造上的要求设计并研发新的材料,因此很多冲压用的新型板材应运而生。新型冲压板材包括高强度钢板、耐腐蚀钢板、涂层板及复合板材。

(1)高强度钢板

高强度钢板是指对普通钢板加以强化处理而得到的钢板。通常采用金属强化,包括固溶强化、析出强化、细晶强化、组织强化(相变强化及复合组织强化)、时效强化及加工强化等。其中,前五种是通过添加合金成分和热处理工艺来控制板材性质的。

高强度钢板的高强度有两方面含义:其一,屈服强度、抗拉强度高。用于汽车工件的高强度钢板,其抗拉强度可以达到 600～800 MPa,而相应的普通冷轧软钢板的抗拉强度只有 300 MPa。其二,高强度钢板的应用,能减轻冲压件的重量,节省能源和降低冲压产品成本。

(2)耐腐蚀钢板

开发新型耐腐蚀钢板的主要目的是增强普通钢板冲压件的抗腐蚀能力。它有两类:一类是加入新元素的耐腐蚀钢板,如耐大气腐蚀钢板等。我国研制的耐大气腐蚀钢板有 10CuPCrNi(冷轧)和 9CuPCrNi(热轧)钢板,其耐蚀性是普通非合金钢钢板的 3～5 倍。第二类是在表面涂或镀一层防腐材料,也为涂层板的一种。

(3)涂层板

在耐腐蚀钢板中,镀覆金属层的钢板属于一种涂层板。因为传统的镀锡板、镀锌板等已不能适应汽车工业、电器工业、农用机械及建筑工业的需要,因此一些新品种的镀层钢板不断被开发出来。在涂层板中,各种涂覆有机膜层的板材具有更好的防腐蚀、防表面损伤的性能,因此正被大量用作各类结构件。

(4)复合板材

涂覆塑料的钢板是一种复合板,不同金属板叠合在一起(如冷轧叠合等),也是一种复合板,或叫叠合复合板。这类复合板材破裂时的变形比单体材料破裂时的变形要大。

二、冲压材料的合理选择

冲压材料选择的合理与否，直接影响到冲压产品的性能、质量和制造成本，还决定冲压工艺过程及继续加工的复杂程度。因此，合理选材是十分重要的。

1. 选择冲压材料应遵循的原则

一般来说，对于机器上的主要冲压件，要求材料具有较高的强度和刚度；电动机电器上的某些冲压件，要求有较高的导电性和导磁性；汽车、飞机上的冲压件，要求有足够的强度，并尽可能减轻重量；化工容器要求耐腐蚀等。为满足冲压工艺对材料的要求，以保证冲压过程顺利完成，冲压材料应具有良好的塑性和表面质量，而且板料厚度公差应符合相关标准规定等。在冲压件中，一部分冲压件经冲压后直接成为零部件，另一部分冲压件经冲压后还需经过焊接或机械加工或油漆等工艺加工后才能成为零部件。因此，冲压材料的选用既要符合产品使用性能的要求，也要满足冲压工艺要求及后续加工要求。

通常在选择冲压材料时应遵循以下原则：
(1) 所选材料首先应满足工件的使用性能要求。
(2) 所选材料要有较好的工艺性能。
(3) 所选材料要有较好的经济性。

2. 满足工件的使用性能要求

使用性能是机械工件在服役条件下所表现出来的力学性能、物理性能和化学性能。使用性能是选材时要考虑的最主要因素。不同的工件所要求的使用性能也不一样，在选材时，首要的任务就是准确地判定工件所要求的主要使用性能。

例如，汽车冲压件主要以车身覆盖件、车架纵梁和横梁、车厢、车轮及发动机用的覆盖件为主，还有一些支撑件与连接件。每个具体的汽车零部件的使用和工作条件不同，承受的载荷不同，因此对用材的要求也有很大的差异。

汽车驾驶室零部件大都是覆盖件，外形复杂，成形复杂，但受力不大，采用模具成形工艺，材料的成形性能就成了主要矛盾，因此要求材料具有成形性、张紧刚性、延伸性、抗凹性、耐蚀性和焊接性等。产品设计时，通常根据板制工件受力情况和形状复杂程度来选择钢板品种。一般选用拉延性能优良的低碳冷轧钢板、超低碳冷轧钢板。近几年，成形性优异、强度更高的含磷冷轧钢板、冷轧双相钢板、烘烤硬化冷轧钢板、超低碳高强度冷轧钢板以及其他种类钢板如涂层板、拼焊钢板和 TRIP 钢板等，也被大量应用到车门外板、车门内板、车门加强板、车顶盖、行李箱盖板和保险杠等汽车车身工件上。

汽车车厢工件形状不太复杂，大都采用辊轧成形工艺，对材料的成形性、刚性、耐蚀性和焊接性都有一定的要求。一般选用成形性能和焊接性较好的高强度钢板。通常，采用强度级别为 300～600 MPa 的高强度钢板和超细晶粒钢板。

车架、车厢中板及一些用于支撑和连接的零部件，都是重要的承载件，大都采用模具成形工艺，要求材料有较高的强度和较好的塑性以及疲劳耐久性、碰撞能量吸收能力和焊接性等。一般选用成形性能较好的高强度钢板、超细晶粒钢板(强度级别为300～610 MPa)和超高强度钢板(强度级别为610～1 000 MPa)。

3. 满足工件的工艺性能要求

冲压主要是按工艺分类,可分为分离工序和成形工序两大类。分离工序也称冲裁,其目的是使冲压件沿一定轮廓线从板料上分离,同时保证分离断面的质量要求。成形工序的目的是使板料在不破坏的条件下发生塑性变形,制成所需形状和尺寸的工件。在实际生产中,常常是多种工序综合应用于一个工件。冲裁、弯曲、剪切、拉深、胀形、旋轧、矫正是主要的冲压工艺。

冲压用板料的表面和内在性能对冲压成品的质量影响很大,要求冲压材料厚度精确、均匀;表面光洁,无斑、疤、擦伤、表面裂纹等;屈服强度均匀,无明显方向性;均匀延伸率高;屈强比低;加工硬化性低。

在实际生产中,常用与冲压过程近似的工艺性试验,如拉深性能试验、胀形性能试验等检验材料的冲压性能,以保证成品质量。

(1) 分离工序

分离工序一般包括剪裁、落料、冲孔、切边和整修等,主要以冲裁件为主。冲裁件的材料主要以满足使用要求为前提,对材料没有特别的要求。只是在抗拉强度大于600 MPa时要考虑模具的强度。

(2) 成形工序

成形工序主要以弯曲件、拉延件、成形件和冷挤压件为主。

① 弯曲件对材料的要求

弯曲件的材料主要以满足使用要求为前提,弯曲工艺对材料一般有两个要求:抗拉强度小于600 MPa时,可以垂直于轧制方向做180°弯曲或平行于轧制方向做90°弯曲;抗拉强度大于600 MPa时,应尽可能采用垂直于轧制方向的压弯方式,避免出现开裂现象。

② 拉延件对材料的要求

拉延件对材料的工艺性要求较高。一般汽车上使用的拉延件都是料厚在3.0 mm以下的冷轧钢板,要求材料不仅要有良好的成形性能,而且要有良好的抗凹能力、足够的结构刚度及优良的表面形貌。

③ 成形件对材料的要求

汽车上使用的成形件大都以拉延成形、弯曲成形和翻边成形等复合工艺为主。料厚为0.6～9.0 mm,有冷轧钢板和热轧钢板,要求材料具有以下性能:

● 适宜的屈服强度。低的屈服强度可以保证工件成形后的弹性恢复小和工件形状稳定,但对于汽车梁类工件,需要采用高屈服强度的材料来保证工件有较高的安全预警性能。

● 较好的伸长率(一般大于20%)能够满足顺利成形的需要。

● 低的屈强比(一般小于0.75)有利于冲压成形,减少材料起皱趋势,提高极限变形程度。

(3) 焊接工艺对冲压材料的要求

金属材料的焊接性主要决定于化学成分,也决定于焊接工艺条件及结构的刚性。不同的焊接工艺对材料的性能及焊接工艺有不同的要求。因此,对于需要进行焊接加工的冲压件选材时,应考虑材料的焊接性。

(4) 机械加工工艺对冲压材料性能的要求

冲压件中有少部分工件在冲压成形以后还需要进行机械加工,如传动轴上的储油筒座、底盘用的制动盘以及发动机上用的一些部件等,因此对这些工件选材时应考虑机械加工对材料的要求。

(5) 涂装工艺对冲压材料的要求

涂装质量直接影响产品的外观质量和产品的档次。涂装质量除了涂装材料本身的影响外,钢板的涂装性能也是涂装工艺不可忽视的因素。一般来说,影响钢板涂装性能的主要因素有钢板表面状态、钢板清洁度和钢板表面粗糙度。

钢板表面状态和钢板清洁度直接影响到油漆的附着力和油漆外观质量,而钢板的表面粗糙度主要影响其表面的鲜映性。一般的冲压件涂漆要求钢板表面无明显划伤、凹坑、麻点等表面缺陷,通常要求采用 O3 表面的钢板;汽车车身外表面件要求钢板表面均匀,不允许有气孔、凹坑、划伤等影响使用的缺陷,通常要求采用 O5 表面的钢板,同时要求表面粗糙度 Ra 为 $0.5 \sim 1.2~\mu m$。

4. 选择冲压材料的注意事项

选择冲压材料时,首先应满足上述基本条件,并根据产品工件的具体情况,从保证产品工件质量、便于生产管理、提高生产率、降低材料消耗及降低产品成本等方面出发,合理选用。选材时还应考虑以下几个方面的问题:

(1) 冲压件的结构类型不同,对材料的力学性能要求不同

在选用冲压材料时,合理选材的起码要求是不致因成形开裂造成废品,所以首先要根据冲压类型及工件使用特点来选择具有不同力学性能的金属材料,以达到既能确保产品质量,又能节约材料及降低成本的目的。为此,可按以下方法进行合理选用:

① 试冲:根据生产经验选择几种板料进行试冲。最后选定没有开裂或废品率低的一种。这种方法带有很大的盲目性,不过其结果较为直观。

② 分析与对比:在分析冲压变形性质的基础上,把冲压件成形时的极限变形程度与板料的冲压性能所允许采用的变形程度进行比较,以此为依据,选取适合于该工件冲压工艺要求的板材。

(2) 选择材料时应考虑经济性

一般产品的材料成本占整个工件成本的 60%~80%。因此,在保证力学性能和质量的情况下,应尽量选用价格低廉的材料,以降低成本。选择材料时,应尽量减少品种、规格,以便于生产管理。选择材料时,在不影响产品工件质量时,可考虑材料的代用。

（3）充分重视废料及余料的作用

冲压生产中的废料通常分为两部分，即由产品结构造成的称为结构废料；由工艺排样造成的称为工艺废料。产品结构废料应在产品设计时尽量考虑对废料的利用。如图7-2所示的单相电度表电磁冲片排样，其冲下的废料仍可作为冲制垫片，从而降低了成本。

在工艺排样时，应尽量考虑无废料及少废料排样，如图7-3（a）所示为电度表线圈焊片无废料排样形式，图7-3（b）所示为少废料排样形式。

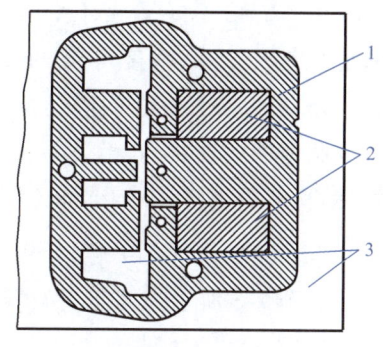

图7-2 单相电度表电磁冲片排样

1—电磁冲片；2—冲制垫片；3—废料

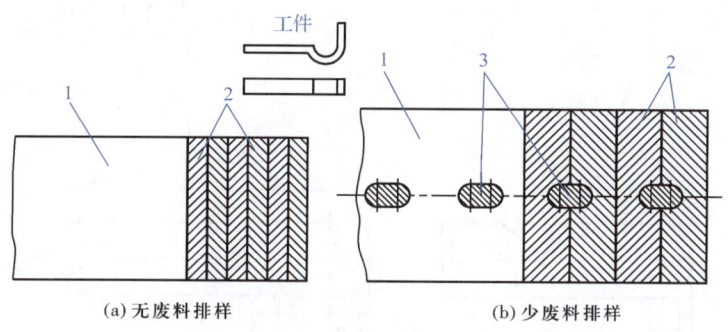

图7-3 电度表线圈焊片排样形式

1—条料；2—落料工件；3—废料

（4）冲压材料的检查

冲压金属材料大多是板料及卷料。这些材料的质量标准主要包括力学性能、化学成分、金相组织、表面质量及尺寸公差、形状要求以及其他特殊性能要求等。

在冲压生产中，操作者必须会鉴定材料的表面质量，能识别材料的表面粗糙度、平整度、有无氧化皮、裂纹、划痕、凹陷、分层、气泡、锈蚀等缺陷。这些缺陷往往会造成冲压后工件开裂或力学强度降低。氧化皮、结疤、表面粗糙等缺陷会加速冲模的磨损，降低模具寿命。

板材一般受碾轧工艺的影响，往往在碾轧横跨方向的中部厚而两边薄，虽然在质量标准上有"同板差"的要求，规定了在同一块板上最大和最小厚度的差值，但对有些产品仍然要考虑厚薄不均的现象，以免发生质量事故。

任务实施

1. 选择闪光器外壳材料

如图7-4所示为闪光器外壳零件图，厚度为0.5 mm。

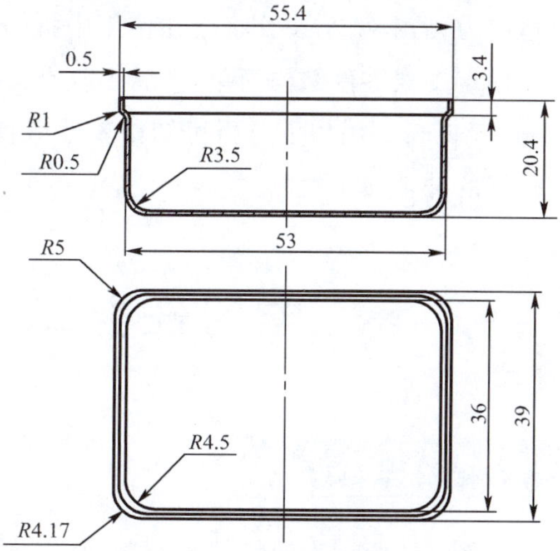

从零件图可以看出，工件为矩形件，材料厚

图7-4 闪光器外壳零件图

度 $t=0.5$ mm,没有厚度不变的要求;零件的形状简单、对称;尺寸为自由公差,取 IT14 级,满足拉深工艺对精度等级的要求;底部圆角半径 $R=3.5$ mm$>t$,底面圆角半径 $R_g=4.5$ mm$\geqslant 3t=1.5$ mm,满足拉深工艺对形状和圆角半径的要求。

此零件的形状、自由公差、圆角半径及批量皆适合拉深工艺,大批量生产,要求模具寿命较长,材料应选择 08 钢。08 钢为拉深性能较好的材料,易于拉深成形。

2. 选择固定支架的材料

如图 7-5 所示为固定支架零件图。

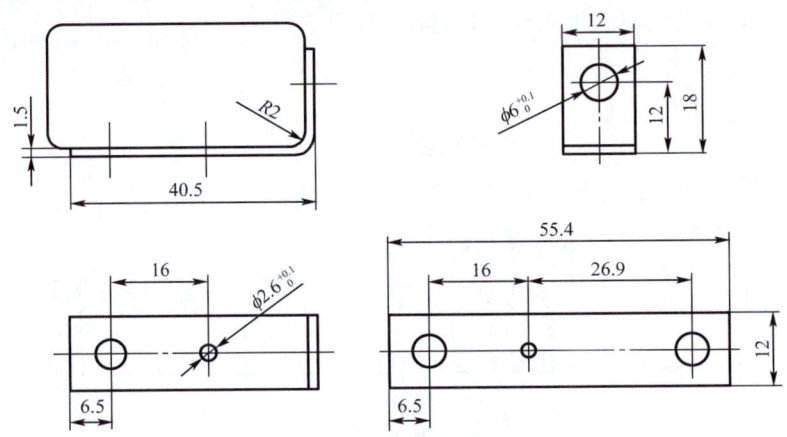

图 7-5 固定支架零件图

闪光器是汽车配件产品,更新换代速度很快,一般生产批量不大,从几千到一万件不等,面对的是老车型及维修市场,大多是零售。固定支架是闪光器产品借以安装在汽车上使用的固定支撑件,其质量关键是厂内产品装配时的互换性和厂外装车使用时的稳固性。要控制好这两点,模具设计制造需注意配合,与闪光器外壳双孔孔距及孔径需配合,否则无法装配,弯曲成形不能小弯角,不能在转角处有折伤及微小裂纹。因闪光器使用环境为车头驾驶室,汽车运行时会产生中等程度的反复振动,固定支架承受整个闪光器随车振动产生的交变折弯应力,若有微小裂纹将会在使用中折断。

固定支架零件结构简单,形状不复杂,无悬臂,无凹槽。有三个孔,孔至边缘间最小距离 3 mm $>1.5t$。由以上分析可知该零件适宜于冲裁加工。材料应选择 Q235 钢板,该钢板具有较好的冲裁加工性能。

学习任务二　选择常用塑料

任务引入

如图 7-6 所示为塑料件水壶盖,厚度为 1 mm,工件精度为 7 级。请选择水壶盖的材料。

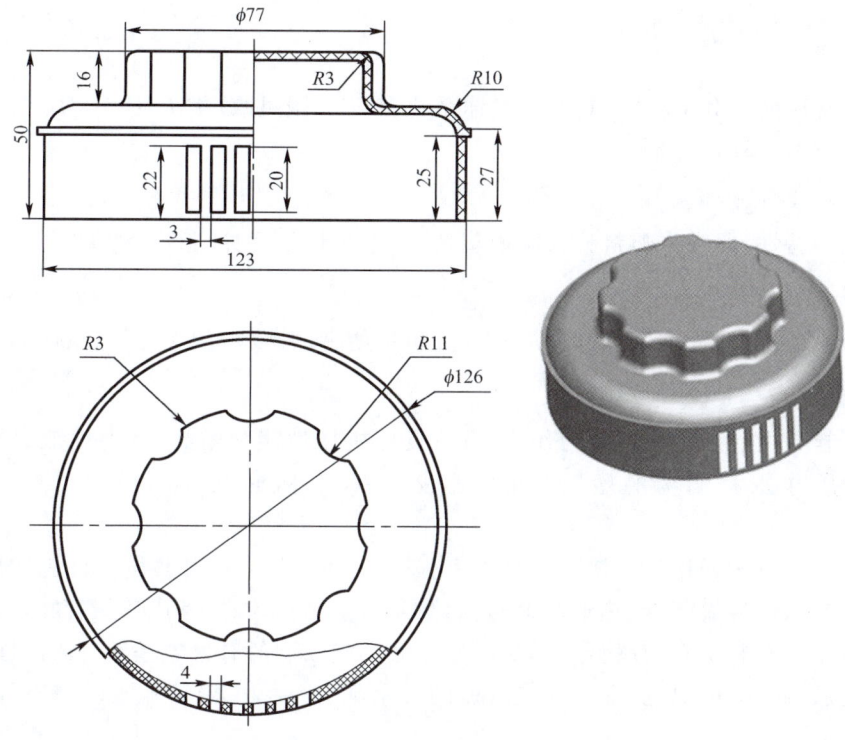

图 7-6　水壶盖

任务分析

水壶盖的材料,除了要满足成型工艺性能要求外,因为是饮水的器具,所以必须首先考虑使用的安全性,在常温至 100 ℃ 的温度下是无毒的,且不能有异味。

水壶盖的塑料有着色的要求,而且有表面光泽的需要,手感也要较好。

在详细了解使用条件及材料性能的要求后,就可以根据材料的性能要求进行选材。

相关知识

塑料是常用的高分子材料,它也像金属一样种类繁多,虽然已工业化的主要类别只有五十多个,但每类又有许多品级,如尼龙塑料就包括几十个品种。每个品种还可以通过改性,例如加入填料或增强材料或其他辅助材料,或通过共混制成"合金",或通过特殊加工工艺如定向拉深、结晶、发泡等来获得新的性能,以满足使用要求。塑料制品应用领域日益扩大,对塑料制品的性能提出了愈来愈高的要求。单一的塑料品种已很难满足日益发展的高科技要求。改性技术在塑料工业中占据着重要的地位。目前塑料改性技术及改性塑料制品的生产与应用,已成为塑料工业中最具活力和生机的领域。本任务就是了解常用塑料及选用。

一、塑料的分类

塑料是常用的高分子材料,它的分类体系比较复杂,各种分类方法也有所交叉,按常规分类主要有以下三种:

1. 按使用特性分类

根据使用特性,通常将塑料分为通用塑料、工程塑料和特种塑料三种类型。

(1)通用塑料

通用塑料是指产量大、用途广、成型性好、价格便宜的塑料,如聚乙烯、聚丙烯、酚醛等。

(2)工程塑料

工程塑料是指能承受一定外力作用,具有良好机械性能和耐高、低温性能,尺寸稳定性较好,可以用作工程结构的塑料,如聚酰胺(PA,俗称尼龙)、丙烯腈-丁二烯-苯乙烯(ABS)等。

工程塑料又分为通用工程塑料和特种工程塑料两大类。通用工程塑料包括聚酰胺、聚甲醛、聚碳酸酯、改性聚苯醚、热塑性聚酯、超高分子量聚乙烯、甲基戊烯聚合物、乙烯醇共聚物等。特种工程塑料又有交联型和非交联型之分。交联型的有聚氨基双马来酰胺、聚三嗪、交联聚酰亚胺、耐热环氧树脂等。非交联型的有聚砜、聚醚砜、聚苯硫醚、聚酰亚胺、聚醚醚酮(PEEK)等。

(3)特种塑料

特种塑料一般是指具有特种功能,可用于航空、航天等特殊应用领域的塑料。如氟塑料和有机硅塑料具有突出的耐高温、自润滑等特殊功用;增强塑料和泡沫塑料具有高强度、高缓冲性等特殊性能。这些塑料都属于特种塑料的范畴。

2. 按理化特性分类

根据理化特性可以把塑料分为热固性塑料和热塑性塑料两种类型。

(1)热固性塑料

热固性塑料是指在受热或其他条件下能固化或具有不溶(熔)特性的塑料,如酚醛塑料、环氧树脂塑料等。热固性塑料又分甲醛交联型和其他交联型两种类型。

甲醛交联型塑料包括酚醛塑料、氨基塑料(如脲-甲醛-三聚氰胺-甲醛等)。

其他交联型塑料包括不饱和聚酯、环氧树脂、邻苯二甲酸二烯丙酯树脂塑料等。

(2)热塑性塑料

热塑性塑料是指在特定温度范围内能反复加热软化和冷却硬化的塑料,如聚乙烯、聚四氟乙烯等。热塑性塑料又分烃类、含极性基因的乙烯基类、工程类、纤维素类等类型。

①烃类塑料:属于非极性塑料,有结晶型和非结晶型之分,结晶型烃类塑料包括聚乙烯、聚丙烯等,非结晶型烃类塑料包括聚苯乙烯等。

②含极性基因的乙烯基类塑料:除氟塑料外,多为非结晶型的透明体,包括聚氯乙烯、聚醋酸乙烯酯等。大多数乙烯基类单体可以采用游离基型催化剂进行聚合。

③工程类塑料:主要包括聚甲醛、聚酰胺、聚碳酸酯、ABS、聚苯醚、聚对苯二甲酸乙二

酯、聚砜、聚醚砜、聚酰亚胺、聚苯硫醚等。聚四氟乙烯、改性聚丙烯等也属于这种塑料。

④纤维素类塑料：主要包括醋酸纤维素、醋酸丁酸纤维素、赛璐珞、玻璃纸等。

3. 按加工方法分类

根据加工方法，可将塑料分为膜压、层压、注射、挤出、吹塑、浇铸和反应注射塑料等多种类型。

膜压塑料多为物理性能和加工性能与一般固性塑料相类似的塑料；层压塑料是指浸有树脂的纤维织物，经叠合、热压而结合成为整体的材料；注射、挤出和吹塑塑料多为物理性能和加工性能与一般热塑性塑料相类似的塑料；浇铸塑料是指能在无压或稍加压力的情况下，倾注于模具中能硬化成一定形状制品的液态树脂混合料，如 MC 尼龙等；反应注射塑料是指将液态原材料加压注入膜腔内，使其反应固化成一定形状制品的塑料，如聚氨酯等。

> **拓展资料**
>
> "限塑令"与塑料购物袋的环保举措密不可分，旨在引导人们树立正确的设计理念，践行环保理念，保护珍贵的自然资源。这一举措不仅有助于控制塑料污染的源头，还促进了可持续发展的进程。更多内容请扫描二维码进行延伸阅读与学习。

二、塑料一般选材

塑料的品种繁多，它们的性能又具可变性，因此，其选材常常要从许多性能的综合平衡来考虑。而且某些性能数据如磨损性、冲击性尚不能完全确定其使用性，有时又缺乏准确可靠的设计公式，因此，大多数塑料的选材过程是比较复杂的。为了能选择出性能和加工工艺均符合使用要求的、能量材使用的品种，必须采用系统、综合的分析方法来选材。

一个完整的设计过程，应从构思开始。选材在设计过程中是一个关键步骤。对于指定部件的选材，最主要的是考虑部件的功能和决定部件功能的有关材料性能，同时还要考虑诸如部件的特点和禁忌、使用时的外界条件、临界条件、使用寿命和使用方式、维修方法、制品尺寸和尺寸精度、成型加工工艺、生产数量、生产速度、成本、原料来源和经济效益等。这些因素包括两方面：一方面是使用环境介质和环境条件，如构件承受的负荷和自重，冲击和振动等机械作用的影响，接触的气体、液体、固体及化学药品，暴露的大气环境（温度、湿度、降雨、阳光、冰雪以及有害气体等）的影响，贮存环境条件和长期贮存的影响；另一方面还要考虑摩擦升温、蠕变、成型收缩等引起的变形、应力松弛以及反复应变而引起的疲劳，高应变率引起的力学性能变化等。充分考虑上述因素才能明确所要求的综合性能。

了解生产数量是为了从经济上考虑恰当的成型加工方法。比如所需数量是几个至几十个，就不必要制造模具，可直接用板材或棒材加工；需要数量是几百个时，可酌情采用简易模具或树脂金属模具、低熔点合金模具等成型；当需要量更多时则应采用正规的模具成型。若设计的部件急于使用，则考虑材料货源是主要的；如要设计宇航工件，则性能因素是最重要的；如设计通用产品，则应综合考虑性能和成本。

塑料产品选材的典型程序如下：

1. 零部件的构思

零部件的构思是指进行初步的功能设计,即零部件的形状及其功能元件的形状,并考虑选择基本加工方法。

2. 选材

塑料在不同应用场合下,会经受各种外力和环境的综合作用。因此首先要详细了解使用条件及其对材料性能的要求,然后根据性能要求选材并进行设计。但是根据材料性能数据选材时,产品设计者应该注意塑料和金属之间有明显的差别。对金属而言,其性能数据基本上可用于材料的筛选和产品设计;然而,具有黏弹性的塑料却不一样,各种测试标准和文献记载的聚合物性能数据是基于许多特定条件的,通常是基于短时期作用力或者指定温度或低应变速率的,这些条件可能与实际工作状态差别较大。

通常根据性能选材的方法有对塑料性能分项考虑比较的选材和同时考虑多项性能综合评价的选材。塑料性能主要包括:

(1) 相对密度

塑料基体的相对密度一般为 0.91(聚丙烯)~2.20(聚四氟乙烯)。但若制成泡沫塑料,则相对密度就会减小到 0.04 或更低;填充无机材料或金属等材料能使相对密度达到 3 左右。塑料比金属的相对密度小(铝 2.7,钢 7.8),这是塑料的优点之一。用它们来制造水上运输船舶和漂浮器、飞机和宇宙飞行器、导弹等就是利用这一优异特性以及其他性能。

(2) 色泽与透明度

塑料有可能在很广的范围内着色,而且有的塑料表面有光泽,不需要机械加工就能得到成型制品,这对简化工艺、降低成本是很有利的。此外,由于有些非结晶型的树脂是透明的,所以适于在光学制品上和装饰上应用。若使用填料掺混,则会失去透明性。对于层压塑料,可用表面有光泽的树脂制作塑料装饰板,还可在塑料表面组合金属箔和其他塑料膜或通过表面电镀、喷镀、蒸镀、表面陶瓷化和表面涂饰、改性等技术来获得各种用途的表面,改善表面性能。

(3) 硬度

塑料的硬度比一般金属低得多,而且目前还没有一种能通用于金属和塑料的硬度测定计,所以不能做定量比较。尽管塑料表面比金属软,但在许多方面,塑料的耐磨损性还是令人满意的,例如热固性的三聚氰胺甲醛树脂和酚醛树脂层压板可用于制作桌面,前者的棉纤维增强塑料可用于制作轴承滚珠等。为了进一步提高塑料的表面硬度和耐磨性以适应某些应用,如光学材料和制品的需要,可以通过表面处理和改性技术,如表面涂层或表面镀层及表面陶瓷化等,来大大改善表面性能。

(4) 机械性能

因为塑料与金属的特性不同,所以设计受力的塑料零部件时,必须考虑塑料的特点,并认真进行结构设计和合理选材。一般塑料的特点:塑料受热膨胀时线胀系数比金属大很多;一般塑料的刚度比金属低一个数量级;塑料的力学性能在长时间受热下会明显下降;一般塑料在常温下和低于其屈服强度的应力下长期受力,会出现永久变形;塑料对缺口损坏很敏感;塑料的力学性能通常比金属低得多,但有的复合材料的比强度和比模量高于金属;一般增强塑料力学性能是各向异性的;有些塑料会吸湿,并引起尺寸和性能变化;有些塑料是可燃的;塑料的疲劳数据目前还很少,需根据使用要求加以考虑。

塑料的特性决定了不能简单地直接套用金属材料经验,而必须按所选塑料的性能和特点来设计。

3. 初步分析设计

初步分析设计是指利用工程设计性能计算壁厚和工件的其他尺寸,并根据塑料的特点进行制品设计和模具设计。

4. 试制样品

试制样品即在部件实际使用条件下或模拟零部件的使用条件下进行试验。

5. 重新设计和重新试验

当发现性能不能满足使用要求时,要重新筛选材料或重新设计并试验。

6. 确定最终设计并选材

根据试制样品的试验情况和加工零部件的成本,确定最终设计并选材。

7. 确定材料的技术规格和检验方法

有时上述步骤可以缩短,尤其是在零部件要求简单或新工件与旧工件的差别很小的时候。然而,有时选材步骤更为复杂,特别是在开发新领域时,或在塑料所承受的应力很复杂的情况下,系统、综合的分析法不仅是可靠的成功办法,而且是节省开发费用的有效途径。

任务实施

如图 2-21 所示,该零件要求表面没有缺陷、毛刺,由于水壶盖经常与人手接触,因此表面要求光滑,最好自然形成圆角。

该塑件的精度为 7 级,精度要求较低。

从零件图上分析,此零件总体为圆形,侧面有 6 个 4 mm×22 mm 的长方形孔,模具设计时必须设置侧向分型抽芯机构,零件口部上有一个小台。

综上所述,该塑件的结构比较简单,而且壁厚均匀,成型工艺性好,可以采用注射成型方法生产。

根据以上零件工艺性能要求,结合塑料工作条件,考虑使用安全性等因素,选择高密度聚乙烯材料。

1. PE-HD(高密度聚乙烯)的特性

(1)化学和物理特性

PE-HD 的高结晶度导致了它的高密度、抗张力强度、高温扭曲温度、黏性以及化学稳定性。PE-HD 比 PE-LD(低密度聚乙烯)有更强的抗渗透性。PE-HD 的抗冲击强度较低。PH-HD 的特性主要由密度和分子量分布所控制。适用于注射模的 PE-HD 分子量分布很窄。密度为 $0.910 \sim 0.925$ g/cm^3,该材料的流动特性很好,MFR 为 $0.1 \sim 28.0$。分子量越高,PH-LD 的流动特性越差,但是有更好的抗冲击强度。PE-LD 是半结晶材料,成型后收缩率较高,为 $1.5\% \sim 4.0\%$。PE-HD 很容易发生环境应力开裂现象。可以通过使用很低流动特性的材料以减小内部应力,从而减轻开裂现象。PE-HD 当温度高于 60 ℃时很容易在烃类溶剂中溶解,但其抗溶解性比 PE-LD 还要好一些。

(2)典型应用范围

电冰箱容器、存储容器、家用厨具、密封盖等。

(3)PE-HD 注射模工艺条件

干燥:如果存储恰当则无须干燥。

熔化温度为 220～260 ℃。对于分子较大的材料,建议熔化温度为 200～250 ℃。模具温度为 50～95 ℃。6 mm 以下壁厚的塑件应使用较高的模具温度,6 mm 以上壁厚的塑件使用较低的模具温度。塑件冷却温度应当均匀以减小收缩率的差异。对于最优的加工周期时间,冷却腔道直径应不小于 8 mm,并且距模具表面的距离应在 1.3d(d 是冷却腔道的直径)之内。

注射压力为 70～105 MPa,使用高速注射。流道直径为 $\phi 4 \sim \phi 7.5$ mm,流道长度应尽可能短。可以使用各种类型的浇口,浇口长度不要超过 0.75 mm。聚乙烯成型时,在流动方向和垂直方向的收缩差异较大,注射方向的收缩率大于垂直方向的收缩率,易产生变形,并使浇口周围部位的脆性增加;成型收缩率较大,易产生缩孔;冷却速度慢,必须充分冷却,且冷却速度要均匀;质软易脱模,有浅侧凹时可强制脱模。特别适用于使用热流道模具。

2. 塑件原材料成型性能

(1)结晶料,吸湿性小。

(2)流动性极好,溢边值为 0.02 mm 左右,流动性对压力变化敏感。

(3)可能发生熔融破裂,与有机溶剂接触可发生开裂。

(4)加热时间长则发生分解、烧伤。

(5)冷却速度慢,因此必须充分冷却,宜设冷料穴,模具应有冷却系统。

(6)收缩率范围大,收缩值大、方向性明显,易变形、翘曲,结晶度及模具冷却条件对收缩率影响大,应控制模温,保持冷却均匀、稳定。

(7)宜用高压注射,料温均匀,填充速度应快,保压充分。

(8)不宜用直接浇口,易增大内应力,或产生收缩不均,方向性明显,变形增大,应注意选择进料口位置,防止产生缩孔、变形。

(9)质软易脱模,塑件有浅的侧凹槽时可强行脱模。

思考题

1. 常用冲压材料有哪些?
2. 何时会涉及加工件材料选用问题?冲压工艺对材料有何基本要求?
3. 影响冲压性能的主要因素有哪些?说明化学元素 C 对冲压性能的影响。
4. 简述选择冲压材料应遵循的原则。
5. 根据理化特性可以把塑料分为哪两种类型?试举例说明。
6. 在塑料产品选材时,考虑哪些主要性能?

课题八
模具失效

学习目标

1. 了解模具失效的基本影响因素。
2. 掌握热作模具的失效形式。
3. 掌握失效分析的方法。
4. 了解失效分析的意义及所用设备。
5. 掌握冷作模具的工作条件和失效形式,能够分析冷作模具失效的原因。
6. 掌握影响冲压模具的因素及提高寿命的措施。
7. 掌握塑料模具的服役条件和失效形式并能对塑料模具失效进行分析。
8. 了解其他模具的失效。

学习任务一 分析热作模具的失效形式

任务引入

压铸模是加工制造铝合金制品的重要模具,工件材料为 H13(4Cr5MoSiV1)钢,压铸模尺寸为 452 mm×312 mm×170 mm。压铸模采用 1 040 ℃真空加热氮气淬火,560 ℃×5 h 三次回火处理,处理后模具硬度为 47HRC。生产中发现,模具压铸铝合金制品仅数十次,发现水口处出现贯穿裂纹,造成模具失效报废。图 8-1 所示为失效模具。

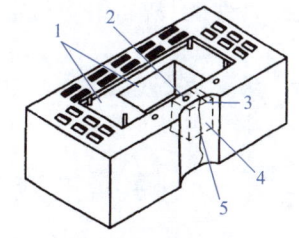

图 8-1 失效模具
1—型腔;2—顶针孔;3—水口;
4—取样位置;5—裂纹

任务分析

一、检验分析

断口宏观检验发现，断口呈纤维状，较平整，可见呈明显蓝黑色的受热回火层，断口角位处有一凹坑存在，凹坑附近发现有多条显微裂纹，凹坑处是裂纹源，断口裂纹是由凹坑裂纹源延伸扩展使模具贯穿断裂失效的。扫描电镜观察表明，断口外表面处显示受正应力作用出现准解理脆性开裂特征，往里发现由韧窝和准解理组成的断口形貌，并有若干疲劳条纹出现。扩展区断口以准解理为主，并同时有解理形貌、二次裂纹及蜂窝状形貌特征。金相组织检验发现，失效模具组织呈带状分布，由粗针状贝氏体＋隐晶马氏体＋粒状碳化物＋残余奥氏体组成。测试模具表面硬度为538～556HV(52～54HRC)。

二、分析原因

分析认为，一方面，工件由于存在严重带状组织，模具性能差异大，模具横向塑性明显下降；另一方面，组织中的马氏体和残余奥氏体对模具疲劳性能降低很大，这两种组织是亚稳定组织，压铸铝合金时铝液温度为600～700 ℃，高于回火温度，模具发生再回火转变。检验发现，马氏体弥散析出碳化物，同时残余奥氏体转变为马氏体，断面发现受热回火现象和回火转变组织。该回火转变是在局部快速进行的，导致组织应力和热应力较高，使型腔表面产生回火裂纹，成为疲劳裂纹源。裂纹在交变热应力作用下迅速扩展，并最终导致模具断裂，其断口呈疲劳破坏特征。

H13铝合金压铸模早期开裂的直接原因是，缺陷组织使工件强韧性大大下降。这是由于模具材料化学成分严重偏析，热处理后工件带状组织严重，其中隐晶马氏体＋残余奥氏体中碳与合金元素富集，使 M_s 点下降，淬火后残余奥氏体增多，以致产生缺陷组织。

三、改进措施

根据以上分析，提出工艺改进措施如下：

(1)严格检验和控制模具材料成分，防止成分偏析或夹杂物超标坯件流入加工流程。

(2)提高模具回火温度，采用600～610 ℃回火，以消除淬火马氏体和残余奥氏体组织，使工件性能提高，组织稳定，防止模具压铸时出现高温回火裂纹缺陷。

相关知识

一、模具失效的基本影响因素

模具使用范围宽广，服役条件和受力状态各异，选用的钢种繁杂，加工工序多，因此影响模具使用寿命的因素很多，包括模具设计、模具材料、加工制造、热处理工艺、使用和维护等，任何一个环节有问题，都可能严重影响模具的寿命。

1. 模具设计因素

(1)模具结构

模具结构对模具的受力状态和承载能力有着明显的影响。合理的结构能使模具在工作时受力均匀,减小应力集中,有助于提高模具的承载能力。模具结构的尖锐转角、截面过大的变化常常造成应力集中,其应力高于平均应力十倍以上,成为许多模具早期失效的根源。在热处理淬火过程中,尖锐转角引起残余拉应力也会使模具寿命缩短。

(2)模具材料纤维组织取向不合理

由于模具材料常常存在纤维组织,因此其纵向(锻轧方向)和横向(垂直于锻轧方向)的性能有较大的差异。在设计模具时,不仅要考虑合适的钢种,还应根据模具受力方向安排金属材料的纤维方向,使其最大受力方向与金属材料纤维方向一致。另外,可通过设计合理的锻造工艺,改善金属材料的纤维取向,以提高模具的使用寿命。如果采用棒材制造模具,则钢锭中心和表层的化学成分和组织常常差异较大,在轧制过程中并不能完全消除,粗大棒材中心疏松和杂质较多,甚至保留钢锭凝固时的枝晶状组织,所以必须采用合理的锻造工艺,使模腔部位处于良好的组织状态,以提高模具使用寿命。

(3)性能要求不合理

不同类型模具的服役条件差异较大,因此,性能要求各异。例如,模具的硬度过高时,在使用过程中受到冲击载荷时容易产生脆性断裂;而硬度不足时,会造成模具型腔变形、塌陷或模具镦粗而失效。预防措施:模具各部的过渡应平缓圆滑,任何细小的刀痕都可能引起强烈的应力集中,其直径与长度应符合一定要求。

2. 模具材料因素

模具材料的成分、组织、性能均对模具的承载能力、使用寿命、加工精度及制造成本等有较大影响。

(1)模具材料的冶金质量

模具材料有冶金质量问题,如疏松、缩孔、白点、非金属夹杂、成分偏析、碳化物分布不均、氧化、脱碳、折叠、疤痕等时,将影响钢材性能。如钢中存在夹杂物、疏松、缩孔是模具内部产生裂纹的根源,尤其是脆性氧化物和硅酸盐等非金属夹杂物,脆性大、强度低,与钢基体的性能有很大的差异,在热压力加工中不发生塑性变形,只会引起脆性的破裂而形成微裂纹,在后续的热处理和使用中该裂纹进一步扩展,而引起模具的早期开裂失效。此外,在磨削中,还会由于大颗粒夹杂物剥落形成表面孔洞。

(2)碳化物分布不匀引起失效

过共析合金钢和莱氏体钢的组织中碳含量和合金元素含量较高,形成的共晶碳化物常呈树枝状堆集,虽经轧制、锻造,仍无法根本改善其分布;或原材料中碳化物不均匀分布的级别尚属合理,但未经锻造,或锻造工艺不合理时,成品工件中碳化物堆集仍很严重,都可能导致模具的早期失效。预防措施:钢在锻轧时,模具应反复多方向锻造,使钢中的共晶碳化物被击碎得更细小、均匀,保证钢中碳化物不均匀度的级别要求。

(3)表面脱碳引起失效

模具钢在热压力加工和退火时,常常由于加热温度过高、保温时间过长,而造成钢材表面脱碳。严重脱碳的钢材在机械加工后,有时仍残留有脱碳层。这样在淬火时,由于内、外层组织的不同,表面脱碳层为铁素体,内部为珠光体,造成组织转变不一致,而产生裂纹。

3. 模具的机械加工不良因素

(1)切削中的刀痕

模具的型腔部位或凸模的圆角部位在机械加工中,常常因进刀太深而使局部留下刀痕,造成严重应力集中而导致裂纹的形成。裂纹在反复应力作用下迅速扩展,导致模具开裂,降低模具使用寿命。预防措施:在零件粗加工的最后一道切削中,应尽量减小进刀量,降低模具表面粗糙度。

(2)电加工引起失效

模具在进行电加工时,由于放电产生大量的热,加工表面被加热到很高温度,使组织发生变化,形成电加工异常层。在异常层表面由于高温发生熔融,然后很快地凝固,该层在显微镜下呈白色,内部有许多微细的裂纹。若表面白色层未经去除或未采取低温回火方法防止微裂纹的扩展,则模具在服役过程中微裂纹就可能成为疲劳源,使模具使用寿命降低。预防措施:用机械方法去除异常层中的再凝固层,尤其是微观裂纹,在电加工后进行一次低温回火,使异常层稳定化,以防微裂纹扩展。

(3)磨削加工造成失效

模具型腔面进行磨削加工时,由于磨削速度过大、砂轮粒度过细或冷却条件差等因素影响,均会导致磨削表面过热或引起表面软化、硬度降低,使模具在使用中因磨损严重或热应力而产生磨削裂纹,导致早期失效。预防措施:采用切削力强的粗砂轮或黏结性差的砂轮,减少工件进给量,选用合适的冷却剂,磨削加工后采用回火,以消除磨削应力。

4. 模具热处理工艺不合理因素

影响模具热处理的因素很多,如加热温度的高低、保温时间的长短、冷却速度的快慢等,其中任一因素选择不当,都可能导致模具失效。

(1)加热速度选择不当

模具钢中含有较多的碳和合金元素,导热性差,因此,加热速度不能太快,应缓慢进行,以防止模具发生变形和开裂。在空气炉中加热淬火时,为防止氧化和脱碳,应采用装箱保护加热,此时升温速度不宜过快,而透热也应较慢,这样,不会产生大的热应力,比较安全。若模具加热速度快,透热快,模具内外将产生很大的热应力。如果控制不当,很容易产生变形或裂纹,必须采用预热或减慢升温速度来预防。

(2)氧化和脱碳的影响

模具淬火是在较高温度下进行的,如果不严格控制,表面很容易氧化和脱碳。另外,模具表面脱碳后,由于内、外层组织差异,冷却中出现较大的组织应力,导致淬火裂纹。预防措施:采用装箱保护处理,箱内填充防氧化和脱碳的填充材料。

(3)冷却条件的影响

不同模具材料,根据所要求的组织状态不同,冷却速度是不同的。对高合金钢,由于含较多合金元素,淬透性较高,可以采用油冷、空冷甚至等温淬火和分级淬火等热处理工艺。

5. 使用不当因素

模具的工作条件包括被加工坯料的状况,锻压设备的特性及工作条件,模具工作中的润滑、冷却及使用维护状况等。

模具的工作条件常常是严酷的,正确的操作对延长模具寿命是很重要的。例如模具的预热、锻造温度、润滑剂与润滑方法、冷却条件、浇铸温度和压铸模表面的涂覆保护,以及使用过程中的补充回火等。设备特性对模具的失效有影响。模具的成型力是由设备提供的,在成型过程中,设备滑块相对于导轨运动,同时,设备因受力将产生弹性变形。滑块运动的导向精度越高,模具上、下模定位精度越高,产生的附加横向载荷和力矩越小。因此,模具的导向精度越高,模具的寿命越长。设备的刚度大小对模具上、下模或动、定模能否正确地配合起关键作用。对模具与成型件相对运动的表面进行润滑,可以减少模具与工件的直接接触,能够减少模具的磨损。

总之,设备的刚性差、精度低、加载速度过大、压力机吨位过高或过低、冲压频次过高、被加工零件材料的因素、模具的冷却和润滑条件等都对模具的寿命有很大的影响。

二、模具失效分析

模具在生产应用过程中,经常发生各种不同情况的失效,浪费大量的人力和物力,影响了生产进度。

1. 畸变失效

畸变是指在某种程度上减弱了工件规定功能的变形。从变形的形貌上看,畸变有两种基本类型:尺寸畸变或体积畸变(长大或缩小)和形状畸变(如弯曲或翘曲)。例如,受轴向载荷的连杆可产生轴向拉、压变形,轴的弯曲,壳体的翘曲变形等。

畸变失效具体包括不能承受所规定的载荷,不能起到规定的作用,与其他工件的运转发生干扰。

(1)弹性畸变失效

弹性畸变的变形量是在弹性范围内变化的,其不恰当的变形量与工件的强度无关,是刚度问题。影响弹性畸变的主要因素有工件的形状和尺寸、材料的弹性模量、工件工作的温度、载荷的大小。

(2)塑性畸变失效

塑性畸变是指外加应力超过工件材料屈服极限时发生明显的塑性变形(永久变形)。引起工件塑性畸变的因素,除在弹性畸变中所讨论的有关影响因素外,常见的还有材质缺陷、使用不当、设计有误等,特别是热处理不良更为突出,实际上往往是多种因素的综合结果。

(3)翘曲畸变失效

翘曲畸变失效是指因大小与方向上产生复杂规律的变形而最终形成翘曲的外形所导致的严重失效。翘曲畸变往往是由温度、外加载荷、受力截面、材料组成等所引起的不均匀性的组合,其中以温度变化,特别是高温所导致的形状翘曲最为严重。

2. 断裂失效

机械工件因断裂(特别是突然断裂)而产生的失效称为断裂失效。

(1) 断裂失效的分类

断裂失效有多种形式,常见的主要有韧性断裂、脆性断裂、疲劳断裂及蠕变失效断裂等。

(2) 断口分析的方法

断口分析是断裂失效分析的核心,同时又是断裂失效分析的向导,能指引断裂失效分析少走弯路。金属材料的室温拉伸或冲击试样的断口可分为 F(纤维状区)、R(放射状区)和 S(剪切唇区)。

(3) 断裂形式的特征

① 韧性断裂的特征

● 宏观特征:宏观变形方式为缩颈,典型断口为杯锥状断口,底部呈纤维状剪切断口,其平面和拉伸轴大致呈 45°。

● 微观特征:蛇形滑移和延伸,间距不等、短而且平行、不连续的条纹韧窝,大小相当于显微空洞裂纹的一半。

韧性断裂如图 8-2 所示。

(a) 放大 60 倍的实物

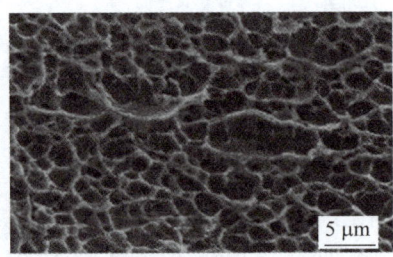
(b) 断口电镜照片

图 8-2 韧性断裂

② 脆性断裂的特征

脆性断裂时承受的工作应力较低,通常不超过材料的屈服强度,甚至不超过常规的许用应力,所以又称为低应力脆断。脆性断裂总是以工件内部存在的宏观裂纹(肉眼可见的 0.1~1.0 mm)为源开始的。这种宏观裂纹可以在生产工艺过程中产生,还可能由于疲劳或应力腐蚀而产生。脆性断裂如图 8-3 所示。

(a) 实物

(b) 断口电镜照片

图 8-3 脆性断裂

● 宏观特征:在断裂前没有可以观察到的塑性变形,断口一般与正应力垂直,断口表面平齐,断口边缘没有(或很小)剪切"唇口"。

- **微观特征**:脆性断裂的微观判据是解理花样和沿晶断口形态。
- **断裂机理**:因原子间结合键的破坏而造成的穿晶断裂,开裂速度快,一般钢中的解理速度大约是 1 030 m/s,在低温和三向应力状态时更快;沿着特定的结晶面(称为解理面)发生,这些结晶面一般是属于低指数的。在不同高度的平行解理面之间产生解理台阶。解理裂纹扩展过程中,众多的解理台阶相互汇合,便形成河流花样,河流花样的流向与裂纹扩展方向一致。

③其他断裂失效形式

其他断裂形式主要是疲劳断裂和蠕变断裂。疲劳断裂如图 8-4 所示。

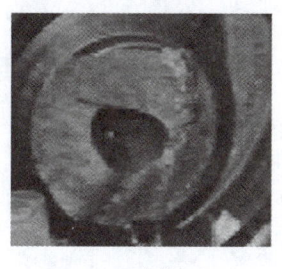 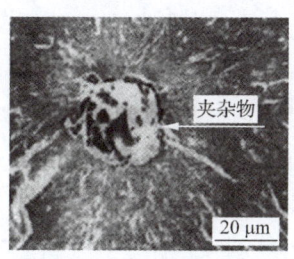

(a) 实物　　　　　　　　(b) 显微形貌

图 8-4　疲劳断裂

3. 表面损伤失效

表面损伤失效包括磨损失效、表面疲劳失效和腐蚀失效。

(1)磨损失效

相互接触的一对金属表面相对运动时不断发生损耗或产生塑性变形,使金属表面状态和尺寸改变的现象称为磨损。主要有黏附磨损和磨料磨损两种形式。

①黏附磨损

两个金属表面的微凸部分在局部高压下产生局部黏结(固相黏附),使材料从一个表面转移到另一表面或被撕下作为磨料留在两个表面之间的现象称为黏附磨损,如图 8-5 所示。

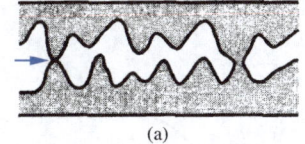 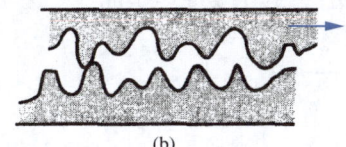 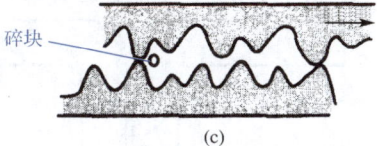

(a)　　　　　　　　　(b)　　　　　　　　　(c)

图 8-5　黏附磨损

②磨料磨损

配合表面之间在相对运动过程中,因外来硬颗粒或表面微凸体的作用而造成表面损伤(被犁削而形成沟槽)的磨损称为磨料(粒)磨损,如图 8-6 所示。

影响磨损失效的基本因素包括:

- 摩擦副材质

相同金属、晶格类型、原子间距、电子密度、电化学性能相近的摩擦副材料互溶性大,易于因黏附而导致黏附磨损失效;金属与非金属(如塑料、石墨等),互溶性小,黏附倾向小;摩擦副材料的表面强化处理情况;材料表层组织和结构缺陷,夹杂疏松、空洞、锻造夹层,以及各种微裂纹和过高的装配应力等都将使各种磨损加剧。

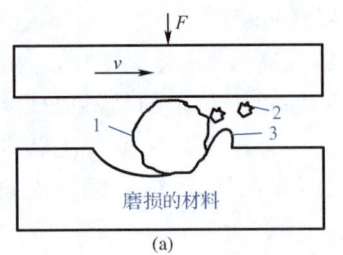
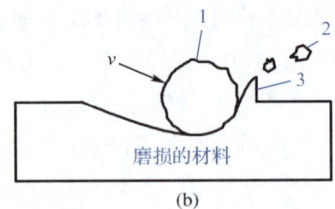

图 8-6 磨料(粒)磨损
1—磨料；2—碎块；3—凸起

- 工况参数

工况参数包括接触应力、滑动距离和滑动速度、温度、介质条件与润滑等。

(2) 表面疲劳失效

两个接触面做滚动或滚动滑动复合摩擦时，在交变接触压应力作用下，使材料表面疲劳而产生材料损失的现象称为表面疲劳失效。

(3) 腐蚀失效

腐蚀是金属暴露于活性介质环境中而发生的一种表面损耗，它是金属与环境介质之间发生的化学和电化学作用的结果。

① 均匀腐蚀

均匀腐蚀在整个金属表面均匀地发生。腐蚀均匀性的前提：被腐蚀的金属表面具有均匀的化学成分和显微组织，而且腐蚀环境对金属表面的包围是均匀且不受限制与无障碍的。

② 点腐蚀

点腐蚀集中于局部，呈尖锐小孔，进而向深度扩成孔穴甚至穿透(孔蚀)。金属表面受破坏处和未受破坏处形成"局部电池"，其中受破坏处是阳极，未受破坏处是阴极，腐蚀电流由阳极流向周围的阴极，阳极处很快被腐蚀成小孔，如图 8-7 所示。

③ 晶间腐蚀

晶间腐蚀发生于晶粒边界或其近旁，其主要原因是晶界处化学成分不均匀，如图 8-8 所示。

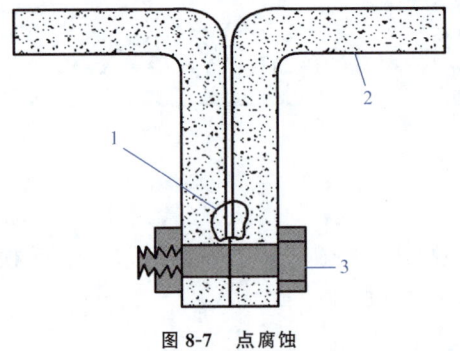

图 8-7 点腐蚀
1—缝隙尖端低氧区(阳极)；2—高氧区(阴极)；3—紧固件

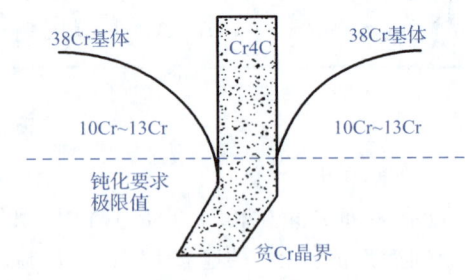

图 8-8 晶间腐蚀

三、热作模具的失效形式

热作模具包括热锻模、热挤压模和压铸模三类。

热作模具由于使用条件和环境有其特殊性,常常既承受机械载荷又承受热载荷,其失效形式和影响因素更为复杂,会出现热疲劳、塌陷和热侵蚀等失效形式。

1. 热磨损

热作模具由于加工的是高温的坯料或工件,因此模具型腔内的磨损与冷作模具的形成因素不同,其形貌特征也有所差异。如热锻模的磨损主要是模具与被加工的红热金属坯料之间的摩擦得不到润滑,被高温的金属坯料氧化,型腔表面层被回火软化,而氧化和低硬度又加剧了磨损,同时发生氧化磨损和黏附磨损,沿被加工金属材料塑性流变方向形成无数凹凸不平的摩擦沟痕,随着锻造次数的增加,沟痕不断加大加深,最终形成沟槽。磨损不仅影响模具的尺寸精度,使锻件超差,并且出现的沟槽会增大锻件的表面粗糙度。

2. 热疲劳

热疲劳主要是模具在工作过程中因其表面反复受到急冷、急热的作用而产生的热应力所引起疲劳的结果,另外模具表面的高温氧化也是不可忽视的原因。其表现形式主要是在模具型腔表面产生微细裂纹,这种裂纹有的呈单条状,有的则连成细网状。

热疲劳是热作模具常见的失效形式。如热挤压模在工作过程中,模具表面温度的提高使表面有膨胀的倾向,但被模具内层温度较低的部分所约束,使模具表面出现压应力,同时由于高温导致模具表层材料屈服强度下降,因此,热应力很容易超过模具材料的屈服强度而使表层发生塑性变形。当挤压件脱模后,模具表面迅速降温,特别是采用喷水冷却时,模具表面立即降到室温,由此产生了相反的温度梯度,在模具表层中的压应力逐渐减小并转变为拉应力。模具表层金属随加热和冷却而膨胀和收缩,模具与被加工材料的温差越大,模具表层的膨胀和收缩量就越大,产生的拉应力也就越大,热疲劳裂纹的产生也就越快。

3. 断裂失效

断裂和开裂失效在热锻模失效中占20%~25%,在压铸模失效中占5%~10%。早期断裂失效发生的机会较少,但断裂往往具有突发性,故其危害最大。早期断裂的模具,其寿命往往很短,多则数百次至一千次,少则数十次或仅有几次。

造成模具断裂和开裂失效的原因很多,包括模具的安装、操作不当,模具的设计、材质、加工质量、热处理工艺等。断裂往往起源于模具型腔尖角处或应力集中的部位,断口一般较平坦,无明显的裂纹扩展停顿线,宏观无塑性变形和剪切唇,表现为脆性断口或准解理特征。

4. 腐蚀

腐蚀是热作模具特有的损坏形式。腐蚀包括冲蚀、浸蚀和熔蚀。例如压铸模在工作过程中,熔融高温金属液被注入型腔时,模具表面受到液体金属的物理和化学作用,在模具表面产生腐蚀现象。热锻模型腔表面的损坏,主要取决于金属坯料的塑性变形程度和受力状态,腐蚀部位往往在模腔内的局部地区。

压铸模在熔融金属被注入型腔时,高温金属液冲刷模具表面产生冲蚀。另外,液态金属与模具表面直接接触的部位也会引起腐蚀和熔蚀问题,在压铸模中把这种综合影响称为冲蚀,并且压铸模中的冲蚀比热锻模的冲蚀容易形成,而且对模具的损坏也较大。模具受到冲蚀后,其表面呈凹凸不平,棱角变钝,严重影响铸件的几何形状、尺寸精度和表面质量,从而导致模具早期失效。

四、失效分析的方法和步骤

失效分析的任务就是判断失效的性质、分析失效的原因和提出防护措施。

模具失效的影响因素很多,因此失效的形式往往不同,失效分析的方法和步骤也不尽相同。现以常见的失效形式——断裂为例做简要说明。

1. 现场调查

失效事故的现场调查,主要包括保护事故现场,查明事故发生的时间、地点及失效过程,收集残骸碎片,标出相对位置,保护断口,询问相关人员,最后写出现场调查报告。

2. 收集模具背景资料

对模具制造工艺历史的调查,主要包括有关资料的查阅、检测报告、取样调查同批原材料、询问制造者等,要核实制造过程中的各个环节是否符合有关标准和设计、工艺的技术要求等。为了了解模具的内在质量,可进行化学成分检测、金相组织分析、硬度检测、无损检测和力学性能检测等相关检测。

对模具服役历史的调查,主要包括模具运行记录、调整及维修记录,了解设备及被加工坯料的状况,询问操作者有关模具、设备的使用条件及维修机理,是否按规程操作及有无异常现象。对背景资料的收集一定要遵循实用性、时效性、客观性以及尽可能丰富和完整等原则。

在进行一项失效分析工作时,现场调查和收集背景资料是至关重要的,可以说是前提和根本。通过现场调查和背景材料的分析、归纳,才能正确地制定下一步的分析程序。

3. 模具的工作条件和断裂状况分析

模具的工作情况主要包括模具的受力状况和工作环境状况。受力状况包括载荷性质(如静载荷、冲击载荷、循环载荷等)、载荷类型(如拉伸、压缩、弯曲等)、应力分布与应力集中状况、最大应力的大小和部位,以及断裂部位的应力状态和应力大小等。工作环境状况包括工作温度的高低和变化幅度以及产生热应力的大小,环境介质的种类、含量及是否具有腐蚀性,成型制件材料的组织类型、组织稳定性、组织应力的大小与分布等。

根据主断口的取向,可以分析出引起模具断裂的载荷类型和实际应力状态。如脆性断口总是与最大正应力作用的方向垂直,齐平的韧性断口总是与最大切应力作用的方向平行等。当断裂起源于模具外形结构的缺口或应力集中处时,缺口效应和应力集中对断裂的影响作用很大。

另外,根据断口氧化色的不同,可大致分析出模具工作温度的高低;根据断口有无腐蚀产物,可确定模具的工作介质有无腐蚀性。

4. 断口分析

采用肉眼、低倍放大镜、体视显微镜、扫描电镜、电子探针等仪器对断口表面进行宏观观察和微观形貌的观察和分析,找出断裂的形貌特征、成分与断裂的内在关系。但断口表面往往是脆弱的,很容易遭受机械及环境的损害而破坏显微组织特征。因此对断口进行分析前,首先必须妥善、有效地保护断口并进行必要的处理。断口的宏观分析用于分析断口形貌,能够了解断裂的全过程,有助于确定断裂过程和断裂应力(正应力、切应力)之间的关系,判断断裂是宏观脆断还是韧断,确定断裂源的位置、数量及裂纹扩展方向,疲劳断裂时的应力大小、应力集中程度和疲劳寿命。

微观分析包括微观形貌分析和断口产物分析(如产物的化学成分、分布、形貌等)，是宏观断口分析的深化和必要补充。微观形貌分析可用于判别微观断裂的性质，即微观韧断还是微观脆断，分析微观断裂的机理，对于疲劳断裂还可估算疲劳裂纹扩展速率等。断口产物分析主要是在特殊的介质环境下或高温场合断裂的构件，其断口上常有残存的与环境因素相对应的特殊产物，而这些产物的分析对于致断原因的分析是至关重要的。

当模具中存在加工缺陷和材料缺陷时，往往会在缺陷处产生裂纹并扩展。因此应分析裂纹源和断裂路径与各类缺陷的关系，以确定缺陷对断裂的影响。模具常见的缺陷有非金属夹杂物、碳化物偏聚、碳化物粗大、表面微裂纹、淬火软点、硬度不足、过热、过烧及回火不足等。对断裂碎块，找到裂纹源和裂纹扩展区，采用扫描电镜观察断口处的缺陷形貌，也可制作金相试样，观察断口处的显微组织。

5. 综合分析，找出断裂原因

根据失效现场获得的信息、背景材料及各种实测数据，运用材料学、机械学、力学、管理学及统计学等方面的知识，进行归纳、推理、判断，找出断裂失效的原因。

首先，根据模具断裂的现场和断口分析的结果，结合相关资料，综合确定模具断裂的性质及类型，列出所有可能断裂的原因。模具断裂常见的原因主要包括设计不合理、选材不当、热处理不当、机械加工不良、材质不良，以及操作不当等方面。

然后，由模具的工作条件、制造工艺、材质、服役历史等进行逻辑推理、综合分析、相互印证，逐一排除不可能的原因，最终找出断裂失效的真正原因。

为了验证所得结论的可靠性，对于重大事件，在条件允许的情况下，可以进行重新试验或对其中的某些关键数据进行证明试验。如果试验结果同预期的结果一致，则说明所得结论是正确的；否则，需进一步分析。但此类模拟做起来比较困难或太昂贵。

6. 提出预防措施

根据判定的断裂原因，有针对性地提出防护措施，以避免或减少同类断裂事件的发生。

> **拓展资料**
>
> 随着现代材料分析手段的进步，失效分析变得系统、综合和理论化，形成了材料科学与工程中的一个新的学科分支，在国民经济和技术进步中发挥着日益重要的作用。更多内容请扫描二维码进行延伸阅读与学习。

延伸阅读

五、热作模具失效分析实例

实例1：大型5CrMnMo钢热锻模淬火裂纹分析及工艺改进

5CrMnMo热作模具钢常用于中小型锻模制造，而大型和特大型锻模通常采用5CrNiMo钢、5CrNiW钢或5CrNiTi钢制造，以获得良好的淬透性与强韧性及长的疲劳寿命。某热锻模尺寸为600 mm×600 mm×350 mm，属大型锻模，但受材料限制，采用

5CrMnMo 钢生产,热处理采用 850 ℃加热油冷淬火处理。生产中,常会发现大型锻模的四角处产生弧形裂纹,造成锻模失效报废。

检验发现,大型锻模淬火裂纹大多出现在锻模四角部位,呈弧形裂纹状。分析认为,这是由于 5CrMnMo 钢淬透性不足,大型锻模件淬不透,在工件淬火时油冷时间过长及回火工艺不当,使锻模淬火应力过大,从而产生淬火裂纹,造成工件失效破坏。

根据以上分析,提出了 5CrMnMo 钢热锻模改进热处理工艺。5CrMnMo 钢热锻模改进前、后的热处理工艺曲线分别如图 8-9 和图 8-10 所示。锻模硬度要求:工作面为 35～40HRC,燕尾部位为 30～35HRC。

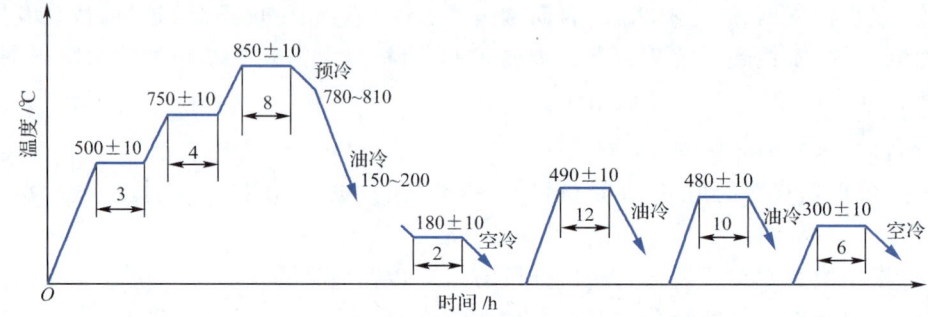

图 8-9　5CrMnMo 钢热锻模改进前热处理工艺曲线

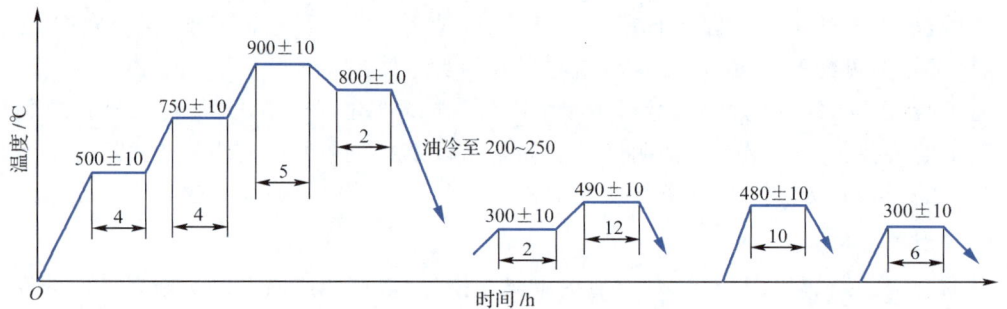

图 8-10　5CrMnMo 钢热锻模改进后热处理工艺曲线

5CrMnMo 钢热锻模热处理工艺改进要点如下:

(1)提高淬火温度。从图 8-9 和图 8-10 可知,淬火温度提高了 50 ℃,提高工件淬火温度的作用:一是淬火温度提高,使奥氏体更趋均匀化,使局部高碳区形成针状马氏体的可能性降低,工件获得更多板条状马氏体,工件强韧性综合强度好,工件脆性降低;二是使工件中更多的 Cr、Mo 等合金元素溶入奥氏体中,固溶强化作用增强,工件热强性提高;三是使模具淬透性增加,使锻模抗疲劳性能得到提高。

(2)5CrMnMo 钢油冷淬火中,如出油时间晚易产生淬火裂纹,为此必须控制油冷淬火冷却时间。采用经验公式 $t=1.2aV/S$ 计算油冷时间效果较好。其中,$a=1.2$ min/mm,V 为锻模体积(mm^3),S 为锻模表面积(mm^2)。

(3)模具淬火从油中取出时,表面温度约为 200 ℃,心部温度约为 400 ℃,如立即在 180 ℃回火,则心部仍继续进行马氏体转变,但表面马氏体转变已完成,表面硬化,心部马氏体转变使体积胀大产生拉应力,使工件产生裂纹。此时,如果放入 490 ℃回火炉中回火,则工件心部会形成低强度韧性的上贝氏体组织,模具性能变差。因此,上面两种处理方式均不宜采取。改进工艺,将锻模冷至 M_s 点(≈220 ℃)后进行等温处理(280 ℃×8 h),工件心部将获得下贝氏体组织,整个模具的组织为板条马氏体+下贝氏体复合组织,工件强韧性和抗热疲劳性能提高,模具使用寿命大大延长。

大型 5CrMnMo 钢热锻模采用改进工艺后,消除了淬火裂纹事故,模具性能优良,使用寿命明显提高。生产应用表明,锻模工作寿命由以前 2 000 件提高至 6 000 件左右,工件服役寿命是原工艺的 3 倍,技术经济效益显著。

● **实例 2:电熨斗压铸模早期失效分析及防止措施**

铝合金电熨斗压铸模材料为 ASSAB 8407 热作模具钢(相当于 4Cr5MoSiV1 钢),模具尺寸为 377 mm×355 mm×61 mm。模具加工流程:制坯—真空淬火(1 020 ℃×2 h,空冷)—三次回火(540~605 ℃×4 h)—精加工—成品。正常情况下,压铸模可压铸加工电熨斗十几万件。生产中发现,某电熨斗压铸模加工 5 000 件工件后,其母模型腔出现龟裂,造成模具早期失效报废。

对龟裂压铸模进行检验发现,型腔表面裂纹形貌呈龟裂状分布,裂纹走向平行于压铸料流方向。金相检验发现,表面裂纹深度约为 1 mm,尖端细小无钝化,有些裂纹已钝化,但深度较浅,仅有十几微米。模具显微组织金相检验表明,其显微组织为回火托氏体+回火索氏体。失效模具内发现有肉眼可见的冶金缺陷。该处硬度约为 178HV0.2,明显低于基体硬度(677HV0.2)。经扫描电镜分析发现,该冶金缺陷部位存在裂纹。经能谱分析鉴定,冶金缺陷区域物质为铬硅酸盐类玻璃状夹渣,其级别超过 2.5 级,为冶金有害夹杂物。

失效模具表面平均硬度为 42.9HRC,其标准试样冲击功为 20 J。如果不开缺口,在型腔裂纹处进行冲击试验,其常温冲击功低于 3 J,可见失效模具冲击韧度十分低劣。失效模具扫描电镜断口分析表明,冲击断口呈准解理脆性断裂特征,型腔表面区域断口处出现疲劳贝纹线。

从龟裂模具裂纹形貌及断口检验分析可知,模具失效属热疲劳失效。模具压铸铝合金电熨斗时,表面温度迅速从室温升至 600 ℃ 左右,随后脱模冷却,模具在高温时承受压应力,而在冷却时承受拉应力,每一次压铸呈压应力和拉应力循环;同时,模具还受到铝合金液的冲刷、磨损、高温氧化腐蚀等作用,模具是在综合交变应力作用下产生热疲劳断裂失效的。另一方面,铬硅酸盐类玻璃状夹渣无固定形态,受应力时易出现脆性破碎。模具中存在上述脆性夹杂物,在交变应力作用下首先形成局部应力集中,当应力高于铬硅酸盐夹杂弹性应变能时,铬硅酸盐夹杂处产生脆性开裂,形成疲劳裂纹。另外,由于型腔表面存在夹杂(渣),在铝合金液冲刷下易出现脱落形成小坑缺陷,产生微观缺口,也是热疲劳裂纹源之一。上述裂纹源在综合交变应力作用下很快扩展,并导致模具早期断裂失效破坏。

综上分析,提出防止压铸模龟裂早期失效的措施如下:

(1)严格冶金、铸造加工和检验质量控制,防止模具坯件中存在超标夹杂(渣)物和其他冶金缺陷,以保证坯件性能和组织良好。

(2)为提高压铸模强度和工作寿命,模具可进行渗氮、渗碳或渗硼等表面强化处理,可使压铸模耐热磨损性能和抗热疲劳强度明显提高,从而大大提高压铸模的服役寿命。

学习任务二　分析冷作模具的失效形式

任务引入

某冷作模具尺寸为120 mm×210 mm×250 mm,工件材料为CrWMn钢。技术要求热处理后硬度为55~58HRC。生产中发现,模具热处理后线切割加工时发生炸裂破坏失效。试分析其原因并提出解决方案。

任务分析

检验分析:断裂模具宏观检验发现,断口与轴线大体垂直,断面较平整、光滑,微弧形状,呈脆断特征,如图 8-11 所示;断口上边缘处为裂纹源区,其旁有放射状花样,中部是裂纹扩展区,最后断裂区呈快速撕裂形貌特征。CrWMn 钢模具各部位硬度检测结果见表 8-1。从表 8-1 可知,模具硬度明显偏低,设计要求模具硬度为 55~58HRC,实际工件硬度仅为 33~42HRC,且硬度分布很不均匀,因而模具强度性能大为下降。

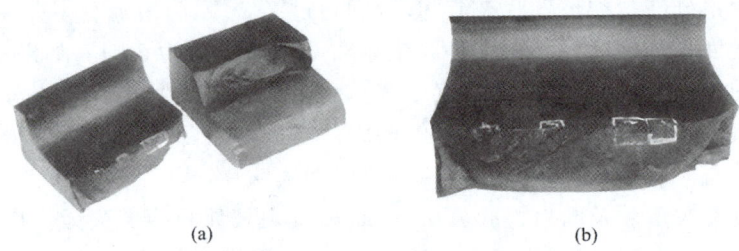

图 8-11　CrWMn 钢炸裂模具断口宏观形貌

表 8-1　　　　　　　　　CrWMn 钢模具各部位硬度检测结果

试样	硬度(HRC)			
1号	42.0	41.0	33.5	38.5
2号	38.7	37.3	35.3	34.5
3号	33.0	36.5	37.0	37.5
4号	34.2	38.7	42.0	37.5
5号	39.0	41.0	41.0	40.5
6号	40.0	41.0	41.0	39.0

炸裂模具试样金相观察发现,如图8-12所示,不同部位金相组织差别大,并且分布呈明显不均匀状态,表层组织为回火索氏体+回火托氏体;其余部位组织为回火托氏体组织+碳化物与片间距不同的珠光体类组织,呈珠光体和碳化物分别明显聚集区域形貌,碳化物亦有沿晶分布特征。金相组织表明,模具未完全淬透,且成分严重不均匀。

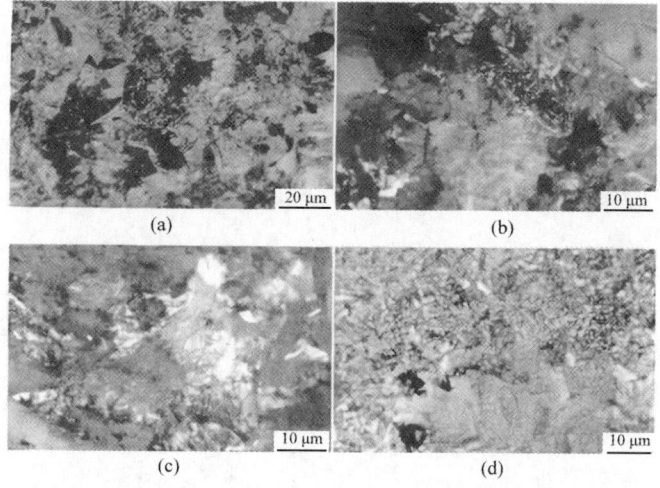

图 8-12　CrWMn 钢模具不同部位的金相组织形貌

由断口形貌扫描电镜观察可知,断口均以解理、准解理和沿晶裂纹等脆性断裂特征为主,只有部分晶界发现少量韧窝形貌,因而该断口属典型脆性断裂。

模具检验结果和模具热处理工艺及线切割加工密切相关。该模具尺寸较大,淬火冷却时工件各部位冷却速度差异很大。表层冷却快,从而得到全马氏体组织;内部冷却慢,发生珠光体型转变;而工件冷却连续降温,不同部位珠光体转变温度不同,形成组织不同,因而组织中片间距不同,并有碳化物析出。分析认为,模具金相组织不均匀并且局部碳化物偏聚现象,是由于原始组织严重不均匀造成的;同时,成分不均匀也是模具硬度不均匀的重要原因。炸裂模具整体未淬透,且淬透层薄。工件淬火后其最大拉应力位于模具内部,而且模具热处理后组织不均匀使工件残留应力增大。模具中存在的非金属夹杂缺陷引起应力集中,当其应力超过材料强度极限时,模具薄弱处出现裂纹萌生源。裂纹一旦产生,在应力下迅速扩展,由于失效模具强度、韧性差等诸多缺陷,裂纹扩展呈脆性方式进行。工件中碳化物沿晶分布,其强度低,促使裂纹沿晶扩展。另外,模具回火不足,淬火残留应力未能消除完全,因而在模具线切割加工时,在外力作用下裂纹再次急速发展,引起工件炸裂破坏。

为防止 CrWMn 钢模具炸裂失效破坏,提出工艺改进措施如下:

(1)严格检验和控制模具坯件化学成分与原始组织技术要求,防止非金属夹杂物、偏析等缺陷超标坯料流入模具加工工序。

(2)严格模具热处理工艺控制和操作,改进工件淬火工艺,使模具完全淬透,减少工件淬火残留应力,并使模具淬火组织及性能符合技术要求。

(3)模具应充分回火,消除淬火残留应力,防止工件因回火不足出现残留应力过大而造成模具开裂失效。

(4)原模具回火温度偏高,工件硬度偏低很多且不均匀,这是工件强度低、造成裂纹断裂的重要原因之一。因而应调整回火温度,使模具回火后硬度符合技术要求,防止工件回火后强度严重不足缺陷。

相关知识

一、冷作模具的工作条件与失效形式

冷作模具主要包括冷冲裁模、冷拉深模、冷挤压模等。各种冷作模具的工作都是在常温下对被加工材料施加压力,使其产生分离或变形,从而获得一定形状、尺寸和性能的零件。不同种类的冷作模具在不同技术要求下,具有不同的工作条件,因此失效形式也有不同特点。

1. 冷冲裁模的服役条件和失效形式

(1)冷冲裁模的服役条件

冷冲裁模主要用于各种板料的冲切。从冲裁工艺分析中我们可以得知,板料的冲裁过程可以分为三个阶段:弹性变形阶段、塑性变形阶段和剪裂阶段。

模具对板料进行冲裁时的情形如图 8-13 所示。其中:F_{P1}、F_{P2} 分别为凸模、凹模对板料的垂直作用力;F_1、F_2 分别为凸模、凹模对板料的侧压力;μF_{P1}、μF_{P2} 分别为凸模、凹模端面与板料间摩擦力,其方向与间隙大小有关,但一般均指向模具刃口;μF_1、μF_2 分别为凸模、凹模侧面与板料间摩擦力。在弹性变形阶段,当凸模下降至与板料接触时,板料受到凸模、凹模端面的作用力。凸模、凹模之间的冲裁间隙,使凸模、凹模

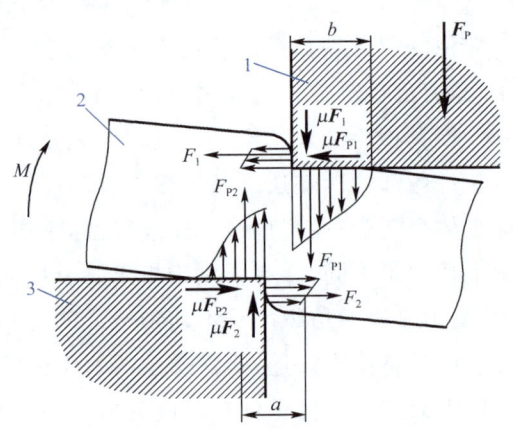

图 8-13　冲裁时模具作用于板料上的力
1—凸模;2—板料;3—凹模

施加于板料的力产生一个弯矩 M,其值等于凸模、凹模作用的合力与稍大于间隙的力臂 a 之积。板料会在弯矩 M 的作用下产生翘曲,与凸模端面的中心部分脱离接触。这时板料只和模具的凸模、凹模刃口部分接触,压力集中于刃口附近。在冲裁过程中,由于板料的弯曲,模具的受力主要集中于刃口附近的狭小区域。凸模、凹模刃口区域不仅位于最大端面压应力和最大侧面压应力的交汇处,而且也处于最大端面摩擦力和最大侧面摩擦力的交汇处,工作时刃口承受着剧烈的压应力和摩擦力作用。

模具刃口所受作用力的大小和板料的力学性能、厚度等因素有关。考虑到板料厚度对模具冲裁负荷的影响,通常可以将冲裁按板料的厚度分为薄板冲裁($t \leqslant 1.5$ mm)和厚板冲裁($t >1.5$ mm)。

(2)冷冲裁模的失效形式

薄板冷冲裁模受到的冲击载荷不大,在正常的使用过程中,模具因摩擦产生的刃口磨损是主要的失效形式。磨损过程可分为初期磨损、正常磨损和急剧磨损三个阶段。对应于这三个阶段中刃口的损伤过程如图 8-14 所示。

①初期磨损阶段

模具刃口与板料相碰时接触面积很小,刃口的单位压力很大,造成了刃口端面的塑性变形,一般称为塌陷磨损。其磨损速度较快,如图 8-14(a)所示。

②正常磨损阶段

当初期磨损达到一定程度后,刃口部位的单位压力逐渐减轻,同时刃口表面因应力集中而产生应变硬化,如图 8-14(b)所示。这时,刃口和被加工坯料之间的摩擦磨损成为主要磨损形式。磨损进展较缓慢,进入长期稳定的正常磨损阶段,该阶段时间越长,说明其耐磨性能越好。

③急剧磨损阶段

刃口经长期工作,经受了频繁冲压后会产生疲劳磨损,表面出现损坏剥落,如图 8-14(c)所示。此时进入了急剧磨损阶段,磨损加剧,刃口呈现疲劳破坏,模具已无法正常工作。模具使用时,必须控制在正常磨损阶段以内,出现急剧磨损时,要立即刃磨修复。

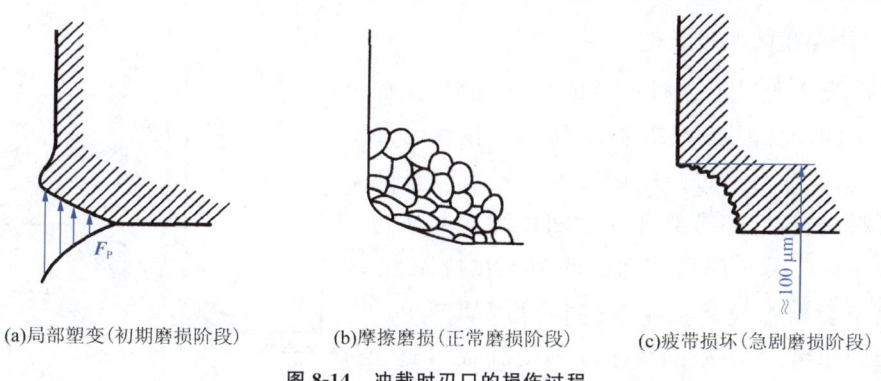

(a)局部塑变(初期磨损阶段)　　(b)摩擦磨损(正常磨损阶段)　　(c)疲带损坏(急剧磨损阶段)

图 8-14　冲裁时刃口的损伤过程

随着刃口的磨损,工件的毛刺高度会不断增大,因此实际生产中,可以通过观测毛刺高度来推断模具刃口的磨损量,在冲裁件达到质量允许的毛刺高度极限值时即进行刃磨。

从磨损机理上分析,凸模、凹模的磨损主要是黏附磨损和磨粒磨损。黏附磨损是模具刃口在与板料的相对摩擦运动过程中,由于高压产生了局部的相互黏附和咬合现象,当接触面相对滑动时,黏附部分便发生剪切引起磨损。当冲压高韧性材料(如奥氏体不锈钢)时,易产生黏附磨损。磨粒磨损是指模具工作时表面剥落的碎屑嵌入工作部件表面,成为磨料,使其逐渐磨损的过程。冲裁硬度较高的金属材料(如高碳钢、硅钢)时,因材料的硬粒或碳化物剥离而产生磨粒磨损。

一般情况下,凸模的磨损要快于凹模,这是因为凸模刃口处的承力面积小于凹模,在同一冲裁力的作用下,凸模刃口处单位面积承受的压应力要比凹模刃口处更大一些;同时,在每一次冲裁过程中,凸模都要切入并退出板料,前后经历两次摩擦,而凹模和板料的分离部分仅发生一次摩擦。而且,凹模的淬火硬度通常高于凸模,这一切使得凸模的磨损要比凹模更快。此外,凸模退出板料时,需要有一定的卸料力将板料从凸模上卸下,卸料力与作用在凸模上的其他压应力不同,是唯一的拉应力,使凸模在反复拉、压应力的作用下产生疲劳磨损,这也是致使凸模崩刃的原因之一。

厚板冷冲裁模的凸模、凹模受到的作用力增大,在过大应力的作用下,不仅会产生磨损,而且可能造成刃口变形、疲劳崩刃等现象。当冷冲裁凸模较细长时,还会引起弯曲或折断,如图 8-15 所示。

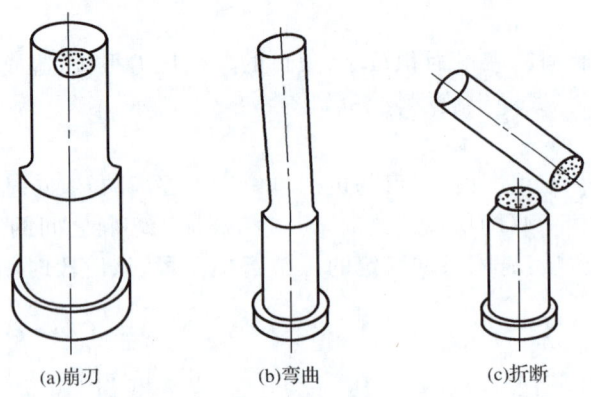

(a)崩刃　　　(b)弯曲　　　(c)折断

图 8-15　凸模断裂和塑性变形

2. 冷拉深模的服役条件和失效形式

(1)冷拉深模的服役条件

冷拉深模主要用于金属板料的拉深成形,拉深过程中模具的受力状态如图 8-16 所示。拉深时凸模下压板料,拉深力通过凸模底部和凸模圆角部位传导给板料,板料的外缘部分通过凹模端面与压边圈之间被拉入凸模与凹模之间的间隙。在拉深力、压边力以及板料与模具工作部件相对运动产生的动摩擦力的作用下,凸模圆角半径处受到板料施加的压力 F_{P1} 和摩擦力 F_1;凹模圆角半径处受到板料施加的压力 F_{P2} 及摩擦力 F_2;凹模端面部位受到板料施加的压力 F_{P3} 和摩擦力 F_3;压边圈与板料相接触的部位受到压力 F_{P4} 和摩擦力 F_4 的作用。

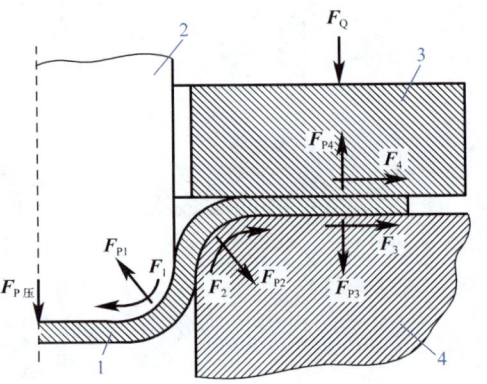

图 8-16　拉深过程中模具的受力状态
1—板料;2—凸模;3—压边圈;4—凹模

在拉深开始阶段,凸模圆角半径处的板料被弯曲拉深并做相对运动,摩擦力 F_1 使凸模圆角半径受到磨损。随着拉深的进一步进行,已变形板料紧贴凸模圆角半径部位并开始产生应变硬化,相对运动大大减弱,摩擦力变小。但是在整个拉深过程中,凹模圆角半径处、凹模端面以及压边圈相应部位始终与板料做相对运动,产生剧烈摩擦,压应力和摩擦力都很大,因此凹模与压边圈的磨损现象始终存在。

(2)冷拉深模的失效形式

由于冷拉深模的工作部件没有刃口,受力面积大,工作时无严重的冲击力,因此冷拉深模不易出现塑性变形和断裂失效。但是工作时存在着很大的摩擦,模具的主要失效形式为黏附磨损和磨粒磨损,并以黏附磨损为主,是拉深过程中常出现的问题和模具失效的重要原因。黏附磨损的部位发生在凸模、凹模的圆角半径处及凹模和压边圈的端面,其中以凹模和压边圈的端面最严重。模具与工件表面产生黏附磨损后,脱落的材料碎屑会成为磨粒,从而伴生出磨粒磨损。磨粒磨损将使模具表面更为粗糙,进而又加重黏附磨损。

从显微镜下观察,模具和坯料的表面都是凹凸不平的,由于模具表面的硬度高于坯料,所以相互挤压摩擦时会将坯料表面刮下的碎粒压入模具表面的凹坑。在拉深过程中,坯料的塑性变形及坯料和模具工作部件表面的摩擦会产生热能。特别是在某些塑性变形严重和摩擦剧烈的局部区域所产生的热能造成了高温,破坏了模具和坯料表面的氧化膜和润滑膜,使金属表面裸露,促使材料分子之间相互吸引,并使模具表面凹坑里的坯料碎屑熔化,和模具表面焊合,形成坚硬的小瘤,即黏结瘤。这些坚硬的小瘤会使拉深件表面粗糙度增大,严重时会在产品的表面划出刻痕,擦伤工件,并且加速模具的不均匀磨损,这种失效形式又称为粘模。此时,需对模具进行修磨,除去黏附的金属。冷拉深模的重要问题就在于如何防止黏附的金属小瘤。

在拉深工作中出现的拉深粘模问题与被拉深坯料的化学成分、所使用的润滑剂及模具工作部件的表面状况等因素有关。镍基合金、奥氏体不锈钢、精密合金等材料拉深时极易发生粘模。为保证产品的质量,模具的工作部件表面不允许出现磨损痕迹,必须具有较低的表面粗糙度和较高的耐磨性。

3. 冷挤压模的服役条件和失效形式

(1)冷挤压模的服役条件

冷挤压模工作时,将大截面的坯料挤压为小截面的工件,坯料受到强烈的三向压应力作用,发生剧烈的塑性流动,由于被挤压材料的变形抗力较高,如钢的冷挤压,其变形抗力高达1 960 MPa 以上,模具承受强大的挤压反作用力和摩擦力。摩擦功和变形功转化成热能,使模具表面温度达到300 ℃左右(局部可达 300 ℃以上)。此外,每一次挤压过程都是在瞬间完成的,从而使模具在工作时温度升高,不工作时温度又下降,就是说模具还承受着冷热交变和多次冲击负载的作用。如此严酷的工作条件,使得冷挤压模的使用寿命比其他模具要低。

(2)冷挤压模的失效形式

冷挤压模的凸模、凹模由于受力状况有所不同,所以失效形式有所差异,一般凸模易于折断,凹模易于胀裂。冷挤压凸模的失效形式主要有折断、磨损、镦粗、疲劳断裂和纵向开裂;冷挤压凹模的失效形式主要有胀裂和磨损。

冷挤压模的磨损主要是磨粒磨损和黏附磨损,磨损主要发生在凸模的工作端部和凹模内壁。模具表面温度的升高可能会使模具材料的表层软化,从而加速磨损失效的过程。

冷挤压时,凸模可能在弯曲应力或应力集中的作用下折断,或因脱模时的拉应力拉断。凸模肩部由于承受很高的压应力和摩擦力,易产生麻点和磨损,成为导致凸模折断的疲劳源。若凸模选材或热处理不当,在压应力和弯曲应力的作用下,将产生纵向弯曲或镦粗,镦粗一般发生在距工作端部 1/3~1/2 凸模工作长度处。一旦发现凸模镦粗,就应立即重磨。如果凸模因抗压强度不够发生镦粗,在工作部位表面会产生拉应力,引起表面纵裂。若继续挤压,裂纹将扩展并连接起来,造成掉块(凹模表面成片剥落)。

若凹模抗拉强度不够,则挤压时在切向拉应力的作用下,会产生胀裂(纵向开裂),凹模型腔变化的部位会发生横向开裂。如果采用预应力组合凹模,长期工作中内层凹模型腔内壁会因拉、压交变循环的切向应力作用导致疲劳开裂。

任何模具,其失效形式并非一成不变。模具在服役过程中,不同的部位会承受不同形式的作用力,可能导致出现多种损伤形式并存的现象。

由于模具材料的性能、结构、制造工艺、压力加工设备的特性和加工操作方法不同,各种损伤形式的发展速度有很大的差异,多种损伤形式的相互促进会加速模具的失效,因此,同样的模具可能会导致完全不同的失效形式和服役寿命。

对模具进行失效分析,不仅要查明其失效形式、失效原因及影响因素,还应当了解其他可能导致损伤的原因及影响因素,掌握全面的情况。在克服某一种失效形式时,还要防止其他损伤的发展,以确保和延长模具的服役期限。

二、影响冲压模具寿命的因素及提高冲压模具寿命的措施

1. 影响冲压模具寿命的因素

模具因磨损或其他形式失效,不可修复而报废之前所加工的产品件数称为模具的寿命。为了提高冲压模具的寿命,必须对已失效的模具进行分析,了解和掌握失效的原因和影响模具寿命的主要因素。

(1) 模具材料的影响

① 模具材料性能的影响:各种模具材料的硬度、耐磨性、耐蚀性、塑性变形抗力、断裂抗力、冷热疲劳抗力等性能均有所不同,材料的性能必须满足模具的具体使用要求,否则将导致模具的早期失效。如模具工作在循环载荷下时,使用疲劳抗力差的材料将会萌生疲劳裂纹,裂纹的不断扩展将引起模具的断裂失效。

② 模具钢冶金质量的影响:若钢中含有强度低、塑性差的非金属夹杂物,则容易形成裂纹源,引起模具早期断裂失效。当钢中的碳化物过多,形成网状、大块状或带状偏析时,将严重降低钢的冲击韧度及断裂抗力,引起模具的早期断裂、崩块及开裂等。若钢中存在中心疏松和白点,则会降低模具的抗压强度,使模具淬火开裂及工作表面凹陷。

(2) 模具结构的影响

① 模具几何形状的影响:模具的几何形状对成形过程中坯料的流动和成形力产生很大的影响,从而影响模具的寿命。如图 8-17 所示为两种形状的反挤压凸模,这两种结构的凸模比非台阶式平头细长杆件结构的凸模降低挤压力 20%,但其端面倾斜角不能过大,否则虽然降低了挤压力,但凸模容易因被挤偏受到弯曲应力而折断。

② 模具间隙的影响:模具间隙不仅影响工件的质量,还影响模具的寿命。例如冷拉深模的间隙过小将增大摩擦阻力,易擦伤工件表面,并增大了模具的磨损。冷冲裁模的间隙过小会加剧凸模与凹模的磨损,降低模具的使用寿命。

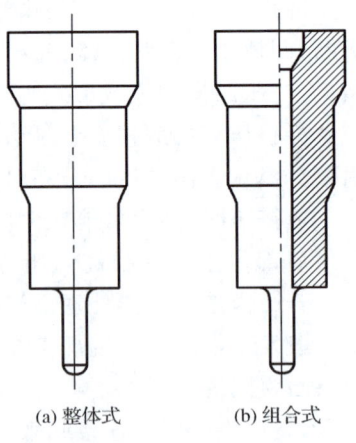

图 8-17 反挤压凸模

③ 结构形式的影响:模具的结构形式不合理将导致应力集中而断裂失效。如图 8-17(a) 所示的整体式凸模,在挤压时极易在心轴根部产生应力集中而折断。若改为如图 8-17(b) 所示的组合式凸模,则消除了应力集中,可以防止模具的早期断裂失效。

(3)模具制造工艺的影响

①锻造工艺的影响:如果锻造工艺不合理,就会降低钢的性能,造成锻造缺陷,形成导致模具早期失效的隐患。常见的锻件表面缺陷有裂纹、折叠、凹坑等,内部缺陷有组织偏析、流线分布不合理、疏松、过热、过烧等。

锻造时镦击力过大,变形量过大,易产生裂纹。加热不均,温度过高会产生材料晶粒粗大的过热现象或导致晶界熔化和氧化的过烧现象。停锻后冷却速度过快容易开裂,特别是高碳合金钢,锻造温度范围较窄,操作不当极易开裂。锻造不充分会产生组织应力,热处理时也易发生变形和开裂。若模具材料中的非金属夹杂物锻压后,流线分布走向与凸模轴线垂直,则可能引起横向折断;如果分布走向与轴线平行,则可能发生纵向劈裂。

②加工工艺的影响:如果切削加工时没有彻底去除材料表面脱碳层,将会降低模具的表面硬度,加剧模具磨损及淬裂的倾向。切削表面粗糙、尺寸连接处不光滑或留有尖角和加工刀痕,将萌生疲劳裂纹,造成模具失效。磨削加工时进给量过大、冷却不足则容易产生磨削裂纹和磨削烧伤,降低模具的疲劳强度和断裂抗力。电火花成型及线切割加工会使模具表面产生拉应力和显微裂纹,导致表面剥落和早期开裂。若材料淬火后的内应力很高,电火花加工时应力会重新分布,引起模具变形或开裂。

③热处理工艺的影响:模具淬火加热时温度过高,容易造成模具的过热、过烧,冲击韧度下降,导致早期断裂。如果淬火温度过低,会降低模具的硬度、耐磨性及疲劳抗力,容易造成模具的塑性变形、磨损失效。淬火加热时不注意采取保护措施,会使模具表面氧化和脱碳,脱碳将造成淬火软点或软区,降低模具的耐磨性、疲劳强度和抗咬合能力,影响其寿命。淬火冷却速度过快或油温过低,模具容易产生淬火裂纹。如果回火温度太低,而且不够充分,将无法消除淬火过程中的残余应力,使模具的韧性降低,容易发生早期断裂。

(4)模具工作条件和使用维护的影响

①被加工材料的影响:被加工材料的材质与厚度对模具寿命有很大的影响。被加工材料的强度越高、厚度越大,模具承受的力也越大,模具的寿命相对较低。若被加工材料的材质与模具材料的亲和力大,在冲压成形过程中会和模具发生黏附磨损,降低模具的寿命。如用 Cr12MoV 钢制作冷拉深模,拉深镍基合金钢板时,极易产生黏附咬合及拉毛现象,改用 GT35 钢结硬质合金制作,黏附咬合倾向大为减轻,提高了模具的寿命。

被加工材料的表面状态对模具的磨损也有很大的影响。采用表面没有氧化黑皮、脱碳层,仅有极薄的氧化膜或磷化膜的坯料,对模具冲压最为有利。如用 T10A 钢为工作部件制造的冷冲裁模,冲裁表面光亮的薄钢板时,每刃磨一次可冲裁 3 万件;冲裁同等厚度的热轧钢板时,由于表面有氧化黑皮,所以每次刃磨只能冲裁 1.7 万件左右。

②冲压设备特性的影响:冲压设备的刚度和精度对模具的寿命影响极大。开式压力机为 C 形框架,刚度较差。在冲压力的作用下易产生变形,造成上模、下模中心线不重合,模具工作间隙不均,甚至啃刃、崩刃。此外,冲裁过程结束的瞬间,载荷急速锐减,压力机在冲压过程中积聚的变形能量突然释放,造成上模、下模间的冲击振动,即所谓"失重插入"现象,这也加剧了模具的磨损。因此,精密冲裁或使用硬质合金冷冲裁模时,最好采用刚度较好、精度较高的闭式压力机。

③润滑条件的影响:良好的润滑条件可以有效降低摩擦力、摩擦热和冲压力,减少模具的

磨损，显著提高模具的寿命。如冲裁硅钢片时，采用润滑的模具寿命大约是无润滑模具的10倍。使用的润滑剂和润滑方式是否适当对模具的寿命影响很大。如不锈钢表壳挤光模于工作时采用机油润滑，模具寿命只有80件；改用二硫化钼配制润滑剂，使用寿命达1万件。

2. 提高冲压模具寿命的措施

对于冷拉深模，黏附磨损是其失效的重要原因，一般黏附易发生在性质相近的材料之间，所以应根据被拉深材料的材质选择相应的模具材料。如果被拉深材料为有色金属，模具材料可以选用铸铁、钢和硬质合金；如果被拉深材料为黑色金属，则模具材料选用有色金属、硬质合金以及与其亲和力小的钢。

对于冷挤压模，如果模具承受的单位挤压力很大，则应使用高淬透性的材料如基体钢、高速钢，否则未淬硬的材料心部会引起模具塑性变形。如果凸模受偏心力较大，则应选用高强韧性的材料。挤压工件形状复杂、生产批量大或者被挤压坯料强度高，选择硬质合金或钢结硬质合金可以提高模具的寿命。

冷镦模在选材上，应注意钢的原始组织和化学成分，钢不应有原始组织缺陷，如偏析、夹杂和少量缩孔等。在高负荷条件下工作的冷镦模，模具用钢要有较高的纯度，硫、磷含量要严格控制。一般钢碳含量在0.8%～0.9%范围内韧性较好，碳含量在0.95%～1.05%范围内为硬韧，碳含量在1.05%～1.15%范围内为硬性，大型模具碳含量取下限，小型模具取上限。

(1) 合理设计模具

在保证冲裁工件质量的前提下，冷冲裁模应尽可能选用较大的冲裁间隙，以降低冲裁力，减小模具的磨损。为了提高凸模的刚度，加强其抗偏载能力，以防止工作时凸模弯曲变形或折断，一般凸模头部截面积和尾柄部截面积大约分别取为工作端面面积的两倍和四倍，必要时对凸模进行导向保护。可以采用弹性卸料板，对板料施加一定的压边力，以减少因板料滑移或翘曲对凸模的作用力。为确保冲压过程中冲裁间隙均匀，避免啃刃和刃口的不均匀磨损，可选用精确的模具导向装置，例如使用滚珠、导柱、导套。

冷拉深模的凸模、凹模间隙设计要合理：间隙过小，摩擦阻力增大将使模具磨损加剧；间隙过大，则使制件起皱而加大模具的磨损；间隙不均，在模具工作中会产生不均匀内应力，使模具的寿命下降。模具的工作表面硬度要高，以减少磨损。模具的表面粗糙度要低，同时被拉深板料的表面粗糙度也要低一些，以减少拉深时的摩擦阻力，有利于拉深件的塑性成型并提高模具的寿命。

冷挤压模的结构必须有足够的强度、刚度、可靠性和良好的导向性。采用最佳的凸模形状，条件许可的情况下采用工艺轴，变单纯正挤压或反挤压为复合挤压，以降低单位挤压力。冷挤压凸模不宜过长，防止纵向弯曲。模具工作部件的过渡部分应设计足够大的圆角半径，避免尖角过渡产生应力集中现象。凹模易横向开裂部位应采用分割式结构，以消除应力集中。采用预应力组合式凹模结构以防止内层凹模的纵向开裂。采用阶梯组合式凹模比同尺寸的平口组合式凹模具有更大的承受径向内压力的能力。

在冷镦模的凹模入口处，尽量设置足够大的渐变圆角，避免应力集中，并在出模方向上做出拔模斜度，以利于坯料在型腔内的流动及降低模具的负荷。硬质合金或钢结硬质合金冷镦模的硬度高，耐磨性好，生产出来的产品精度高。可以采用硬质合金或钢结硬质合金镶块的组合式结构，用加套的方法施加预应力，减少或抵消模具受到的冷镦力，以提高模具的寿命。但硬质合金脆性很大，当模具形状复杂并在较高的冲击负荷下工作时，不应采用硬质合金。

(2) 正确选择模具材料

当冷冲裁模的生产批量很大时，应选择强度高、韧性好、耐磨性好的高性能模具材料。由于凸模的工作条件比凹模更差，所以凸模材料的耐磨性应选得比凹模材料更高。

(3) 合理安排模具制造加工过程

提高模具制造加工质量要重视模具钢坯的锻造工艺，消除带状和网状碳化物分布，使流线和冲击力方向垂直。锻造时为了充分打碎坯料中的碳化物，使其呈弥散状均匀分布，应采用高锻比变向镦拔的方法。

在制造加工过程中，必须严格保证模具的尺寸形状精度，避免留下机械加工刀痕；过渡部分要平滑，不能有微小缺陷，防止使用过程中出现应力集中裂纹。电加工及磨削加工后应进行回火，以消除加工应力。

冷拉深模的最后抛光工序的操作方向应和坯料金属流动的方向一致，凹模型腔应纵向往复而不是圆周运动抛光。抛光时应注意冷却，防止过热使模具硬度下降。

冷挤压凸模加工后形状要对称，工作部分必须同轴心，否则凸模单边受力易折断。正挤压或反挤压凹模的表面粗糙度越低越好，可以采用磨削后再研磨抛光的方法，以减少磨损，提高模具的寿命。

应根据冷镦模的工作条件和材料性质适当选择淬火硬度和硬化层深度，防止早期失效。热处理中要注意充分回火，回火时间不足，应力未能全部消除，即使硬度满足要求，仍会产生崩块现象，回火时间一般在 1.5 h 以上。

(4) 采用模具强韧化处理和表面强化处理

采用模具强韧化处理和表面强化处理技术可使模具获得优良的整体强韧性能和优异的表面硬度、耐磨性和抗黏附性能，是提高各类模具寿命的有效途径。

(5) 合理使用和维护模具

冷冲裁模操作时应严格控制凸模进入凹模的深度，以免磨损加剧。冷冲裁模使用了一段时间后，凸模、凹模刃口将不可避免地出现磨损和磨损沟痕。这时候提前修模，可以减小摩擦力、预防磨损沟痕导致的裂纹，避免因磨损后凸模、凹模间隙不均产生的附加弯矩，提高模具的寿命。凸模、凹模再次磨削后，应用细油石对刃口仔细研磨、抛光，去除磨削毛刺、使表面粗糙度 Ra 值不大于 $0.10\ \mu m$，消除损伤隐患。模具存放时，上模、下模应保持一定空隙，以保护刃口。

在冷拉深凹模和被拉深板料之间必须涂上合适的润滑剂，使模具与板料不直接接触，消除黏附咬合的条件。拉深时模具与板料接触面的相对运动变为润滑剂分子之间的相对运动，可以大大减小摩擦力和摩擦热，有效地减少或防止磨损。被拉深板料的厚度、硬度、组织结构要均匀一致；表面保持光洁，无杂质、氧化皮、锈蚀，避免模具受力不均过早磨损。模具使用后若表面粗糙度增大，要及时修磨抛光。

应选用拉深速度低一些的拉深机床，易于被拉深金属材料的流动，减少模具表面的摩擦。双动压力机拉深速度较缓慢，受力比普通冲床平稳、均匀，有利于延长冷拉深模的寿命。

冷挤压模工作时同样要合理润滑，挤压黑色金属时应采用磷化处理加润滑。冷挤压过程中，模具升温很快，应定时冷却。对于重载模具，挤压数千次后应进行去应力回火处理

(160～180 ℃保温 2 h)，能有效提高模具的寿命。对于反复使用的外层或中层预应力圈，在多次压出后，需经 180 ℃保温 2 h 去应力回火处理以防外圈崩裂。冬季低温时，模具使用前最好先预热，以防凸模冷脆折断。必须建立完整的维护保养制度，指定专人及时对压力机和模具进行调整、修复。模具在储存和运输过程中，要采取防锈措施，上模、下模座之间要有限位块保护。

冷镦模为了降低工作时的摩擦系数，防止模具黏附咬合，冷镦坯料应经过磷化或镀铜处理。在大多数情况下，冷镦前坯料要经过预热。预热能改进材料的加工性能，减小出现裂纹的可能性，还可以提高模具寿命。冷镦时也应进行润滑，良好的润滑可以降低制品的表面粗糙度，提高模具的寿命。尤其对复杂形状的工件进行冷镦，润滑更为重要。

三、其他冷作模具失效分析实例

实例：Cr12MoV 钢凹模早期断裂失效分析及工艺改进

冷冲硅钢片凹模（图 8-18）形状复杂，精度要求高。凹模材料为 Cr12MoV 钢。为保证冲裁刃口锋利，要求模具具有高硬度、高耐磨性，同时具有良好的强韧性能和高疲劳抗力，并且工作寿命长久。Cr12MoV 钢凹模热处理为 1 030 ℃淬火＋180 ℃回火常规处理。生产中发现，凹模热处理后耐磨性差，生产中需多次修磨，出现大量凹模早期断裂失效。

检验断裂凹模宏观断口分析时发现，除一件凹模是因操作不当出现拉伸断裂脆性断口和另一件系多次磨削修刃后属正常磨损失效外，其余绝大多数模具断裂属早期断裂失效。从宏观断口可见贝壳状花样，贝壳状花样外围为结晶状断口，从断口形貌特征判断，凹模早期断裂失效为疲劳断裂。检验发现，疲劳源大多在磨削裂纹处，磨削裂纹深度约 0.3 mm；其特点是磨削裂纹尖端十分尖锐，是高度应力集中区域。由于磨削裂纹应力集中，裂纹很容易在外力下或修磨刃口加工应力下扩展并导致凹模断裂，故凹模工作寿命不高，平均寿命只有 9.2 万次。凹模早期失效是其工作寿命低的主要原因。

断裂凹模检验分析从工件组织、热处理工艺及工件性能方面进行了检测、验证和分析。凹模加工流程为：下料—改锻—球化退火—机械加工—热处理—钼丝线切割—磨削—成品。热处理工艺采用 1 030 ℃油淬＋180 ℃回火 2 h，回火后硬度为 57.4HRC。凹模金相组织为：回火马氏体＋残余奥氏体＋碳化物，如图 8-19 所示。组织中残余奥氏体量较多，碳化物不均匀，大块碳化物不圆整，呈棱角状形貌。

图 8-18　冷冲硅钢片凹模

图 8-19　Cr12MoV 钢凹模的金相组织（×500）

分析认为，凹模低温回火后仍有残留应力，磨削中引起磨削应力，凹模修磨刃口中反复磨削使残留应力增大,当总拉应力高于工件断裂抗力时,将产生磨削裂纹。另一方面,磨削热不仅使回火马氏体发生分解,同时使残余奥氏体转变生成马氏体,因而产生相变应力(附加应力),磨削中产生的附加应力是凹模产生磨削裂纹的主要原因。磨削裂纹产生后,在交变应力作用下,裂纹扩展形成贝壳状花样疲劳裂纹扩展区,当裂纹扩展到临界尺寸后,便发生瞬间断裂,形成结晶状的最后断裂区。

为提高硅钢片凹模寿命,防止凹模出现磨削裂纹早期断裂失效,提出 Cr12MoV 钢凹模工艺改进措施如下:

(1)提高淬火加热温度,从 1 030 ℃ 提高至 1 100 ℃,使奥氏体溶入更多的碳和合金元素,减少淬火后块状碳化物,提高模具硬度、强度及耐磨性能。

(2)增加深冷处理,以减少残余奥氏体含量,可显著提高凹模的强度和硬度。这是防止凹模寿命不高的主要方法。采用凹模在油中淬火,于 25 min 内将模具放入液氮中深冷处理。

(3)提高回火温度,从 180 ℃ 回火提高到 520 ℃ 高温回火。目的使碳化物从马氏体中弥散析出产生二次硬化,使模具组织中碳化物呈颗粒状均匀分布,从而使凹模的强韧性、硬度和耐磨性明显提高,进而提高模具的工作寿命。

采用上述改进工艺后,Cr12MoV 钢硅钢片凹模平均硬度从原来的 57.44HRC 提高到 67.4HRC,凹模工作寿命从平均 9.2 万次提高到 84.3 万次,为原来凹模平均使用寿命的 9.16 倍,避免了磨削裂纹缺陷和模具早期断裂失效破坏;同时,新工艺降低了生产成本,技术经济效益显著。

学习任务三 分析塑料模具的失效形式

任务引入

某厂用 4Cr13 钢制造的音箱塑料模具(尺寸为 221 mm×328 mm×180 mm,要求硬度 52HRC),经机械加工—热处理—表面抛光后,试模时开裂。对其开裂原因进行分析和研究。

任务分析

一、检验分析

经检验,该模具钢的化学成分符合 4Cr13 的技术要求。经测定,模具硬度为 52~53HRC。宏观观察开裂部位位于型腔两垂直面过渡 R 位处,断口面瓷状特征:呈灰白色,人字形花样(放射条纹)清晰。显微组织观察分析,晶粒等级 8 级,合格;金相组织为马氏体+碳化物+残余奥氏体,"淬火晶粒"清晰可见(图 8-20),证明马氏体回火不足。经电镜分析未发现特别明显的氧含量,排除加热或淬火开裂。裂纹扩展区显微形貌为碳化物解理+准解理+韧窝,二次裂纹有沿晶的趋势(图 8-21)。模具的开裂是裂纹多源扩展,裂纹源也有起始于碳化物集中的位置。

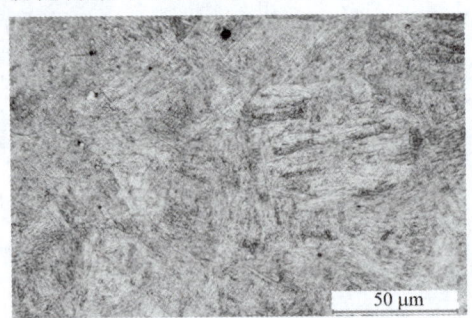

图 8-20　显微组织

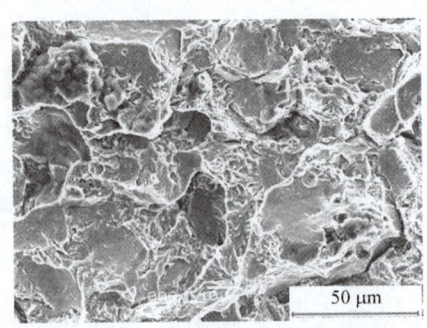

图 8-21　裂纹扩展区 SEM 形貌

二、解决方案

回火试验发现，试样经 450 ℃加热回火后的组织为回火马氏体＋碳化物＋少量残余奥氏体，如图 8-22 所示。根据检验分析，淬火晶粒度为 8 级，确认淬火加热温度合适。根据金相组织中可见"淬火晶粒"的事实，认定模具处于回火不足（淬火马氏体）状态。回火工艺试验证明，回火充分的组织，"淬火晶粒"显现不出来。因此，调整热处理工艺，调整回火工艺参数，确保回火充分，是解决问题的关键，回火温度为 450 ℃，回火后的组织为回火马氏体＋碳化物＋少量残余奥氏体，硬度仍能保持为 52HRC。

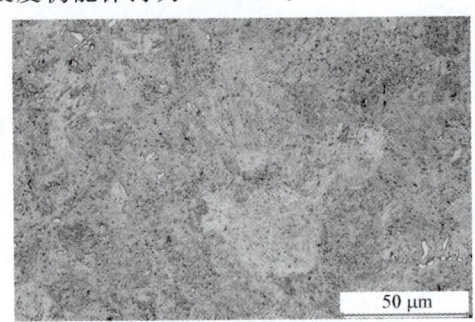

图 8-22　450 ℃×2 h 回火组织

相关知识

一、塑料模具的服役条件和失效形式

1. 腐蚀

塑料模具被腐蚀的现象，不仅在塑料成型加工时可见，在模具保管中也常有出现。塑料模具在塑料成型加工时被腐蚀，主要是由成型原料中的添加元素加热分解所放出的腐蚀性气体所致；而后者是由于保管状况和储存环境（如潮湿或空气中有腐蚀性气体存在）所造成的，大多是由于使用和保管交替太频繁所致。

具有代表性的会产生腐蚀性产物的塑料有：聚氯乙烯塑料，成型时往往因热分解产生氯气，而镀铬对于卤素气体的抵御能力较弱；聚缩醛塑料，有时会产生甲酸和甲醛；ABS 等含橡胶成分的塑料,由橡胶硫化剂所产生的腐蚀,类似树胶状地黏附着;低发泡塑料,添加了氯及溴等卤化物和磷化物,此外,它还配合了难燃剂聚氯乙烯,由这些化合物分解的生成物具有很强的腐蚀性。

对于上述腐蚀环境,一般的模具材料是无法抵御的。通常可选用马氏体不锈钢、沉淀硬化不锈钢,甚至选用 Hastlloy 合金来制造塑料模具,会收到较好的效果。对于普通塑料模具钢(如碳钢或低合金钢),可采用镀铬、镀 Ni-P 合金或改进模具的排气条件来加以改善。虽然用镀铬的方法可以减弱卤素气体的腐蚀,然而在镀层的裂纹处仍然会对模具材料和交界面进行腐蚀。往往会出现镀铬层浮在模具表面上的现象,而铜系模具材料则会在电镀层的裂纹处出现很深的腐蚀痕迹。一旦发现有腐蚀的迹象就应立即采取电镀措施,在这样的情况下,在镀铬层的基底上镀一层镍是比较有效的。日本的研究表明,通过加热可以使所镀的电解镍-磷层生成板状的 Ni_3P 结晶,这样,就连强硝酸也无法对其腐蚀。此外,日本为了重视塑料模具的耐蚀性,也有采用贵金属(如金、铂或铑)电镀的。

2. 磨损

塑料模具与其接触的塑料之间,或塑料模具工件之间产生相对运动时都会导致塑料模具的磨损,特别是当塑料模具中加有硬质物质时,这种磨损会更严重。值得一提的是,塑料与其所成型的材料之间的磨损和金属之间的磨损不一样,因为塑料还会明显地增加腐蚀作用,导致塑料模具表面的腐蚀磨损。塑料模具磨损的后果:轻者导致模具表面变粗糙并失去光泽,重者会导致塑料模具尺寸超差或形状发生变化。一般来说,塑料模具的表面硬度与其耐磨性有关,从这个观点出发,就希望模具有很高的硬度;在腐蚀磨损的情况下,还希望模具有良好的耐蚀性。对塑料模具(钢)进行淬火和表面处理都能达到提高塑料模具耐磨性的目的。

3. 变形

塑料模具在长期服役后其尺寸会发生变化,由于轧制的金属材料不同程度地存在各向异性,因此,势必引起塑料模具形状发生变化。特别是当钢制塑料模具在热处理过程中残留有残余奥氏体或残余应力时,这种情况引起塑料的变形会更严重。解决的方法是对淬火塑料模具进行高温回火(如 Cr12MoV 钢)、冷处理(如 T10A、CrWMn 和 Cr12MoV 钢),以尽可能减少残余奥氏体的含量。热处理会产生残余应力,电加工甚至机械加工也会产生残余应力,消除残余应力的方法是在热处理或加工后再进行一次充分回火,也有用消除残余应力机来消除残余应力的报道。为了避免塑料模具产生变形,选用预硬钢(正火非合金结构钢、调质合金结构钢、易切削模具钢或时效硬化模具钢)是简单易行的办法,其不足之处是塑料模具的耐磨性不足。为了保证塑料模具尺寸的精确性,日本也采用电火花加工硬质合金制造高精度和长寿命塑料模具。

4. 开裂

塑料模具有时也会因开裂而失效,特别是硬度高且内腔圆角半径太小的塑料模具就更容易开裂了。有的塑料模具在使用前就已存在开裂,这样的塑料模具往往会早期开裂。塑料模具淬火温度过高,回火处理不及时,错误地在回火脆性区回火,磨削加工过程中塑料模具表面产生磨削,以及在电火花加工过程中塑料模具表面产生的裂纹未除去,都是塑料模具开裂的原因。此外,塑料模具结构设计不合理、操作使用不当以及塑料模具中有大量的残余应力等都会造成塑料模具开裂。优化塑料模具结构设计,正确地进行热处理,精心操作和使用都可预防塑料模具产生早期开裂。一旦塑料模具产生早期开裂,就要仔细地进行失效分析,找出其早期开裂的根本原因,采取适当措施,就可避免此类事故的重演。

二、其他模具失效分析

实例：陶瓷模具腐蚀开裂分析及防止措施

陶瓷模具是加工生产建筑陶瓷制品的重要成型模具，模具材料为 Cr12MoV 钢，陶瓷材料为高铝黏土。生产中发现，Cr12MoV 钢陶瓷模具生产加工中易出现非正常早期开裂失效，并伴有严重腐蚀现象，该模具失效常在春季发生。为此，对失效模具进行了检验分析，证实陶瓷模具断裂失效为腐蚀疲劳断裂失效，并提出了预防对策措施，防止陶瓷模具腐蚀断裂破坏事故再次发生。

Cr12MoV 钢陶瓷模具热处理工艺为：840 ℃预热，1 020 ℃加热淬油冷却，230 ℃三次回火；采用真空热处理。模具处理后硬度为 58～59HRC，硬度合格。

失效模具断口呈灰黑色，中部有一亮点，亮点附近有明显腐蚀斑迹。在凸模运动终点部位，模腔内壁表面腐蚀坑密密麻麻清晰可见。断口边缘处光亮点位于凸模运动终止点腐蚀坑最严重区域处。金相检验表明，组织为回火马氏体＋碳化物，如图 8-23 所示。碳化物细小，呈带状分布，硬度为 58～59HRC，金相组织和热处理工艺均合格。扫描电镜观察发现，在亮点处疲劳辉纹明显可见，如图 8-24 所示，疲劳辉纹处为模具断裂的裂纹源。近裂纹源处的断口形貌如图 8-25 所示，由韧窝、二次裂纹、腐蚀坑及腐蚀产物组成。经能谱分析，该区域 Si、Al、Ca 含量较高。裂纹扩展区断口形貌如图 8-26 所示，可以看出清晰的泥块花样、韧窝和二次裂纹，并有腐蚀产物。经能谱分析可知，该处和图 8-25 所示区域处所含元素基本一致，腐蚀产物成分与陶瓷黏土成分密切相关。

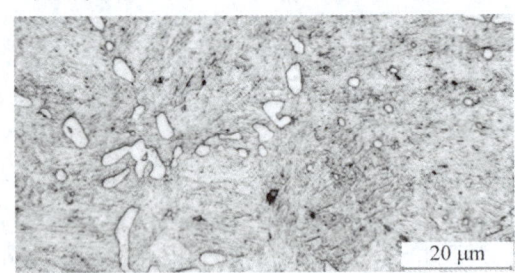

图 8-23　陶瓷模具的金相组织

图 8-24　裂纹源处疲劳辉纹（SEM）

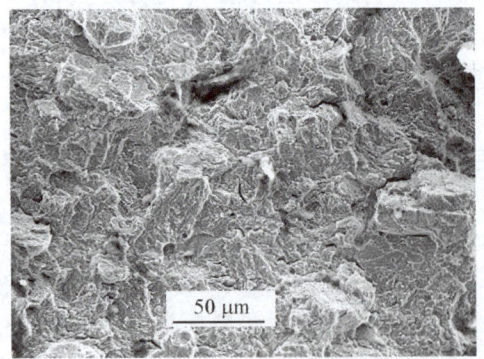

图 8-25　近裂纹源处的断口形貌（SEM）

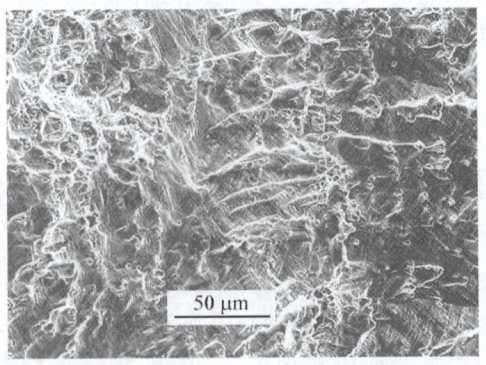

图 8-26　裂纹扩展区断口形貌（SEM）

由上述裂纹处断口宏观和微观检验分析可知,模具断口形貌具有疲劳断裂特征,同时具有腐蚀断裂特征。分析认为,模具的开裂破坏为腐蚀疲劳失效。疲劳裂纹源位于模具型腔内角,凸模运动终止点处,该处有明显的疲劳辉纹。潮湿的陶瓷黏土对模具造成腐蚀作用,而南方春季是多雨潮湿季节,故腐蚀破坏较为严重,模具型腔内出现许多腐蚀坑。有资料表明,低频率的疲劳应力加速腐蚀断裂进程,而陶瓷模具的腐蚀疲劳作用正是在低频率工作状态下进行的。分析认为,模具型腔内角处易产生应力集中,因而疲劳裂纹源首先在模具型腔内角部位产生。模具工作时,承受周期式张力作用,使模具在交变应力下产生疲劳,在凸模运动终止点处出现应力极大值;而该处腐蚀坑成为腐蚀疲劳裂纹源。同时,在疲劳裂纹中腐蚀产物体积比金属体积大,产生胀大楔入作用,增大裂尖处张力而加快裂纹扩展,最终在交变应力下导致模具产生腐蚀疲劳断裂失效。

为防止陶瓷模具发生腐蚀疲劳断裂破坏,提出防止措施如下:

(1)陶瓷模具进行渗氮处理,提高模具的耐腐蚀疲劳性能,同时提高模具表面硬度、强度及耐磨性能,有利于明显延长模具工作寿命。

(2)生产中,清洗模具改水洗清洗为高压气洗清洗,防止残水遗留模具表面出现腐蚀,避免模具工作时潮湿环境及介质接触,防止腐蚀缺陷破坏发生。

思考题

1. 简述防止工件失效的主要措施。
2. 某厂采用 T10 钢制造自行车链条冲模的模头,在原材料质量、工艺均合格的条件下,模具正常工作时经常发生折断现象,试分析失效的可能原因,并提出解决办法。
3. "在满足工件使用性能和工艺性能的前提下,材料价格越低越好。"这句话是否一定正确?为什么?
4. 热作模具的失效形式有哪些?
5. 冷作模具的失效形式有哪些?
6. 塑料模具的失效形式有哪些?

课题九
模具材料的标准

学习目标

1. 了解材料的标准组成部分。
2. 掌握我国的 GB 钢号表示方法。

任务引入

如图 9-1 所示为手机外观图,请为手机制造精密模具写一份企业标准。

任务分析

企业在使用国际和国家标准的过程中,经常需要制定自己的企业标准,这是现代化企业管理的需要。

什么是标准?怎样使用标准?这是本课题要解决的核心问题。

图 9-1 手机外观图

相关知识

一、标准及材料的标准

随着经济全球化进程的不断加快,标准作为国际贸易规则的重要组成部分,作为技术性贸易措施的重要技术依据,在国际贸易中的地位和作用越来越重要。目前世界各国依其工业化的发展状况而有不同的工业标准,例如美国的 ANS(美国国家标准)、日本的 JIS(日本工业标准)、德国的 DIN(德国工业标准)等。而在针对机械材料规格方面,常用的还包括 ASTM(美国材料试验协会)、AISI(美国钢铁协会)和 SAE(美国汽车工程协会)等。

一种材料的标准最主要由材料的种类、成分和力学性能来说明。而为了标准化起见,材料必须经由一套严谨的试验规范确保其可靠度。

材料试验标准主要内容包括适用范围部分、检验部分及重验部分。适用范围部分说明标准所适用钢料之一般检验;检验部分说明化学成分试验和力学性能试验的试片取样及检验标准方法;重验部分说明标准部分不合规定的试片,必须经由复验判定合格及不合格。

一般材料的化学成分与力学性能是息息相关的,因此常用的材料编号大多是以化学成分命名为主,再辅以力学性能。由于材料范围很广,因此本书主要以钢号为主。

> **拓展资料**
>
> 在我国企业"走出去"的过程中,输出"中国标准"一直被视为最高追求。如今,由我国提出和主导制定的国际标准数量逐年增加,中国在国际标准制定和促进世界经济合作、互联互通中扮演着越来越重要的角色。更多内容请扫描二维码进行延伸阅读与学习。
>
>

二、中国钢号表示方法概述

钢的牌号简称钢号,是对每一种具体钢产品所取的名称,是人们了解钢的一种共同语言。我国的钢号表示方法,根据国家标准《钢铁产品牌号表示方法》(GB/T 221—2008)的规定,通常采用大写汉语拼音字母、化学元素符号和阿拉伯数字相结合的方法表示。为了便于国际交流和贸易的需要,也可采用大写英文字母或国际惯例表示符号,见表9-1。

表 9-1　　　　　　　　　牌号表示方法示例(GB/T 221—2008)

产品名称	采用的汉字及汉语拼音或英文单词			采用字母	位置
	汉字	汉语拼音	英文单词		
热轧光圆钢筋	热轧光圆钢筋	—	Hot Rolled Plain Bars	HPB	牌号头
热轧带肋钢筋	热轧带肋钢筋	—	Hot Rolled Ribbed Bars	HRB	牌号头
冷轧带肋钢筋	冷轧带肋钢筋	—	Cold Rolled Ribbed Bars	CRB	牌号头
预应力混凝土用螺纹钢筋	预应力、螺纹、钢筋	—	Prestressing、Screw、Bars	PSB	牌号头
焊接气瓶用钢	焊瓶	HANPING	—	HPB	牌号头
管线用钢	管线	—	Line	L	牌号头
船用锚链钢	船锚	CHUANMAO	—	CM	牌号头
煤机用钢	煤	MEI	—	M	牌号头

三、中国钢号表示方法的分类说明

1. 非合金结构钢和低合金结构钢

非合金结构钢和低合金结构钢牌号表示方法通常由四部分组成,见表9-2。

第一部分:前缀符号+强度值(以 N/mm^2 或 MPa 为单位);

第二部分:钢的质量等级,用 A、B、C、……表示;

第三部分:脱氧方式表示符号,分别用 F、b、Z、TZ 表示;

第四部分:产品用途、特性和工艺方法表示符号。

表 9-2　　　　　非合金结构钢和低合金结构钢牌号表示方法示例

序号	产品名称	第一部分	第二部分	第三部分	第四部分	牌号示例
1	非合金结构钢	最小屈服强度 235 N/mm^2	A 级	沸腾钢	—	Q235AF
2	低合金高强度结构钢	最小屈服强度 345 N/mm^2	D 级	特殊沸腾钢	—	Q345D
3	热轧光圆钢筋	屈服强度特征值 235 N/mm^2	—	—	—	HPB235
4	热轧带肋钢筋	屈服强度特征值 335 N/mm^2	—	—	—	HRB335
5	细晶粒热轧带肋钢筋	屈服强度特征值 335 N/mm^2	—	—	—	HRBF335
6	冷轧带肋钢筋	最小抗拉强度 550 N/mm^2	—	—	—	CRB550
7	预应力混凝土用螺纹钢筋	最小屈服强度 830 N/mm^2	—	—	—	PSB830

2. 优质非合金结构钢和优质非合金弹簧钢

优质非合金结构钢和优质非合金弹簧钢牌号表示方法通常由五部分组成:

第一部分:两位数字,表示平均碳含量(以万分之几计)。例如平均碳含量为 0.45% 的钢,钢号为 45。

第二部分(必要时):锰含量较高的优质非合金结构钢,应将锰元素标出,例如 50Mn。

第三部分(必要时):冶金质量,高级优质非合金结构钢、特级优质非合金结构钢,在牌号后分别加符号"A"、"E",例如 45A、45E。

第四部分(必要时):脱氧方式表示符号,即沸腾钢、半镇静钢及镇静钢分别以 F、b、Z 表示,但镇静钢表示符号可以省略。例如平均碳含量为 0.1% 的半镇静钢,其钢号为 10b。

第五部分(必要时):产品用途、特性和工艺方法表示符号。

3. 易切削钢

易切削钢牌号表示方法通常由三部分组成:

第一部分:钢号冠以 Y,以区别于优质非合金结构钢。

第二部分:字母 Y 后的数字表示碳含量,以平均碳含量的万分之几表示。例如平均碳含量为 0.3% 的易切削钢,其钢号为 Y30。

第三部分:易切削元素符号,加硫易切削钢和加硫、磷易切削钢,在符号"Y"和阿拉伯数字后不加易切削元素符号。例如平均碳含量为 0.15% 的易切削钢,其牌号表示为 Y15。

较高锰含量的加硫或加硫、磷易切削钢在符号"Y"和阿拉伯数字后加锰元素符号。例如平均碳含量为 0.40%、锰含量为 1.20%~1.55% 的易切削钢,其牌号表示为 Y40Mn。

含钙、铅、锡等易切削元素的易切削钢,在符号"Y"和阿拉伯数字后加易切削元素符号。例如 Y15Pb、Y45Ca。

4. 合金结构钢和合金弹簧钢

合金结构钢和合金弹簧钢牌号表示方法通常由四部分组成:

第一部分:钢号开头的两位数字表示钢的碳含量,以平均碳含量的万分之几表示。例如 40Cr。

第二部分:钢中主要合金元素,除个别微合金元素外,一般以百分之几表示。当合金元素平均含量低于1.5%时,钢号中一般只标出元素符号,而不标明含量,但在特殊情况下易致混淆者,在元素符号后亦可标以数字1,例如钢号12CrMoV和12Cr1MoV,前者铬含量为0.4%～0.6%,后者为0.9%～1.2%,其余成分全部相同。当合金元素平均含量分别大于等于1.5、2.5、3.5、……时,在元素符号后面应标明含量,可相应表示为2、3、4、……,例如18Cr2Ni4WA。钢中的钒、钛、铝、硼、稀土等合金元素均属于微合金元素,虽然含量很低,但仍应在钢号中标出。例如20MnVB钢中,钒含量为0.07%～0.12%,硼含量为0.001%～0.005%。

第三部分:冶金质量,高级优质钢、特级优质钢,在牌号后分别加符号A、E。

第四部分(必要时):产品用途、特性和工艺方法表示符号。

5. 非合金工具钢

工具钢通常分为非合金工具钢、合金工具钢和高速工具钢三类。

非合金工具钢牌号表示方法通常由四部分组成:

第一部分:"T"表示非合金工具钢。

第二部分:数字表示平均碳含量(以千分之几计),例如T8。

第三部分(必要时):较高锰含量的非合金工具钢,加锰元素符号,例如T8Mn。

第四部分(必要时):冶金质量,高级优质非合金工具钢,在牌号尾部加"A",例如T8MnA。

6. 合金工具钢和高速工具钢

合金工具钢和高速工具钢牌号表示方法通常由两部分组成:

第一部分:平均碳含量小于1.0%时,以千分之几表示;合金工具钢的平均碳含量不小于1.0%时,不标出碳含量。例如Cr12、CrWMn、9SiCr、3Cr2W8V。

第二部分:钢中合金元素含量的表示方法,基本上与合金结构钢相同。低铬(平均铬含量小于1.00%)合金工具钢,在铬含量(以千分之几计)前加数字"0"。例如平均铬含量为0.60%的合金工具钢,其牌号表示为Cr06。

高速工具钢表示方法与合金结构钢牌号表示方法相同,但一般不标明平均碳含量数字。例如W18Cr4V、W6Mo5Cr4V2。

为了区别牌号,在牌号头部可以加"C"表示高碳高速工具钢。例如CW6Mo5Cr4V2(碳含量为0.86%～0.94%)。

7. 不锈钢和耐热钢

不锈钢和耐热钢牌号表示方法通常由两部分组成:

(1)第一部分:碳含量,用两位或三位数字表示碳含量的最佳控制值(以万分之几或十万分之几计)。

①只规定碳含量上限者,当碳含量上限不大于0.10%时,以其上限的3/4表示碳含量;当碳含量上限大于0.10%时,以其上限的4/5表示碳含量。例如,碳含量上限为0.08%时以06表示;碳含量上限为0.20%时以16表示。

②对超低碳不锈钢(碳含量小于0.030%),以三位数字表示碳含量的最佳控制值(以十万分之几计)。例如,碳含量上限为0.030%时以022表示;碳含量上限为0.020%时以015表示。

③规定上下限者,以平均碳含量×100 表示。例如,碳含量为 0.16%~0.25%,以 20 表示,如 20Cr15Mn15Ni2N(不锈钢)、20Cr25Ni20(耐热钢)。

(2)第二部分:合金元素含量,与合金结构钢相同。

例如,平均碳含量为 0.20%、铬含量为 13%的不锈钢,其牌号表示为 2Cr13;碳含量上限为 0.08%、平均铬含量为 18%~20%、镍含量为 8%~11%的铬镍不锈钢,表示为 06Cr19Ni10;碳含量上限为 0.12%、平均铬含量为 17%的加硫易切削铬不锈钢,表示为 Y1Cr17;平均碳含量为 1.10%、铬含量为 17%的高碳铬不锈钢,表示为 11Cr7;碳含量上限为 0.03%、平均铬含量为 19%、镍含量为 10%的超低碳不锈钢,表示为 022Cr19Ni10。

四、国际标准化组织(ISO)金属材料牌号表示方法

1. 国际标准化组织简介

ISO 是 International Organization for Standardization 的缩写,是国际标准化组织的标准代号。1986 年以后颁布的 ISO 钢铁标准,其牌号主要采用欧洲标准(EN)牌号系统。而 EN 牌号系统基本上是在德国 DIN 标准牌号系统基础上制定的,但有一些改进,这样更有利于交流。1989 年该组织又颁布并率先采用了"以字母符号为基础的牌号表示方法"的技术文件,它是作为建立统一的国际钢铁牌号系统的建议。修订前、后标准会有两种牌号出现,只要是现行的标准,均可被采用。

2. 以力学性能为主表示牌号的示例

(1)非合金钢牌号

非合金钢包括结构用非合金钢和工程用非合金钢。结构用非合金钢牌号首部为"S",如 S235;工程用非合金钢牌号首部为"E",如 E235。"235"表示屈服强度不小于 235 MPa,相当于我国的 Q235 钢。过去,此类钢牌号最前面为化学元素符号 Fe,并附有抗拉强度值,如 Fe360(相当于 E235)中的"360"是指最低抗拉强度(MPa),后来有的改为屈服强度,但其牌号仍为 Fe×××,选用时应注意。

牌号尾部字母为 A、B、C、D、E,用来表示以上两类钢不同的质量等级,并表示不同温度下冲击吸收功最低保证值。

(2)低合金高强度钢牌号

这类钢牌号表示方法与工程用非合金钢相同,在 ISO 4950 和 ISO 4951 两个标准中,屈服强度为 355~690 MPa,牌号为 E355~E690。

(3)耐候钢牌号

耐候钢有时亦称耐大气腐蚀钢,牌号表示方法和工程用非合金钢基本相同,为表示这类钢的特性,在牌号尾部加字母 W。

3. 以化学成分为主表示钢牌号的示例

(1)适用于热处理的非合金钢

这类钢相当于我国的优质非合金结构钢。牌号字头为"C",其后数字为平均碳含量。例如平均碳含量为 0.45%的热处理非合金钢,其牌号为 C45。当为优质钢或高级优质钢

时,牌号尾部加字母"EX"或"MX"。

(2) 合金结构钢(含弹簧钢)

这类钢牌号的表示方法均与德国 DIN 17006 标准的表示方法相同。但需提出的是,这类钢产品牌号后面附加的表示热处理状态的字母与德国的含义完全不同,见表 9-3。

表 9-3　　　　　　　　合金结构钢(含弹簧钢)附加字母及含义

附加字母	含义	附加字母	含义
TU	未经热处理	TQB	经等温淬火
TA	经软化退火处理	TQF	经形变热处理
TAC	经球化退火	TP	经沉淀硬化处理
TM	经热机械处理	TT	经回火
TN	经正火处理或控轧	TSR	经消除应力处理
TS	经固溶处理	TS	为改善冷剪切性能的处理
TQ	经淬火	H	保证淬透性的
TQA	经空气淬火	E	用于冷镦的(含冷挤压)
TQW	经水淬	TC	经冷加工的
TQO	经油淬	THC	经热/冷加工的
TQS	经盐淬火		

(3) 易切削钢

ISO 683-9 标准按热处理的不同分为非热处理、表面硬化用和直接淬火用三类易切削钢。按化学成分可分为硫易切削钢、硫锰易切削钢和加铅易切削钢三类,其牌号表示方法和合金结构钢相同。

(4) 冷镦和冷挤压用钢

ISO 4954 标准中冷镦和冷挤压用钢分为非热处理和热处理两大类。非热处理的冷镦和冷挤压用钢均为非合金钢,牌号前冠以字母"CC",后面数字表示平均碳含量。

经热处理的冷镦和冷挤压用钢包括非合金钢和合金钢,非合金钢牌号冠以字母"CE",其余部分和高级优质非合金钢牌号表示方法相同。合金钢则是牌号尾部加字母"E","E"前面的牌号表示方法和合金结构钢相同。

(5) 不锈钢

ISO/TS 15510 不锈钢标准中采用了与欧洲标准(EN)相一致的牌号表示方法,即牌号冠以字母"X",随后用数字表示碳含量。1、2、3、6、7 分别表示碳含量不高于 0.020%、0.030%、0.040%、0.070%、0.080%,后面按合金元素含量标出合金元素符号,最后用组合数字标出合金元素的含量。

(6) 耐热钢

ISO 4955 标准中有两种牌号表示方法。一种是和不锈钢相同的牌号表示方法,另一种是原有的旧牌号表示方法。

该标准是在牌号前面标注字母"H",后面加数字顺序号,如 H1~H7 表示铁素体耐热钢,H10~H18 表示奥氏体耐热钢等。

(7) 非合金工具钢

非合金工具钢在我国通称为非合金工具钢。

ISO 4957 标准中将其定名为冷作非合金工具钢，牌号表示方法与欧洲标准（EN）一致，牌号前缀字母为"C"，后缀字母为"U"，中间数字表示平均碳含量（以千分之几计）。

(8) 合金工具钢

ISO 4957 标准中合金工具钢分为冷作和热作两种合金工具钢，牌号表示方法与合金结构钢相同。对平均碳含量超过 1.00% 的牌号用三位数字表示，当有一种合金元素超过 5% 时，按高合金钢牌号表示。

(9) 高速工具钢

牌号前缀字母为"HS"，其后字母分别表示 W、Mo、V、Co 等元素的含量。仅含 Mo 的高速工具钢为两位数字，一般高速工具钢用三位数字表示，不含 Mo 的高速工具钢，其中一位数字用 0 表示，不含 Co 的高速工具钢，仍用三位数字表示。尾部加字母"C"的高速工具钢，表示碳含量高于同类牌号钢的碳含量。

(10) 轴承钢

ISO 683-17 标准中，轴承钢分为整体淬火轴承钢（相当于我国高碳铬轴承钢）、表面硬化轴承钢、高频加热淬火轴承钢、不锈轴承钢和高温轴承钢五类。

整体淬火轴承钢牌号前部均标注三位数字，其余表示方法与合金结构钢相同，如 100CrMo7-4。另外也可用 B1～B8 表示不同成分的高碳铬轴承钢。

(11) 铸钢牌号

① 普通工程用铸钢和工程与结构用高强度铸钢采用两组数字表示牌号，反映铸钢件应满足的力学性能。前者表示屈服强度最低值，后者表示抗拉强度最低值。

牌号 200～400 只规定 P、S 含量上限，其他化学成分由供需双方协商确定。如可焊接铸钢，牌号尾部加字母"W"。除规定 C、Si、Mn、P、S 含量要求外，还规定每种残余元素含量的上限及其总量不超过 1.00%。

② 自变量承压铸钢（含不锈铸钢、耐热铸钢和低温用铸钢）牌号采用前缀字母"C"加数字和后缀字母组成，有的牌号后面不加后缀字母。后缀字母"H"表示耐热铸钢，后缀字母"L"表示低温用铸钢。

(12) 铸铁牌号

① 灰铸铁和球墨铸铁有两种牌号表示方法。一种以力学性能来表示，如 100 表示灰铸铁最低抗拉强度（MPa），600-3 两组数字分别表示球墨铸铁牌号和力学性能。前者表示最低抗拉强度（MPa），后者为最低断后伸长率（%）。另一种以布氏硬度（HBW）来表示，例如 H175 表示布氏硬度平均为 175HBW 的灰铸铁，H300 表示硬度平均为 300HBW 的球墨铸铁。

② 可锻铸铁亦分为黑心、珠光体和白心可锻铸铁三种。用一组力学性能表示可锻铸铁牌号，前缀字母"B"、"P"、"W"分别表示黑心可锻铸铁、珠光体可锻铸铁和白心可锻铸铁。例如 B35-10、P65-02 和 W38-12 等。

五、日本工业标准(JIS)钢铁材料表示方法

JIS 是 Japanese Industrial Standard 的简称,JIS 对于钢铁材料的编号大致可分两大类。

1. 一般机械构造用碳钢

一般机械构造用碳钢的材料编号方法和 CNS 的第一种表示法相同。例如 S30C 表示碳含量为 0.30% 的机械构造用碳钢。

2. 其他用途的碳钢及合金钢

这一类钢的材料编号表示法,大致可分三部分:第一部分为材质,钢以"S"、铁以"F"表示。第二部分表示钢制品的规格或用途,例如"K"表示工具钢,"TB"表示锅炉用钢管,"PC2"表示冷轧钢板。第三部分为钢料的种别,以 1、2、3 来表示。此外如果需要,可将材料的加工方法、热处理方式等附注于后,例如,"D"表示抽制,"G"表示研磨,"T"表示车削,"Ex"表示挤制等。热处理方法大多附注于金属符号之后,并在二者之间加入"-"。例如,SK2 表示第 2 种非合金工具钢;SKS11 表示第 11 种切削用工具钢;SUH301 表示第 301 种耐热钢;SUS301-1/2H 表示第 301 种不锈钢、1/2 硬质材料。

六、常用的美国钢铁材料编号及规格

1. 美国钢铁学会-美国汽车工程师学会(AISI-SAE)

AISI 和 SAE 在 1941 年共同确定钢铁材料的分类,以四(或五)位数字为记号来分类。其中第一位数字表示钢料的种类,如镍钢为 2,钨钢为 7。第二位数字表示主要合金元素含量百分值,0 表示无其他合金元素。第三、四位数字(或第三、四、五位数字)代表碳含量。例如,SAE1045 表示碳含量为 0.45% 的碳钢,与 CNS 中 S45C 钢相当,SAE4140 表示碳含量为 0.40% 的铬钼钢,与 JIS 中 SCM4 钢相当。

AISI-SAE 表示法见表 9-4。

表 9-4　　　　　　　　　　　AISI-SAE 表示法

钢种	编号	钢种	编号
碳钢	1×××	耐热钢	30××
普通碳钢	10××	钼钢	4×××
易削钢(加硫)	11××	Cr(0.7%)	41××
锰钢	13××	Ni-Cr	43××
镍钢	2×××	Ni(1.75%)	46××
Ni(0.50%)	20××	铬钢	5×××
Ni(1.50%)	21××	Cr(1.0%)	51××
Ni(3.50%)	23××	Cr(1.5%)	52××
镍铬钢	3×××	铬钒钢	6×××
Ni(1.25%),Cr(0.6%)	31××	钨钢	7×××
Ni(1.75%),Cr(1.0%)	32××	镍铬钼	8×××
Ni(3.50%),Cr(1.5%)	33××	硅锰钢	9×××

2. 美国材料协会及美国机械工程师协会 ASTM(ASME)

ASTM 是非常广泛被采用的材料规范,是一种以字母+代号表示,再辅以年代之混合表示法,其中 A 表示钢铁类,B 表示非铁金属类,C 表示一般测试法。ASME 则采用了相当多的 ASTM 规范,并以前置 S 表示。

例如 ASTMA36-77a 中的 A36-77a 分别表示(钢铁)(结构用)(1977 年)(第一次修订)。又如 ASTME8 代表拉伸试验规范 ASME 的表示法。而同一编号又可依化学成分、加工方式、成品形态来区分。化学成分主要叙述其化学性质,加工方式指脱氧的情况,成品形态指一些其他性质,如强度、表面光度等。

3. 美国统一编号系统(UNS)

UNS 是 Unified Numbering System 的简称,是 1974 年由 ASTM 及 SAE 联合制定的,UNS 本身只是一种编号,而非规格,它将金属分为 17 个系列编号并与原有的体系配合,有索引、整合、参考的意义,因此称其为统一编号系统,例如 UNS G10XX0 = SAE 10XX。

七、德国工业标准(DIN)钢铁材料表示方法

DIN 并不是英文,而是德文 Deutsch Industriell Norm 的缩写,以英文字母和数字来叙述其特征,字母表示钢铁种类、冶炼方法、合金材料、处理情况等,数字则表示其碳含量、抗拉强度、主合金之成分等。

(1)碳钢

碳钢一般以碳元素符号及其碳含量表示,如 C60 表示碳含量为 0.6% 的碳钢。另外也有抗拉强度及其他表示法,例如 St50 表示抗拉强度为 50 kg/mm^2 之构造用碳钢,CK40 表示磷、硫含量甚低之碳钢,抗拉强度为 40 kg/mm^2。

(2)高级钢及低合金钢

高级钢及低合金钢以其主要合金元素和含量为标记,分为三部分:第一部分为碳含量,第二部分为合金元素种类,第三部分为合金元素含量。但在第三部分为避免小数点出现,表示值都已经乘上固定倍数,而以整数表示,所以由编号求取实际含量时必须再除以相应的倍数,见表 9-5。

表 9-5　　　　合金元素倍数

合金元素	倍数
Cr、Co、Mn、Ni、Si、W	4
Al、Be、Pb、Cu、Mo、Nb、Ta、Ti、V	10
P、S、N、Ce、C	100
B	1 000

例如,碳含量为 0.34%、铬含量为 1% 的钢,表示为 34Cr4;13CrV53 表示碳含量为

0.13％,铬含量为(5/4)％＝1.25％,钒含量为(3/10)％＝0.3％。

(3)高合金钢

高合金钢在标记前冠以 X,此外由于合金元素含量高,因此不乘以倍数而直接表示。

例如,碳含量为 0.12％的不锈钢,铬含量为 18％,镍含量为 8％,表示为 X12CrNi188。同理,X10CrNi1810 表示碳含量为 0.10％的高合金钢,铬含量为 18％,镍含量为 10％。如果要进一步表示其特性,可以在其记号前、后加上英文字母。例如:

M	A	St42	6	N
(1)	(2)	(3)	(4)	(5)

其中除(3)为主标记外,(1)(2)(4)(5)分别表示熔炼方式、产品特性、保证性能类别、热处理情况。

(4)铸铁、铸钢

以前置标记 G 代表一般铸件,另外加上其他字母来表示种类,随后的表示方法与钢的编号相同,见表 9-6。例如,GS-C30 为铸钢,碳含量为 0.30％;G-X120Mn12 表示碳含量为 1.20％的铸铁,锰含量为 12％。

表 9-6　　　　　　　　铸铁分类(德国工业标准 DIN)

名称	符号	名称	符号
铸钢	GS	一般展性铸铁	GT
一般灰铸铁	GG	展性灰铸铁	GTS
片状石墨铸铁	GGL	展性白铸铁	GTW
球状石墨铸铁	GGG		

任务实施

手机精密模具企业标准

Q/×××001—2023

(注:Q 表示企业,×××代表某企业简称,001 是编号,2023 是年份)

目　次

前　言

1.范围

2.规范性引用文件

3.模具系统结构

4.要求

5.试验方法

6.检验规则

7. 标志、包装、运输与贮存

<h2 style="text-align:center">前　言</h2>

本标准的技术内容是参照 GB/T 12554—2006《塑料注射模技术条件》制定的。本标准的格式和结构安排符合 GB/T 1.1—2020。

本标准由×××公司提出并起草。

本标准主要起草人：×××

本标准首次发布时间：×××

手 机 精 密 模 具

1. 范围

本标准规定了手机精密模具的系统结构、要求、试验方法、检验规则，以及标志、包装、运输与贮存。

本标准适用于本公司生产的用于热塑性塑料注射模的设计、制造和验收。

2. 规范性引用文件

下列文件中的条款通过本标准的引用而成为本标准的条款。凡是注日期的引用文件，其随后所有的修改单（不包括勘误的内容）或修订版均不适用于本标准，然而，鼓励根据本标准达成协议的各方研究是否可使用这些文件的最新版本。凡是不注日期的引用文件，其最新版本适用于本标准。

GB/T 196—2003	《普通螺纹　基本尺寸》
GB/T 197—2018	《普通螺纹　公差》
GB/T 1184—1996	《形状和位置公差　未注公差值》
GB/T 4169.1～4169.11—2006	《塑料注射模零件》
GB/T 10610—2009	《产品几何技术规范(GPS)　表面结构　轮廓法　评定表面结构的规则和方法》
GB/T 12554—2006	《塑料注射模技术条件》
GB/T 12556—2006	《塑料注射模模架技术条件》
GB/T 1804—2000	《一般公差　未注公差的线性和角度尺寸的公差》

3. 模具系统结构

塑料注射模具由动模和定模两部分组成，其中定模安装在注射机的固定模板上，动模安装在注射机的移动模板上。注塑成型时，由注射机的移动机构带动完成开、合模及塑件的推出。

按功能和作用来分，注射模具一般由以下几部分组成：

（1）成型零部件

成型零部件是指组成模具型腔以直接形成塑件的零件。如成型塑件内表面的凸模型芯和成型塑件外表面的凹模以及各种成型杆、镶件等。

(2) 合模导向机构

合模导向机构是指保证动、定模合模时正确对合，保证塑件形状和尺寸的设计要求，并避免模具其他零部件发生碰撞和干涉的部分。常用的合模导向机构是导柱导套机构，通常还在模具的推出机构中设有使推板保持水平运动的导柱和导套。

(3) 浇注系统

浇注系统是指模具中从注射机喷嘴到型腔之间的进料通道。普通浇注系统由主流道、分流道、浇口和冷料穴等组成，它直接影响到塑件能否成型及塑件质量的好坏。

(4) 侧向分型与抽芯机构

当塑件的侧向有凸凹形状或孔时，在塑件推出之前，必须先把成型侧向凸凹形状的型芯或瓣合模块从塑件上脱开或抽出，塑件方能顺利脱模；合模时，又需将其复位。侧向分型与抽芯机构就是为实现这一功能而设置的。

(5) 推出机构

推出机构是指将塑件从模具中推出的机构，又称脱模机构。一般情况下，推出机构由推杆、推杆固定板、推板、主流道拉料杆等组成。常见的推出机构有推杆推出机构、推管推出机构、顺序推出机构和二级推出机构等。

(6) 温度调节系统

注射模具中，为了满足注射成型的工艺要求，有时还需设置温度调节系统，其作用是保证塑料熔体的顺利充型和塑件的固化定型。其常用的加热方法是在模具内部或四周安装加热元件；模具冷却的常用方法是在模具内开设冷却水道，利用循环流动的冷却水带走模具的热量。

(7) 支承部件

支承部件包括各种支承块（垫块）、支承板（垫板）以及动模座板、定模座板等。它们与导向机构、推杆固定板、推板组装成模架。

(8) 排气系统

为了将型腔中的气体及注射成型过程中塑料本身挥发出来的气体排出模外，常常需要开设排气系统，通常是在分型面上开设几条排气槽。小型模具由于排气量小，通常可直接利用推杆或活动型芯与模具之间的配合间隙和分型面直接排气。

4. 要求

(1) 零件技术要求

① 设计塑料注射模应优先选用符合 GB/T 12556—2006 和 GB/T 4169.1~4169.11—2006 的标准模架和标准零件。

② 模具成型零件的材料和热处理硬度见表 9-7。

表 9-7　　　　　　　　　　　模具成型零件的材料和热处理硬度

零件名称	材料	热处理	硬度	说明
型腔（凹模）型芯螺纹型芯螺纹型环成型镶件成型推杆	T8A、T10A	淬火	54～58HRC	用于形状简单的小型芯或型腔
	CrWMn 9Mn2V CrMn2SiWMoV Cr12 Cr4W2MoV	淬火	54～58HRC	用于复杂形状、要求热处理变形小的型腔或镶块
	20CrMnMo 20CrMnTi	渗碳、淬火		
	5CrMnMo 40CrMnMo	渗碳、淬火	54～58HRC	用于耐磨性好、强度高和韧性较好的大型型芯、型腔等
	3Cr2W8V 38CrMoAl	调质、氮化	1 000HV	用于形状复杂、要求耐腐蚀的高精度型腔、型芯等
	45	调质	28～32HRC	用于形状简单、要求不高的型腔、型芯
		淬火	43～48HRC	
	20、15	渗碳、淬火	54～58HRC	用于冷冲压加工的型腔

③模具零件的几何形状、尺寸、表面粗糙度应符合图样要求。偏差按产品公差的一半控制。

④成型部位未注公差尺寸的极限偏差按 GB/T 1804—2000 规定的精密等级 f 执行。

⑤成型部位转接圆弧未注公差尺寸的极限偏差见表 9-8。

表 9-8　　　　　　　　　　　转接圆弧极限偏差　　　　　　　　　　　mm

基本尺寸		≤6	6～18	18～30	30～120
极限偏差	凸圆弧	0 −0.14	0 −0.19	0 −0.29	0 −0.44
	凹圆弧	+0.14 0	+0.19 0	+0.29 0	+0.44 0

⑥成型部位未注角度和锥度公差的极限偏差见表 9-9。

表 9-9　　　　　　　　　　　角度和锥度极限偏差　　　　　　　　　　　mm

锥度母线或角度短边长度	≤6	6～18	18～50	50～120
极限偏差	±1°	±29′	±19′	±9′

⑦成型部位未注脱模斜度时，不允许有影响脱模的反斜度及其他缺陷。

⑧非成型部位未注公差尺寸的极限偏差按 GB/T 1804—2000 规定的中等 m 级执行。

⑨螺钉安装孔、推杆孔、复位杆孔等孔距的未注公差尺寸的极限偏差按 GB/T 1804—2000 规定的精密等级 f 执行。

⑩零件图中螺纹的基本尺寸应符合 GB/T 196—2003 的规定。偏差按 GB/T 197—2018 规定，内螺纹为 7H，外螺纹为 6h。

⑪模具零件图未注形状公差按 GB/T 1184—1996 规定的公差等级 K 级执行。

⑫成型表面的内外锐角、尖边,图样上未注明圆角,按 $R0.5$ mm 制造(分型面及接合面除外)。当不允许有圆角时,应在图样上注明。

⑬模具型腔表面粗糙度 Ra 值为 $0.32\ \mu m$,平均值偏差为 $^{-0.10}_{+0.13}\ \mu m$。

⑭模具零件表面经目测不允许有锈斑、裂纹、凹坑、氧化斑点和影响使用的划痕等缺陷。

⑮成型零件表面经目测不允许有划痕、机械损伤、锈蚀和焊接熔痕等缺陷。

(2)总装技术要求

①模具所有活动部分应保证位置准确,动作可靠,不得有歪斜和卡滞现象。固定零件不得相对窜动。

②模具各部分的几何公差按客户要求制作,最佳加工能力见表 9-10。

表 9-10　　　　　　　　　　模具几何公差最佳加工能力　　　　　　　　　　mm

分类	项目	符号	数值	分类	项目	符号	数值
形状公差	直线度	—	0.005	方向公差	垂直度	⊥	0.005
	平面度	▱	0.003		倾斜度	∠	0.02
	圆度	○	0.05	位置公差	同轴度	◎	0.005
	圆柱度	⌭	0.01		对称度	=	0.005
	线轮廓度	⌒	0.02		位置度	⊕	0.01
	面轮廓度	⌓	0.02	跳动公差	圆跳动	↗	0.03
方向公差	平行度	∥	0.005		全跳动	⌰	0.05

③流道转接处应光滑圆弧连接,镶拼处应密合,浇注系统表面粗糙度 Ra 值为 $0.8\ \mu m$,其平均值偏差为 $^{-0.17}_{+0.20}\ \mu m$。

④合模后分型面应紧密贴合,成型部位的固定镶件所配合处应紧密贴合,如果有局部间隙,其间隙应小于塑料的溢料间隙,即小于 0.03 mm(分模隙除外)。

⑤冷却系统应畅通,不应有泄漏现象。

5. 试验方法

(1)试验设备

投影仪、工具显微镜、通用量具、坐标测量机、洛氏硬度计、粗糙度仪。

(2)结构和外观试验

采用手动和目视检测方法,应符合"模具系统结构"和"零件技术要求"中第⑭、⑮条及"总装技术要求"中第①、③、④、⑤条的要求。

(3)尺寸和形位误差试验

根据所测尺寸公差要求选择试验设备中所列出的相应设备检验,结果应符合上述对尺寸和形位误差的要求。

(4) 粗糙度试验

用粗糙度仪,按 GB/T 10610—2009 规定执行,结果应符合"零件技术要求"中第⑬条和"总装技术要求"中第③条的要求。

(5) 硬度试验

用洛氏硬度计测量,结果应符合表 9-7 的要求。

6. 检验规则

(1) 检验分类

产品的检验分为验收检验和型式检验。

(2) 验收检验

①检验项目:包括外观检验、尺寸检验、几何检验、表面粗糙度检验、冷却系统检验、试模和注射件检验、质量稳定性检验。

②检验方法:按 GB/T 12554—2006 的规定执行。

③判定规则:全项检验合格判验收检验通过。如外观质量不合格,允许复检一次。试模和注射件检验应直至双方确认注射件合格为止。其他项目不合格不能通过验收检验。

(3) 型式检验

①控制条件:发生下列情况之一时,应进行型式检验:
- 老产品转型定型鉴定时;
- 原材料、工艺、设计发生较大改变时;
- 发生停产一年以上,再次恢复生产时;
- 正常生产期间,两年进行一次抽检时;
- 国家质量监督部门进行监督检查时。

②检验项目:型式检验项目为本标准中全部项目。

③判定规则:型式检验的结果,若仅外观不合格,允许复检,复检合格,则判该次型式检验通过。其他项不合格,判该次型式检验不通过。

7. 标志、包装、运输与贮存

(1) 标志

标志应符合 GB/T 12554—2006 的要求。

(2) 包装

包装应符合 GB/T 12554—2006 的要求。

(3) 运输

包装后的模具可用一般运输工具运输。运输中应防止雨雪淋溅和强烈碰撞。

(4) 贮存

产品应存放在干燥、通风良好的库房内。

思 考 题

1. 材料的标准由哪几部分组成？怎样判断采购的材料是否符合要求？
2. 简述我国钢号表示方法。
3. 企业常用的非合金结构钢 A3 钢与低合金高强度结构钢 16Mn 钢在 GB/T 221—2008 标准中是如何表示的？
4. 去企业实习时，结合自己的兴趣取向和职业规划，试着编写一份企业标准。

课题十
模具热处理的缺陷及其预防措施

学习目标

1. 了解模具热处理的主要缺陷。
2. 掌握减小模具热处理变形与控制模具热处理开裂的措施。
3. 学会预防和补救模具热处理的其他缺陷。

学习任务一　模具热处理的主要缺陷

任务引入

图 10-1 是一带尖角的 CrWMn 钢薄壁模具,经一般淬火后,常发生尺寸胀大及在尖角处开裂。试分析其原因并找出解决的办法。

任务分析

图 10-1 所示模具的淬火裂纹,是由于在模具的尖角处易产生应力集中,常规淬火冷却速度太快,虽能保证高硬度,但会造成开裂报废。只需采取分级淬火方法,在 200~210 ℃热油中分级 30 min 后随炉冷却,即可达到技术要求而又不至于开裂。

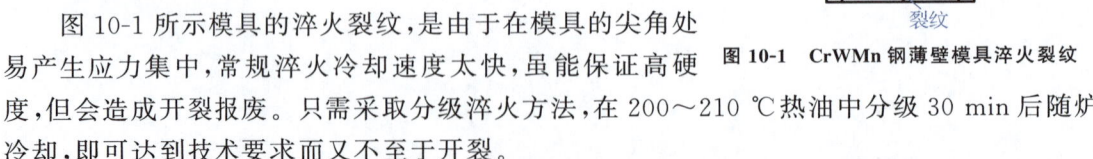

图 10-1　CrWMn 钢薄壁模具淬火裂纹

模具的热处理包含了预备热处理、最终热处理及表面强化处理。模具热处理中,淬火是常见工序。然而,因种种原因,有时难免会产生淬火裂纹,致使前功尽弃。通常热处理缺陷是指模具在最终热处理过程中或在以后的工序中以及使用过程中出现的各种缺陷,如淬裂、变形超差、硬度不足、电加工开裂、磨削裂纹、模具的早期破坏等。研究表明,在模具热处理的各类缺陷中,变形和开裂是其中最主要的热处理缺陷。

其实,上述种种缺陷并不完全是由热处理因素造成的,例如,由于结构设计不当,原材料选择不当,或原材料自身缺陷及锻造质量低劣均会造成隐患,经热处理后,也会出现上述各种缺陷。

随着模具制造技术的飞速发展及无损检测技术在模具制造领域的广泛应用,现在已经能够对模具制造中的各种缺陷进行定性分析,因此,从热处理角度去分析各种缺陷产生的原因并提出预防措施,将对预防各种缺陷的产生,大力提高模具制造质量和使用寿命产生积极的影响。

相关知识

一、模具热处理内应力

变形与开裂是模具热处理过程中最容易产生的缺陷。实践表明,由于淬火过程中的快冷而在模具内部产生的内应力是导致模具变形和开裂的根本原因。

模具在加热和冷却的过程中,不仅因热胀冷缩而发生体积变化,而且还会因相变时新旧两相比容的不同而发生体积变化。这些体积变化在整个模具的截面上不是同时发生的,而是由表面及中心先后发生的,由此便造成了模具中的内应力。当内应力超过模具的屈服强度时,便引起模具的变形,超过模具的抗拉强度时,模具便会产生裂纹。模具经热处理后最终所残存下来的内应力称为残余内应力。

1. 热应力

模具在加热和(或)冷却时,由不同部位的温度差别而导致热胀和(或)冷缩程度的不一致所引起的应力,称为热应力。

现以一实心圆柱体为例说明其冷却过程中轴向内应力的形成及变化规律。冷却刚开始时,表面冷却快,温度低,收缩多,而心部则冷却慢,温度高,收缩少,表里相互牵制的结果,在表层产生了拉应力,心部则承受着压应力。随着冷却的进行,表里温差增大,其内应力也相应增大,当应力增大到超过该温度下的屈服强度时,便产生了塑性变形。由于心部温度高于表层,因而总是心部先行沿轴向收缩。塑性变形的结果使其内应力不再增大。冷却到一定时间后,表层温度的降低逐渐减慢,其收缩量也逐渐减小。而此时心部则仍在不断收缩,于是表层拉应力及心部压应力也逐渐减小,直至消失。但是随着冷却的继续进行,表层温度越来越低,收缩量也越来越少,甚至停止收缩。而心部由于温度尚高,还要不断收缩,结果最后在工件表层形成压应力,而心部则为拉应力,但由于温度已低,不易产生塑性变形,所以该应力将随冷却的进行而不断增大,并最后保留于工件内部,成为残余内应力。

由此可见,冷却过程中的热应力开始是使表层受拉、心部受压,而最后留下的残余内应力则是使表层受压、心部受拉。

热应力的大小主要与冷却速度造成截面上的温差大小有关,冷却速度越快,截面上的温差越大,热应力就越大。此外,淬火温度高、钢件的截面尺寸大或导热性差,也会增大截面温差,增大热应力。

2. 组织应力

模具在热处理过程中由于其各部位相变的不同时性所引起的应力,称为组织应力。淬火快冷时,当表层冷却至 M_s 点时,产生马氏体型转变,并引起体积膨胀。但由于受到尚未进行转变的心部的阻碍,表层产生压应力,而心部则为拉应力,应力足够大时,即会引起变形。当心部冷却至 M_s 点时,也要进行马氏体型转变,且体积膨胀,但由于受到已经转变的塑性低、强度高的表层的牵制,因此其最后的残余内应力为表面受拉、心部受压。由此可见,组织应力的变化情况及最后状态,恰巧与热应力相反。而且由于组织应力产生于塑性较低的低温下,此时变形困难,所以组织应力更易于导致工件的开裂。

影响组织应力的因素很多,钢在马氏体型转变温度范围的冷却速度越快、钢件的尺寸越大、钢的导热性越差、马氏体的比容越大,其组织应力就越大。另外,组织应力还与钢的成分和淬透性有关。例如,高碳高合金钢由于碳含量高而增大马氏体的比容,这本应增加钢的组织应力,但随着碳含量升高而使 M_s 点下降,又使淬火后存在着大量残余奥氏体,其体积膨胀量减小,残余内应力就低。

二、模具的热处理变形

1. 模具热处理变形的形式

模具热处理变形主要有两种形式,一种是模具几何形状的变化,它表现为尺寸及外形的变化,常称为扭曲或翘曲,是由淬火应力所引起的;另一种是体积的变化,它表现为模具体积按比例地胀大或缩小,是由相变时的比容变化所引起的。实际生产中模具的变形多是两者兼而有之。

2. 模具热处理变形的趋向

由内应力和组织转变所引起的变形趋向是不同的。

(1) 由热应力引起的变形趋向

工件在热应力的作用下,冷却初期心部受压应力,而且在高温下塑性较好,故心部沿长度方向缩短,再加上随后冷却过程中的进一步收缩,结果其变形趋向是工件沿轴向缩短,平面凸起,棱角变圆。

(2) 由组织应力引起的变形趋向

淬火过程中组织应力的变化情况恰巧与热应力相反,所以它引起的变形趋向也与之相反,表现为工件沿最大尺寸方向伸长,平面内凹,棱角凸出。

(3) 由组织转变引起的变形趋向

由组织转变所引起的体积变化称为体积效应,一般总是使工件体积在各个方向上均匀地膨胀或缩小。不过对圆(方)孔体工件(尤其是壁厚较薄的)来说,当其体积增大或减小时,往往是高度、外径和内腔等尺寸均同时增大或缩小。这主要由体积变化时所引起的内腔周长尺寸变化超过了壁厚方向上的尺寸变化所致。

另外,热处理后组织中的马氏体量越多,或者马氏体中碳含量越高,其体积膨胀就越大;而残余奥氏体量越多,体积膨胀就越小。因此热处理时可以通过控制马氏体和残余奥氏体的相对含量来控制其体积变化,如控制得当,可使其体积既不膨胀,也不缩小。

表 10-1 列出了几种典型模具的变形趋向。

表 10-1　　　　　　　　　　　几种典型模具的变形趋向

模具形状	变形情况	说明
		孔成喇叭形
		薄壁模具四面鼓凸
		薄壁模具两侧鼓凸
		薄壁模具单面鼓凸
		两侧鼓凸
		孔呈椭圆形
		型腔不均匀胀缩

续表

模具形状	变形情况	说明
		平面弯曲
		小孔呈喇叭形
		单面弯曲（a 面呈凹面）
		两侧鼓凸，平面弯曲
		型腔向外胀大
		单向鼓凸

续表

模具形状	变形情况	说明
		外向敞开
		翘曲
	b^-	槽口收缩,平面向下凹陷
	a^-,b^+	型腔外实体部分胀大,型腔收缩
	a^-,b^+	型腔外实体部分胀大,型腔收缩
	a^-,b^+	型腔外实体部分胀大,型腔收缩
	a^-,b^+	型腔外实体部分胀大,型腔收缩
		局部翘曲

续表

模具形状	变形情况	说明
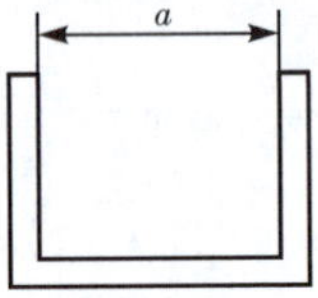	a^+	薄壁槽口胀大
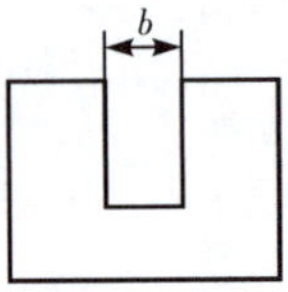	b^-	厚壁槽口缩小
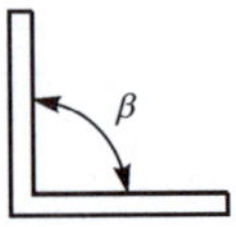	β^+	角度增大，平面凹陷
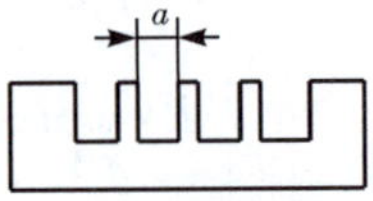	a^+	槽口胀大，平面向上鼓凸

三、模具热处理裂纹

1. 模具热处理裂纹的种类

模具热处理裂纹包括许多种类，而裂纹的形状也有很多，见表 10-2。

表 10-2　　　　　　　　　　模具热处理裂纹的形状

类型	形状
淬火裂纹	纵向、横向、圆弧形、鱼鳞状、一字形、十字形、同心圆、放射状
急热裂纹	一字形
渗碳裂纹	鱼鳞状、剥落
脱碳裂纹	一字形、崩裂
冷处理裂纹	崩裂
时效裂纹	一字形
回火裂纹	细微的一字形
磨削裂纹	龟甲状、微裂纹

此外，热处理裂纹还可根据其存在部位和深度分为以下三类：

（1）深裂纹

深裂纹通常是由于热处理组织应力较大而产生的裂纹，常出现在淬透性较好的钢制模具截面急变、尖角、棱边处,一般是纵向的。此外,高碳高合金钢模具中碳化物偏析严重或存在夹杂物时,常沿锻造方向分布;横向塑性与强度均较低时,也易产生纵向裂纹。

（2）细微表面裂纹

细微表面裂纹没有一定方向,且与模具的形状无关。裂纹深度通常为 0.1～1.5 mm。这类裂纹常产生在淬火加热温度范围较窄的钢制模具或化学成分改变的模具（如表面脱碳模具）表面层,也有可能产生在急剧加热与冷却时体积发生剧烈变化的模具表层或淬火后没有及时回火的模具。

（3）内部裂纹

内部裂纹可能是细微裂纹,也可能是尺寸较大的宏观裂纹。内部细微裂纹是因模具内部与表层化学成分不同而引起的;宏观裂纹是由表面层与心部组织的比容不同引起的。钢内部偏析过大时,易产生细微裂纹;淬透性低的钢制模具淬硬层浅,当中心硬度为 36～45HRC 时,易形成宏观裂纹。

2. 模具的热处理裂纹与内应力

模具的热处理裂纹通常是在内应力（拉应力）作用下表现出来的一种脆性破坏状态。淬火时,易在模具表面附近产生非常大的拉应力,故最易产生裂纹。但在淬硬层浅的情况下（如各种表面硬化）,表面附近常形成压应力,就不易产生裂纹。淬火应力是热应力与组织应力共同作用的结果,组织应力使模具表面附近产生拉应力,促使产生裂纹;而热应力降低表层拉应力,起阻止产生裂纹的作用。低碳钢淬火时,因其 M_s 点较高,马氏体比容较小,以热应力为主,不易产生裂纹;而以组织应力为主的高碳钢,淬火时易产生裂纹。由于模具大部分是用高碳钢制作的,因此要特别注意防止产生热处理裂纹。

模具通常在以下几种情况产生淬火裂纹:

①形状比较简单的模具及实体的冲头,一般情况下不会产生淬火裂纹。而尖角、截面厚度急变处及厚薄不均的地方则极易产生淬火裂纹,如图 10-2 所示。

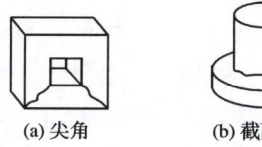
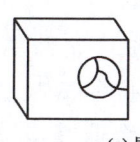
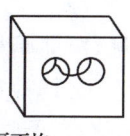

(a) 尖角　　(b) 截面急变　　(c) 壁厚不均

图 10-2　模具淬火裂纹部位

尖角部位易产生圆弧形或一字形裂纹,这种裂纹因其在二面角或三面角边缘部位产生,故常称其为边缘裂纹。此部位由于冷却速度比其他部位低,在已淬硬区与未淬硬区之间易形成拉应力,故易产生淬火裂纹。截面急变的部位冷却时,冷却较慢的大质量部分与冷却较快的小质量部分之间产生内应力,从而易在两部分交界处产生淬火裂纹。厚壁部分与薄壁部分相变有先后,在薄壁部分引起拉应力,产生淬火裂纹。

②实心圆柱体冲头存在一个危险淬裂直径,水淬时为 10～15 mm,油淬时约为 25 mm。因此,冲头直径为 10～15 mm 时应避免用碳钢制作,而直径约 25 mm 时则尽量不要用合金钢制作。

③型腔、销钉孔、螺钉孔在凹模中常常是产生裂纹的源头,为使各部分均匀冷却,防止淬火裂纹,在薄壁处应包扎铁皮,在凹角处捆以石棉绳,孔应用耐火泥或石棉堵塞。

④ 中空圆柱体模具（如冷镦用缩梗模），易在内部产生淬火裂纹，这是由于内孔冷却不好，外部先冷却，发生组织转变，产生较大组织应力，在内表面引起相当大的拉应力而引起的。在这种情况下，应加快内孔表面的冷却速度，常采用喷水淬火。

⑤ 在模具制造过程中，锻造、退火时发生脱碳，而机械加工时没有完全切除脱碳层，淬火时脱碳层在较高温度下先转变成低碳马氏体，完全冷却后存在较大的内应力，易形成淬火裂纹。

⑥ 用非合金工具钢制造的大截面（尺寸＞100 mm）模具，淬火冷却不均匀时，特别容易淬裂。这是由于模具表面常有软点产生，在淬火过程中软点部分的金属受到周围金属的拉伸，所以容易产生裂纹。

模具淬火裂纹产生的时期也不尽相同，有的模具在淬火完成后当时不开裂，而在第二天出现裂纹（也称时效裂纹），有的模具在 150 ℃ 以下即开裂（热锻模常发生这种情况），也有的模具从淬火介质中取出时已出现裂纹。

学习任务二　减小模具热处理变形与控制模具热处理开裂的措施

任务引入

图 10-3 所示为 T10 钢冲孔落料凹模，形状不算复杂，结构也对称，只是中间的带状窄筋很薄，属截面尺寸相差悬殊的模具。如果用普通方式加热，会产生窄筋变形和螺纹孔开裂的缺陷。

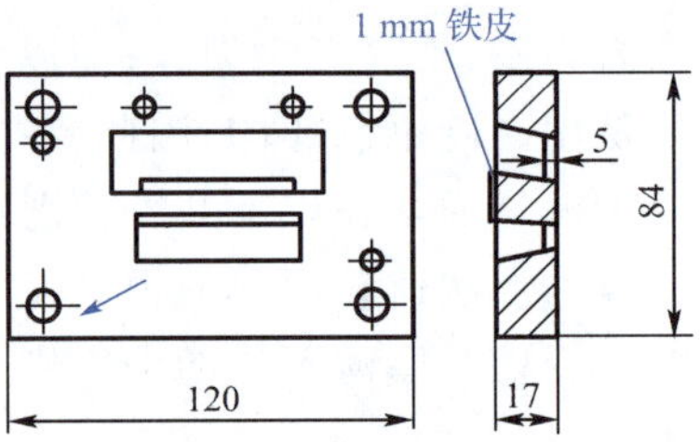

图 10-3　T10 钢冲孔落料凹模
（箭头方向为入水方向）

任务分析

由图 10-3 可见，窄筋是模具上最薄部位，被较快地加热并首先发生膨胀，但受其他部位的抵制会造成弯曲。在随后的冷却过程中又先较快地冷至低温，并先发生马氏体转变而急剧膨胀，这样弯曲就会被保留下来。因此，解决这条窄筋的变形的措施应使其加热和冷均较慢地进行，最好能与其他部位的加热、冷却条件相当。

因此应采用如图 10-3 所示的方法，用铁皮包扎模具的中间窄条部分，用这种方法减少模具的变形，另外为防止螺纹孔淬火开裂，淬火前应将所有孔用石棉绳塞住，在淬火加热时进行分级预热，并用热碱浴淬火。

相关知识

模具在加工制造过程中，经常发生变形和开裂，严重地影响模具的质量，甚至报废。模具的变形和开裂由多种原因造成，如设计形状尺寸、材料质量、加工方法及工艺流程，特别是热处理操作等，问题十分复杂。因此，我们只要掌握其规律，根据其产生的原因，采用不同的方法进行预防，模具的变形是能够减小和控制的，其开裂也是能够避免的。

一、合理设计、正确选材并合理制定热处理技术条件

1. 合理设计

模具主要是根据使用要求设计的,其结构有时往往不能做到完全合理和均匀对称。这就要求设计师在设计模具时,在不影响模具使用性能的前提下,采取一些有效措施,尽量注意到制造工艺性、结构合理性及几何形状的对称性。

(1) 尽量避免尖角和厚薄相差悬殊的截面

应避免厚薄悬殊的截面、薄边及尖角,在模具的厚薄交界处应平滑过渡。这样能有效降低模具截面的温差,减小热应力,同时也可减小截面上组织转变的不同时性,减小组织应力。如图 10-4 所示为模具采用过渡圆角与过渡圆锥。

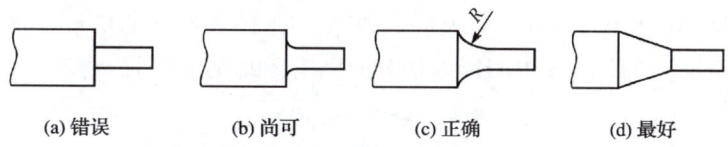

图 10-4　模具采用过渡圆角与过渡圆锥

如图 10-5 所示为凹模的合理壁厚。

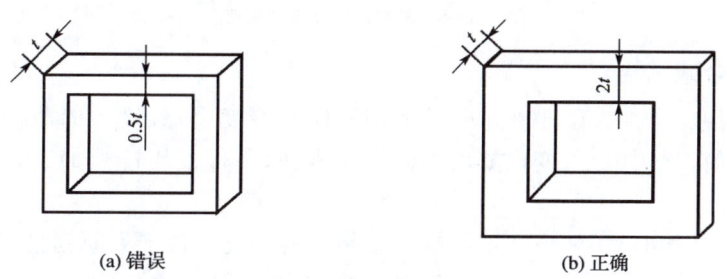

图 10-5　凹模的合理壁厚

(2) 适当增加工艺孔

对于有些实在无法保证截面均匀及对称的模具,应在不影响使用性能的前提下,变不通孔为通孔,或者适当增加一些工艺孔。

图 10-6(a) 所示为一型腔狭窄的凹模,淬火后会产生如虚线所示的变形。如果设计时能增加两个工艺孔,如图 10-6(b) 所示,即可减小淬火过程中截面的温差,降低热应力,使变形情况有明显的改善。

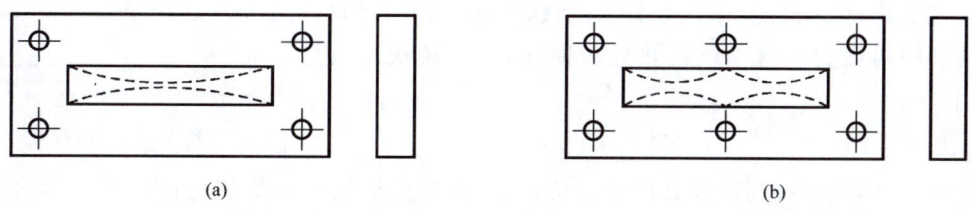

图 10-6　Cr12MoV 钢凹模

图 10-7 所示也是增加工艺孔或变不通孔为通孔的实例,可减小因厚薄不均而增大的开裂敏感性。

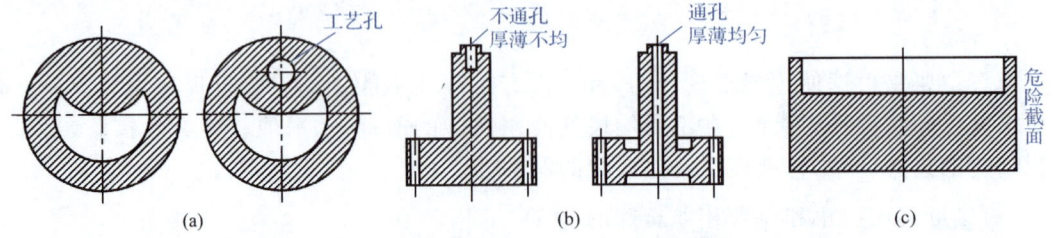

图 10-7 模具增加工艺孔或变不通孔为通孔

(3) 尽可能采用封闭及对称结构

模具形状为开口或不对称结构时,淬火后应力分布不均匀,极易变形。所以一般易变形的槽形模具,应尽量在淬火前留筋,淬火后再切除。图 10-8 所示的槽形工件,原来淬火后在 R 处发生变形,经加筋(图 10-8 中阴影线部分)后,有效地防止了淬火变形。

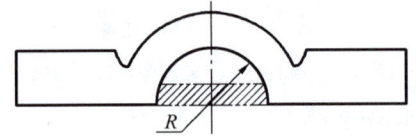

图 10-8 槽形工件淬火前加筋

(4) 采用组合式结构

对于形状复杂、尺寸大于 400 mm 的大型凹模及厚度小、长度大的凸模,最好采用组合式结构,化繁为简,化大为小,变模具内表面为外表面,不仅便于冷热加工,而且能有效地减小变形与开裂。

设计组合式结构时,一般应在不影响配合精度的情况下按下列原则进行分解:

① 调整厚度,使截面相差悬殊的模具在分解后,截面基本均匀。
② 在容易产生应力集中的地方分解,分散其应力,防止开裂。
③ 配合工艺孔,使结构对称。
④ 便于冷、热加工,便于拼装。
⑤ 最为重要的是必须确保使用性。

如图 10-9 所示为一大型凹模,若采用整体式结构,不但热处理有困难,而且淬火后型腔各处收缩不一致,甚至会引起刃口凹凸和平面扭曲,且在以后的加工中难以补救。因此,可采用组合式结构,按图 10-9 中虚线分为四块,经热处理后再拼装成型并磨削再配合。这不仅使热处理简化,而且解决了变形问题。

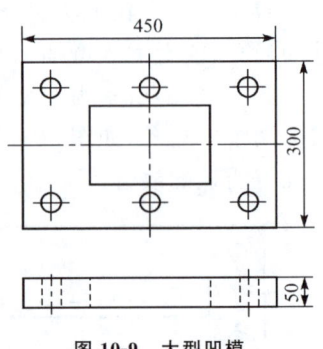

图 10-9 大型凹模

2. 正确选材

热处理变形、开裂与钢及其质量密切相关,因此应根据模具的使用性能要求,综合考虑模具精度、结构和尺寸大小以及加工对象的性质、数量和加工方式等因素合理选用。一般模具若无变形和精度要求,则从降低成本方面考虑,可采用非合金工具钢;对于易变形开裂件,可选用强度较高、临界淬火冷却速度较慢的合金工具钢。

图 10-10 所示为一电子元件冲模,原用 T10A 钢,水淬油冷,变形较大且易开裂,碱浴淬火型腔又不易淬硬,现改用 9Mn2V 钢或 CrWMn 钢,淬火硬度和变形都能符合要求。

由此可见,当用碳钢制造的模具变形达不到要求时,改用 9Mn2V 钢或 CrWMn 钢等合金钢,虽然材料成本稍高,但解决了变形、开裂问题,总体来说仍是合算的。

在正确选材的同时还要加强对原材料的检验和管理,防止因原材料缺陷而导致模具热处理开裂。

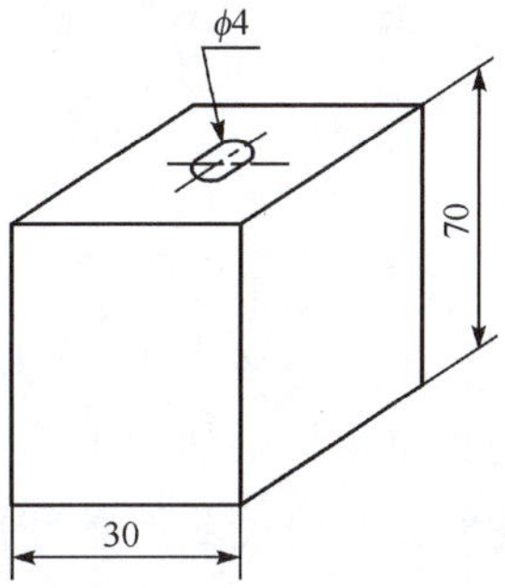

图 10-10 电子元件冲模

3. 合理制定热处理技术条件

合理制定技术条件(包括硬度要求)是防止淬火变形、开裂的一条重要途径。

局部硬化或表面硬化就可以满足使用要求的,尽量不要整体淬火。对于整体淬火模具,局部可放宽要求的,尽量不要强求一致。对于成本高或结构复杂的模具,当热处理难以达到技术要求时,应更改技术条件,适当放宽那些对使用寿命影响不大的要求,以免因多次返修而造成报废。

对于所选用的钢种,不能以其所能达到的最高硬度作为设计时规定的技术条件。因为最高硬度往往是用尺寸有限的小试样测得的,与实际尺寸较大的模具所能达到的硬度相差很大。由于追求最高硬度往往需要提高淬火冷却速度,从而增大淬火变形与开裂倾向,所以用较高的硬度作为技术条件,即使尺寸较小的模具也会给热处理操作带来一定的困难。总之,设计者应根据使用性能和选定的钢种,合理地制定切实可行的技术条件。此外,在对所选定的钢种提出硬度要求时,还应避开产生回火脆性的硬度范围。

二、合理安排工艺流程

正确处理机械加工与热处理之间的关系,合理安排工艺流程,使冷、热加工密切配合是减小模具热处理变形的有效措施。

1. 热处理与切削加工性的关系

钢的切削加工性与其化学成分、金相组织和力学性能有关。不同成分的钢通过采用各种热处理工艺,获得不同的组织与性能,从而改善钢的切削加工性。表 10-3 给出了常用结构钢采用不同热处理工艺后的硬度、组织与机加工表面粗糙度的关系。

表 10-3 常用结构钢采用不同热处理工艺后的硬度、组织与机加工表面粗糙度的关系

钢号	热处理	硬度(HBW)	组织	机加工表面粗糙度评价
20Cr	正 火	156~179	铁素体+索氏体	车削、拉、插尚好
	调 质	187~207	回火索氏体+铁素体	车削好,拉、插不良或尚好
20CrMnTi	正 火	160~207	铁素体+索氏体	车削好,拉、插不良
45	正 火	170~230	铁素体+索氏体	车削好,拉、插尚好
	调 质	220~250	回火索氏体+少量铁素体	车削好,拉、插不良

续表

钢号	热处理	硬度(HBW)	组织	机加工表面粗糙度评价
40Cr	正火	179~229	索氏体＋少量铁素体	车、拉、插均良好
40Cr	调质	230~250	回火索氏体＋少量铁素体	车削好,拉、插不良或尚好
35SiMn	正火	187~229	铁素体＋索氏体	车、拉、插均良好

为了不至发生"粘刀"现象和避免刀具的严重磨损,硬度应控制为170~230HBW,此时钢具有良好的切削加工性。若想进一步改善其表面粗糙度,可将硬度提高到≥250HBW,但此时刀具将受到严重磨损,使用寿命降低。

切削加工对热处理质量也有很大影响。切削加工时若进刀量大,将使工件产生切削应力,导致其热处理后变形严重,切削加工表面较粗糙,特别是有较深的刀痕时,常在这些地方产生淬火裂纹。因此,为了保证热处理质量,必须对进刀量及切削刀痕进行控制。

2. 合理安排工艺流程的关键

有些模具的变形,单从热处理的角度来考虑是无法解决问题的,但如果转换思维方式,从整个工艺流程着手,往往能收到意想不到的效果。

图10-11所示是一半圆形模具,由于形状不对称,淬火时会产生显著的扭曲变形。如果在淬火前加工成整体的圆环,等热处理后再用锯片砂轮将其切成两件,则不但降低成本,还可以减小变形。

3. 根据特点预留加工余量

模具热处理时难免会有变形,如果能掌握其变形特点,合理地预留加工余量,不但可简化热处理操作,还能减少随后的机械加工,特别是磨削加工的工作量。如图10-12所示为一45钢的成型模,热处理后内孔会趋向胀大,故机械加工时,应预先留出负公差,使热处理后符合设计要求。

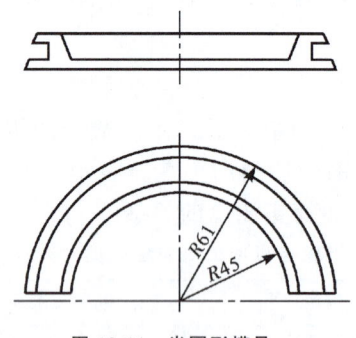

图10-11 半圆形模具

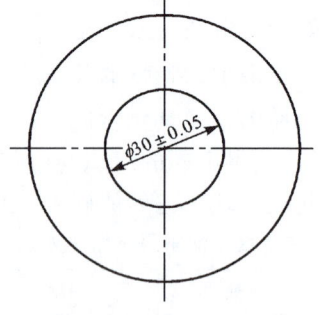

图10-12 45钢的成型模

对于那些事先无法预料变形大小和方向的模具,则可在型腔未加工到设计尺寸前,进行一次试淬,根据其变形特点,留出相应的机械加工余量。

4. 进行必要的去应力退火或时效处理

对于精密模具,因其切削加工或磨削加工产生的应力会引起变形与开裂,故如果在工艺流程中增加去应力退火或时效处理,往往能显著减小变形并防止开裂。

例如,对于细长轴类以及形状复杂的模具,在粗加工成形后,进行一次去应力退火,以消除切削加工应力,对减小淬火变形十分有效;再如,对于一些需要精磨的模具,在热处理并粗磨后,可安排一道时效处理工序,用以消除磨削应力,稳定尺寸,防止发生变形及开裂。

三、合理进行锻造和预先热处理

钢中的带状组织和成分偏析往往会造成模具的不均匀变形,淬火前的基体组织状况也会影响模具淬火前后的比容差。在一定条件下,钢中原始组织的好坏成为影响热处理变形的主要因素。为了减小淬火变形,除了在淬火过程中采取有效措施外,还应适当控制淬火前钢中的组织。

1. 合理进行锻造

实践证明,合理进行锻造是减小热处理变形、保证模具有较高寿命的关键。对合金钢(如 CrWMn、Cr12、Cr12MoV 钢)尤其重要。这类钢能实现低变形的前提是经充分锻造,使钢内部碳化物偏析程度达到最小。

因此必须在以下四个环节中正确控制锻造过程:

①锻造方法:需经多次锻造后成形,一般高合金钢不少于三次,以保证碳化物破碎并均匀分布。

②锻造比:要有一定的锻造比,如高合金钢总锻造比一般为 8~10。

③加热速度:缓慢升温到 800 ℃左右,而后再缓慢加热到 1 100~1 150 ℃。在加热过程中,应将毛坯经常反转,力求加热均匀、烧透。

④控制终锻温度:终锻温度过高,晶粒易长大,性能变差;终锻温度过低,塑性降低,易形成带状组织,还易断裂。

2. 预先热处理

模具变形与开裂不仅与淬火过程中产生的应力有关,而且与淬火前的原始组织和残余内应力有关。因此,必须对模具毛坯进行必要的预先热处理。

一般来说,用 T7 和 T8 钢制造的尺寸较小的模具,在淬火时体积容易胀大,如预先进行调质处理,获得比容较大的回火索氏体组织,则可减小淬火变形。而用高碳钢 T10 和 T12 等制造的尺寸较大的模具,淬火时体积容易收缩,则应采取球化退火,可取得比调质处理更好的效果。

对于低合金工具钢,在机械加工后安排一次调质处理,使合金碳化物均匀分布,对改善组织和消除锻造及原始组织的不良影响有较好的效果。调质处理可得到分布均匀的碳化物和细粒状索氏体组织,增大了原始组织的比容,既能提高钢的力学性能,又有利于减小变形。对于高合金工具钢(如高铬钢)模具,经过调质后,淬火时将发生不同程度的收缩,所以,如果将调质中的高温回火改为退火处理,淬火后可获得较好的效果。

合金结构钢采用预先调质处理能得到较高的硬度,且可减小淬火时的比容变化,有利于减小淬火变形与开裂。

采用低温退火消除模具的冷加工应力较调质处理简单,周期较短,氧化少,且不同材料可采用相同的工艺处理。

为了消除因锻造不良而产生的网状碳化物和增加淬透层深度,可采用正火处理。

综上所述,各种预先热处理都应按照模具的胀缩规律,预先调整原始组织和消除机械加工应力,以减少变形与开裂。

四、采用合理的热处理工艺

为了减小及预防工件淬火变形,除了合理设计工件、合理选材、合理制定热处理技术要求及工件毛坯正确进行热加工(铸、锻、焊)和预先热处理外,更为重要的是在热处理方面必须注意以下问题:

1. 合理选择加热温度

在保证淬硬的前提下,一般应尽量选择低一些的淬火温度。但对于一些高碳合金钢模具(如 CrWMn、Cr12Mo 钢),可通过适当提高淬火温度来降低 M_s 点,增大残余奥氏体量,以控制淬火变形。另外,对厚度较大的高碳钢模具,也可适当提高其淬火温度来防止产生淬火裂纹。对易变形、开裂的模具,在淬火前还应先进行去应力退火。

2. 合理进行加热

应尽量做到均匀加热,减小加热时的热应力。对于大截面、形状复杂、变形要求高的高合金钢模具,一般都应经过预热或限制加热速度。

3. 正确选择冷却方式和冷却介质

尽可能选用预冷淬火、分级淬火和分级冷却方式。预冷淬火对细长或薄的模具减小变形有较好的效果,对于厚薄悬殊的模具,在一定程度上可以起到减小变形的作用。对于形状复杂、截面相差悬殊的模具,采用分级淬火较好。如高速钢采用 580~620 ℃分级淬火,基本上避免了淬火变形和开裂。

4. 正确掌握淬火操作方法

正确选择工件淬入介质的方式,保证模具得到最均匀的冷却并沿最小阻力方向进入冷却介质,将冷却最慢的面朝着液体运动。当模具冷却至 M_s 点以下时,应停止运动。例如,厚薄不均匀的模具,应使厚的部分先淬入;截面变化大的工件,可通过增加工艺孔,预留加强肋,孔中塞堵石棉等方法来减小热处理变形;对有凹凸面或有通孔的工件,应使凹面和孔向上淬入,以便排出通孔内的气泡。

> **拓展资料**
>
> 工匠精神的核心体现在模具热处理过程中,每一个细节、每一个步骤都至关重要。这不仅是因为热处理直接决定了模具的性能和寿命,还因为其中所蕴含的"工匠精神"。更多内容请扫描二维码进行延伸阅读与学习。

学习任务三 模具热处理的其他缺陷及其预防补救措施

任务引入

模具制造过程中常见的缺陷除了变形与开裂外,还有在热处理时的氧化脱碳、加热不足、退火回火不充分、回火脆性、硬度不均匀等。

任务分析

通常模具的热处理缺陷可分为三大类。第一类热处理缺陷指淬火裂纹、淬火开裂。淬火裂纹作为致命的热处理缺陷在一般情况下是不能修复的,大多数发生这类缺陷的模具都会选择报废。第二类热处理缺陷一般是指淬火畸变,对于这一类热处理缺陷可以采取矫形等方法加以补救。第三类热处理缺陷是指除淬火裂纹、淬火畸变之外的其他热处理缺陷,如氧化与脱碳、欠热、过热和过烧、淬火硬度不足与软点、回火缺陷和表面腐蚀等,热处理生产中一旦发现这类缺陷,也应及时采取有效措施加以补救。

相关知识

一、氧化与脱碳

1. 氧化

模具在加热时,介质中的氧、二氧化碳和水等与金属反应生成氧化物的过程称为氧化。即模具的表面与加热介质中的氧、氧化性气体、氧化性杂质相互作用形成氧化铁的过程。因氧化铁的形成而使工件尺寸减小,表面光洁度降低,严重影响到淬火时的冷却速度,造成软点或硬度不足。钢氧化时,首先在钢的表面形成一层氧化膜。其后的氧化速度主要取决于氧和铁原子通过氧化膜的速度。随着加热速度的升高,原子扩散速度加快,特别是在600 ℃以上时,所形成的氧化膜是以不致密的FeO为主,氧和铁原子容易通过它而透入内部,钢的氧化速度急剧加快。而在600 ℃以下时,氧化膜则以比较致密的Fe_3O_4为主,所以氧化速度比较慢。

2. 脱碳

加热时由于气体介质和钢表层碳的作用,导致表层碳含量降低的现象称为脱碳。即模具表层中的碳被氧化,使表层碳含量降低的现象。钢的加热温度越高,钢中的碳含量越高,钢便越容易脱碳。由于碳的扩散速度较快,所以钢的脱碳速度总是大于其氧化速度,在钢的氧化层下面,通常总是存在一定厚度的脱碳层。脱碳使钢表层碳含量下降,从而导致钢件淬火后表层硬度不足,疲劳强度下降,而且常使钢在淬火时容易形成表面裂纹。

一般来说,表面粗糙度要求高的胶木模、压铸模、冷挤压凸模,常因表面氧化而报废;而冷冲落料模则会因表面脱碳而降低使用寿命。

为了防止氧化与脱碳,根据工件的要求和实际情况,可以采用保护气氛加热、真空加热以及用工件表面涂料包装加热等方法;在盐浴中加热时,可以采用经常加入脱氧剂以及建立严格的脱氧制度等方法。此外,对普通箱式炉略加改造,采用滴入煤油的方法进行保护,也可大大改善加热工件的表面质量。

二、欠热、过热和过烧

欠热、过热和过烧都是加热时的组织缺陷,它们都因加热不当形成非正常组织,导致模具的性能下降甚至报废。

1. 欠热

欠热也称为加热不足,是指由于加热温度过低或加热时间太短,未充分进行奥氏体化而引起的组织缺陷。例如模具在退火或正火加热时,因欠热而不能消除冶金及热加工过程中存在的偏析、粗大自由铁素体、魏氏组织、网状碳化物等缺陷;淬火加热时,因欠热使亚共析钢淬火组织中出现铁素体或过共析钢淬火组织中出现较多未溶碳化物,造成淬火钢出现软点或硬度不均现象。

2. 过热

模具在热处理加热时,由于温度过高,晶粒长得很大,以致性能显著降低的现象称为过热。它是一种由于加热温度过高或保温时间过长,使奥氏体晶粒剧烈长大而产生的组织缺陷。它导致工件冷却后组织粗化、力学性能变坏。一般把热处理后实际晶粒度在4级以上者称为过热工件。另外,过热除了引起晶粒粗大,有时还易于促使工件在冷却过程中形成魏氏组织,其特征是亚共析钢中的先共析铁素体或过共析钢中的先共析渗碳体从晶界出发以针状或片状伸入晶内,而且定向分布在基体上,这种组织的力学性能比一般的粗大晶粒还要差。总之,过热工件不仅易于引起淬火时的变形、开裂,更重要的是明显降低了力学性能,而且塑性、韧性的降低尤为明显。

3. 过烧

模具的加热温度达到其固相线附近时,晶界氧化和开始部分熔化的现象称为过烧。过烧不仅使奥氏体晶粒剧烈粗化,而且晶界也被严重氧化甚至局部熔化,造成工件报废。过烧一般发生在钢的轧、锻等热加工过程中,但某些莱氏体高合金钢(如 W18Cr4V、Cr12 钢)的淬火热处理中也常有发生,因为它们的淬火加热温度接近其莱氏体共晶熔点。

造成欠热、过热和过烧缺陷的主要原因,可能是工艺不合理、操作不当,还可能是测温、控温仪表失灵。对欠热、过热组织可用正火或退火的返修方法来消除,对过烧工件只能报废。因此对于高温加热的工件应严格控制温度,防止过烧。

三、淬火硬度不足与软点

1. 淬火硬度不足

淬火硬度不足是指整个模具或较大区域内硬度达不到技术要求的现象。其原因主要有：

(1) 欠热

欠热使奥氏体的碳和合金元素含量不够，甚至没有完全奥氏体化，组织中残存有未转变的珠光体和铁素体。造成欠热的原因是加热温度过低或保温时间不足、工艺错误、控温仪表失灵、操作时装炉量太大使各层工件温度不均等。

(2) 过热

过共析钢因过热而使奥氏体溶有过量的碳和合金元素，使 M_s 点降低，以致淬火后因残余奥氏体量很大而降低硬度。

(3) 冷却速度不够

模具在淬火过程中，因冷却速度不够而发生或部分发生奥氏体—珠光体转变。造成冷却速度不够的原因有淬火介质选择不当、淬火介质温度过高或老化以及工件尺寸太大等。

(4) 操作不当

如预冷淬火时间过长、双液淬火时在水中停留时间太短、分级淬火时分级温度太高或停留时间过长等，均会造成奥氏体分解而在最终组织中出现非马氏体组织，使硬度降低。

2. 软点

模具上硬度不足的小区域称为软点。软点往往是工件磨损或疲劳损坏的中心，因此重要工件上不允许存在软点。形成软点的原因大致有：

(1) 原材料缺陷

如钢中存在大块铁素体或带状组织。

(2) 欠热

因加热温度太低或保温时间不足，使奥氏体成分不均匀，或亚共析钢中铁素体未全部溶入奥氏体。

(3) 冷却不均

模具在淬火介质中搅动不充分、淬火加热时堆放在一起、模具表面有氧化皮等污物附着以及淬火介质中混有肥皂、油污等，都会造成模具冷却不均匀，使局部小区域发生高温转变而形成软点。

(4) 表面脱碳

模具表面局部脱碳或渗碳后表面存在低碳浓度区，也会形成软点。

为解决淬火硬度不足和软点一类的质量问题，可在返修前进行一次退火、正火或高温回火,以消除淬火应力,防止重新淬火时发生过量变形或开裂。

四、回火缺陷

1. 硬度不合格

回火后硬度过高大多由回火不充分所致,补救办法是按正常回火工艺重新回火。回火后硬度不足的主要原因是回火温度过高,补救办法是退火或正火后重新淬火并回火。

2. 韧性过低

在第一类回火脆性区回火或对第二类回火脆性敏感的钢在回火后未进行快冷,都会使工件回火后的脆性增加。补救办法是:对在第一类回火脆性区进行回火的模具,退火或正火处理后重新淬火并回火;对因在第二类回火脆性区回火而未快冷的模具,可在略高一些温度进行短时间回火并快冷。

思考题

1. 模具热处理的缺陷有哪些?
2. 模具热处理变形与开裂的原因是什么?
3. 减小模具热处理变形与控制模具热处理开裂的措施有哪些?

课题十一
模具材料精益生产管理

学习目标

1. 了解模具的价格基础。
2. 掌握模具的报价策略。
3. 了解模具全生命周期的概念。
4. 掌握模具全生命周期管理知识。

》》 学习任务一　模具的经济性考量 《《

任务引入

图 11-1 所示为一副精锻模,请分析该模具的价格构成,并了解模具的报价策略。

图 11-1　精锻模

任务分析

既对于模具领域的相关技术有一定的了解,又掌握商务谈判的一些技巧,这样的才能对于今天的模具从业人员来讲是非常重要的。

模具的价格构成主要涉及模具的制造基础、模具的相关的制造设备及模具的成本构成。此外,本任务还介绍了模具的定价策略及模具价格的谈判技巧等知识。

相关知识

在与国际接轨的工程教育认证标准下,不仅要掌握材料学基本知识,具备相关工程材料应用能力,更需要能正确处理材料选择和应用与人类文明及经济发展、与环境保护和可持续发展间的关系,进而充分、合理地利用好材料。

紧扣工程型人才的培养目标,倡导"材料、设计、制造"一体化理念,本课题旨在通过学习模具材料精益生产管理,塑造大工程观。

例如,对于模具的报价等商务活动,已经不能仅仅依靠单纯的模具专业知识来完成。很多时候我们要依托相关的专业知识,了解商务运作的规则和一些商务技巧,然后才能进入经济活动领域。在经济活动领域当中,也不再像以往那样,独立于技术和财务分析,仅凭买方的强势地位,要求供货方降价等行为,将越来越难以获得认可。

商务活动需要对模具领域的一些相关技术有一定的了解,以及掌握商务谈判的技巧。具有这样才能的复合型人才对于今天的商务活动来讲是非常重要的。从专业知识方面来讲,主要涉及模具的制造基础、模具的制造设备和模具的成本构成,这些构成了模具价格,它是商务活动中的技术支持。除此以外,还要了解模具的定价策略以及模具价格的谈判技巧。

今天的模具人才在社会的商务活动中,必须立足于对本领域的技术的深刻了解,同时掌握商务谈判技巧。本任务将围绕这两个方面展开。图 11-2 所示为模具报价基础的构成要件。

图 11-2　模具的报价基础

一、模具的制造

模具的制造过程主要考虑的因素是模具的材料、模具的加工过程、模具的加工设备及模具的检测。

首先,我们选用的模具材料不同,这对于模具的制造成本有比较大的影响。其次,不同的模具加工企业使用的模具加工设备存在着差异性。这对于模具的加工过程也会有一个比较大的差别,而不同的模具制造工艺对模具质量的影响是比较大的。所以仅仅根据模具生产企业所用的模具材料,难以判断真实的成本。因此从购买模具的角度出发,除了要了解模具的材料成本,还要了解模具的加工过程对于模具成本的影响。

1. 模具的材料

对于模具而言,影响其性价比的主要因素是模具的使用寿命。例如,某高档模具的价格为 50 000 元,能够服役 100 000 模次,平摊到每个零件上的成本是 0.5 元;而某普通模具的价格为 5 000 元,能够服役 10 000 模次,平摊到每个零件上的成本也是 0.5 元。从生产的角度而言,应该选用高档模具。首先,选用高档模具可节省换模时间,上述案例中生产相同数量的零件,普通模具需要更换十副,而高档模具则不需要更换,即可以实现连续生产,连续生产与非连续生产的效率存在显著差别;其次,可节省调模的时间、成本及检测成本,因为每更换一次模具,都需要检测生产出的零件是否合格,并以此判断能否换模。因此,合理选用性能优越的模具材料,有利于提高产品的品质、稳定产品的工艺性能,并实现降本增效。表 11-1 详细列出了主要模具材料的特点、应用、热处理和价格。

表 11-1 　　　　主要模具材料的特点、应用、热处理和价格

材料名称			特点	使用	热处理	价格/(元·kg^{-1})
GB	JIS	ANSI				
4Cr5MoSiV1	SKD61	H13	抗拉强度好,有韧性,加工性能(锻造性、切削性、抛光等)良好	塑料模具	53~55HRC	28~60
				热锻模具	50~55HRC	
				冷锻模具预应力套	45~48HRC	
Cr12MoV	SKD11	D2	强度较高,耐磨性良好,成本较低	冲裁模、冷锻模	58~61HRC	40~65
W6Mo5Cr4V2	SKH51		强度高,耐磨性优良,所谓万能模具钢	冷锻模具	60~64HRC	120~280
5CrMnMo			红硬性较好,价格低廉	热锻模具	50~55HRC	15~20
YG20C		G7	抗压性和耐磨性极好,韧性差,价格高	冷锻模具、冷冲模具	70~90HRA	400~2 500

第一种模具材料 4Cr5MoSiV1,相当于日本 JIS 标准的 SKD61、美国 ANSI 标准的 H13。它的特点是抗拉强度好,韧性好,热疲劳性能优良,同时锻造性、切削性和抛光性较好,比较广泛地应用于塑料模具和热锻模具。由于制造工艺的差别,4Cr5MoSiV1 在性能、寿命等方面存在不小差异,目前市场上 4Cr5MoSiV1 的价格为 20~60 元/kg,价格差距较大。在 4Cr5MoSiV1 钢模具的制备过程中,通过选用合适的热处理工艺可获得不同的硬度。对于塑料模具来说,其硬度要求一般为 40~50HRC,而热锻模通常选用 48~55HRC。另外在冷锻场合中用这种材料制作预应力套,其调整硬度为 45~48HRC,抗拉强度可达 1 300 MPa,能够有效提高模具产品的寿命。

第二种模具材料就是 Cr12MoV,JIS 标准叫作 SKD11,ANSI 标准叫作 D2,这种材料强度比较高,耐磨性也比较好,而且相对作为模芯材料或冲头材料来讲,它的价格是最低的,主要使用在冲裁模和冷锻模上。用于冷锻模时由于它本身的脆性,所以必须把它的硬度调整为 58~60HRC。它的热处理规范是真空淬火,也有用盐浴淬火的工艺,盐浴淬火对于热处理工人的技能要求比较高,真空淬火相对来说比较均匀。从工业化的角度来讲,更希望用盐浴淬火来做冲头,但由于不好控制,也就是容易出现极端现象,淬火质量有时很好,有时很

差,我们将其称之为模具的早期失效。所以,目前国际上的流行趋势就是进行真空热处理。

第三种模具材料是高速钢,国外主要以日本 JIS 标准中的 SKH51 为代表,国内叫作 6542(W6Mo5Cr4V2)。这种材料的特点是强度很高,耐磨性优良,加工性比较好,号称冷锻模具当中的万能工具钢。在弄不清楚模具的成本和模具寿命之间的平衡关系时,首选此钢材,能够兼顾模具的经济性和使用寿命。这种材料可制造冲头、凹模。但是这种材料的合金元素比较多,后期很容易造成偏析。正确的方法是在做这种材料的时候对它进行浇注,之后去两端、去表面、留芯,把它加热以后放到万吨水压机上进行三向锻造,锻造之后再将其进行轧制。轧制过程本身又是一个塑性变形的过程,所以这样做出来的材料相对来说偏析的现象要少得多。实践表明,特别是 40 mm 直径以下的这种材料,几乎观察不到偏析的现象;如果在冶炼这种钢时,没有在万吨水压机上进行锻造,做出来的材料偏析很严重,也是 40 mm 直径以下的材料相对好一点,因为它轧制的道数比较多。60 mm 直径以上的几乎百分之百存在偏析现象,无法使用。因此就需要加一道改锻工序。但实际上这种材料的热锻性相比 H13、40Cr、45 钢要差,它的锻造要难很多。由于这种材料改锻的温度非常窄,一般只能在 930～1 050 ℃进行,只有短短的 120 ℃空间。这几乎是加热以后拿到空气锤上打两锤温度就已经降下来了,此时马上就要送回去重新加热,而且对于锻工的技能水平要求也比较高。锻工要时刻注意表面是否出现裂纹,一旦出现裂纹,必须要在砂轮机上将其打磨掉。打磨掉之后才可继续进行锻造。因为如果不打磨掉裂纹,裂纹会被打入到材料的内部,这会造成材料的使用性能大幅度下降。我国有过这方面的实验,国产的 6542 材料经过严格的热锻改锻工艺得出来的材料,它内部的晶粒都是非常完整的球化组织,可以跟国外的材料相媲美,使用寿命等各方面的表现都是非常令人满意的。

第四种模具材料就是硬质合金。在模具制造当中,使用硬质合金这个材料主要是因它的抗压性能很好,且耐磨性特别好。但是它的韧性比较差。硬质合金的制备过程从制粉开始,然后经烧结,最后到制成成品,所经工序比较多,故成本较高。而且由于它含有大量的合金元素,价格比较高。硬质合金的硬度非常高,它的普遍硬度在 70～90HRA,进行普通加工非常困难。这种材料主要用于冷锻模上,冷冲模上用得也很多。因为它最大的特点就是耐磨性特别好,硬度极高。由于它的杨氏模量是钢的两倍以上(钢的杨氏模量为 21 500～28 000 MPa,硬质合金为 45 000 MPa 以上),使用硬质合金制作的模具除了耐磨以外,其最大的特点是变形小,这也是这种材料在模具制造领域得到广泛应用的一个主要原因。

拓展资料

中国模具钢行业经过 20 年攻关,迈出了从"卡脖子"到"抢份额"的重要一步,为"中国制造"在世界舞台上树立了更加坚实的民族品牌,促进了我国高端制造业和战略性新兴产业的创新发展。更多内容请扫描二维码进行延伸阅读与学习。

延伸阅读

2. 模具的加工过程

加工过程在模具的制造过程中所产生的费用甚至要超过模具材料的费用。比如说采用价值为 100 元的模具材料,加工费用为 500 元,如果采用价值为 300 元的模具材料,它的加工费用与之前相比相差不大,所以加工过程的成本并不会因为材料的不同而有很大的变化。

因此,我们就可以理解,通过增加材料的费用而使模具的寿命成倍提高,从整个模具的制造来讲是非常值得的。

加工过程包括一般加工、特殊加工和检测。

一般加工主要是指粗加工,使模具接近要求的形状。粗加工的过程就是一般经车、铣、刨、磨就可以实现的过程。这种技术过程比较简单,任何一家机加工企业都是可以做到的。由于模具买卖双方都是专业人士,所以他们对于这方面成本的核算实际上是非常透明的,况且国家还有指导价,比如说,6130 的车床使用一小时多少钱,加工什么样的材料用什么样的刀具,切割多少时间都是可以计算出来的。所以,对于一般加工的费用,双方都是很诚信的。

根据使用状态,模具有很多特殊的加工过程,其中包括材料的改锻,这是看不见的过程。材料改锻这一过程的做与不做对材料的性能有很大的影响,对于模具后期的价格也相应地有很大影响。除此之外,还有电加工、热处理、表面处理、超精密加工、抛光等特殊加工过程。模具经过热处理之后,表面硬度可达 60~70HRC,这样的材料即使用很好的加工中心和很好的刀具,效率也极其低下。对于这种材料一般采用电加工,如慢走丝线切割、电火花加工等。这些加工方式对价格的影响主要体现在加工设备上,高档设备和普通设备所加工出来的零件价格是不一样的,主要是加工精度的差别。电加工加工方式主要有镜面电火花和慢走丝线切割。镜面电火花加工以时间或者体积来计价,而慢走丝线切割以时间或者面积来计价。慢走丝线切割现在国内保有量比较大的是沙迪克的设备,它的价格为 0.07~0.11 元/mm^2,也有便宜的,大约低至 0.03 元/mm^2。每小时的走刀速度根据材质的不同而不同,平均为 3 500 mm^2/h。以这样的速度来算的话,慢走丝线切割的价格大约为 60~100 元/h,当然也可以通过面积来计算价格。镜面电火花的加工价格也大致为 60~100 元/h。不同材料差异非常大,比如说硬质合金用掉的时间就会特别长,而一般的材料加工速度就快得多。除电火花加工外,还有热处理工艺,如渗碳淬火、调质、高频淬火、正火、盐浴淬火、真空淬火等。不同的热处理方式,其价格也会相应不同,其中也包括使用设备的差异。盐浴淬火使用的设备很简单,对工人的技能要求比较高,因此在一些小型企业盐浴淬火的价格非常便宜,但问题在于不能保证质量。真空淬火对设备的要求很高,要有真空炉,但淬火的均匀度很好,跟工人技术的关联度比较小,主要跟企业的工艺能力以及设备的维护好坏有关。虽然在同样的条件下,真空淬火的硬度会比盐浴淬火的要低。热处理的计价方式一般按质量和件数来进行。目前真空淬火的市场价为 20~60 元/kg。表面处理主要增加模具的耐磨度、抗疲劳程度,类似于增加了一层表面张力。现在比较流行的表面处理方式有 TiN、TiCN等。TiN 膜的硬度能达到 1 800~2 500HBW。TiN、TiCN 在模具表面镀层的问题上,影响品质的主要因素是表面结合力。在成形和生产的过程中,材料是有一定的温度而且流动速度也是非常快的,这样就会对其表面形成一个比较大的拽和扯的力,如果所镀的膜和模具基体的表面结合力不牢的话,就有可能造成膜的脱落,那么模具的镀层就失去了作用。TiN、TiCN 表面处理所用的设备区别也很大,从工艺方式上来讲,两者都具有 PVD、CVD 两种方式。PVD 即物理斟酌法,CVD 即化学斟酌法。显然 CVD 法镀上去的材料表面结合力大,因为它是起化学反应,化学键非常牢固,镀层的牢固程度非常高。但是也有问题,由于 CVD 法要求温度非常高,大约为 800~900 ℃,这样一来就相当于对模具的材料又进行了一次热处理,这对模具是不利的。因此我们一般在对材料变形要求不是很高、产品的精度要求不是很高的情况下用 CVD 法。翼形件特别是齿形零件不用 CVD 法,而是采用温度低的

PVD法。现在国外已经开发出低至200℃的TiN的PVD处理工艺,但反过来其不利影响也存在,就是其结合力不是很牢固,既有利又有弊。这两种处理方式主要是以质量或者面积来计价的。特别要注意一个问题,做表面镀层时由于采用离子轰击的方式,对孔径的深度是有一定要求的,也就是说模具能够镀的位置从表面入口下去的深度不会超过孔径,超过的话就镀不到了,镀件的质量就会很差,这点应特别予以注意。除了这几种常见的方式外,还有复合镀层、氰硫氮化、碳氮共渗、渗硼等方式,都可以提高材料表面硬度,提高耐磨度。我们要注意的一点就是,镀层不是万能的,材料基体本身硬度才是至关重要的。

对于模具而言,还有一些特殊加工过程,比如超精密加工。例如μ级加工、超长杆件加工。就今天而言,超精密加工主要依赖于设备,企业与企业之间的计价是非常不透明的。一般而言,用低端的设备来进行粗加工,用高端的设备进行最后的精加工,以此来控制成本。而对模具卖方来讲,就会尽可能地强调特殊加工过程,而不过多提及一般加工过程,以提高模具的附加值。

再者就是抛光,也包括μ级加工、超长杆件加工等。抛光的过程主要是按面积和时间来计价。在抛光过程中,一些超精密的齿形模的抛光不能手工操作,而是需要在机器上进行。这些加工过程都属于特殊加工过程,都要依赖于工匠本身的能力,既要把零件表面抛光,又要保证产品的尺寸、齿形的直线度和轮廓度。这样的加工过程正是模具的价值所在。

3. 模具的加工设备

模具的加工设备是跟模具的加工过程紧密相关的。有放电设备、电火花设备、慢走丝线切割设备、快走丝线切割设备等。

快走丝线切割的走刀速度不如慢走丝线切割的走刀速度快,一般 2 500 mm^2/h,但由于它使用的是铜钨合金丝,可以反复使用,设备也比较便宜,目前的价格是8~10元/h,价格便宜且设备的拥有量也比较大。

对于翼形型腔而言,现在比较流行的加工方法是放电,但是并不放在加工的最后,形状做出来之后,先用加工中心做一个电极,对材料的中心部分进行粗放电,粗放电之后再进行淬火,做完淬火之后再回来用加工中心对精密部分进行一次精加工,这样的话就把放电产生的表面残余奥氏体和微观缺陷清理干净,精度就能得到保证。这是比较流行的一种加工方法,而且还有一个好处就是用球刀去铣内型腔的时候采用的是一种表面压应力,这比抛光好一点,当然,最终还是要靠手工的抛光来完成。

在价格上,高端的放电设备一百几十万元一台,低端的甚至十几万元一台。两者之所以会有这么大的价格差距,首先在于它们的电源系统。现在比较高端的设备,电源系统使用的都是数字电源,由于经过数字化出来的稳定度非常高,因而加工的过程非常稳定,零件的加工精度就能得到很好的保证,普通的模拟电源是根本无法比拟的。其次,就是驱动系统。高端的设备使用的驱动系统是直流电动机,其工作台面都是用大理石制造的,不受温度变化的影响,模具放上去几乎不会有变形,定位精度高,模具的加工精度自然就会很高。而低端的设备使用的是铸造的平台,模具放上去会造成一定的变形。驱动系统可能使用低端的丝杠或步进电动机来做,设备的控制精度会差很多。再则,就是过滤系统。切割过程的放电使材料溶解到水中,影响其导电性等性能,必须进行过滤,以消除其不利影响。高端设备的过滤系统,其过滤程度是非常干净的,过滤可使其不利影响最小化。

我们在选用设备的时候,要对设备本身有很好的了解,根据设备的特点来决定选用与否。模具采购方要对选用什么层次的企业做到心里有数。模具加工方也应搞清楚生产什么档次的产品,选用什么档次的设备。

4. 模具的检测

模具进行检测时需用到一些特殊的检测设备,比如CCD影像投影仪、轮廓仪、三坐标测量机、齿轮检测仪等,而这些特殊的检测设备价格都比较昂贵,检测时间也都比较长,需要由具有专业检测素质的专业人员进行操作。

加工出来的模具都需要进行检测。由于模具的检测是单件进行,所有的尺寸都必须检测到,因此检测技术对模具而言也是很关键的,检测的费用也是比较高的。在这一点上,从模具买方角度来看,往往是需要生产企业去做而又不愿意付钱的地方;从制作模具的一方来看,是报价的时候容易遗漏的地方,但它却是实实在在的成本。因此检测在模具的成本中占有相当比例,这一点无论对于采购方还是销售方都要予以足够的认识。图11-3是一些模具的检测设备。

(a)表面粗糙度轮廓仪

(b)投影仪

图11-3 模具的检测设备

二、模具的成本构成

模具的直接成本、间接成本、利润及税收构成了模具的价格。模具的直接成本就是设备选用、原材料和辅助材料、直接人工、能源消耗、外部协作、包装运输、检测等方面的成本。模具的间接成本包括管理成本、销售成本、财务成本、固定资产折旧和机会成本。利润的设定会因企业而异,但模具的利润显然要高于批量生产的机加工产品,因为模具是单件生产的。这点采购方要特别予以认同,模具制造行业如果没有25%~40%的利润设定,模具企业一般是无法生存的。还有,模具企业还要承受可能的由于模具报废、产品安全索赔等因素而快速破产的风险。因此,比较好的模具企业的利润设定一般会很高,大约在25%~40%这一范畴。税收是企业法定的义务,计算成本时不能忽略。

直接成本与间接成本是模具的主要成本构成。主要成本加上制造商的利润与国家征收的税收构成模具的价格,如图11-4所示。

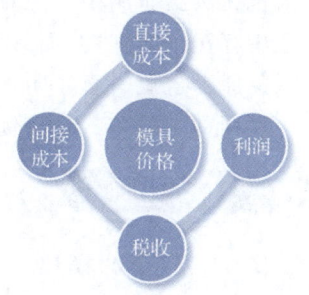

图11-4 模具的价格

三、模具的定价策略

模具的销售存在着定价的问题,模具的直接成本、间接成本,以及设定的25%～40%的利润,再加上税收,这样所得出来的模具价格能否在市场上销售呢?这实际上就涉及模具的定价问题。这虽然是真实成本,也是所希望的销售价格,但市场是否认同是个问题。如果市场不能接受,定价再符合自己的实际情况也销售不出去,还是会丢失市场。市场这一因素这时就起到了关键性作用。到底能不能卖得出去,这就涉及模具的定价策略。

从模具的定价策略角度来讲,我们首先要了解的就是自身企业的特点及在行业当中的定位。比如一家国际顶尖的模具制造商,它具有强大的技术能力、先进的制造设备和严格的工艺管控。这样的企业,做出来的模具的价格就是比较高的。这也是市场能够认同的,双方都能接受。相反,如果是一家规模很小的、十几个人的模具作坊,既没有技术优势,也没有设备优势,那么它所要主打的就是一种价格牌。因此,企业的特点和行业定位一定要清楚,不要超越自身企业的定位和行业的地位。

其次是要对所加工的模具有足够的了解。即明白所生产的模具的使用场合、定位(是生产高端产品还是低端产品)以及自身的制造特点和设备状态。比如,和其他模具企业相比,自己特别注重热处理前的预加工的形状,所以加工出来的零件变形小,在这一方面比别人有优势,这就是向客户展示的产品重点,也是拓展市场的主要手段。这里需要横向对比自己与竞争对手的优劣,如果不明确各自的优劣就会造成定价的极大偏差。

真正落实到定价时有两种方式。

一种是市场定价,即自己生产的模具,市场接受度能够到什么程度,这需要定价人员对于行业有明晰的认识。举个例子,某企业生产了用来生产空调零件的一副模具,而空调行业现在普遍的这个零件的采购价是多少,其中模具成本在这个零件当中占多少,模具在寿命期内大概能够生产多少这个零件,这样倒推从而知道客户对这副模具所能接受的价格区间。要达成这笔交易,就要在这个价格区间内谈判。这种定价方式相当于打了枪之后再去画靶子,中的可能性就非常高。对于模具企业来讲,所要求的素质是比较高的,第一是要对行业有相当的了解,第二是使自己的成本低于行业的平均成本,这样才能获得比较高的收益。

还有一种定价方式是,不清楚客户的接受程度是多少,而是老老实实地按照成本加上合理的利润报价。这种定价方式可能产生两种情况:一种是对于模具制造企业来讲最不愿意看到的,即用成本定价的方法定出来的模具价格远远低于客户的预期值,这样会丢失一些本来可以得到的超额利润,而且一次把价格降得太低,在以后的长期合作中对客户的反复降价要求也无法给予满足。还有一种情况就是管控成本能力低,使成本远远高于市场,比如生产过程中存在不合理性,而员工也不去动脑筋改革,因此生产过程中的不合理性导致成本居高不下的原因也就一直不明。

这两种定价方式各有优劣,定价时应仔细斟酌。

任务实施

图 11-5 所示为模具价格计算程序。

模具价格核算表

各种加工的基本费用	车/铣	磨	慢走丝	快走丝	电火花
单位:元/h	15	25	60	10	30

热处理材料基本费用	6542	45#	Cr12Mov			15	H13
单位:元/kg	60	6	7(通常)	15(真空)	8(盐浴)	8	15

常用材料单价	6542	Asp30	H13	45#	Skh51	Cr12MoV
单位:元/kg	130	600	30	7	180	25

总计：19 010 元

* * *　小件车　500/min　0.4 mm/ Round 大件　100/min * * * *

元

图纸号	材质	直径/mm	长度/mm		体积/mm³	质量/kg	单价	材料价格	机加工费用	热处理费用	磨削费用	装配费用	特种加工费用	研磨费用	其他	管理费	小计	利润	税	总计
08651203-05A-04	6542	65	65		215 690	1.69	130	220	40	50		80	0	20	20	50	1 204	120	114	1 438
	H13	100	65		510 509	4.01	30	120	50	60	60									
	45#	160	65		1 306 903	10.3	7	72	100	60	100									
08651203-05A-06	SKH51	30	210		148 440	1.17	180	210	60	70	75	0	450	50	0	50	965	96	145	1 206
08651203-05A-07	6542	45	100		159 043	1.25	130	162	40	75	30	0	50	10		40	407	41	49	497
08651203-05A-08	Cr12MoV	160	110		2 211 681	17.36	25	434	120	120	40	0	0	0	0	40	754	75	67	896
08651203-05A-10	Cr12Mov	170	55		1 248 390	9.80	25	245	100	64	50	0	0	0	0	40	499	50	52	601
08651203-05A-11	SKH51	8	200	外购	0	0	0	0		0	0	0	0	0	0	0	0	0	0	150
08651203-05A-13	Cr12Mov	170	100		2 269 801	17.82	25	445	80	116	30	0	100	0	0	40	811	81	76	968
08651203-05A-14	Cr12MoV	0	0	套料	0	0	25	0	0	0	0	0	0	0	0	40	40	0	0	80
																	小计：	5 836		
08651203-05C-03	SKH51	45	140		222 660	1.75	180	315	100	105	60	0	0	30	0	40	650	65	681	783
08651203-05C-04	45#	160	65		1 306 903	10.26	7	72	100	50	50	80	180	30	20	50	1 746	175	314	2 235
	H13	100	65		510 509	4.01	30	120	50	60	60									
	6 542	65	65		215 690	1.69	130	220	40	102	50									
	6 542	65	65		215 690	1.69	130	220	40	102	50									
08651203-05C-05	Cr12MoV	0	0		0	0	0	0												50
08651203-05C-06	lCr12Mov	160	110		2 211 681	17.36	25	434	120	120	40	0	0	0	0	50	764	76	69	909
08651203-05C-08	SKH51	30	180		127 235	1.00	130	130	60	60	75	0	550	50	0	50	975	97	160	1 232
08651203-05C-16	Cr12Mov	170	55		1 248 390	9.80	25	245	100	64	50	0	150	0	0	50	659	66	82	807
08651203-05C-17	Cr12MoV	0	0		0	0	0	0	0								0	0	40	
08651203-05C-18	6542	45	105		166 995	1.31	130	170	40	79	30	0	50	0	0	50	419	42	49	510
																	小计：	6 566		
08651203-05D-03	H13	80	75		376 991	2.96	30	89	40	45	30	60	0	20	20	50	827	83	109	1 019
	SKH51	45	75		119 282	0.94	180	169	60	56	80									
	Cr12MoV	30	60		42 412	0.33	25	8	30	30	40									
08651203-05D-04	H13	160	50		1 005 310	7.89	30	237	60	120	50	80	250	40	20	50	1 375	137	188	1 700
	6 542	65	25		82 958	0.65	130	85	60	39	50									
	6 542	65	25		82 958	0.65	130	85	60	39	50									
08651203-05D-06	SKH51	30	180		127 235	1.00	180	180	60	60	75	0	550	50	0	50	1 025	102	161	1 288
08651203-05D-07	6 542	30	80		56 549	0.44	130	58	60	27	60	0	200	0	20	50	475	47	79	601
																	小计：	4 608		
08651203-0SB	冲裁模价格大概为 2 000 元																小计：	2 000		

图 11-5　模具价格计算程序

谈 判 的 策 略

定价一旦明确之后还有一个问题,就是让你的客户接受这个价格,这就涉及营销人员的谈判策略。谈判的核心是价格,支持价格的是质量、品牌和售后服务。定价是谈判的前提,谈判的双方都要有一定的定价权。谈判的过程要开诚布公,大家直接围绕标的,以一个比较明确的报价单来谈判。虽然采购方和销售方在谈判的过程中立场是不一样的,但有一个原则,就是追求双赢。买方要给予卖方一定的利润空间,卖方也不能一味追求无休止的超额利润。我们所赞同的是双方都能获得合理的利益。无论从采购方还是销售方来讲,问题在于如何理解"合理的"。比方说在利润方面,销售方可能认为"合理的"是40%,而采购方认为25%才合理,这就会产生一定的差距,谈判就是用来缩小差距达成共赢的,这时卖方所要谈的就是产品的质量、品牌和售后服务。

一个双赢的谈判策略应该是这样的:采购方在价格上让步,销售方在售后上让步。

学习任务二　模具全生命周期管理

任务引入

无论是模具的制造还是成型生产,其最终目的都是保证模具能按时生产,为企业诚信经营与营收获利创造必要条件。当客户下达模具量产订单后,模具和成型工单是唇齿相依的,必须同时满足客户并准时完成。

任务分析

为了更有效地完成数据的收集、准确的提醒、多角度的分析,只有借助信息化,才可以更有效地解决这么细致、烦冗的过程与提高人员的效率。模具全生命周期管理方案正是这种可以对模具进行全面管理的方案,它涉及了模具从设计到报废的整个生命周期,能够帮助企业更加有效地管理模具,并且提高模具的使用寿命和降低企业的生产成本。本任务将从模具的全生命周期、模具管理的基本流程、模具管理的实践案例等方面进行介绍。

相关知识

一、模具的全生命周期

模具的全生命周期包括了模具的设计、制造、装配、调试、使用、维护和报废等阶段。其中,模具的设计阶段是模具全生命周期的起点,也是模具全生命周期中最为关键的阶段。因为模具的设计质量将对后续的制造、使用、维护等环节产生重要的影响。模具制造阶段包括了模具的材料准备、加工、热处理、装配等过程。模具的质量和制造工艺将直接影响模具的使用寿命和生产效率。模具装配和调试阶段是将各个零部件组装成一体的过程，调试过程是确保模具能够正常工作的关键步骤。模具的使用阶段是模具全生命周期中最长的阶段，也是最重要的阶段。模具的使用寿命和使用效率将直接影响企业的生产效率和成本。模具的维护阶段是确保模具能够正常工作的重要环节。通过对模具进行定期检查、保养和维修，可以延长模具的使用寿命，并且可以避免模具在使用过程中出现故障。模具的报废阶段是模具全生命周期的终点，当模具达到一定的使用寿命或者无法进行修复时，就需要进行报废处理。

二、模具管理的基本流程

模具管理的基本流程包括了模具的大量信息的收集、分析、计划、实施和监测等过程。这个过程是一个不断循环的过程，能够帮助企业对模具进行全面管理和有效控制。

1. 信息收集

信息收集包括了对模具的基本信息、使用情况、维修情况、保养情况等方面的收集。通过建立模具档案，可以对模具的信息进行统一管理和查询，并且能够提高模具管理的效率。

2. 信息分析

信息分析是对模具使用情况和维护情况的分析过程。通过对模具的使用情况和维护情况进行分析，可以确定模具的使用寿命和维护周期，并且能够及时发现模具的故障和缺陷。

3. 计划制订

计划制订是根据模具的使用情况和维护情况，制订模具的保养计划、维修计划和更换计划等，以确保模具能够保持良好的工作状态，并且能够延长模具的使用寿命。

4. 实施

实施是根据计划对模具进行实际的保养、维修和更换等操作。在实施过程中，需要注意对模具进行全面检查，确保模具的每一个部件都能够正常工作，并且能够及时发现模具的故障和缺陷。

5. 监测

监测是对模具的使用情况和维护情况进行监测和评估，以确保模具的使用和维护情况符合计划要求，并且能够及时发现模具的故障和缺陷。

模具管理流程图如图11-6所示。

三、模具全生命周期管理系统

模具全生命周期管理方案是对模具进行全面管理的一种重要手段，企业根据自身的实际情况，制定相应的模具全生命周期管理方案，以确保模具的正常运转和企业的持续发展。模具全生命周期体系是以运营管理思维为根本，加入客户创新思维的不断演进与转化的信息化管理系统，其包含模具履历、模具生产、模具资料、模具领用、模具归还、模具保养、模具维修、模具报废，能够帮助企业更加有效地管理模具，并且提高模具的使用寿命和降低企业的生产成本。主要可以实现如下管理功能：

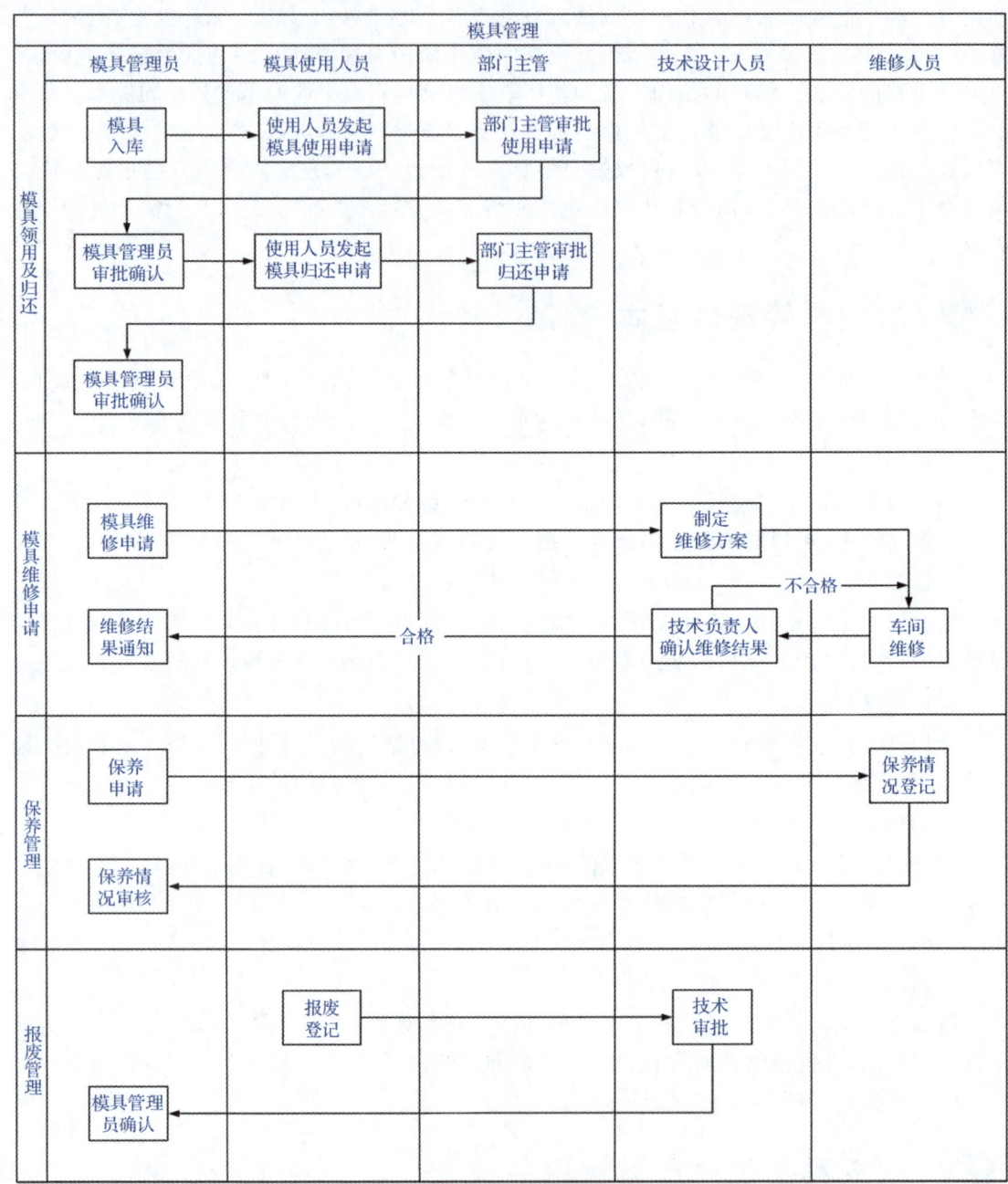

图 11-6 模具管理流程图

1. 建立模具档案

企业建立了模具档案,可对模具的基本信息、使用情况、维修情况、保养情况等方面进行统一管理和查询,以便于对模具进行全面管理和有效控制。

2. 定期检查和保养模具

企业对模具进行定期检查和保养,以确保模具的每一个部件都能够正常工作,并且能够及时发现模具的故障和缺陷。

3. 进行模具维修和更换

企业对模具进行定期维修和更换,以确保模具能够保持良好的工作状态,并且能够延长模具的使用寿命。

4. 建立模具使用效率评估制度

企业建立了模具使用效率评估制度,对模具的使用情况和维护情况进行监测和评估,以确保模具的使用和维护情况符合计划要求,并且能够及时发现模具的故障和缺陷。

模具管理系统框架如图 11-7 所示。

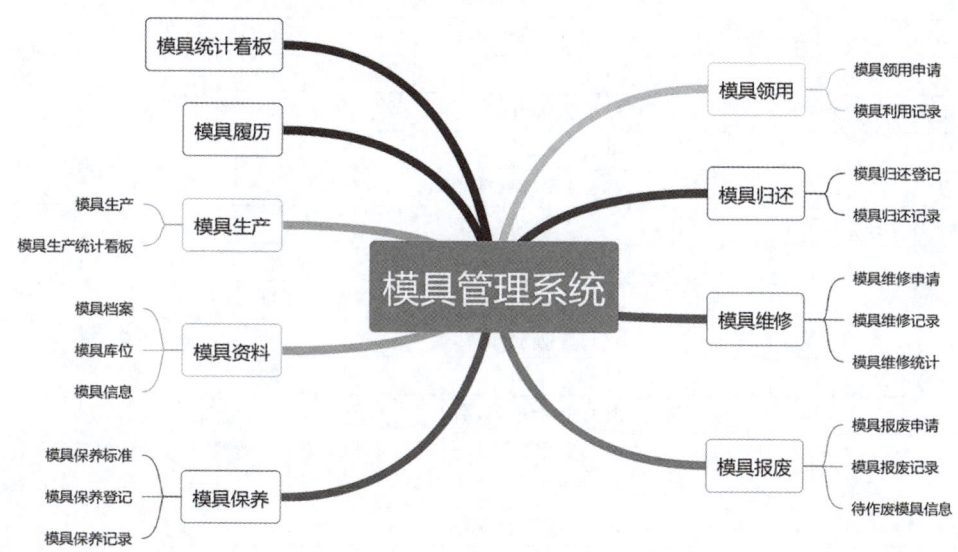

图 11-7　模具管理系统框架

三、模具全生命周期成本管控实践案例

本任务以一家汽车零部件热锻企业在模具管理方面实行的有效管理措施为例进行介绍。影响锻件成本的因素主要有锻件原材料、能源、人工、模具、设备折旧等费用,对于中小型热锻件,模具成本占锻件总成本的 3%~8%,控制模具成本是降低锻件成本的一种有效方法。因此,模具全生命周期各阶段应考量综合管控措施,使模具费用和模具寿命达到合理匹配,从而实现降低单个锻件模具成本的目的。

通常而言,生产经营中企业通常关注模具全生命周期内所生产的合格锻件数量与因模具而发生的所有费用的比值,其中,模具全生命周期内所生产的合格锻件数量是指自模具投产开始,到模具主体无修复价值为止,所有班次所锻锻件的数量(应减掉因模具失效而造成不合格品的数量);模具全生命周期内因模具而发生的所有费用包括初次投入、每次修复、更换配件和模具保养发生的费用。

模具费用包括主要材料(模具钢)、辅助材料和配件(如焊材、石墨块、线切割用钼丝、工作液、抛光料、各种配件等)费用;能源(包括电、燃料、压缩空气)费用;刀具(包括铣刀、车刀、钻头、丝攻)费用;折旧或分摊(包括设备、工装、工具、设施的折旧或分摊等)费用;其他费用(包括人工成本、检测费用、管理费用、设计或试验费用、外部协作费用等)。此外,模具费用应减掉模具再利用及废料回收的残值,特别是对于锤锻模具等较大模具,其残值在成本核算时,应重点考虑费用分摊,如果把所有费用分摊到现有产品中,会导致模具费用偏高。某型链轨节热锻模模具(HB)成本核算明细见表11-2。

表11-2　　　　　某型链轨节热锻模模具(HB)成本核算明细

工序/项目	成本费用/元	小计/元	备注
模块220 mm×160 mm×145 mm,共4件	40 kg×4件×19.8元/kg=3 168	3 168	新模制作
数控铣,粗铣5小时/件	50元×4件×5 h	1 000	
热处理	40 kg×4件×6.8元/kg=1 090	1 088	
数控铣,精铣5小时/件	50元×4件×5 h	1 000	
线切割割孔,共4个	50元×6 h	300	6 720（新模具连续用3个班,大约生产7 500件）
钳工抛光、打磨、检验等	人工27元/件×4件	108	
电脉冲打钢印	40元×0.5 h	20	
油石打磨	人工9元/件×4件	36	
返修(新模不焊接直接下落)			
磨床加工	人工5元/件×4件	20	新模返修下落3次
数控铣加工5小时/件	50元×4件×5 h	1 000	
钳工、抛光、打磨、检验等	人工27元/件×4件	108	1 184×3次
电脉冲打钢印	40元×0.5 h	20	
油石打磨	人工9元/件×4件	36	
	合计:	10 272元/3万件(4次)=0.34元/件(大约10个班)	
电弧气刨、堆焊	50元×2 h/件×4件	400	
回火两遍		100	
磨床加工	人工9元/件×4件	36	1 700（连续用3个班生产大约8 000件）
数控铣加工5小时/件	50元×4件×5 h	1 000	
钳工、抛光、打磨、检验等	人工27元/件×4件	108	
电脉冲打钢印	40元×0.5 h	20	
油石打磨	人工9元/件×4件	36	
	累计:	11 972元/3.8万件=0.32元/件	
第一次焊接后下落三次	(11 972+1 184×3)元/6.05万件=0.257元/件		
第二次焊接+机加工	(15 524+1 700)元/6.85万件=0.251元/件		
第二次焊接后下落三次	(17 224+1 184×3)元/9.10万件=0.228元/件		
第三次焊接+机加工	(20 776+1 700)元/9.90万件=0.227元/件		
第三次焊接后下落三次	(22 476+1 184×3)元/12.15万件=0.214元/件		
第四次焊接+机加工	(26 028+1 700)元/12.95万件=0.214元/件		
第四次焊接后下落	(27 728+1 184×3)元/15.2万件=0.203元/件		

依据表11-2数据绘制某型链轨节模具单位锻件成本和数量关系图,如图11-8所示,从该图可以看出,当锻件少于2.4万件时,随着锻件总量的增加,模具单位锻件成本急剧降低;当锻件为2.4万~6.0万件时,随着锻件总量的增加,模具单位锻件成本变化比较明显;当锻件大于6万件时,随着锻件总量的增加,模具单位锻件成本基本无变化;当锻件大于10万件时,两种模具材料模具单位锻件成本基本无差别。因此,当锻件数量小时,应妥善分摊,控

制模具初次投入费用,并考虑如何降低模具费用;反之,当锻件总量大时,模具初次投入费用影响不大,应重点考虑模具寿命。

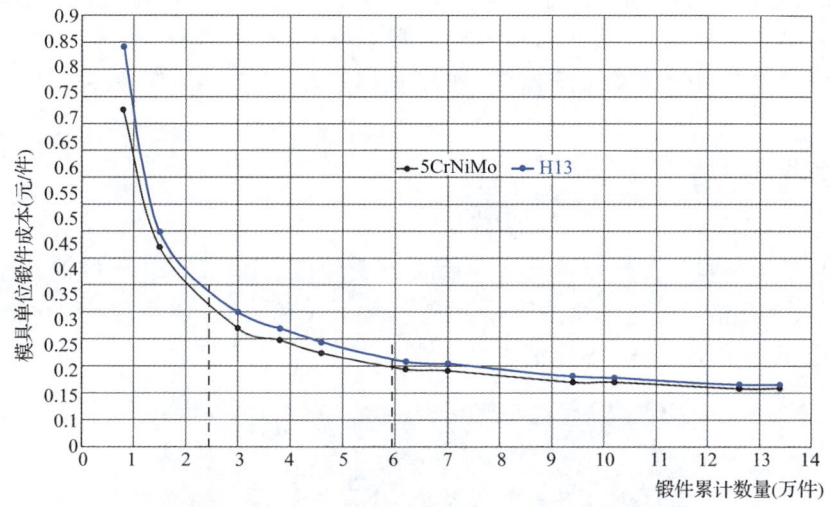

图 11-8　模具单位锻件成本和数量关系图

某型链轨节模具单位锻件成本变化曲线如图 11-9 所示,从该图可以看出,曲线上升阶段是模具焊接工序,有成本增加趋势;下降阶段是模具下落工序,有成本下降趋势,因此,在模具修复过程中,应该减少模具焊接次数,增加下落次数,建议采用(X+1)修复模式(下落 X 次焊接一次),不必每次修复时都实施焊接。

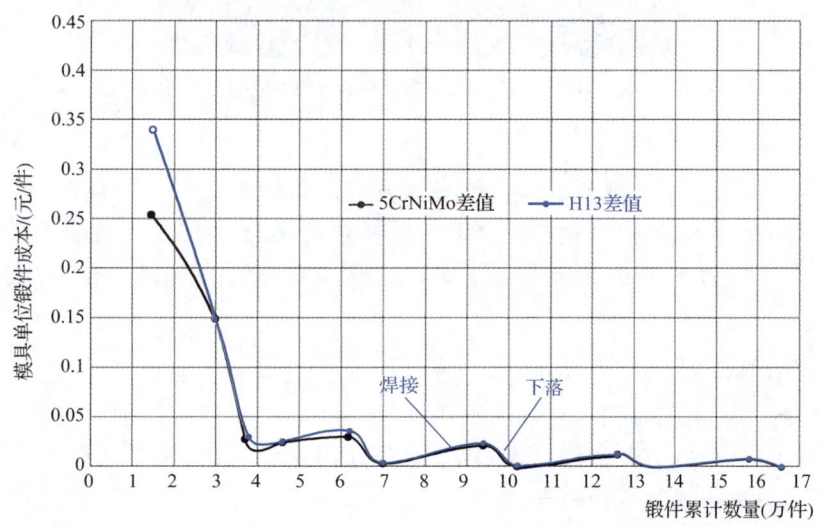

图 11-9　某型链轨节模具单位锻件成本变化曲线

1. 模具设计阶段

模具材料应考量价格、使用性能(特别是耐热性)、加工性能、可修复性。可修复性差会大幅提高模具成本。热处理应考量设备型号,如普通箱式炉、盐浴炉、真空炉。真空淬火是目前模具处理的主流,用真空炉加热和用高压氮气淬火,能实现加热和冷却的全程可控,提高模具硬度均匀性,从而减少开裂和内应力。表面处理应考量工艺选择,如表面强化(激光淬火)、表面变性(渗 N、渗 B)、表面涂层。

模具设计时应充分利用锻件公差和模具失效规律,控制模具上、下边界尺寸,合理选取圆角,提高模具寿命。模具结构设计时应注意合理选用整体模和组装模,回转体模具零件适合用组装模。必须重视顶料设计,因顶料直接影响模具寿命,尽量少用人工撬料。应论证预、终锻的必要性和经济性,增加预锻工序能延长模具寿命,但会降低锻件班产量,需全面权衡利弊。

2. 模具制作阶段

(1)材料选择

选择模具基体材料的关注点是有益元素的含量,如铬、钼、钛、钒、钨等的化学成分含量是否足够(不仅是合格),有害元素去除是否充分,是否电渣重熔,是否经超细化处理,是否三向锻造且锻造充分(图 11-10),球化退火是否充分。

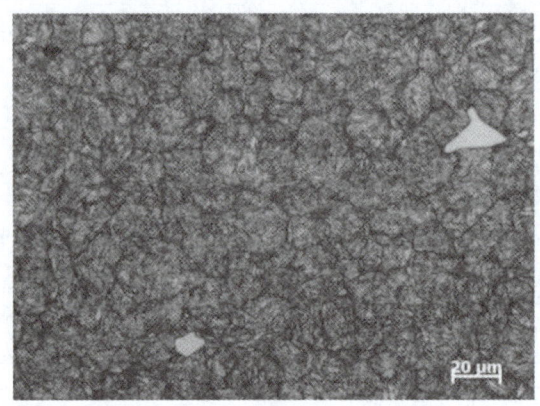

图 11-10 H13 钢锻造不充分导致模具早期失效的金相组织

(2)成形方法

模具的成形方法主要有减料、增料、镶嵌等方式。对于失效严重的局部,可以采用局部镶嵌。各类较小的凸起,如模具锁扣适合采用增料方式,用不易产生裂纹的较低硬度焊丝焊接,在易磨损面用硬度较高的焊丝熔覆,模具型腔中易失效的凸起适合采用增料或镶嵌方式。

(3)工序编制

模具制作的一般工艺流程为粗加工→热处理→精加工→表面处理,可以采购已热处理的模块直接加工成形,但刀具费用会大幅增加,若选用这种工艺,加工过程中应增加至少一次去应力回火,以防止模具变形甚至开裂。

3. 模具使用阶段

(1)装模质量

模具垫板不平,易出现模具横向断裂,特别是长模块更明显;装模时要求模具对齐,固定牢固,锻造时不得发生移动,若模具对不齐,锁扣易断裂。模具预热应均匀、充分,最好用火焰加热,选用多个喷头同时加热效果好;用加热料块预热模具对模具损害较大,且极易出现预热不均匀。

(2) 试模方案

试模方案优劣影响模具寿命,热模锻压力机试模的三个原则:厚度应先厚再薄,坯料先小后大,严防粘模。即使只发生一次粘模,也会对模具造成很大损害。改善措施为:除正常顶料外,对试模的头几件,在上、下模腔内蘸适量机械油和石墨的混合物,石墨起润滑和隔热作用,油受热后气化,体积瞬间膨胀,产生一定的爆破效果,产生的爆破力有利于锻件出模,一般完成3~5件后即可恢复正常润滑。

(3) 模具冷却和润滑

模具冷却时应控制冷却强度、均匀性,关注冷却介质的冷却、润滑特性,黑色石墨介质有较好的冷却和润滑效果,但污染严重。焊接模具后严禁过度冷却,否则易产生龟裂,尽量采用自然冷却,实现冷却均匀、稳定。

(4) 模架质量

模架工作面平面度差,如中间有磨损、凹陷,模具易产生中间断裂。模架工作面若在水平方向倾斜,则锻造时模具会发生移动,导致锁扣发生断裂。模架在承受锻造冲击力时,竖直方向会发生较大弹性变形,且由于设置顶料,在模架底面增加用以安装顶料部件的空槽,会大大降低模架工作面的强度,以上双重影响导致模架寿命降低,同时也降低了模具寿命。

(5) 锻造过程的连续性

若锻造生产不连续,经常中断,模具会因被反复加热和冷却而降低寿命,所以应尽量减少中断次数。同时,还应控制坯料在模具表面的停留时间,防止模具材料发生高温软化、塑性变形,停留时间越短,模具寿命越长。

4. 修复和维护阶段

模具修复方法有下落、焊接增料。最好选用(X+1)模具修复模式(图11-11),让返修模式固定化。

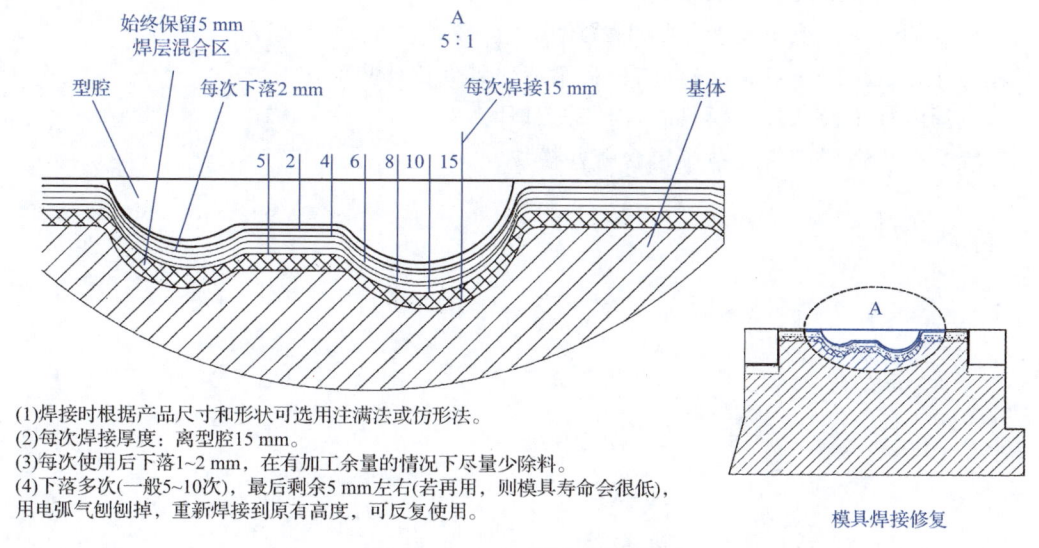

(1) 焊接时根据产品尺寸和形状可选用注满法或仿形法。
(2) 每次焊接厚度:离型腔15 mm。
(3) 每次使用后下落1~2 mm,在有加工余量的情况下尽量少除料。
(4) 下落多次(一般5~10次),最后剩余5 mm左右(若再用,则模具寿命会很低),用电弧气刨刨掉,重新焊接到原有高度,可反复使用。

图 11-11 (X+1)模具修复模式

更换或配件修复应达到原设计要求,很多情况下由于产生磨损或局部变形,更换配件后,寿命会大幅降低。修复时应检测变形量,根据实际失效情况修复。

焊接方法有三种,一是注满法,其特点是焊接速度快,消耗焊材多;二是仿形法,其特点是节省焊材,但操作复杂,易产生夹杂、气孔、微裂纹等缺陷;三是局部注满法,其特点是既快速又节省焊材,有时需用辅助焊具。对较小的局部缺陷可用高钴焊材,不需要预热直接进行焊接,焊后修磨即可使用。

对需过盈配合的模具应控制过盈度,因用过一次的孔会发生变形,更换后过盈度会降低(特别是产生了锥度后,尺寸很难控制),导致模具寿命降低。因此,最好每次使用后,加工一次孔,以保证过盈度稳定。

5. 项目产品结束后模具的处置

项目产品结束后,模具最好的处理方式是改作他用,特别是对新锻件的型腔大于现有型腔的模具,可直接加工,符合新要求即可;对局部或全部型腔不够加工的部分,可以经局部或全部焊接后,再加工利用。其次是直接利用部分可用材料,如大模具切割成小模具,小模具可改为切边模、冲头或其他小配件。

综上所述,模具费用与模具寿命密切相关,二者既相互制约又相辅相成。盲目降低模具各种投入来减少模具费用,可能导致模具寿命异常降低,并不能降低单位锻件模具成本,相反,可能导致单位锻件模具成本升高;同样,盲目加大模具投入,导致模具费用过高,而由于各种原因,模具寿命并没有得到相应的提高,也可能导致单位锻件模具成本升高。因此,必须在模具全生命周期内,对影响模具费用和模具寿命的因素全面研判,采取综合管控措施,做到最佳匹配,才能降低单位锻件模具成本。

思考题

1. 简述模具报价的谈判策略。
2. 模具的价格构成主要涉及哪些因素?
3. 为什么选用好一点、贵一点的材料制造模具性价比更高?
4. 选择电加工设备加工模具时,需要注意什么?
5. 模具全生命周期管理系统包含哪些模块?

参考文献

[1] 崔崑. 钢的成分、组织与性能(第一分册:合金钢基础)[M]. 2版. 北京:科学出版社,2022.

[2] 崔崑. 钢的成分、组织与性能(第四分册:工模具钢)[M]. 2版. 北京:科学出版社,2022.

[3] 吴元徽. 热处理工(初级)[M]. 2版. 北京:机械工业出版社,2013.

[4] 吴元徽. 热处理工(中级)[M]. 2版. 北京:机械工业出版社,2013.

[5] 吴元徽. 热处理工(高级)[M]. 2版. 北京:机械工业出版社,2013.

[6] 吴兆祥. 模具材料及表面处理[M]. 北京:机械工业出版社,2011.

[7] 赵昌盛. 实用模具材料应用手册[M]. 北京:机械工业出版社,2005.

[8] 徐进,陈再枝. 模具材料应用手册[M]. 北京:机械工业出版社,2002.

[9] 林慧国. 模具材料应用手册[M]. 北京:机械工业出版社,2004.

[10] 高为国. 模具材料[M]. 北京:机械工业出版社,2007.

[11] James P. Schaffer. 工程材料科学与设计[M]. 2版. 北京:高等教育出版社,2003.

[12] 卢志文. 工程材料及成形工艺[M]. 北京:机械工业出版社,2005.

[13] 韩永生. 工程材料性能与选用[M]. 北京:化学工业出版社,2004.

[14] 黄勇. 工程材料及机械制造基础[M]. 北京:国防工业出版社,2004.

[15] 陈再枝,蓝德年. 模具钢手册[M]. 北京:冶金工业出版社,2002.

[16] 彭建生. 模具设计与加工速查手册[M]. 北京:机械工业出版社,2005.

[17] 蔡美良. 新编工模具钢金相热处理[M]. 北京:机械工业出版社,2005.